动物免疫学

第 3 版

杨汉春　主编

中国农业大学出版社

·北京·

内 容 简 介

《动物免疫学》第3版作为动物医学专业课教材，以免疫学基础知识、重要理论和常用免疫学技术为重点，兼顾新知识与新技术。主要内容包括抗原、抗体、人工制备抗体的类型、免疫系统、细胞因子、适应性免疫应答、先天性免疫、补体系统、超敏反应、抗感染免疫、疫苗与免疫预防、免疫调节、免疫球蛋白与T细胞受体的基因控制、主要组织相容性复合体、临床免疫、免疫学技术等。与第2版相比，增加了2章，一是将免疫遗传的内容分为"免疫球蛋白与T细胞受体的基因控制"和"主要组织相容性复合体"，并独立成章；二是增写"先天性免疫"一章。着重补充了与细胞因子、免疫细胞、黏膜免疫系统、适应性免疫应答、先天性免疫、免疫调节、临床免疫、标记抗体技术、免疫检测新技术和细胞免疫检测技术等相关的新知识与新技术；适当删减了疫苗与免疫预防、免疫系统、免疫学技术概论等部分内容；删去了与凝聚、补体参与、细胞免疫检测有关的已不常用的技术。

图书在版编目（CIP）数据

动物免疫学 / 杨汉春主编. —3 版. —北京：中国农业大学出版社，2020.8（2024.7 重印）
ISBN 978-7-5655-2399-1

Ⅰ.①动… Ⅱ.①杨… Ⅲ.①动物学－免疫学－高等学校－教材 Ⅳ.①S852.4

中国版本图书馆 CIP 数据核字（2020）第 142153 号

书　　名	动物免疫学　第 3 版
作　　者	杨汉春　主编

策划编辑	魏　巍　张　妍　赵　中	责任编辑	田树君
封面设计	郑　川　李尘工作室		
出版发行	中国农业大学出版社		
社　　址	北京市海淀区圆明园西路 2 号	邮政编码	100193
电　　话	发行部 010-62733489,1190	读者服务部	010-62732336
	编辑部 010-62732617,2618	出　版　部	010-62733440
网　　址	http://www.caupress.cn	E-mail	cbsszs@cau.edu.cn
经　　销	新华书店		
印　　刷	北京时代华都印刷有限公司		
版　　次	2020 年 8 月第 3 版　2024 年 7 月第 4 次印刷		
规　　格	787×1092　16 开本　24.5 印张　565 千字		
定　　价	69.00 元		

第 3 版编审人员

主　编　杨汉春（中国农业大学）

副主编　姚火春（南京农业大学）

　　　　郭　鑫（中国农业大学）

　　　　彭远义（西南大学）

参　编　焦新安（扬州大学）

　　　　余为一（安徽农业大学）

　　　　石德时（华中农业大学）

　　　　郭霄峰（华南农业大学）

　　　　周继勇（浙江大学）

　　　　王春凤（吉林农业大学）

　　　　任慧英（青岛农业大学）

　　　　田文霞（山西农业大学）

　　　　张永宁（中国农业大学）

　　　　张念之（中国农业大学）

审　稿　陆承平（南京农业大学）

第 2 版编审人员

主　编　杨汉春

副主编　姚火春　王君伟

编写人员及分工

  郭　鑫　中国农业大学　第 1 章

  姚火春　南京农业大学　第 14 章,第 15 章,第 16 章

  王君伟　东北农业大学　第 5 章,第 19 章,第 20 章

  焦新安　扬州大学　　　第 3 章,第 12 章

  余为一　安徽农业大学　第 4 章,第 10 章

  彭远义　西南农业大学　第 8 章,第 11 章

  石德时　华中农业大学　第 13 章,第 18 章

  郭霄峰　华南农业大学　第 9 章

  周继勇　浙江大学　　　第 7 章

  王春凤　吉林农业大学　第 17 章

  刘金华　中国农业大学　动物免疫学英汉专业词汇对照及索引

  杨汉春　中国农业大学　绪论,第 2 章,第 6 章,全书统稿

审稿人　陆承平

第 1 版编写人员

主　编　杨汉春

副主编　徐文忠　郑世军

编写人员

杨汉春	中国农业大学	第 1 章,第 3 章,第 5 章
郑世军	中国农业大学	第 2 章,第 6 章,第 11 章
刘金华	中国农业大学	第 4 章,第 10 章
彭远义	西南农业大学	第 7 章
龚晓明	南京农业大学	第 8 章
余为一	安徽农业大学	第 9 章
徐文忠	南京农业大学	第 12 章至第 18 章

第3版前言

光阴荏苒，日月如梭。《动物免疫学》第2版于2003年出版，作为全国高等教育"面向21世纪课程教材"和北京市精品教材，获得众多农业院校的青睐，用作本科"兽医免疫学"课程的教材，并经中国农业大学出版社数次印刷；2007年中国农业大学的"兽医免疫学"被教育部授予"国家精品课程"的荣誉称号。欣慰之余，因五年前启动的修订和《动物免疫学》第3版的编写工作拖沓至今，实有"无颜见江东父老"之感。面对突发的新型冠状病毒感染的肺炎疫情，在党中央的坚强领导下，全国上下凝心聚力、众志成城，疫情防控阻击战取得巨大成果。在抗击疫情、共克时艰的特殊时期，完成统稿与编撰工作，如释重负，感谢参与编写人员的辛劳和付出。

创新是习近平总书记新时代中国特色社会主义思想的核心内容之一。创新人才的培养是新时期高等教育发展的要求，教材建设是新时代本科教育改革与发展和建设世界一流大学的重要举措之一。近十余年来，免疫学的基础研究全面深入分子水平，新突破与新成果斐然；新的免疫检测与分析技术日臻成熟，应用日益广泛。本次修订立足保持第2版内容的基本框架，强化基本概念、基础知识和基本技术，汲取学科的新概念、新知识和新技术，尽可能地突出兽医学本科课程的教学特点和新时期对本科教学的要求。因此，我们的修订工作主要体现在对全书内容进行了不少增补和删减，力求做到文字精简、准确、到位，并调整、更新和丰富了插图。

除绪论而外，第3版分22章。与第2版相比，增加了2章，一是将免疫遗传的内容分为"免疫球蛋白与T细胞受体的基因控制"和"主要组织相容性复合体"，并独立成章；二是增写"先天性免疫"一章；全书字数与第2版基本持平。本版着重补充了细胞因子、免疫细胞、黏膜免疫系统、适应性免疫应答、先天性免疫、免疫调节、临床免疫、标记抗体技术、免疫检测新技术和细胞免疫检测技术等部分的新知识；适当删减了疫苗与免疫预防、免疫系统、免疫学技术概论等部分的相关内容;删去了与凝聚、补体参与、细胞免疫检测有关的已不常用的技术。据悉,各农业院校本科"兽医免疫学"课程的课堂讲授学时数差异较大,本教材难以照顾到各校的教学需求,授课教师可以依据教学需要,取舍或合并章、节相关内容,教材中内容偏深和楷体字部分可供本科生和研究生阅读及参考。

习近平总书记在中国共产党第二十次全国代表大会上的报告中指出:教育是国之大计、党之大计。培养什么人、怎样培养人、为谁培养人是教育的根本问题。育人的根本在于立德。全面贯彻党的教育方针,落实立德树人根本任务,培养德智体美劳全面发展的社会主义建设者和接班人。坚持为党育人、为国育才。因此,在本次重印中,在相关章节将党的二十大内容进行了有机融合。

第 3 版的编写队伍有所调整与扩充,编写人员与分工如下:

杨汉春(中国农业大学):绪论、第二章和第六章;全书审改与内容补充;插图绘制与调整。

姚火春(南京农业大学):第十六章至第十八章。

郭鑫(中国农业大学):第一章、第五章和第二十一章。

彭远义(西南大学):第七章、第十章和第十二章。

焦新安(扬州大学):第三章和第十一章。

余为一(安徽农业大学):第四章和第九章。

石德时(华中农业大学):第十五章和第二十章。

郭霄峰(华南农业大学):第十三章和第十四章。

周继勇(浙江大学):第八章。

王春凤(吉林农业大学):第十九章。

任慧英(青岛农业大学):第二十二章。

田文霞(山西农业大学):第四章和第八章部分内容。

张永宁(中国农业大学):第七章和第十八章部分内容;免疫学名词。

张念之(中国农业大学):第二十二章部分内容。

免疫学知识日新月异,文献与书籍浩如烟海,令人目不暇接。本版难以概全其新概念、新知识以及新技术,加之编者水平有限,错误和不妥之处,敬请师生和同行不吝指正。

承蒙南京农业大学动物医学院陆承平教授审阅书稿,并提出诸多有益的修改建议,不胜感激。感谢中国农业大学本科规划教材建设项目的经费资助。

杨汉春

2024 年 5 月

第2版前言

1995年我们组织中国农业大学、南京农业大学、西南农业大学和安徽农业大学等四所农业院校从事兽医专业动物(兽医)免疫学教学工作的教师编写了《动物免疫学》一书，1996年出版后在多所农业院校作为兽医本科生教材使用，1999年和2002年又再次印刷。时过六载，动物免疫学的发展又上新台阶。欣慰的是在全国高等农业院校教学指导委员会指导下，《动物免疫学》经教育部高教司批准为全国高等教育"面向21世纪课程教材"，并列入北京市高等教育精品教材建设项目。

在第1版的基础上，对全书的内容进行了适当调整，章、节安排有变动，字数也有所增加。全书(不包括绪论)共20章，约45万字。教材内容仍以动物免疫学基础知识和免疫血清学技术为重点，同时兼顾免疫学的新知识和新技术。每章均有内容提要与复习思考题，以便于理解和掌握。使用本书授课可依据各校具体情况和学时安排，选择重点章、节讲授。本书中内容偏深部分可以供研究生阅读及参考。

全书定稿后，承南京农业大学动物医学院陆承平教授审阅，并更正和修改了许多内容。同时，本书的编写进程一直受到他的热情关注，并不时地给予有益的指导，谨此深表谢意。感谢北京市高等教育精品教材建设项目和中国农业大学给予编写经费资助。

全书中的不少插图由杨洵和祖国红绘制，谨此致谢。

本书的不足之处，诚请师生和同行门指正，以便于再版时修订。

杨汉春

2003 年 5 月于中国农业大学

第1版前言

免疫学的发展日新月异,尤其是进入 20 世纪 70 年代以来,免疫学理论的新成果和实验技术的新方法层出不穷,免疫学的一些概念得到了更新和发展,如在 T 细胞抗原受体的本质及其基因结构、抗体的基因结构与多样性的遗传控制、免疫细胞 CD 抗原的本质及在免疫应答中的作用、MHC 分子参与的免疫识别与限制性、细胞因子、免疫调节、基因工程抗体以及免疫血清学技术等方面都产生了很多新内容、新概念、新理论和新技术。今日之免疫学已成为发展最快、渗透性最强而且最富有生命力的一门生物学科,免疫学在各个生物学科中的应用已使其成为生命科学研究中所不可缺少的手段。

为了适应免疫学的发展和兽医专业本科生教学内容的需要,我们组织了中国农业大学、南京农业大学、西南农业大学和安徽农业大学等四所农业院校从事兽医专业本科免疫学教学工作的教师编写了这部《动物免疫学》。本书以基础免疫学和免疫血清学为重点进行编写,全书约 33 万字,分 18 章。可作为兽医专业本科生的教材或教师参考使用,部分内容可供研究生阅读参考。

编者由于受到水平的限制,加之免疫学发展很快,参考资料浩瀚无垠,因此在文献跟踪及内容的组织上难免存在不少疏漏和不足,诚请读者和同道们指正。

在本书的撰写过程中得到了我国兽医免疫学家杜念兴教授的热情支持和关心,谨致衷心地感谢!

编者

1995 年 11 月

目　录

绪 论

　　免疫现象广泛存在于动物界和植物界,哺乳动物具有高度进化的十分完备的免疫系统,可以保护动物抵抗病原微生物的感染和入侵,是生命所必需的。免疫学(immunology)是研究抗原物质、机体的免疫系统和免疫应答的机制与调节、免疫应答的各种产物和各种免疫现象以及免疫检测与分析技术的生物科学。随着人类对病原微生物和传染病认识的加深,免疫学应运而生,因此免疫学是与微生物学同时诞生的。进入20世纪50年代,免疫学无论是理论知识还是实验技术都取得了飞跃性进展,形成了一门独立的、富有生命力的新兴学科。20世纪80年代以来,生物化学、分子生物学、基因组学、生物信息学以及蛋白质组学等相关学科的发展推动了免疫学研究的不断深入,免疫学研究进而步入分子水平时代。而且,免疫学与其他学科相互渗透、交叉和融合,已成为生命科学研究所不可缺少的学科。

　　免疫学是医学和兽医学中一门重要的基础性与应用性学科。对兽医免疫学(veterinary immunology)而言,基础免疫学与医学免疫学的内容基本一致,但更侧重于动物传染病的免疫预防与免疫诊断。

一　免疫的概念

　　对免疫的认识和理解源于人和动物对传染病的抵抗能力,免疫的概念经历了从经典免疫到现代免疫的变迁和更新过程。在Jenner和Pasteur时代,免疫(immunity)是指动物机体对病原微生物的抵抗力和对同种微生物再感染的特异性防御能力。然而随着对很多免疫相关现象的认识和科学研究的深入,发现诸如过敏反应、输血反应、移植排斥反应、自身免疫病等均与病原微生物感染无关。因此,免疫已不再局限于抵抗微生物感染这一范畴,从而赋予现代免疫的概念——机体对自身(self)和非自身(non-self)的识别,并清除非自身的大分子物质,从而保持内、外环境平衡的一种生理学反应。执行这一功能的是机体免疫系统,它是动物在长期进化过程中形成的与自身内(肿瘤)、外(微生物)"敌人"斗争的防御系统。

　　正常机体的免疫系统对自身物质不产生免疫应答,以维持先天性的免疫耐受,但能对进入体内的病原微生物等非自身大分子物质产生免疫应答并加以清除,同时又能对内部的肿瘤产生免疫反应和清除效应,从而维持自身稳定。动物的免疫系统是由免疫器官、免疫细胞、免疫分子以及通路构成的复杂而又相互作用的动态网络,以保障机体充分发挥对病原微生物等非自身物质入侵的抵御能力。

二 免疫的类型、特性与功能

1. 免疫的类型

动物机体的免疫可分为先天性免疫和适应性免疫两大类。

(1)先天性免疫(innate immunity) 又称固有免疫、天然免疫或非特异性免疫,是动物在种系发育和进化过程中建立起来的抵御病原微生物侵袭的第一道防线,具有与生俱来、反应迅速、作用广泛、无特异性(不针对特定病原微生物和抗原)和无记忆性等特点。先天性免疫可随时待命,对入侵的病原微生物和抗原物质迅速产生应答,启动并参与特异性免疫应答,同时具有清除体内损伤、衰老或畸变细胞的功能。先天性免疫的因素主要包括:①屏障结构,如皮肤和黏膜;②天然免疫细胞,如树突状细胞、单核-巨噬细胞、NK 细胞、γδT 细胞、粒细胞、肥大细胞等;③免疫分子,如补体、细胞因子、抗菌肽、溶菌酶、模式识别受体等。

(2)适应性免疫(adaptive immunity) 又称特异性免疫或获得性免疫,是 T 淋巴细胞和 B 淋巴细胞特异性识别抗原产生免疫应答而建立的免疫力,是动物个体后天获得的,针对特定病原微生物和抗原,具有特异性、记忆性和耐受性等特点。适应性免疫包括细胞免疫和体液免疫,前者由 T 淋巴细胞承担,后者由 B 淋巴细胞承担,在动物机体免疫应答过程中起着主导作用,通过产生细胞毒性 T 淋巴细胞、抗体以及其他效应细胞和效应分子而发挥免疫功能。

2. 免疫的基本特性

(1)识别性(recognition) 能识别自身与非自身的大分子物质是动物机体免疫功能正常的体现,是机体产生免疫应答的前提和基础。在适应性免疫应答中,识别的分子基础是存在于 T 淋巴细胞和 B 淋巴细胞膜表面的抗原受体,即 T 细胞受体(T-cell receptor,TCR)和 B 细胞受体(B-cell receptor,BCR),它们能识别并能与一切大分子抗原物质的抗原表位(epitope)(又称抗原决定簇)结合。

先天性免疫也具有识别功能,天然免疫细胞可通过 Toll 样受体、NOD 样受体、RIG-Ⅰ样受体和 C 型凝集素受体家族等模式识别受体(pattern recognition receptor,PRR)识别病原微生物表面的病原相关分子模式(pathogen-associated molecular pattern,PAMP),如细菌的脂多糖、肽聚糖、细菌 DNA 和病毒 RNA,这是现代免疫学的突破性进展之一。此外,天然免疫在某些情况下也可识别自身的损伤相关分子模式(damage-associated molecular pattern,DAMP),如受损、坏死、凋亡、死亡、突变及衰老的细胞及其释放的内源性分子。

免疫系统的识别功能相当精细,不仅能识别存在于异种动物之间的所有抗原物质,而且对同种动物不同个体之间的组织和细胞及其成分,即使其存在微细的差别也能加以识别,组织移植排斥反应就是基于这种识别能力。免疫识别功能对保持动物的健康极其重要,若识别功能降低就会导致对"敌人"的宽容,从而降低或丧失对病原微生物或肿瘤的防御能力;而识别功能紊乱则会导致严重的功能失调,如把自身的组织或细胞及其成分当作"敌人",从而引起自身免疫病。

（2）特异性（specificity）　动物机体的适应性免疫应答和由此产生的免疫力具有高度的特异性，即具有很强的针对性，如接种鸡新城疫疫苗可使鸡产生对新城疫病毒的抵抗力，而对其他病毒如马立克病病毒则无抵抗力；而对于某些多血清型的病原（如口蹄疫病毒），应用某一血清型的疫苗免疫接种，免疫动物也只能产生针对该血清型病原的免疫力。

（3）记忆性（memory）　适应性免疫具有记忆功能。动物机体通过对某一抗原或疫苗产生免疫应答而产生体液免疫（抗体）和细胞免疫（效应淋巴细胞及细胞因子）。经过一定时间，抗体水平降低或消失，但免疫系统仍然保留对该抗原的记忆，若用相同抗原或疫苗加强免疫时，机体可迅速产生比初次接触抗原时更高水平的抗体，即为免疫记忆（immunological memory）。细胞免疫同样具有免疫记忆。动物患某种传染病康复后或用疫苗接种后之所以可使动物产生长期的免疫力，有的甚至是终身免疫，即归功于免疫记忆。免疫记忆是由于机体在初次接触抗原的同时，除刺激机体产生分泌抗体的浆细胞和效应淋巴细胞（如细胞毒性T细胞）外，与此同时也形成免疫记忆细胞，可对再次接触的抗原产生更快的免疫应答。

（4）耐受性（tolerance）　动物机体免疫系统对某种抗原呈现出特异性无应答或低应答状态，但对其他抗原仍可产生正常免疫应答，称为免疫耐受（immunological tolerance）。免疫耐受有先天性的，也可是获得性的。免疫功能正常的机体对自身组织细胞抗原成分不产生免疫反应，此谓先天性的免疫耐受。在胚胎期接触或人工接种某种抗原可诱导获得性免疫耐受，动物出生后对此种抗原不产生特异性免疫反应。免疫耐受的诱导与抗原的类型、接种剂量、免疫途径有关，如低剂量或高剂量的抗原免疫可诱导免疫耐受。

3. 免疫的基本功能

（1）免疫防御（immunological defense）　是指动物机体抵御病原微生物的感染和侵袭的能力，即抵抗感染。动物的免疫功能正常时，就能充分发挥对从呼吸道、消化道、皮肤和黏膜等途径侵入体内的各种病原微生物的抵抗力，通过机体的天然免疫和特异性免疫，将微生物杀灭。若免疫功异常亢进时，可引起传染性变态反应，而免疫功能低下或免疫缺陷可造成机体的反复感染。

（2）免疫稳定（immunological homeostasis）　在动物的新陈代谢过程中，每天大量的衰老、受损和死亡细胞在体内积累会影响正常细胞的功能活动。免疫系统能把这些细胞从体内清除，以维护机体的生理平衡和自身稳定（homeostasis）。若此功能失调，则可导致一些自身免疫病。

（3）免疫监视（immunological surveillance）　机体内的细胞常因物理、化学和病毒等致癌因素的作用突变为肿瘤细胞，是体内最危险的"敌人"。正常的免疫功能可对肿瘤细胞加以识别，进而调动相关免疫因素将其清除，这种功能称为免疫监视。若此功能低下或失调，则可导致肿瘤的发生。

三　免疫学的发展历程

从免疫学诞生到现在，纵观其发展历程，大致可分为4个发展时期，即经验免疫学时期、经典免疫学时期、免疫学的发展时期和现代免疫学时期。

1. 经验免疫学时期

大约从 11 世纪至 18 世纪末为经验免疫学时期。人类在同传染病(古时称瘟疫)作斗争的长期实践过程中,积累了大量朴素的免疫学知识,如观察到一些传染病(如天花、麻疹、腮腺炎、马腺疫等),人或动物患病康复后很少再患同一种疾病。我国古代(唐、宋时期)民间医学家尝试用天花患者脓疱的干燥痂皮进行吹鼻或皮肤划痕接种,创立"种痘"(variolation)用于预防人的天花,人接种后可获得对天花的抵抗力。这是最早的人工免疫方法,曾一度传入中近东,并在 18 世纪初被英国驻土耳其大使的夫人(Wortley Montagu)归国时引入欧洲。由于这种接种方法使用的是强毒,具有很大的危险性,引起不少被接种人发生天花,因此在 1840 年被停止使用。1798 年英国医生爱德华·詹纳(Edward Jenner)受到奶牛场女工因被牛痘病毒感染而对天花病毒不易感现象的启示,创立用牛痘脓疱制成疫苗预防天花的接种方法,至此宣告了免疫学的诞生。Jenner 的这种方法称为种痘法(vaccination),"预防接种"一词即源于此。Jenner 用牛痘接种技术来预防人的天花迅速在欧洲推广,对天花的预防及其在全球消灭做出了巨大贡献,他因此获得了英国国会的奖金,被誉为免疫学之父。

2. 经典免疫学时期

从 18 世纪末到 20 世纪初为经典免疫学时期。自 Jenner 创立种痘法之后,近一个世纪免疫学无任何进展。至 19 世纪末,病原微生物的分离、培养等研究取得突破后,免疫学在人工主动免疫和被动免疫以及免疫机理方面取得实质性进展。路易斯·巴斯德(Louis Pasteur)(1881—1885)偶然发现禽多杀巴氏杆菌的老龄培养物(长时间培养导致毒力减弱)不致鸡死亡,但接种鸡可抵抗新鲜培养物的攻击,研制出禽霍乱减毒活疫苗。为了纪念 Jenner 的种痘法,Pasteur 将减毒的菌株称为疫苗(vaccine),源于拉丁文的 *vacca*(牛)。之后,Pasteur 利用高温培养炭疽杆菌、狂犬病街毒传代兔脊髓,分别成功地研制出炭疽和狂犬病减毒活疫苗,开创了疫苗研究领域及其用于预防人类和动物传染病的新纪元。Salmon 和 Smith(1886)采用加热杀死的禽霍乱多杀性巴氏杆菌制成灭活疫苗。Pfeiffer(1889)用霍乱弧菌死菌苗免疫豚鼠能保护同源细菌的攻击,但不能抵抗其他菌株,证明免疫现象具有高度的特异性。免疫机理方面形成"细胞免疫学说"和"体液免疫学说"两大学术派别。Metchnikoff(1883)发现吞噬细胞(血液单核细胞、中性粒细胞)及其吞噬作用,提出"细胞免疫学说"。Koch(1880—1890)发现结核分枝杆菌的细胞免疫(迟发型变态反应),研制出结核菌素并应用于结核病的诊断。Calmette 和 Guerin(1908)成功研制出卡介苗用于结核病的免疫预防。Nuttall(1888)和

狂犬病疫苗免疫接种

(引自 Punt 等,2018)

Buchner(1889)发现血清的杀菌作用和血清中存在一种非耐热的杀菌因子,当时称为防御素(alexin),后来命名为补体(complement)。Behring 和 Kitasato(1890)发现用白喉毒素、破伤风毒素免疫动物(马)的血清中存在一种能中和毒素的因子,称为抗毒素(antitoxin),即抗体(antibody),并应用于临床治疗,开创了被动免疫。Pfeiffer(1894)发现免疫血清对细菌具有特异性溶解作用,明确抗体和补体是导致细菌溶解的两个因素。Bordet(1898)的研究阐述了抗体和补体在免疫血清溶菌中的作用。Durham 和 Gruber(1896)发现免疫血清凝集细菌的作用,并建立了凝集试验用于细菌性传染病的诊断。Ehrlich(1889—1900)创立毒素和抗毒素的定量方法,并提出抗体产生的侧链学说(side chain theory),试图解释抗体产生的机制。在以上实验的基础上,以 Ehrlich 为首的一派学者提出免疫现象的"体液免疫学说",而与"细胞免疫学说"形成对立。直到 20 世纪初,Wright(1903)观察到免疫血清能显著增强白细胞的吞噬作用,并将此种抗体称为调理素(opsonin),从而将细胞免疫与体液免疫联系起来。

3. 免疫学发展时期

20 世纪初至 20 世纪 80 年代是免疫学蓬勃发展时期,也可划为近代免疫学时期。随着生物学科的发展和相关技术的建立,推动了免疫学研究的不断深入,诸多免疫现象得到了圆满的阐明。免疫学无论理论还是实验技术均取得突飞猛进的发展和突破,形成众多分支学科、交叉学科以及边缘学科,如免疫生物学(immunobiology)、细胞免疫学(cellular immunology)、免疫化学(immunochemistry)、免疫血清学(immunoserology)、免疫遗传学(immunogenetics)、免疫病理学(immunopathology)、肿瘤免疫学(tumor immunology)等。

（1）免疫生物学　抗体和补体对红细胞的溶解、ABO 血型、动物对异种蛋白质产生抗体、异嗜性抗原等现象的发现,使人们认识到抗体的产生不只局限于病原微生物,而是一种对异种蛋白质的普遍反应。抗体的发现引起很多学者对抗体产生机制的研究,继 Ehrlich 的侧链学说之后,Haurowitz 和 Pauling(1940)、Jerne(1955)分别提出抗体产生的诱导学说(instructive theory)和自然选择学说(natural selection theory),但均未能圆满解释抗体产生的机制。直到 1959 年,Burnet 在研究免疫耐受和 Jerne 的自然选择学说的基础上,引入侧链学说的思想,提出举世公认的克隆选择学说(clonal selection theory),合理地解释了诸如免疫反应的特异性、免疫记忆、免疫识别和免疫耐受等免疫学的核心问题,奠定了近代和现代免疫生物学研究的理论基础。

克隆选择学说证实和阐明了免疫系统在机体免疫应答中的主导地位,明确了各免疫器官的免疫功能和地位。禽类法氏囊的免疫功能是兽医免疫学领域在 20 世纪 50 年代的一个重要发现。通过对免疫系统的深入研究,明确了 T 淋巴细胞、B 淋巴细胞及各类免疫细胞在免疫应答中的作用。Muller(1962)证实 B 淋巴细胞膜上具有抗原受体,其本质为膜免疫球蛋白(membrane immunoglobulin,mIg)。20 世纪 70 年代 Jerne 提出的免疫网络学说(immune network theory)是对克隆选择学说的发展和补充。Doherty 和 Zinkerngel(1975)证实细胞毒性 T 细胞必须通过识别靶细胞表面抗原和 MHC 分子而发挥杀伤效应,揭示了细胞免疫的特异性。

（2）免疫血清学　基于抗体在体外可与抗原结合并引起多种免疫反应,建立了众多免疫血清学技术,如补体结合试验、沉淀试验、间接凝集试验、中和试验等,并用于传染病的诊断、病原微生物鉴定与血清型区分等。同时,抗原抗体反应与一些物理、化学以及生物化学技术相结合,新的血清学技术层出不穷,如免疫电泳技术、免疫荧光抗体技术、放射免疫分析、免疫酶标抗体技术等。Yalow 和 Berson(1959)建立的放射免疫分析技术以及 Engall 和 van Weemen(1971)建立的酶联免疫吸附测定(ELISA)实现了免疫血清学技术定量检测的飞跃,广泛用于诸如激素、酶、药物等微量生物活性物质的超微定量。

(3)免疫化学　很多学者对抗原、抗体的物理化学性质进行了深入研究,特别是天然半抗原的发现与半抗原-载体偶联技术的创立,为研究免疫应答的机制以及抗原抗体反应的特异性提供了有效的手段,阐明了抗原物质(半抗原、载体)以及 T 淋巴细胞和 B 淋巴细胞在诱导机体免疫应答中的相互作用和地位。自 20 世纪 30 年代开始,学者们对抗体的本质进行了大量的研究。Kabat 和 Tiselius(1937—1939)应用电泳方法分离血清蛋白质,证实抗体的本质属于血清中的 γ-球蛋白,进一步结合电泳和超离心技术证实 19 S 的 IgM 是体内最早出现的抗体,其后为 7 S 的 IgG。Porter 和 Edelman(1959)利用酶及还原剂分析免疫球蛋白的结构,提出抗体分子的结构模型。1975 年,Köhler 和 Milstein 创立单克隆抗体制备技术,不仅有力地证实了克隆选择学说,同时实现了免疫学家多年在体外制备单克隆抗体的梦想,推动了免疫学和其他生物学科的发展。

(4)免疫遗传学　免疫应答与遗传具有密切的关系,免疫应答的产生是受到遗传基因控制的。Snell、Benacerraf 和 Dausset(1949—1965)发现和研究主要组织相容性复合体(major histocompatibility complex,MHC),明确了 MHC 通过编码基因产物控制着机体的免疫应答。研究表明 T 淋巴细胞、B 淋巴细胞对抗原的识别,抗原提呈细胞(树突状细胞、巨噬细胞、B 淋巴细胞、有核细胞)对抗原的提呈,免疫细胞之间的相互作用,细胞毒性 T 细胞杀伤靶细胞等都与 MHC 基因编码的 II 类和 I 类分子有关,多种动物均具有自身的 MHC。Tonegawa 等(1976—1981)研究和阐明了免疫球蛋白的基因结构和基因控制,揭示了免疫球蛋白可变区基因是决定抗体分子特异性和多样性的基因,从分子水平上解释了抗体分子的多样性,亦论证了克隆选择学说的可信性。

4. 现代免疫学时期

现代免疫学时期为分子免疫学(molecular immunology)时代。20 世纪 80 年代以来,分子生物学和遗传学技术为免疫学插上了腾飞的翅膀,免疫学的研究全面进入分子水平时代,成为一门发展十分迅速的生物学科和探索很多生命现象所不可缺少的工具,并在各个方面取得了重大突破。

免疫应答是现代免疫学研究的前沿性课题。Haskius 等(1983)证实 T 细胞抗原受体的存在。对 T 淋巴细胞、B 淋巴细胞的抗原受体、免疫应答过程中的抗原加工和提呈、免疫识别、免疫细胞活化与信号传递以及细胞产物(如细胞因子)的深入研究,阐明了与免疫应答相关的细胞与分子机制。利用单克隆抗体技术及分子生物学技术对 T 淋巴细胞、B 淋巴细胞及其他免疫细胞的分化抗原(cluster of differentiation,CD)的化学本质、分子结构、免疫生物学功能的研究,使免疫应答机制的研究深入到具体的分子细节。迄今已发现和命名数百种免疫细胞的 CD 分子,并明确了众多 CD 分子在机体免疫应答过程中的作用。此外,在特异性细胞免疫、树突状细胞的发现及其在获得性免疫中的作用,以及与天然免疫应答相关的机制(如 Toll 样受体等模式识别受体与信号通路)方面取得重大进展。美国科学家 Allison

(1990)和日本科学家 Honjo(1992)分别发现并阐明 T 淋巴细胞表面的细胞毒性 T 淋巴细胞抗原 4(cytotoxic T lymphocyte antigen-4,CTLA-4)和程序性细胞死亡蛋白 1(programmed cell death protein 1,PD-1)的结构与功能,开创了负性免疫调节治疗癌症的新思路。

现代免疫学研究表明,动物免疫系统内部存在着许多调控网络,一是免疫分子如抗原、细胞因子、抗体和补体的调节作用;二是免疫细胞之间的调节网络;三是由独特型与抗独特型抗体之间形成的网络;四是由神经、内分泌与免疫系统之间构成的调节网络。这些网络对机体免疫应答的调控起着十分重要的作用。

免疫荧光、免疫酶、放射免疫三大标记技术也取得极大的发展,并推出很多新型的血清学技术以及细胞免疫检测技术,如免疫电镜技术、免疫转印技术、免疫沉淀技术、免疫传感器、二维免疫电泳、化学发光免疫测定、免疫胶体金标记技术、免疫激光共聚焦技术、免疫蛋白芯片技术、流式细胞术、ELISPOT 和 MHC-抗原肽四聚体技术等,已广泛用于免疫学和其他生物科学的各个领域,成为不可缺少的研究手段。

DNA 重组技术及其他遗传工程技术在疫苗研究中的应用,为人类和动物疫苗的研究开创了一条全新的途径。各类基因工程疫苗,如基因工程亚单位疫苗、基因工程重组活载体疫苗、基因缺失疫苗、DNA 疫苗等相继问世,有不少疫苗已实现商业化生产和应用。蛋白质合成技术的发展推动了合成肽疫苗的诞生,如口蹄疫合成肽疫苗已取得实际应用。由免疫网络学说衍生出另一类新型疫苗,即抗独特型疫苗(anti-idiotype vaccine)。近十余年来,微生物学、分子生物学、基因组学、生物信息学以及蛋白质组学等新技术的引入,疫苗成为免疫学中的一个极其活跃的领域,产生了一门新兴学科——疫苗学(vaccinology)。

20 世纪 90 年代,利用基因工程技术制备抗体获得成功,为抗体的设计与制备开辟了一条全新的思路,并结合靶向药物的设计与研发应用于肿瘤及相关疾病的治疗。此外,细胞因子用于临床疾病治疗也取得成功,推动了免疫生物治疗领域的发展。

四　免疫学在兽医学中的应用

免疫学是一门进展最快,应用性和渗透性最强的生物学科。众多免疫学方面的成果获得诺贝尔生理学或医学奖(附表),突显其在生命科学中的重要地位。在兽医学中,具体到动物种属的基础免疫学研究相对薄弱,更集中体现在免疫学的基础知识和技术应用于动物疫病的免疫预防、免疫治疗与免疫诊断。

1. 免疫预防

动物传染病的预防与控制是兽医工作者的主要任务,而疫苗作为预防和控制动物传染病的主要生物制品一直是免疫学在兽医领域的主要研究课题。疫苗在动物传染病的控制中发挥着重要的作用,一些传染病的控制和消灭主要就是依靠疫苗,如我国应用兔化牛瘟疫苗、牛肺疫兔化弱毒疫苗消灭了牛瘟和牛肺疫,猪瘟兔化弱毒疫苗和马传染性贫血弱毒疫苗在猪瘟和马传染性贫血的控制中贡献巨大。目前,动物传染病的控制仍然需要疫苗,传统的弱毒活疫苗和灭活疫苗是主要应用的生物制品,一些基因工程疫苗(如猪伪狂犬病基因缺失疫苗)已广泛应用。与细菌性和病毒性疫病相比,寄生虫病疫苗的研究和应用相对缓慢,一些原虫疫苗(如鸡球虫活疫苗)也已大量应用。

2. 免疫治疗

应用抗血清(antiserum)进行被动免疫,用于感染或发病动物群体或个体的紧急预防和治疗,特别是对一些毒素性疾病的治疗应用较为普遍。一些病毒性疾病如小鹅瘟,鸡传染性法氏囊病在病初可应用抗血清、卵黄抗体进行治疗,能收到较好的效果。此外,一些感染初生幼畜(禽)的传染病可通过免疫母畜(禽)而使初生畜(禽)从初乳(或卵黄)获得母源抗体,从而得到天然被动免疫的保护。近年来,一些细胞因子(如干扰素、白细胞介素-2)制剂用于动物临床疾病的预防实践受到关注。

3. 免疫诊断

抗体能与相应的抗原发生特异性的结合反应,基于这一原理建立的各类血清学技术,以及一些细胞免疫检测技术和在动物体内进行的变态反应,均已广泛用于动物传染病、寄生虫病的诊断与监测。可通过血清学技术检测临床样本中的抗原或血清中的相应抗体而做出确切诊断,同时可应用血清学技术对新分离的病原微生物进行血清学分型和鉴定。一些简便、快速的血清学技术已成为疫苗免疫后效果评价和抗体监测的必要手段,许多免疫血清学技术(如 ELISA、胶体金试纸条)已试剂盒化和商品化,为动物疫病的诊断提供了极大的方便。

此外,免疫血清学技术也广泛应用于农业及其他生物科学。一些高特异性、高灵敏度、易于标准化和商品化、便于操作的血清学技术,如放射免疫分析、免疫酶标抗体技术等,已普遍用于各种微量的生物活性物质如酶、激素等,以及农药和兽药残留的检测,并实现了商品化。免疫血清学技术在动物遗传育种、植物保护及其他农业科学也得到了广泛采用。

附表　免疫学领域获得诺贝尔生理学或医学奖的主要科学家及其成果

获奖年份	科学家	国籍	研究成果
1901	Emil von Behring	德国	制备白喉及破伤风抗毒素,开创免疫血清疗法
1905	Robert Koch	德国	研究结核病的细胞免疫(结核菌素反应)
1908	Elie Metchnikoff	俄罗斯	发现吞噬作用,创立细胞免疫学说
	Paul Ehrlich	德国	创立体液免疫学说,抗毒素免疫,建立检测白喉毒素与抗毒素的定量方法,提出抗体产生的侧链学说,研制治疗梅毒的药物
1913	Charles Richet	法国	发现过敏反应
1919	Jules Bordet	比利时	发现补体介导的细菌溶解,建立补体结合反应
1930	Karl Landsteiner	美国	发现人 ABO 血型系统
1951	Max Theler	南非	研发黄热病疫苗
1957	Daniel Bovet	意大利	抗组织胺用于治疗过敏反应
1960	F. Macfarlane Burnet	澳大利亚	发现和证实获得性免疫耐受,提出克隆选择学说
	Peter Medawar	英国	(Burnet)
1972	Rodney R. Porter	英国	抗体(免疫球蛋白)的化学结构,提出免疫球蛋白的结构模型
	Gerald M. Edelman	美国	

续附表

获奖年份	科学家	国籍	研究成果
1977	Rosalyn R. Yalow	美国	建立放射免疫分析技术
1980	George Snell	美国	发现和研究主要组织相容性复合体
	Jean Dausset	法国	
	Baruj Benacerraf	美国	
1984	César Milstein	英国	创立单克隆抗体制备技术
	George J. F. Köhler	德国	
	Niels K. Jerne	丹麦	创立免疫网络学说
1987	Susumu Tonegawa	日本	研究免疫球蛋白多样性的基因控制(抗体产生的基因重排)
1990	E. Donnall Thomas	美国	移植免疫学
	Joseph Murray	美国	
1996	Peter C. Doherty	澳大利亚	细胞介导免疫应答的特异性(MHC 在 T 细胞抗原识别中的作用)
	Rolf M. Zinkerngel	瑞士	
2002	Sydney Brenner	南非	器官发育和细胞死亡(凋亡)的遗传调控
	H. Robert Horvitz	美国	
	John E. Sulston	英国	
2008	Harald zur Hausen	德国	人乳头瘤病毒(HPV)在诱发宫颈癌中的作用
	Françoise Barré-Sinoussi	法国	人免疫缺陷病毒(HIV)的发现
	Luc Montagnier	法国	
2011	Jules Hoffmann	法国	天然免疫活化机理的发现(Toll 样受体)
	Bruce Beutler	美国	
	Ralph Steinman	美国	树突状细胞在特异性免疫中的作用
2015	William C. Campbell	美国	抗蛔虫新型治疗制剂
	Satoshi Ōmura	日本	
	Youyou Tu	中国	疟疾治疗新制剂(青蒿素)
2016	Yoshinori Ohsumi	日本	自身稳定和感染中自噬参与细胞内蛋白降解的机制
2018	James P. Allison	美国	发现负性免疫调节治疗癌症
	Tasuku Honjo	日本	

第一章
抗　原

内容提要

凡是能刺激机体产生抗体和效应性淋巴细胞并能与之结合引起特异性免疫反应的物质称为抗原。抗原性包括免疫原性与反应原性。依据抗原性，抗原有完全抗原与半抗原之分。抗原分子的特性、宿主生物系统及不同的免疫方法都对抗原的免疫原性产生影响。决定抗原分子活性与特异性的是抗原表位。T细胞和B细胞的表位特性不同。半抗原-载体现象是机体免疫细胞对不同表位的识别及应答。抗原之间有交叉性。抗原分类有不同的方法。细菌和病毒有不同的抗原组成。佐剂在人工主动免疫中起重要作用。

第一节　抗原与抗原性的概念

一　抗原的概念

凡是能刺激机体免疫系统使之产生特异性免疫应答，并能与相应免疫应答产物在体内外发生特异性结合的物质称为抗原（antigen）。在具有免疫应答能力的机体中，抗原能使机体产生免疫应答。但在某些特殊情况下，抗原可诱导免疫耐受，把诱导免疫耐受的抗原称为耐受原（tolerogen）。有些抗原还可引起机体发生超敏反应或变态反应（hypersensitivity），这些抗原称为变应原（allergen）。

二　抗原性的概念

抗原具有两种基本特性，即免疫原性和反应原性，统称为抗原性（antigenicity）。

（1）免疫原性（immunogenicity）　是指抗原能刺激机体产生抗体和效应（致敏）淋巴细胞的特性。

（2）反应原性（reactogenicity）　是指抗原与相应的抗体或效应淋巴细胞发生特异性结合的特性，又称为免疫反应性（immunoreactivity）。抗体与抗原的结合反应可能是生物学中已知的最特异性反应。

三　完全抗原与半抗原

根据抗原物质的抗原性差异，可将抗原分为完全抗原与不完全抗原。

1. 完全抗原

既有免疫原性又有反应原性的物质称为完全抗原（complete antigen）。完全抗原又可称为免疫原（immunogen），如大多数蛋白质、细菌、病毒等。

2. 半抗原

只具有反应原性而缺乏免疫原性的物质称为半抗原（hapten），也称为不完全抗原（incomplete antigen）。半抗原多为简单的小分子物质（分子质量小于 1 ku），单独免疫时不具免疫原性，但与大分子蛋白质或多聚赖氨酸等载体（carrier）结合后可呈现免疫原性。大多数的多糖、类脂、一些药物、激素等属于半抗原，许多药物（如青霉素、磺胺）尽管分子质量小，但在体内与机体蛋白质结合后可诱导过敏反应。半抗原又有简单半抗原和复合半抗原之分。

（1）简单半抗原（simple hapten）　既不能单独刺激机体产生抗体，在与相应抗体结合后也不能出现肉眼可见反应，但却能阻断抗体再与相应抗原结合，这种半抗原称为简单半抗原。如肺炎球菌荚膜多糖的水解产物与家兔的抗肺炎球菌血清作用后，不能形成沉淀反应，但可以与抗体特异性结合，阻止该抗体与肺炎球菌荚膜多糖发生沉淀反应。此外，抗生素、酒石酸、苯甲酸、2,4-二硝基苯（DNP）等简单的化学物质也是简单半抗原。

（2）复合半抗原（complex hapten）　不能单独刺激机体产生免疫应答，但可与相应的抗体结合，在一定的条件下出现肉眼可见的反应，这种抗原称为复合半抗原。如细菌的荚膜多糖、类脂、脂多糖等均属复合半抗原。

第二节　影响抗原免疫原性的因素

抗原物质是否具有免疫原性，既取决于抗原本身的性质，又取决于接受抗原刺激的机体反应性。影响免疫原性的因素主要有以下 3 方面。

一 抗原分子的特性

1. 异源性

异源性（foreignness）又称异质性或异物性。某种物质，若其化学结构与宿主的自身成分相异或机体的免疫细胞从未与它接触过，这种物质就称为异物。异源性是抗原物质的主要性质。免疫应答的本质就是识别异物和排斥异物的应答，故激发免疫应答的抗原一般需要是异物，即非自身的物质。异物性物质包括以下几类。

（1）异种抗原　异种动物之间的组织、细胞及蛋白质均是良好的抗原。从生物进化过程来看，异种动物间的亲缘关系相距越远，生物种系差异越大，其组织成分的化学结构差异就越大，免疫原性亦越强，此类抗原称为异种抗原。动物种属关系不同，其组织抗原的异物性强弱亦不同，因此可作为分析动物进化的依据。

（2）同种异型抗原　同种动物不同个体之间由于遗传基因的不同，其某些组织成分的化学结构也有差异，因此也具有一定的抗原性，如血型抗原、组织移植抗原，此类抗原称为同种异型抗原。

（3）自身抗原　动物自身组织成分通常情况下不具有免疫原性，其机制是在胚胎期针对自身成分的免疫活性细胞已被清除或被抑制，形成了对自身成分的先天性的免疫耐受。但在下列异常情况下，自身成分也可成为抗原，即为自身抗原。

①自身组织蛋白质的结构发生改变，如在烧伤、感染及电离辐射等因素的作用下，自身成分的结构可发生改变，可能对机体具有免疫原性。

②机体的免疫识别功能紊乱，将自身组织视为异物，可导致自身免疫病。

③某些隐蔽的自身组织成分（如眼球晶状体蛋白、精子蛋白、甲状腺蛋白等）正常情况下由于存在解剖屏障而与机体免疫系统隔绝，但在某些病理情况下（如外伤或感染）进入血液循环系统，机体可视之为异物而引起免疫应答，诱发自身免疫病。

2. 一定的理化性状

抗原均为有机物，但有机物并非均为抗原物质。有机物成为抗原需具备下列理化性状。

（1）分子大小　抗原物质的免疫原性与其分子大小有直接关系。蛋白质分子大多是良好的抗原，如细菌、病毒、外毒素、异种动物的血清都是抗原性很强的物质。免疫原性良好的物质分子质量一般都在 10 ku 以上，在一定范围内，分子质量越大，免疫原性越强；分子质量小于 5 ku 的物质其免疫原性较弱；分子质量在 1 ku 以下的物质为半抗原，没有免疫原性，但与大分子蛋白质载体结合后可获得免疫原性。

大分子蛋白质具有良好抗原性的原因：①分子质量越大，易被抗原提呈细胞摄取、加工和提呈，表面的抗原表位越多越易活化淋巴细胞，且淋巴细胞优先识别分子表面的抗原表位；②大分子蛋白质具有胶体特性，其化学结构稳定，不易被破坏和清除，在体内滞留时间长，有利于持续刺激机体产生免疫应答，如免疫球蛋白在异种动物之间具有很强的抗原性。因此，抗原的稳定性对其抗原性十分重要。

（2）化学组成和分子结构　　一般而言，蛋白质是良好的免疫原，糖蛋白、脂蛋白和多糖、脂多糖都有免疫原性，但脂类和哺乳动物的细胞核成分如 DNA、组蛋白难以诱导免疫应答。在活化的淋巴细胞中，其染色质、DNA 和组蛋白都有免疫原性，能诱导自身抗 DNA、抗组蛋白等抗核抗体生成。然而，大分子物质并不一定都具有抗原性。例如，明胶是蛋白质，分子质量达到 100 ku 以上，但其免疫原性很弱，因明胶所含成分为直链氨基酸，不稳定，易在体内水解成低分子化合物。若在明胶分子中加入少量酪氨酸，则能增强其抗原性。因此，抗原物质除了要求具有一定的分子质量外，其表面必须有一定的化学组成和结构。相同大小的分子如果化学组成、分子结构和空间构象不同，其免疫原性也有一定的差异。一般而言，分子结构和空间构象越复杂的物质免疫原性越强，如含芳香族氨基酸的蛋白质比含非芳香族氨基酸的蛋白质免疫原性强。某些多糖的抗原性是由单糖的数目和类型所决定的，如血型物质和肺炎球菌荚膜多糖等抗原表面均有较复杂的结构。核酸的抗原性很弱，但与蛋白质载体连接后可刺激机体产生抗体。脂类一般无抗原性。

（3）分子构象与易接近性　　分子构象（conformation）是指抗原分子中一些特殊化学基团的三维结构，它决定该抗原分子是否能与相应淋巴细胞表面的抗原受体相互吻合，从而启动免疫应答。抗原分子的构象发生细微变化，就可能导致其抗原性发生改变。

易接近性（accessibility）是指抗原分子的特殊化学基团与淋巴细胞表面相应的抗原受体相互接触的难易程度。人工合成的多聚丙氨酸、多聚赖氨酸的分子质量超过 10 ku，但缺乏抗原性。若将酪氨酸和谷氨酸残基连接在多聚丙氨酸外侧，即可表现出较强的抗原性；若连接在内侧，则抗原性并不增强。这是因为抗原分子内部的氨基酸残基（特殊的化学基团）不易与淋巴细胞表面的抗原受体靠近，两者虽然相对应，但仍不能启动免疫应答。如将抗原侧链间距增大，造成较理想的易接近性，则又可表现出抗原性，如图 1-1 所示。

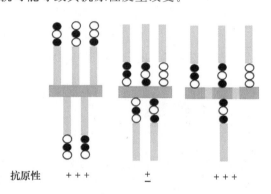

图 1-1　氨基酸残基在合成多肽骨架侧链上的位置与抗原性的关系

如果用物理化学的方法改变抗原的空间构象，其原有的免疫原性也随之消失。同一分子不同的光学异构体之间免疫原性也有差异。

（4）物理状态　　不同物理状态的抗原物质其免疫原性也有差异。一般颗粒性抗原的免疫原性通常比可溶性抗原强。可溶性抗原分子聚合后或吸附在颗粒表面可增强其免疫原性。如将甲状腺球蛋白与聚丙烯酰胺凝胶颗粒结合后免疫家兔可使 IgM 抗体的效价提高 20 倍。因此，使某些抗原性弱的物质聚合或附着在某些大分子颗粒（如氢氧化铝胶、脂质体等）的表面，则可增强其抗原性。

3. 完整性

具有免疫原性的物质必须经非消化道途径（包括注射、吸入、伤口等）以完整分子形式进入机体,被抗原提呈细胞加工和提呈并接触 T 淋巴细胞和 B 淋巴细胞,才能成为良好抗原。如大分子蛋白质或胶体物质,口服后可被消化酶水解,破坏了抗原表位和载体的完整性,从而丧失其免疫原性。只有在肠壁通透性增高的情况下(如新生幼畜、烧伤等),抗原易通过肠壁,才具有免疫原性。

二　宿主

1. 受体动物的基因型

不同种属动物对同一种免疫原的应答有很大差别,同一种动物不同品系,甚至不同个体对一种免疫原应答也有差异,这与遗传密切相关,因为免疫应答是受遗传调控的(如 MHC 及其表达产物、抗体多样性基因)。此外,还与动物本身的发育及生理健康状况有关。因受体动物个体基因不同,故对同一抗原可有高、中、低不同程度的应答。如多糖抗原对人和小鼠具有免疫原性,而对豚鼠则无免疫原性。

2. 受体动物的年龄、性别与健康状态

一般而言,青壮年(成年)动物比幼龄动物和老龄动物产生免疫应答的能力强;雌性动物比雄性动物产生抗体的能力强,但妊娠动物的免疫应答能力受到显著抑制。

三　免疫方法

免疫抗原的剂量、接种途径、接种次数及免疫佐剂的种类等都明显影响机体对抗原的应答。免疫动物所用抗原剂量要视不同动物和免疫原的种类而定。免疫原用量过大会引起动物死亡,也可能引起免疫麻痹(immune paralysis)而不发生免疫应答,又称高带耐受(high-zone tolerance);用量过小不能刺激动物机体产生应有的免疫应答,会诱发机体对抗原的低带耐受(low-zone tolerance)。一般而言,颗粒性抗原,如细菌、细胞等的免疫原性较强,免疫用量较小;可溶性蛋白质或多糖抗原,用量适当增大,并要多次免疫或加佐剂,但免疫注射间隔要适当,次数不宜太频繁。免疫途径以皮内注射最佳,皮下注射次之,肌肉注射、腹腔注射和静脉注射的效果稍差,口服易诱导免疫耐受。要选择适合的免疫佐剂,不同佐剂诱导的免疫应答类型或抗体类型有所不同,如弗氏佐剂主要诱导 IgG 类抗体产生,明矾佐剂易诱导 IgE 类抗体产生。

第三节　抗原表位

一种抗原物质只能引起机体产生相应的抗体,且抗体只能与相应的抗原结合,这是抗原的特异性决定的。抗原的分子结构十分复杂,但诱导免疫应答并与抗体或效应淋巴细胞发生反应的并不是抗原分子的全部,即抗原分子的活性和特异性并不是整个抗原分子决定的,决定其免疫活性的只是其中的一小部分抗原区域。

一　表位的概念

抗原分子表面具有特殊立体构型和免疫活性的化学基团称为抗原决定簇(antigenic determinant)或抗原决定基,由于抗原决定簇通常位于抗原分子表面,因而又称为抗原表位(antigen epitope)。抗原表位决定着抗原的特异性,即决定着抗原与抗体或抗原受体发生特异性结合的能力。

二　表位的大小

抗原表位的大小通常是相对恒定的(50～70 nm),其大小主要受 T 细胞和 B 细胞的抗原受体和抗体分子的抗原结合点所制约。表位的环形结构容积一般不大于 3 nm³。蛋白质分子抗原的表位大多由 5～7 个氨基酸残基组成,但分子中 B 细胞表位与 T 细胞表位的大小有差异;多糖抗原由 5～6 个单糖残基组成;核酸抗原的表位由 5～8 个核苷酸残基组成。鲸肌红蛋白是一种抗原结构完全解析的天然蛋白质,其抗原表位分布于肽链的第 16～21、56～62、94～99、113～119 和 146～151 位氨基酸残基的各区段上,均位于表面突出的部位,即肽链的转折处或末端,表位大小均在 6～7 个氨基酸范围内,与抗体的抗原结合位点大小相吻合。

三　表位的数量

抗原分子中含有表位的数量称为抗原价(antigenic valence)。含有多个表位的抗原称为多价抗原(multivalent antigen),自然界中大部分抗原为多价抗原;只有一个表位的抗原称为单价抗原(monovalent antigen),如简单半抗原。根据表位特异性的不同,又有单特异性表位(monospecific epitope)和多特异性表位(multi-specific epitope)之分,前者在一个抗原分子中只含有同一种特异性表位(图 1-2a),后者则含有两种以上不同特异性的表位(图1-2b)。

位于抗原分子表面、能与免疫活性细胞接近、对激发机体的免疫应答起着决定作用的表位称为功能性表位,即抗原的功能价;隐蔽于抗原分子内部的抗原表位称为隐蔽表位,即非功能价。后者可因理化因素的作用而暴露在分子表面成为功能性表位,或因蛋白酶解及修饰(如磷酸化)产生新的表位。

天然抗原一般都是多价和多特异性表位抗原。抗原价与分子大小有一定的关系,据估计分子质量 5 ku 大约会有 1 个表位,如牛血清白蛋白(BSA)的分子质量为 69 ku,有 18 个表位,但只有 6 个表位暴露于外面。表位的种类视抗原结构不同而异,如鸡卵白蛋白分子质量为 42 ku,有 5 种表位;分子质量为 69 ku 的牛血清白蛋白有 18 个表位;而分子质量为 700 ku 的甲状腺球蛋白则有 40 种表位。多特异性表位一定是多价抗原,但多价抗原未必是多特异性表位。

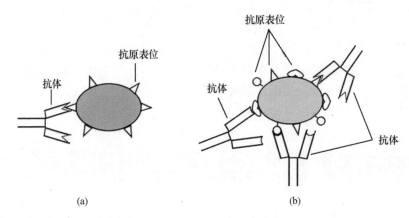

图 1-2　单特异性表位多价抗原(a)和多特异性表位多价抗原(b)示意图

四　构象表位和线性表位

抗原分子中由分子基团间特定的空间构象形成的表位称为构象表位(conformational epitope),又称不连续表位(discontinuous epitope),可被 B 细胞抗原受体或抗体识别。一般是由位于伸展肽链上相距较远的几个残基或位于不同肽链上的几个残基由于抗原分子内肽链折叠而在空间上彼此靠近而构成的,因此其特异性依赖于抗原分子整体和局部的空间构象,抗原表位空间构象的改变会导致抗原特异性随之改变。抗原分子中直接由分子基团的一级结构序列(如氨基酸序列)决定的表位称为线性表位(linear epitope),又称为连续表位(continuous epitope)或顺序表位(sequential epitope),可被 B 细胞抗原受体或 T 细胞抗原受体识别。

五　B 细胞表位和 T 细胞表位

抗原分子中有 B 细胞识别的表位,也有 T 细胞识别的表位,其特性有所不同。在免疫应答过程中,B 细胞抗原受体(B-cell receptor,BCR)和 T 细胞抗原受体(T-cell receptor,TCR)分别识别各自的表位。

1. B 细胞表位

B 细胞表位(B cell epitope)是指抗原分子中被 BCR 和抗体分子所识别(直接接触或结

合)的表位,包括构象表位和线性表位(图 1-3)。蛋白质抗原中的 B 细胞表位有构象表位和线性表位,大分子中的糖苷、脂类及核苷酸等也可构成 B 细胞表位。一般存在于天然抗原分子的表面的 B 细胞表位,可不经抗原提呈细胞的加工处理而直接被活化的 B 细胞识别。构成 B 细胞表位的氨基酸或多糖残基需形成严格的三维空间构型,才能保证与 BCR 或抗体分子高变区间的严格识别和结合,因此 B 细胞表位需位于抗原三维大分子表面的氨基酸长链或糖链弯曲折叠处;若蛋白质抗原发生变性,其三维结构被破坏或折叠不正确,则失去其 B 细胞表位。此外,简单的连续多肽序列形成的 α-螺旋也可作为一种 B 细胞构象型表位与抗体特异性结合。

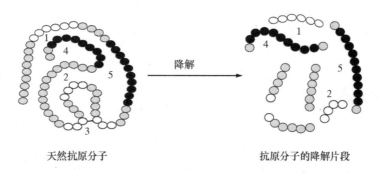

天然抗原分子   抗原分子的降解片段

1、2、3 为 B 细胞表位,其中 1、2 为线性表位;2 为隐蔽的表位;3 为构象表位,抗原降解后消失。4、5 为 T 细胞表位,是线性表位,可位于抗原分子的任意部位,抗原降解后不易消失。

图 1-3 抗原分子中的 T 细胞与 B 细胞表位

2. T 细胞表位

T 细胞表位(T cell epitope)是指蛋白质分子中被 MHC 分子提呈并被 T 淋巴细胞 TCR 识别的肽段。一个肽段是否能成为 T 细胞表位与其在分子中的位置基本无关,而主要取决于其与 T 淋巴细胞、宿主组织细胞 MHC 分子的亲和力。T 细胞表位均为线性表位(图 1-3),主要存在于抗原分子的疏水区。$CD4^+$ T_H 细胞识别的肽段大小为 13～18 个氨基酸,而 $CD8^+$ T_C/CTL 识别的肽段大小为 8～10 个氨基酸残基。T 细胞表位无构象依赖性,蛋白质分子变性处理不会影响 T 细胞表位。T 细胞只能识别经过抗原提呈细胞(antigen-presenting cell,APC)加工过的且与 MHC 分子结合的抗原肽。已发现某些类 MHC 分子或非 MHC 类分子(如 H-2Q,H2-T 和 CD1 等)也可结合简单多肽、多糖或脂类抗原,并直接提呈给 γδT 细胞。

已有相关的技术用于大分子蛋白质抗原中的 B 细胞表位和 T 细胞表位分析与鉴定。复杂的蛋白质可以有多个 B 细胞表位和 T 细胞表位。由于胸腺依赖性抗原诱导 B 细胞应答(体液免疫)依赖于 T 细胞的辅助,故 T 细胞表位也是大多数抗原诱导体液免疫应答所必需的。半抗原只有 B 细胞表位而无 T 细胞表位,故只能作为与相应抗体结合的靶分子,单独免疫不能诱导体液免疫和细胞免疫应答。T 细胞表位和 B 细胞表位的不同特性见表 1-1。

表 1-1　T 细胞表位与 B 细胞表位的特性比较

特性	T 细胞表位	B 细胞表位
识别受体	TCR	BCR
性质	蛋白质短肽	多肽、多糖、脂多糖、小分子化合物
类型	线性	构象、线性
位置	抗原分子任意部位	抗原分子表面
大小	8～10 个氨基酸（CD8$^+$T 细胞） 13～18 个氨基酸（CD4$^+$T 细胞）	5～7 个氨基酸（大多数）、5～6 个单糖或 5～8 个核苷酸
APC 加工与提呈	需要	不需要
MHC 限制性	有	无

六　半抗原-载体

　　小分子的半抗原不具有免疫原性，不能诱导机体产生免疫应答，但当与大分子物质（称为载体）连接后，就能诱导机体免疫应答和产生相应的抗体，称为半抗原-载体现象（hapten-carrier phenomenon）。大多数天然蛋白质抗原都可以看成是半抗原与载体的复合物，半抗原实质上就是 B 细胞表位，而其余部分则为含有 T 细胞表位的载体。研究表明，半抗原结构的任何改变（如大小、形状、表面基团、立体构型和旋光性），都会导致产生的抗体的特异性发生改变。

　　半抗原-载体现象用于研究机体免疫应答的机理。半抗原与载体结合后首次免疫动物，可测得半抗原的抗体（初次免疫反应），但当二次免疫时，半抗原连接的载体只有与首次免疫所用的载体相同时，才会有再次反应，这种现象称为载体效应（carrier effect）。例如用半抗原 DNP 与载体卵白蛋白（OVA）结合（DNP-OVA）免疫动物，可引起对 DNP 和 OVA 的初次应答，产生抗 DNP 抗体和针对 OVA 的细胞免疫。用同一半抗原载体（DNP-OVA）进行再次免疫时，则引起机体对 DNP 和 OVA 的再次应答，反应强烈。但是，如果用 DNP 与另一载体牛 γ-球蛋白（BGG）结合（DNP-BGG）进行第二次免疫，则只引起初次应答，抗 DNP 抗体效价很低。由此说明尽管抗原特异性（半抗原相同）没有改变，但载体的改变会影响抗 DNP 抗体的产生，表明载体并不单纯增加半抗原分子大小使其获得免疫原性，而且在再次应答的免疫记忆中也起着重要作用，可以说再次应答与回忆应答是由载体决定的。

　　半抗原-载体现象的试验进一步表明，机体在对抗原物质的免疫应答过程中，TCR 主要与载体表位作用，而 BCR 与半抗原表位作用。如果用 DNP-OVA 免疫动物后，再用相同的 DNP-OVA 或单独用 OVA 免疫均可引起细胞免疫的再次反应，但如果单独用 DNP 或 DNP-BGG 免疫，则不能诱导细胞免疫的再次反应（表 1-2），表明致敏的 T 淋巴细胞只能识别载体（T 细胞表位），而不能对半抗原（DNP）或结合在另一载体上的半抗原（DNP-BGG）产生免疫反应。由此说明细胞免疫应答的特异性取决于载体，而体液免疫应答的特异性决定于半抗原。

表 1-2　半抗原(DNP)-载体(OVA)免疫后的动物对再次注入抗原的免疫应答

再次注入抗原	体液免疫(抗 DNP 抗体)	细胞免疫(针对 OVA)
DNP-OVA	＋＋＋＋	＋＋＋＋
DNP	＋＋	－
OVA	＋＋	＋＋＋＋
DNP-BGG	＋＋	－

注:OVA——ovalbumin,卵白蛋白(载体);BGG——bovine gamma globulin,牛 γ 球蛋白(另一载体);DNP——dinitrophenol,2,4-二硝基苯(半抗原);＋＋——初次反应;＋＋＋＋——再次反应;－——无反应。

在本质上,任何一个完全抗原均可看作是半抗原与载体的复合物。在免疫应答中,T 细胞识别载体(T 细胞表位),B 细胞识别半抗原(B 细胞表位),因此,载体在细胞免疫应答中起主要作用,而体液免疫应答时,也必须首先通过 T 细胞对载体的识别,从而促进 B 细胞对半抗原的反应。

第四节　抗原的交叉性

自然界中存在着无数的抗原物质,不同抗原物质之间、不同种属的微生物间、微生物与其他抗原物质间,难免有相同或相似的抗原组成或结构,也可能存在共同的抗原表位,这种现象称为抗原的交叉性或类属性。而这些共有的抗原组成或表位就称为共同抗原(common antigen)或交叉反应抗原(cross-reacting antigen)。种属相关的生物之间的共同抗原又称为类属抗原。如果两种微生物有共同抗原,它们除与各自相对应的抗体发生特异性反应外,还可相互发生交叉反应(cross-reaction)。交叉反应不仅在两种抗原表位构型完全相同时发生,也可在两种抗原表位构型相似的情况下发生。即一个表位的相应抗体,也可与构型相似的另一表位发生交叉反应,但由于两者之间并不完全吻合,故其结合力相对较弱。抗原交叉性有以下 3 种情况。

一　不同物种间存在共同的抗原成分

自然界普遍存在不同物种间有共同的抗原成分,如牛冠状病毒和鼠肝炎病毒都具有相同的 gp190、pp52 和 gp26 抗原,天花病毒与牛痘病毒、猫传染性腹膜炎病毒与猪传染性胃肠炎病毒、猪瘟病毒与牛病毒性腹泻病毒之间也有相同的抗原成分。细菌之间存在共同抗原成分的现象是极其普遍的。

二　不同抗原分子存在共同的抗原表位

在沙门菌中，A 群沙门菌有抗原表位 2，B 群沙门菌有抗原表位 4，D 群沙门菌有抗原表位 9，而抗原表位 12 为 A、B、D 3 群所共有。如此，由于共有抗原表位 12 的存在，各群沙门菌的抗体与其就会发生交叉反应。

三　不同抗原表位间存在相似的构象

蛋白质抗原的表位取决于多肽末端氨基酸组成，尤其是末端氨基酸的羧基对特异性影响最大，如果末端氨基酸相似，即可出现交叉反应，而且交叉反应的强度与相似性成正比。

第五节　抗原的分类

抗原物质种类繁多，从不同的角度可以将抗原分成许多类型。

一　根据抗原的化学性质

天然抗原种类繁多，但依据化学性质可分为以下几类（表 1-3）。

表 1-3　抗原按化学性质分类

抗原的化学性质	天然抗原
蛋白质	血清蛋白（如白蛋白、球蛋白）、酶、细菌外毒素、病毒结构蛋白等
脂蛋白	血清 α、β 脂蛋白等
糖蛋白	血型物质、组织相容性抗原等
脂质	结核杆菌的磷脂质和糖脂质等
多糖	肺炎球菌等的荚膜多糖
脂多糖	革兰阴性菌的细胞壁、Forssman 抗原等
核酸	核蛋白等

二　根据抗原来源

1. 异种抗原

来自与免疫动物不同种属的抗原称为异种抗原(heteroantigen)。如各种微生物及其代谢产物对畜禽而言都是异种抗原;不同种属动物之间的细胞、蛋白质均属异种抗原,如猪的血清对兔来说是异种抗原。

2. 同种异型抗原

与免疫动物同种而基因型不同的个体的抗原称为同种异型抗原(alloantigen),如血型抗原、同种移植物抗原。

3. 自身抗原

能引起自身免疫应答的自身组织成分称为自身抗原(autoantigen)。如动物的自身组织细胞、蛋白质在特定条件下形成的抗原,对自身免疫系统具有抗原性。

4. 异嗜性抗原

与种属特异性(亲缘关系)无关,存在于人、动物、植物及微生物之间的共同抗原称为异嗜性抗原(heterophile antigen),它们之间有广泛的交叉反应性。该现象首先由瑞典病理学家 Forssman(1911)发现,故又称为 Forssman 抗原。他将豚鼠的肝、脾等脏器悬液免疫家兔制备的抗血清,不仅能与原来的脏器发生反应,还可以凝集绵羊红细胞,在补体的参与下红细胞发生溶解。这种抗体具有异嗜性,因此将相应抗原称这异嗜性抗原。由此说明豚鼠脏器与绵羊红细胞之间有共同的抗原。异嗜性抗原的存在较为普遍,在疾病的发生和传染病诊断上具有一定的意义。如溶血性链球菌的细胞壁脂多糖成分与肾小球基底膜及心肌组织有共同的抗原,因此反复感染链球菌后,可刺激机体产生抗肾抗体和抗心肌抗体,是肾小球肾炎和心肌炎等自身免疫病的病因之一。牛心肌与梅毒螺旋体有共同抗原,故可利用牛心肌酒精抽提液检测梅毒患者血清抗体。

三　根据抗原对 T 细胞的依赖性

在免疫应答过程中,依据是否有 T 细胞参加,将抗原分为胸腺依赖性抗原和非胸腺依赖性抗原,其生物学特性有所不同(表 1-4)。

1. 胸腺依赖性抗原

胸腺依赖性抗原(thymus-dependent antigen)又称 T 细胞依赖性抗原(T-dependent antigen),简称 TD 抗原。这类抗原在刺激 B 细胞活化和产生抗体的过程中需要抗原提呈细胞(如树突状细胞、巨噬细胞)和辅助性 T 细胞(T_H)的协助。绝大多数抗原属于 TD 抗原,如异种组织与细胞、血清蛋白、微生物及人工复合抗原等,其共同特点是:均为蛋白质抗原,分子量大,表面表位多且分布不均匀。此外,TD 抗原分子中既有可被 T_H 细胞识别的表位(T 细胞表位),也有半抗原表位(B 细胞表位)。TD 抗原刺激机体主要产生 IgG 类抗体,还可刺激机体产生细胞免疫和回忆应答。

2. 非胸腺依赖性抗原

非胸腺依赖性抗原(thymus-independent antigen)又称非 T 细胞依赖性抗原(T-independent antigen),简称 TI 抗原。这类抗原直接刺激 B 细胞产生抗体,不需要 T_H 细胞的协助。自然界中仅有少数抗原物质属 TI 抗原,如大肠杆菌脂多糖(LPS)、肺炎球菌荚膜多糖(SSS)、聚合鞭毛素(POL)和聚乙烯吡咯烷酮(PVP)等。TI 抗原的特点是由同一构型重复排列的结构组成,有重复出现的同一抗原表位,降解缓慢,且无载体表位,故不能激活 T_H 细胞,只能激发 B 细胞产生 IgM 类抗体,不易产生细胞免疫,也不引起回忆应答。

表 1-4 **TI 抗原和 TD 抗原的比较**

特性	TI 抗原	TD 抗原
化学特性	主要为某些多糖类	多为蛋白质
结构特点	简单	复杂
	相同表位重复出现	具有多种不同表位
	无 T 细胞表位	有 T 细胞表位
诱导免疫应答的条件		
树突状细胞/巨噬细胞	多数不需要	需要
T 细胞依赖性	无	有
免疫应答特点		
应答类型	体液免疫	体液免疫和/或细胞免疫
Ig 类型	IgM	各类 Ig,以 IgG 为主
免疫记忆	不形成	形成
诱导免疫耐受	易	难

四　根据抗原加工和提呈的方式

1. 外源性抗原

存在于细胞间,在细胞外被树突状细胞、巨噬细胞等抗原提呈细胞摄取、捕获、吞噬或与 B 细胞特异性结合后而进入细胞内的抗原均称为外源性抗原(exogenous antigen),包括所有自体外进入的微生物、疫苗、异种蛋白质等,以及自身合成而又释放于细胞外的非自身物质。如各种天然抗原(动植物蛋白质、微生物、同种异体抗原等)、人工抗原(半抗原与大分子载体的复合物)、合成抗原(化学合成的多肽)、基因工程抗原(如用于免疫的基因工程疫苗)等。

2. 内源性抗原

自身细胞内合成的抗原称为内源性抗原(endogenous antigen)。如胞内菌和病毒感染细胞所合成的细菌抗原、病毒抗原,肿瘤细胞合成的肿瘤抗原,自身隐蔽抗原,变性的自身成分等。

第六节　重要的抗原

一　微生物抗原

各类细菌、病毒等都具有较强的抗原性。由于各种微生物的组成成分比较复杂,因此每一种微生物都可能含有性质不同的各种蛋白质,以及多糖、类脂等,都可能具有抗原性而刺激机体产生相应的抗体和效应淋巴细胞,但其抗原性以及诱导的免疫应答类型有所不同。

1. 细菌抗原(bacterial antigen)

细菌虽是一种单细胞生物,但其抗原结构却比较复杂,是多种抗原成分组成的复合体。根据细菌结构和组成成分的不同,可将细菌抗原分为菌体抗原、鞭毛抗原、荚膜抗原和菌毛抗原(图 1-4a)。

(1)菌体抗原(somatic antigen)　又称 O 抗原,主要指革兰阴性菌细胞壁抗原,其化学本质为脂多糖(lipopolysaccharides,LPS)。细胞壁最内层,紧靠胞质膜外有一层黏肽(肽聚糖),之外为与外膜连接的脂蛋白。外膜之外为类脂 A,其外附着一个多糖组成的核心,称为共同基核(common core)。因此,多糖是 O 抗原的主要成分。菌体抗原较耐热,不易被乙醇破坏。动物被革兰阴性菌感染,细菌细胞壁的 LPS 可与 TLRs 及其他模式识别受体结合,诱发炎性细胞因子产生,导致发热和疾病过程。所以,细菌的脂多糖又称为内毒素。

(2)荚膜抗原(capsular antigen)　又称 K 抗原。荚膜由细菌菌体外的黏液物质组成,电镜下呈致密丝状网格。细菌荚膜构成有荚膜细菌的主要外表面,是主要的表面免疫原。细菌的荚膜大多与细菌的毒力和抗原性有关。荚膜抗原的成分为酸性多糖,可以是多糖均一的聚合体和异质的多聚体。只有炭疽杆菌和枯草杆菌是 γ-D-谷氨酸多肽的均一聚合体。各种细菌荚膜多糖互有差异,同种不同型间多糖侧链也有差异。

(3)鞭毛抗原(flagellar antigen)　又称 H 抗原。鞭毛为细菌的丝状附属器官,由丝状体(filament)、钩状体(hook)和基体(basal body)3 部分组成,其中丝状体占鞭毛的 90% 以上,因此鞭毛抗原主要决定于丝状体。细菌鞭毛是一种空心管状结构,由蛋白质亚单位(亚基)组成,称为鞭毛蛋白或鞭毛素(flagellin)。不同种类细菌鞭毛蛋白的氨基酸种类、序列等有所不同,但均具有不含半光氨酸、芳香族氨基酸含量低和无色氨酸的共同特点。鞭毛抗原不耐热,易被乙醇破坏。鞭毛、鞭毛蛋白多聚体的免疫效果优于鞭毛蛋白单体,并可产生 IgG 和 IgM 抗体。因鞭毛抗原的特异性较强,制备抗鞭毛因子血清可用于沙门菌和大肠杆菌的免疫诊断。

(4)菌毛抗原(pili antigen)　又称 F 抗原,许多革兰阴性菌(如大肠杆菌的一些菌株、沙门菌、痢疾杆菌、变形杆菌等)和少数革兰阳性菌(如链球菌)的菌体表面有无数细小、坚韧、没有波曲的菌毛(pili)或纤毛(fimbriae),由菌毛素组成,有很强的抗原性。

2. 病毒抗原(viral antigen)

各种病毒结构不一,抗原成分也很复杂。每种病毒都有相应的抗原组成,主要是病毒的结构蛋白,如囊膜蛋白、衣壳蛋白、核蛋白等(图 1-4b)。病毒的蛋白质是良好的抗原,可刺激机体产生免疫应答。

(1)囊膜蛋白(envelope protein) 构成病毒囊膜的蛋白质和纤突,是囊膜病毒的表面抗原,主要是脂蛋白和糖蛋白,具有很强的抗原性。囊膜上的纤突(spike)蛋白具有型和亚型的特异性,如流感病毒的血凝素(hemagglutinin,HA)和神经氨酸酶(neuraminidase,NA)是流感病毒亚型的分类基础。HA 与 NA 抗原易发生变异,主要表现为抗原漂移(antigenic drift)和抗原转换(antigenic shift)。

(2)衣壳蛋白(capsid protein) 构成病毒衣壳的蛋白质,如口蹄疫病毒的结构蛋白 VP1、VP2、VP3 和 VP4。病毒的衣壳结构蛋白(如口蹄疫病毒 VP1)能诱导机体产生中和抗体,动物可获得抗感染能力,为病毒的保护性抗原。衣壳抗原也具有型和亚型的特异性。

(3)核蛋白(nucleoprotein/nucleocapsid) 与核酸结合的病毒蛋白,称为 N 蛋白。一些有囊膜的 RNA 病毒(如流感病毒、猪繁殖与呼吸综合征病毒)的核蛋白与病毒基因组核酸(芯髓)组成核衣壳(nucleocapsid)。核蛋白具有良好的抗原性和型特异性。

(4)基质蛋白(matrix protein) 一些囊膜病毒含有基质蛋白,简称 M 蛋白,也有良好的抗原性。

(5)非结构蛋白(nonstructural protein) 是病毒复制过程中产生的中间产物,由病毒的非结构蛋白基因编码,具有酶活性和其他功能(如抑制宿主细胞的天然免疫),大多与病毒的复制有关。一些非结构蛋白同样具有良好的抗原性,在感染动物体内可诱导产生相应的抗体,通过检测其抗体(如口蹄疫病毒 3ABC 抗体)可以区分灭活疫苗免疫动物和野毒感染动物。

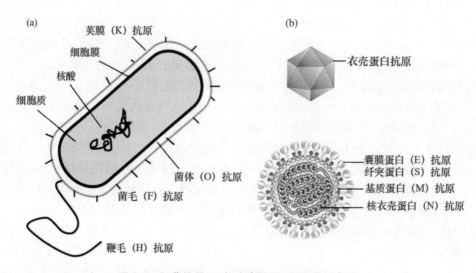

图 1-4 细菌抗原(a)与病毒抗原(b)组成示意图

3. 毒素抗原(toxin antigen)

很多细菌(如破伤风杆菌、白喉棒状杆菌、肉毒梭菌)能产生外毒素,其成分为糖蛋白或蛋白质,具有很强的抗原性,可刺激机体产生抗体(抗毒素)。经甲醛或其他方法处理后的外毒素称为类毒素(toxoid),其毒力减弱或完全丧失,但仍保持抗原性。

4. 其他微生物和寄生虫抗原

真菌、寄生虫(包括虫卵)的抗原成分比较复杂,有蛋白质、多糖、脂类和核酸,其抗原性差异较大,特异性也不强,交叉反应较多。

(1)真菌抗原　真菌在自然界广泛存在,多数动物对真菌有高度抵抗力。感染过程中,机体可产生体液免疫和细胞免疫。一般而言,真菌抗体无保护作用,但其存在可减少某些真菌的传染性,且有助于真菌感染的诊断和预后。

(2)寄生虫抗原　寄生虫感染可引起宿主产生免疫应答,寄生虫体表或分泌排泄物具有抗原性。寄生虫抗原成分包括多肽、蛋白质、糖蛋白、脂蛋白及多糖。同一虫种的不同发育阶段可存在共同抗原和特异性抗原,不同虫种以及寄生虫与宿主之间也可存在共同抗原。检测一些寄生虫抗原的特异性抗体可用于寄生虫感染和疾病的诊断。

5. 保护性抗原(protective antigen)

微生物具有多种抗原成分,但其中只有1～2种抗原成分刺激机体产生的抗体或细胞免疫具有免疫保护作用,因此将这些抗原称为保护性抗原,如口蹄疫病毒的VP1、传染性法氏囊病病毒的VP2、肠致病性大肠杆菌的菌毛抗原(如K88、K99等)和肠毒素抗原(如ST、LT等)。

6. 超抗原(superantigen,SAg)

由White(1989)等首先提出这一概念,是指一些具有强大的刺激T细胞活化的能力,只需极低浓度(1～10 ng/mL)即可诱发最大免疫效应的细菌或病毒抗原。超抗原可与抗原提呈细胞表面的MHCⅡ类分子及TCR的可变区结合,非特异性地刺激T细胞增殖并且释放细胞因子。超抗原主要有以下两类。

(1)外源性超抗原(exogenous SAg)　主要是由革兰阳性菌分泌的各种外毒素,如金黄色葡萄球菌肠毒素(staphylococcus enterotoxin,SE)、毒性休克综合征毒素、剥脱性皮炎毒素、关节炎支原体丝裂原(mycoplasma arthritis mitogen,MAM)、A族链球菌M蛋白和链球菌致热原外毒素A-C等。细菌性超抗原的共同特点是均为细菌分泌的可溶性蛋白质,对靶细胞无直接损伤作用,可与MHCⅡ类分子结合,活化$CD4^+$ T细胞。

(2)内源性超抗原(endogenous SAg)　病毒(主要是逆转录病毒)感染机体后,其DNA整合到宿主细胞DNA中,可产生内源性超抗原。主要是由某些病毒编码的膜蛋白,如小鼠乳腺瘤病毒(MTV)感染淋巴细胞,其DNA整合至淋巴细胞DNA中,在体内持续表达病毒蛋白质产物,成为内源性超抗原。金黄色葡萄球菌蛋白A(staphylococcal protein A,SPA)和人免疫缺陷病毒(human immunodeficiency virus,HIV)在体内的某些表达产物也属于内源性超抗原。

超抗原不同于一般抗原,具有强大的刺激能力,无须经抗原提呈细胞的处理而直接与MHCⅡ类分子的肽结合区以外的部位结合,并以完整分子形式被提呈给T细胞,而且SAg-

MHCⅡ类分子复合物仅与 T 细胞 TCR 的 β 链结合,因此可激活多个 T 细胞克隆。此外,超抗原还与多种病理或生理效应有关。

二　非微生物抗原

(1)ABO 血型抗原　ABO 血型抗原是红细胞表面的糖蛋白,如人类有 A、B、H(决定 O 型抗原的物质)抗原,H 物质是 A 或 B 血型物质的前体。根据人类红细胞表面 A、B 抗原的不同,人类血型分为 A、B、AB 和 O 4 种血型。

(2)动物血清与组织浸液　异种动物血清与组织浸液是良好的抗原。各种植物浸液也有良好的抗原性,如叶绿素即为良好的抗原。

(3)酶类物质　酶是蛋白质,具有良好的抗原性。

(4)激素　蛋白质类激素(如生长激素、肾上腺皮质激素、催乳素、胰高血糖素等)具有良好的抗原性,均能直接刺激机体产生抗体。一些小分子的脂溶性激素属于半抗原,与载体连接后可制成人工复合抗原用于抗体的制备。

三　人工抗原

人工抗原是指经过人工改造或人工构建/表达的抗原,包括合成抗原与结合抗原两类。

(1)合成抗原　依据蛋白质的氨基酸序列,用人工方法合成蛋白质肽链或合成短肽与大分子载体连接,使其具有免疫原性,可用于研制人工合成肽疫苗。利用基因工程技术可表达微生物蛋白质抗原或片段,可用于血清学诊断抗原和基因工程亚单位疫苗的制备。

(2)结合抗原　是将天然的半抗原(如药物、小分子激素等)通过偶联剂与大分子的蛋白质载体连接,使其具有免疫原性,用于免疫动物制备半抗原的特异性抗体。常用的偶联方法有戊二醛法、碳二亚胺法、活泼酯法、亚胺酸酯法和卤代硝基苯法等,使半抗原或合成肽与载体在—COOH、—NH₂ 或 —SH 等基团部位发生结合。

四　有丝分裂原

可活化淋巴细胞的物质有两大类,即特异性抗原和非特异性的有丝分裂原(mitogen)。抗原能特异性地刺激 T 细胞和 B 细胞活化,激活具有相应抗原受体的淋巴细胞。而有丝分裂原是非特异的多克隆激活剂,能使某一群淋巴细胞的所有克隆都被激活。T 细胞和 B 细胞表面均表达多种丝裂原受体,体外试验中丝裂原可以刺激静止的淋巴细胞转化为淋巴母细胞,表现为体积增大、胞浆增多和 DNA 合成增加,并出现有丝分裂等变化。有丝分裂原属于外源性凝集素,多为植物种子中提取的糖蛋白以及细菌成分或产物等。常用的有丝分裂原有刀豆素 A(ConA)、植物血凝素(PHA)、美洲商陆(PWM)、脂多糖(LPS)、葡萄球菌蛋白

A、纯化蛋白衍生物(PPD)和葡聚糖等。利用淋巴细胞对有丝分裂原刺激的反应性(淋巴细胞增殖试验)分析机体免疫系统的功能状态。PHA 或 ConA 用于测定 T 细胞功能,而 LPS 和 PWM 可用于测定 B 细胞功能。

第七节 免疫佐剂与免疫调节剂

一 免疫佐剂

1. 免疫佐剂的概念

一类非特异性免疫增强剂,先于抗原或与抗原混合同时注入动物体内,能非特异性地增强机体对该抗原的免疫应答或改变免疫应答类型的物质统称为免疫佐剂(immunoadjuvant),简称佐剂(adjuvant)。佐剂在人工主动免疫和疫苗研制中得到了广泛应用,除可增强弱抗原性物质的抗原性外,还可通过加入佐剂减少抗原用量和接种次数,增强抗原所激发的抗体应答,达到提高抗体水平的目的。此外,一些佐剂可增强对肿瘤细胞、病毒或胞内菌感染细胞的有效免疫反应,具有增强吞噬细胞的非特异性杀伤功能和特异性细胞免疫的作用。

2. 佐剂的种类

(1)铝盐类 是一类在疫苗上应用很广泛的佐剂,常用的有氢氧化铝胶、明矾(钾明矾、铵明矾)、磷酸三钙等。

(2)油乳剂 是用矿物油、乳化剂(如 Span-80,Tween-80)及稳定剂(硬脂酸铝)按一定比例混合而成。疫苗制备中,油乳剂作为油相,抗原液为水相,两者混合乳化制成各种类型的油水乳剂疫苗,如油包水型(water-in-oil,W/O)、水包油型(oil-in-water,O/W)、水包油包水型(water-in-oil-in-water,W/O/W)等。油乳剂中最经典的是弗氏佐剂(Freund's adjuvant),常用于制备蛋白质抗原的抗血清免疫动物(如小鼠、兔)用佐剂,其主要成分为液体石蜡和羊毛脂(乳化剂),称为弗氏不完全佐剂;加入灭活的结核分枝杆菌或卡介苗称为弗氏完全佐剂。

(3)微生物及其代谢产物 某些杀死的菌体及其成分、代谢产物等也可起到佐剂作用,如革兰阴性菌脂多糖(LPS)、分枝杆菌及其成分、革兰阳性菌的脂磷壁酸(LTA)、短小棒状杆菌和酵母菌的细胞壁成分、白色念珠菌提取物、细菌的蛋白毒素(如霍乱毒素、百日咳杆菌毒素及破伤风毒素)等。

(4)免疫刺激复合物(immunostimulating complex,ISCOM) 一种具有较高免疫活性的脂质小体,由两歧性抗原与 Quil A(植物皂苷)和胆固醇按 1:1:1 的分子比例混匀共价结合而成。ISCOM 是一种新的抗原提呈系统,具有较高的免疫学价值,能活化 T_H 细胞、CTL 和 B 细胞,可产生强烈而持久的免疫应答。

(5)蜂胶(propolis) 是蜜蜂采自植物幼芽分泌的树脂,并混入蜜蜂上腭腺分泌物,以及蜂蜡、花粉及其他一些有机与无机物的一种天然物质,内含数十种生物活性物质,包括氨基酸、脂肪酸、多糖及酶等,具有广谱抗病毒、抗细菌和抗真菌作用。作为佐剂具有增强补体功能、增加免疫细胞数量和促进抗体产生的免疫增强作用。

(6)脂质体(liposome) 是由磷脂和其他极性两性分子以双层脂膜构型形成的密闭的、向心性囊泡,它对与其结合或偶联的蛋白或多肽抗原具有免疫佐剂作用。脂质体能显著增强对抗原的免疫应答,包括刺激产生保护性抗体和细胞免疫应答。脂质体除了具有良好的佐剂作用外,它在体内能经生物途径降解,其本身几乎无免疫原性。

(7)人工合成佐剂 胞壁酰二肽(MDP)及其衍生物、海藻糖合成衍生物属人工合成佐剂。MDP是细菌肽聚糖最简单的结构单位,分子质量小于 0.5 ku,并含有 D-异谷氨酸胺,对生物降解作用有抵抗力,易溶于水,可口服,无不良反应,能增强机体免疫功能。

(8)新型佐剂 随着基因工程亚单位疫苗、重组活载体疫苗、合成肽疫苗、DNA疫苗问世,原有的免疫佐剂已不能满足疫苗发展的需求。近年来,一些新型免疫佐剂已应用于疫苗的研究与开发。

①补体成分。C3d是补体C3分子裂解后的小片段,能增强B细胞对抗原的提呈能力,降低B细胞的活化阈值。C3d可与抗原共价结合,提高抗原的免疫原性。

②细胞因子。白细胞介素(如 IL-1、IL-2、IL-4、IL-12 等)、干扰素(IFN-γ)等多种细胞因子都具有佐剂作用,可提高病毒、细菌和寄生虫疫苗的免疫效果。不同细胞因子佐剂的作用机制有所不同,如 IL-1 可增强机体对疫苗的初次和再次体液免疫应答、促进 IL-2 的产生、促进 T_H 细胞的活化及诱导 B 细胞的增殖与分化,对提高非胸腺依赖性抗原的免疫应答尤其重要;IL-12 能够诱导 NK 细胞和 T 细胞产生 IFN-γ,对灭活疫苗、肿瘤和寄生虫抗原的佐剂活性较强;IFN-γ 可以诱导免疫细胞 MHCⅡ类分子的表达。

③核酸及其类似物。从一些微生物中提取的核酸成分(如非甲基化的 CpG 序列)与抗原或疫苗一起接种动物,可起到佐剂作用。含 CpG 基序的寡聚脱氧核苷酸(oligodeoxynu-cleotides containing CpG motifs,CpG ODN)是由胞嘧啶、鸟嘌呤及使二者相连的磷酸酯键组成的二核苷酸,CpG 二核苷酸及其 5′端和 3′端各两个碱基共同构成 CpG 基序。CpG ODN 主要存在于细菌、病毒和无脊椎动物 DNA 中。CpG ODN 对 T 细胞、B 细胞、NK 细胞、树突状细胞和单核-巨噬细胞均具有强烈的活化作用,具有强大的促进体液免疫和细胞免疫应答的生物学效应。此外,聚肌胞苷酸 poly (I:C)(一种合成的双股 RNA)也可作为免疫佐剂。

④纳米颗粒。用纳米颗粒作为载体与抗原分子结合,制成新型疫苗,可提高免疫效果。纳米颗粒具有和抗原结合牢固、稳定等优点。

⑤微型胶囊。用高分子聚合物包裹于疫苗表面而形成的囊状物,大小在 400 μm 以下,其囊膜具有通透性,囊心疫苗借助压力、pH、酶、温度等可逐步释放出来,随着胶囊的降解,被包封于内的疫苗也可缓慢释放出来。具有储存抗原、延缓抗原释放、降低疫苗损耗和提高疫苗稳定性的作用,可增强疫苗的免疫效果和延长免疫期。

3. 佐剂的免疫生物学作用

佐剂的免疫生物学作用包括:①增强抗原的免疫原性,使无免疫原性或仅有微弱免疫原性的物质变成有效的免疫原;②增强机体对抗原刺激的反应性,可提高初次应答和再次应答所产生抗体的水平;③改变抗体产生类型,使由产生IgM转变为产生IgG;④诱导迟发型变态反应,增强机体的细胞免疫应答。

4. 佐剂的作用机制

不同类型的佐剂增强免疫应答的机制不尽相同,概括而言,主要涉及:①刺激先天性免疫应答(如固有免疫细胞、TLR),有助于抗原特异性B细胞和T细胞的活化;②在接种部位形成抗原储存库,使抗原缓慢释放,延长抗原在局部组织内的滞留时间,较长时间使抗原与免疫细胞接触并激发对抗原的应答;③增加抗原表面积,提高抗原的免疫原性,辅助抗原暴露并将能刺激特异性免疫应答的抗原表位提呈给免疫细胞;④促进局部的炎症反应,增强吞噬细胞的活性,促进免疫细胞的增殖与分化,诱导和促进细胞因子的分泌。

二　免疫调节剂

广义的免疫调节剂(immunomodulator)包括具有正调节功能的免疫增强剂和具有负调节功能的免疫抑制剂。

1. 免疫增强剂

免疫增强剂(immune potentiator)　是指一些单独使用即能引起机体出现短暂的免疫功能增强作用的物质,有的可与抗原同时使用,有的佐剂本身也是免疫增强剂。免疫增强剂的种类繁多,主要有以下几类:①生物性免疫增强剂,如转移因子、免疫核糖核酸(iRNA)、胸腺激素、干扰素等;②细菌性免疫增强剂,如小棒状杆菌、卡介苗、细菌脂多糖等;③化学性免疫增强剂,如左旋咪唑、吡喃、梯洛龙、多聚核苷酸、西咪替丁等;④营养性免疫增强剂,如维生素、微量元素等;⑤中药类免疫增强剂,如香菇、灵芝等的真菌多糖成分、药用植物(如黄芪、人参、刺五加等)及其有效成分、中药方剂(如"十全大补汤"等)。

免疫增强剂可用于治疗某些传染病(如真菌感染)、免疫性疾病(如免疫缺陷、免疫抑制性疾病)以及非免疫性疾病(如肿瘤)。大多数增强剂,尤其是细菌来源的制剂及其产物、细胞因子及其诱导剂等,往往具有双向调节的特点,即低浓度时的刺激作用和高浓度时的抑制作用;或者依机体免疫功能状态,可使过高或过低的免疫功能调整到正常水平。左旋咪唑、异丙肌苷等可使低下的免疫功能恢复,免疫系统的天然产物(如胸腺素等)可替代体内缺乏的免疫分子而提高免疫功能。胞壁酰二肽等与抗原同时应用可显示佐剂效应,但在一定条件下也可诱导免疫抑制。此外,某些中药对机体正常状态无影响,但可使免疫功能异常状态恢复正常。按照世界卫生组织(WHO)的标准,选择一种化合物作为免疫增强剂的基本条件是该种化合物的化学成分明确、易于降解、无致癌或致突变性、刺激作用适中及无毒副作用或后继作用。

2. 免疫抑制剂

免疫抑制剂(immune suppressant)　是指在治疗剂量下可产生明显免疫抑制效应的物质。免疫抑制剂已广泛用于抗移植排斥反应、自身免疫病、变态反应以及感染性疾病等的治疗。具有免疫抑制作用的物质种类较多,根据其来源可分为以下几类:①合成性免疫抑制剂,包括糖皮脂激素类固醇、烷化剂(如环磷酰胺)和抗代谢药物(如嘌呤类、嘧啶类及叶酸对抗剂等);②微生物性免疫抑制剂,主要来源于微生物的代谢产物,多为抗生素或抗真菌药物;③生物性免疫抑制剂,某些生物制剂如抗淋巴细胞血清及单克隆抗体、抗黏附分子单克隆抗体、细胞因子拮抗剂以及一些细胞因子等,具有免疫抑制作用;④中药类免疫抑制剂,多种中草药具有免疫抑制作用,如雷公藤、冬虫夏草等。

免疫抑制剂可作用于免疫应答过程的不同环节,如抑制免疫细胞的发育分化、抑制抗原加工与提呈、抑制淋巴细胞对抗原的识别、抑制淋巴细胞效应等;不同分化阶段的免疫细胞对免疫抑制剂的敏感性不同;且免疫抑制剂对细胞和体液免疫应答的抑制效应各异;免疫抑制剂一般具有较为严重的副作用,可能引起骨髓抑制、肝肾功能损伤、继发严重感染和胎儿畸形等。理想的免疫抑制剂应能够选择性地作用于免疫系统且不损害机体免疫功能,应用后在短时间内即可降低机体对特异性抗原的免疫应答能力,但不影响机体的免疫防御功能。

❓复习思考题

1. 抗原与抗原性的概念是什么? 完全抗原与半抗原的概念是什么?

2. 影响抗原免疫原性的因素有哪些?

3. 何为抗原表位? 试述 B 细胞表位和 T 细胞表位的特性有何不同。

4. 解释抗原交叉性的含义。

5. 试述半抗原-载体现象及其生物学意义。如何使半抗原具有免疫原性?

6. TI 抗原与 TD 抗原的特性有何不同?

7. 试述细菌和病毒的抗原组成。

8. 什么是外源性抗原与内源性抗原?

9. 什么是超抗原?

10. 试述佐剂的概念及其种类。佐剂的免疫生物学功能及作用机制是什么?

第二章 抗体

内容提要

抗体是动物机体对抗原应答的重要产物,介导特异性体液免疫,其本质是免疫球蛋白(Ig),单体分子由两条重链和两条轻链组成。抗体是蛋白质,也具有抗原性,有同种型、同种异型和独特型决定簇。免疫球蛋白有类、亚类、型以及亚型之分,重链决定免疫球蛋白的类,而轻链决定型。5类免疫球蛋白(IgG、IgM、IgA、IgE和IgD)有各自的特点与免疫学功能。各种动物的免疫球蛋白在类和亚类上有所不同。免疫细胞还有一些在结构上与Ig功能区相似的免疫球蛋白超家族分子。克隆选择学说从细胞水平上解释了抗体形成及其多样性的机理。

第一节 免疫球蛋白与抗体的概念

一 免疫球蛋白的概念

免疫球蛋白(immunoglobulin,Ig)是指存在于动物血液(血清)、组织液及其他外分泌液中的一类具有相似结构的球蛋白,曾称为γ-球蛋白。1968年和1972年两次国际会议决定以 Ig 表示。依据化学结构和抗原性差异,免疫球蛋白可分为 IgG、IgM、IgA、IgE 和 IgD。

二 抗体的概念

动物机体受到抗原物质刺激后,由 B 淋巴细胞转化为浆细胞产生的,能与相应抗原发生特异性结合反应的免疫球蛋白称为抗体(antibody,Ab)。抗体的本质是免疫球蛋白,是机体对抗原物质产生免疫应答的重要产物,具有多种免疫功能,主要存在于动物的血液(血清)、淋巴液、组织液及其他外分泌液中,因此将抗体介导的免疫称为体液免疫(humoral immunity)。有的抗体可通过细胞膜上的 Fc 受体与一些免疫细胞结合,如 IgG 可与 B 淋巴细胞、NK 细胞、巨噬细胞等结合,IgE 可与肥大细胞和嗜碱性粒细胞结合,这类抗体称为亲细胞性抗体。此外,成熟 B 细胞表面的 B 细胞受体(B-cell receptor,BCR)为膜结合型 Ig,称为膜免疫球蛋白(membrane immunoglobulin,mIg)或膜结合免疫球蛋白(membrane-bound immunoglobulin),主要是 mIgM 和 mIgD。BCR 是 B 细胞识别抗原的物质基础,具有抗原结合特异性,可直接识别完整的、天然蛋白质抗原或抗原肽、多糖或脂多糖抗原。

抗体与免疫球蛋白的本质相同,但二者在概念上有区别。抗体是免疫(生物)学和功能上的名词,是抗原的对立面,即抗体是有针对性的,如某种细菌或病毒的抗体;免疫球蛋白是结构和化学本质上的概念,并不都具有抗体活性,如存在于多发性骨髓瘤(一种浆细胞瘤)患者血清中的骨髓瘤蛋白(myeloma protein)和尿中的本周蛋白(Bence-Jones protein)通常无抗体活性,但仍属于免疫球蛋白。从分子的多样性来看,抗体的多样性极大,动物机体可产生针对各种各样抗原的抗体,其特异性不同;而免疫球蛋白的多样性则小。

第二节　免疫球蛋白的分子结构

免疫球蛋白是一类其分子结构和功能研究得最为清楚的免疫分子。解析免疫球蛋白的结构和功能是近代免疫学的一大突破。尽管很早就发现抗体,但由于血清中存在的抗体分子不均一(异质性),故对其结构研究十分困难。多发性骨髓瘤病人血清中含有分子均一的骨髓瘤蛋白,占血清免疫球蛋白的 95%。1959—1962 年,Porter 和 Edelman 以骨髓瘤蛋白为试验材料,采用酶消化、还原剂还原和分离技术,成功解析免疫球蛋白的基本结构,从而提出免疫球蛋白的结构模型,获得 1972 年的诺贝尔生理学或医学奖。后来,X 射线晶体学的应用进一步解析了免疫球蛋白的三维结构和抗体结合抗原的分子结构基础。

一　免疫球蛋白的单体分子结构

所有种类免疫球蛋白的单体分子结构都是相似的,即是由两条相同的重链和两条相同的轻链构成的"Y"字形的四肽链结构(图 2-1a)。IgG、IgE、血清型 IgA 和 IgD 均是以单体分子形式存在的,IgM 是以 5 个单体分子构成的五聚体,分泌型的 IgA 是以 2 个单体构成的二聚体。

1. 重链

重链(heavy chain)简称 H 链。由 420~440 个氨基酸组成,分子质量为 50~70 ku,两条重链之间由一对或一对以上的二硫键(—S—S—)相互连接。从氨基端(N 端)开始最初的大约 110 个氨基酸称为重链的可变区(variable region,V_H),其氨基酸组成和序列是随抗体分子的特异性不同而有所变化,其余的氨基酸比较稳定,称为恒(稳)定区(constant region,C_H)(图2-1a)。在重链的可变区内,有3个区域的氨基酸呈现高变异性,称为高(超)变区(hypervariable region,HVR),大约分别位于第31~37、第50~65和第95~105位氨基酸区域,是决定抗体分子特异性和构成抗体分子的抗原结合点的关键区域;其余的氨基酸变异较小,称为骨架区(framework region,FR)。

免疫球蛋白的重链有5类——γ、μ、α、ε和δ,决定免疫球蛋白的种类,即IgG、IgM、IgA、IgE和IgD的重链分别为γ、μ、α、ε和δ。因此,同一种动物,不同免疫球蛋白的差别是由重链所决定的。

2. 轻链

轻链(light chain)简称L链。由213~214个氨基酸组成,分子质量约为22 ku。两条轻链相同,其羧基端(C端)经二硫键分别与两条重链连接。从氨基端开始最初的约109个氨基酸(约占轻链的1/2)的组成与序列随抗体分子的特异性变化而有差异,称为轻链的可变区(V_L),与重链的可变区相对应,从而构成抗体分子的抗原结合部位;其余的氨基酸比较稳定,称为恒定区(C_L)(图2-1a)。在轻链的可变区内同样有3个高变区,其氨基酸呈现高变异性,位置大约位于第26~32、第48~55和第90~95位氨基酸区域,与重链的高变区共同决定抗体分子特异性和构成抗体分子的抗原结合点;其余的氨基酸变异较小,称为骨架区。

免疫球蛋白的轻链有2型,即κ(kappa)型和λ(lambda)型,其差别主要是C_L氨基酸组成与结构的不同,因而抗原性不同,这也是轻链分型的依据。在同一种属动物,各类免疫球蛋白的轻链都是相同的,而各类免疫球蛋白都有κ型和λ型两型轻链分子。

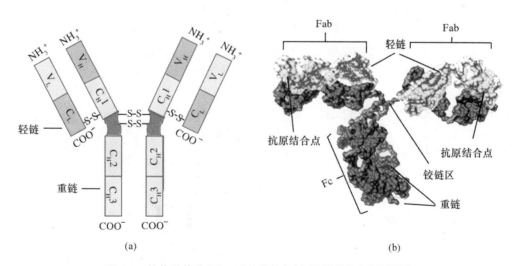

图2-1　抗体单体分子(IgG)的结构(a)与三维结构(b)示意图

3. 三维结构(three-dimensional structure)

免疫球蛋白的多肽链折叠形成3个球状区,2个Fab区域和1个Fc区域被柔性的铰链区连接(图2-1b)。每一球状区由配对的功能区构成,Fab区域由2个相互作用的功能区(V_H-V_L和C_H1-C_L)组成,而Fc区域视免疫球蛋白的种类不同含有2或3个配对的功能区,

IgG、IgA 和 IgD 为 2 个(C_H2-C_H2 和 C_H3-C_H3)，IgM 和 IgE 为 3 个(C_H2-C_H2、C_H3-C_H3 和 C_H4-C_H4)，功能区内的肽链紧密缠绕。在 Fab 区域，变可区（V_H 和 V_L）形成一个凹槽(groove)，构成抗原结合点，其表面形状可变。骨架区的氨基酸形成 β-折叠，而重链的 3 个高变区和轻链的 3 个高变区氨基酸形成 6 个环(loop)，与起支架作用的 β-折叠连接。抗体分子的 2 个抗原结合点完全相同，结合相同的抗原表位。由于铰链区的柔性可使抗体分子构形发生变化，因此一个抗体分子可同时交联(结合)2 个抗原分子。

4. 功能区(domain)

免疫球蛋白的多肽链分子可折叠形成几个由链内二硫键连接而成的环状球形结构，称为免疫球蛋白的功能区（图 2-2），又称为结构域。IgG、IgA 和 IgD 的重链有 4 个功能区，其中的一个功能区在可变区，其余的在恒定区，分别为 V_H、C_H1、C_H2 和 C_H3；而 IgM 和 IgE 的重链有 5 个功能区，即多出一个 C_H4。轻链有 2 个功能区，即 V_L 和 C_L，分别位于可变区和恒定区。免疫球蛋白的每一个功能区由大约 110 个氨基酸组成。免疫球蛋白的各功能区的功能不同，但其结构具有明显的相似性，最初可能是由单一基因编码，通过基因复制和突变演化而成。

（1）V_H-V_L　抗体分子结合抗原的所在部位，决定抗体分子的特异性和多样性。由重链和轻链可变区内的高变区构成抗体分子的抗原结合点(antigen-binding site)。由于抗原结合点与抗原表位的结构互补，所以高变区又称为抗体分子的互补决定区(complementary-determining regions，CDRs)。重链和轻链各有 3 个 CDR(CDR1、CDR2 和 CDR3)，它们在可变区末端形成松散的折叠多肽；其中 CDR3 的氨基酸序列变异度高于 CDR1 和 CDR2。

（2）C_H1-C_L　免疫球蛋白同种异型差异（遗传标志）的区域。

（3）C_H2-C_H2　抗体分子的补体结合位点，与补体的活化有关。

（4）C_H3-C_H3　与抗体的亲细胞性有关，是 IgG 与一些免疫细胞表面 F_C 受体的结合部位。IgE 与肥大细胞和嗜碱性粒细胞表面 F_C 受体结合的部位为 C_H4。

（5）铰链区(hinge region)　两条重链之间二硫键连接处附近的区域，即 C_H1 与 C_H2 之间大约 30 个氨基酸残基的部位，由 2～5 个链间二硫键、C_H1 尾部和 C_H2 头部的小段肽链构成（图 2-2）。此区与抗体分子的构型变化有关，当抗体与抗原结合时，该部位可转动，一方面利于可变区的抗原结合点与抗原结合，以及与不同距离的两个抗原表位结合，起弹性和调节作用；另一方面可使抗体分子变构，暴露其补体结合位点，进而活化补体。免疫球蛋白铰链区的柔韧性与其含较多脯氨酸残基有关。

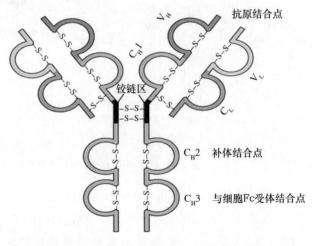

图 2-2　抗体(IgG)分子的功能区示意图

二 免疫球蛋白的酶解片段与生物学活性

免疫球蛋白的结构和功能是通过采用酶消化后,研究各片段的免疫活性而被证明的。Porter(1959)首先用木瓜蛋白酶(papain)将 IgG 分子水解,可将其重链于链间二硫键近氨基端处切断,得到大小相近的 3 个片段,其中有 2 个相同的片段,可与抗原特异性结合,称为抗原结合片段(fragment antigen-binding,Fab),分子质量为 45 ku;另一个片段可形成蛋白结晶,称为 Fc 片段(fragment crystallizable,Fc),分子质量为 55 ku。后来,Nisonoff 用胃蛋白酶(pepsin)将 IgG 重链于链间二硫键近羧基端切断,获得了 2 个大小不同的片段,一个是具有双价抗体活性的 F(ab′)2 片段,小片段类似于 Fc,称为 pFc′片段,后者无任何生物学活性。免疫球蛋白的酶解片段如图 2-3 所示。

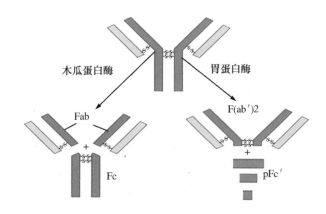

图 2-3　免疫球蛋白分子的酶解片段

1.Fab 片段的组成与生物学活性

Fab 片段由一条完整的轻链和 N 端 1/2 重链所组成。由两个轻链同源区(V_L 和 C_L)和两个重链同源区(V_H 和 C_H1)在可变区和稳定区各组成一个功能区。抗体结合抗原的活性是由 Fab 所呈现的,由 V_H 和 V_L 所组成的抗原结合部位除了结合抗原而外,还是决定抗体分子特异性的部位。

2.Fc 片段的组成与生物学活性

Fc 片段由重链 C 端的 1/2 组成,包含 C_H2 和 C_H3 两个功能区。该片段无结合抗原活性,但具有各类免疫球蛋白的抗原决定簇,并与抗体分子的如下生物学活性有关。

(1)抗体选择性通过胎盘　人的 IgG 可通过胎盘进入胎儿体内,与 Fc 片段有关。胎盘母体一侧的滋养层细胞能摄取各类免疫球蛋白,但其吞饮泡内只有 IgG 的 Fc 受体而无其他种类 Ig 的受体。与受体结合的 IgG 可得以避免被酶降解,进而通过细胞的外排作用分泌到胎盘的胎儿一侧,进入胎儿循环。

(2)补体结合与补体活化　补体可与抗原抗体复合物结合,其结合位点位于抗体分子

Fc 片段的 C_H2。

（3）决定抗体的亲细胞性　一些免疫细胞如巨噬细胞、NK 细胞、B 细胞、嗜碱性粒细胞、肥大细胞等表面都具有 Fc 受体，因此，抗体可通过其 Fc 片段与这些带有 Fc 受体的细胞结合。Ig 与这些细胞 Fc 受体的结合部位因其种类不同而有差异，IgG 与巨噬细胞、NK 细胞、B 细胞的 Fc 受体的结合部位是 C_H3，而 IgE 与嗜碱性粒细胞和肥大细胞 Fc 受体结合的部位是 C_H4。

（4）免疫球蛋白通过黏膜进入外分泌液　局部黏膜固有层中的浆细胞产生的分泌型 IgA，可通过黏膜进入呼吸道和消化道分泌液中，其 Fc 片段起着重要作用。

（5）决定各类免疫球蛋白的抗原特异性　Fc 片段是免疫球蛋白分子中的重链恒定区，因此它是决定各类免疫球蛋白的抗原特异性的部位。用免疫球蛋白免疫异种动物制备的抗抗体（第二抗体）主要是针对 Fc 片段的。

此外，Fc 片段还与抗体的代谢（分解、清除）以及抗原抗体复合物、抗原的清除有关。由于各类抗体的 Fc 片段的结构存在差异，因此它们的生物学活性也有所不同（表 2-1）。

表 2-1　各类免疫球蛋白 Fc 片段的生物学活性

功能	IgG1	IgG2	IgG3	IgG4	IgM	IgA	IgE
选择性通过胎盘	+	+	+	+	−	−	−
补体活化：经典途径	+	+	+	−	+	−	−
替代途径	−	−	−	+	−	−	−
亲细胞性：							
(1)与巨噬细胞、淋巴细胞结合	+	−	+	−	−	−	−
(2)与嗜碱性粒细胞、肥大细胞结合	−	−	−	−	−	−	+

注：+——能；−——不能。

三　免疫球蛋白的特殊分子结构

免疫球蛋白还具有一些特殊分子结构，为个别免疫球蛋白所具有。

1. 连接链（joining chain）

连接链简称 J 链。为 IgM 和分泌型 IgA（secretory IgA，sIgA）所特有。IgM 是由 5 个单体分子聚合而成的五聚体（pentamer），分泌型 IgA 是由 2 个单体分子聚合而成的二聚体（dimer），单体之间靠 J 链连接（图 2-4）。J 链是一条分子质量约为 20 ku 的多肽链，含 10% 糖成分，富含半胱氨酸残基，以二硫键的形式与免疫球蛋白的 Fc 片段共价结合。J 链由分泌 IgM、IgA 的同一浆细胞所合成，在 IgM、IgA 释放之前与之结合，起稳定多聚体的作用。

2. 分泌成分（secretory component，SC）

分泌型 IgA 所特有的结构，曾称为分泌片（secretory piece）、转运片（transport piece）。SC 是一种分子质量 60～70 ku 的多肽链，含 6% 糖成分。由局部黏膜上皮细胞所合成，在

IgA 通过黏膜上皮细胞的过程中,SC 与之结合形成分泌型的二聚体(图 2-4)。SC 具有促进上皮细胞积极地从组织中吸收 sIgA,并将其释放于胃肠道和呼吸道内的作用;同时 SC 可防止 sIgA 在消化道内被蛋白酶所降解,从而使 sIgA 能充分发挥免疫效应。

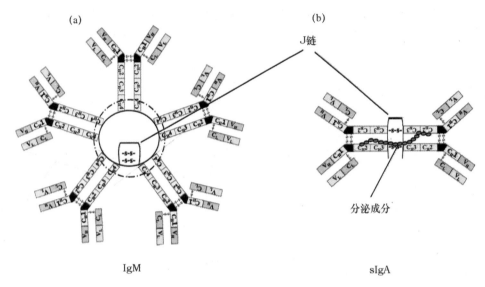

图 2-4　**IgM 和分泌型 IgA 的结构示意图**

3. 糖类

免疫球蛋白是含糖量相当高的蛋白质,特别是 IgM 和 IgA。糖类(carbohydrate)是以共价键结合在 H 链的氨基酸上,大多数情况是通过 N-糖苷键与多肽链中的天冬酰胺结合,少数可结合到丝氨酸上。糖的结合部位因免疫球蛋白的种类不同而有差异,如 IgG 在 C_H2,IgM、IgA、IgE 和 IgD 在 C 区和铰链区。糖类在 Ig 的分泌过程中起着重要作用,并可使免疫球蛋白分子易溶和防止被分解。

第三节　免疫球蛋白的种类与抗原性

一　免疫球蛋白的种类

免疫球蛋白可分为类、亚类、型、亚型等。

1. 类(class)

免疫球蛋白类的区分是依据其重链 C 区的理化特性及抗原性的差异,在同种系所有个体的免疫球蛋白可分为 5 类,即 IgG、IgM、IgA、IgE 和 IgD,重链分别为 γ、μ、α、ε 和 δ,因此重链决定免疫球蛋白的种类。

2. 亚类(subclass)

根据其重链恒定区的微细结构、二硫键的位置与数目及抗原特性的不同,同一类免疫球蛋白又可分为亚类,如人的 IgG 有 4 个亚类(IgG1、IgG2、IgG3 和 IgG4)(图 2-5),IgA 有 IgA1 和 IgA2,IgM 有 IgM1 和 IgM2,尚未发现 IgE 和 IgD 亚类。其他动物的 IgG 也有不同的亚类(表 2-2),如小鼠 IgG 的 4 个亚类为 IgG1、IgG2a、IgG2b 和 IgG3。

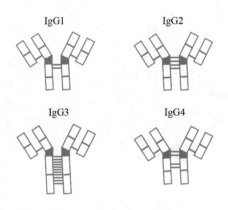

图 2-5　IgG 亚类示意图

3. 型(type)

根据轻链恒定区的抗原性不同,各类免疫球蛋白的轻链分为 2 个型(κ 型和 λ 型)。任何种类的免疫球蛋白均有两型轻链分子,且同型轻链是相同的,如 IgG 的分子式为$(\gamma\kappa)2$ 或 $(\gamma\lambda)2$。

表 2-2　各种动物的免疫球蛋白类和亚类

动物	免疫球蛋白的类和亚类				
	IgG	IgM	IgA	IgE	IgD
马	IgG1、IgG2、IgG3、IgG4、IgG5、IgG6、IgG7	IgM	IgA	IgE	IgD
牛	IgG1、IgG2(IgG2a、IgG2b?)、IgG3	IgM1、IgM2	IgA	IgE	IgD
绵羊	IgG1(IgG1a?)、IgG2、IgG3	IgM	IgA1、IgA2	IgE	IgD
猪	IgG1、IgG2a、IgG2b、IgG3、IgG4	IgM	IgA1、IgA2	IgE	IgD
犬	IgG1、IgG2、IgG3、IgG4	IgM	IgA	IgE1、IgE2	IgD
猫	IgG1、IgG2、IgG3、(IgG4?)	IgM	IgA1、IgA2	IgE(IgE1、IgE2?)	IgD(?)
兔	IgG	IgM	IgA	IgE	—
小鼠	IgG1、IgG2a、IgG2b、IgG3	IgM	IgA	IgE	IgD
鸡	IgG1、IgG2、IgG3	7 S IgM	IgA	?	—
鸭	IgG1(7.8 S)、IgG2(5.7 S)	分泌型 IgM	IgA	IgE	
黑猩猩	IgG1、IgG2、IgG3	IgM	IgA	IgE	IgD

4. 亚型(subtype)

免疫球蛋白亚型的区分是依据 λ 型轻链 N 端恒定区上氨基酸的差异,可分为若干亚型。例如,轻链 190 位的氨基酸为亮氨酸时,称为 $Oz^{(+)}$ 亚型,为精氨酸时,称为 $Oz^{(-)}$ 亚型;轻链 154 位氨基酸为甘氨酸时,称为 $Kern^{(+)}$ 亚型,若为丝氨酸时,则称为 $Kern^{(-)}$ 亚型。κ 型轻链无亚型。

二 免疫球蛋白的抗原性

免疫球蛋白是蛋白质,具有抗原性,因此可作为抗原刺激机体产生抗体。一种动物的免疫球蛋白对另一种动物而言是良好的抗原。免疫球蛋白不仅在异种动物之间具有抗原性,而且在同一种属动物不同个体之间,以及自身体内同样是一种抗原物质。免疫球蛋白分子的抗原决定簇(表位)分为同种型决定簇、同种异型决定簇和独特型决定簇 3 种类型。

1. 同种型决定簇(isotypic determinant)

同种型决定簇是指同一种属动物所有个体共同具有的抗原决定簇(图 2-6a),即在同一种动物不同个体之间同时存在不同类型(类、亚类、型、亚型)的免疫球蛋白,不具抗原性,仅在异种动物之间才呈现出抗原性。同种型抗原决定簇主要存在于免疫球蛋白分子的重链和轻链的 C 区。将一种动物的免疫球蛋白注射到另一种动物体内,可诱导产生对同种型决定簇的抗体,又称为抗抗体或二抗(secondary antibody)。抗抗体的用途十分广泛,如用荧光素、酶、放射性同位素、胶体金等标记用于血清学的标记抗体技术。

2. 同种异型决定簇(allotypic determinant)

虽然同一种动物的所有个体的免疫球蛋白具有相同的同种型决定簇,但一些基因存在多等位基因,编码微小的氨基酸差异,称为同种异型决定簇(图 2-6b)。因此,免疫球蛋白在同一种动物不同个体之间会呈现出抗原性,将一种动物的某一个体的免疫球蛋白注射到同一种动物的另一个体内,可诱导产生针对同种异型决定簇的抗体。同种异型抗原决定簇存在于 IgG、IgA 和 IgE 的重链 C 区和 κ 型轻链的 C 区,一般为 1～4 个氨基酸的差异。同种异型是 Ig 稳定的遗传标志。

3. 独特型决定簇(idiotypic determinant)

独特型决定簇又称为个体基因型。动物机体可产生针对各种各样抗原的抗体,其特异性均不相同。抗体分子的特异性是由免疫球蛋白的重链和轻链可变区所决定的,因此在同一个体内针对不同抗原的抗体分子之间的差别表现在免疫球蛋白分子的可变区(主要在 CDRs)。这种差别就决定了抗体分子在机体内具有抗原性,所以由抗体分子重链和轻链可变区的构型可产生独特型决定簇。可变区内单个的抗原决定簇称为独特位(idiotope)(图 2-6c)。每种抗体都有多个独特位,其总和称为抗体的独特型(idiotype)。一般而言,独特位就是抗体分子的抗原结合点,但有时还包括抗原结合点以外的可变区序列。独特型在异种、同种异体乃至同一个体内均可刺激产生相应的抗体,这种抗体称为抗独特型抗体(anti-idiotype antibody)。

总之,在动物体内具有成千上万的产生抗体的 B 淋巴细胞,它们产生的抗体的抗原结合部位的立体构型各不相同,而呈现出不同的独特型,从而可适应各种各样抗原表位的多样性。因此,单从抗体的独特型即可看出抗体的多样性极大。自然界有多少种抗原,有多少种抗原表位,机体均可产生相应的特异性抗体并具有相应的独特型。

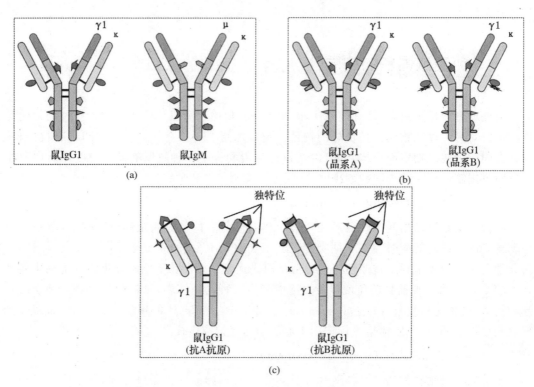

图 2-6　免疫球蛋白的同种型决定簇(a)、同种异型决定簇(b)和独特型决定簇(c)

第四节　各类抗体的主要特性与免疫学功能

一　IgG

IgG 是动物血清中含量最高的免疫球蛋白(表 2-3),占血清免疫球蛋白总量的 75%～80%。IgG 是介导特异性体液免疫的主要抗体,以单体形式存在,沉降系数为 7 S,分子质量为 160～180 ku。IgG 主要由脾脏和淋巴结中的浆细胞产生,大部分(45%～50%)存在于血浆中,其余存在于组织液和淋巴液中。IgG 是唯一可通过人(和兔)胎盘的抗体,因此在新生儿的抗感染中起着十分重要的作用。尽管 IgG 有亚类之分,但其 γ 链上氨基酸序列相似性极高,只是以二硫键与轻链连接时半胱氨酸残基位置不同以及铰链区二硫键的数目有差异。

IgG 是自然感染和人工主动免疫后,动物机体所产生的主要抗体。因此,IgG 是动物机体抗感染免疫的主力,同时也是血清学诊断和疫苗免疫后监测的主要抗体。IgG 在动物体内不仅含量高,而且持续时间长,可发挥抗菌、抗病毒和抗毒素等免疫学活性。IgG 能调理、凝集和沉淀抗原,但仅在有足够分子存在并以正确构型积聚在抗原表面时才能结合和活化补体。在抗肿瘤免疫中,IgG 也是不可缺少的,肿瘤特异性抗原的 IgG 抗体的 Fc 片段可与巨噬细胞、NK 细胞等表面的 Fc 受体结合,从而在肿瘤细胞与这些效应细胞之间起着搭桥作用,引起抗体依赖性细胞介导的细胞毒作用(ADCC)而杀伤肿瘤细胞以及病毒或胞内菌感染细胞。此外,IgG 抗体可引起Ⅱ型、Ⅲ型变态反应及自身免疫病,在肿瘤免疫中体内产生的封闭因子也与 IgG 有关。

二 IgM

　　IgM 是动物机体初次体液免疫反应最早产生的免疫球蛋白,其含量仅占血清免疫球蛋白的 10% 左右,主要由脾脏和淋巴结中 B 细胞产生,分布于血液中。IgM 是由 J 链连接的 5 个单体组成的五聚体,分子质量为 900 ku 左右,是所有免疫球蛋白中分子质量最大的,故又称为巨球蛋白(macroglobulin),沉降系数为 19 S。成熟 B 细胞膜表面的 IgM 为单体分子,为膜结合型 IgM(mIgM),是 B 细胞抗原受体(BCR)。

　　与 IgG 相比,IgM 在动物体内产生最早,但持续时间短,因此不是机体抗感染免疫的主力,但它是机体初次接触抗原和接种疫苗时最早产生的抗体,可谓机体抗感染的"先头部队",因此在抗感染免疫的早期起着十分重要的作用。通过检测血清中的 IgM 抗体,可进行动物传染病的血清学早期诊断。IgM 抗体具有抗菌、抗病毒、中和毒素等免疫活性,由于其分子上含有多个抗原结合部位,所以它是一种高效能的抗体,其杀菌、溶菌、溶血、促进吞噬(调理作用)及凝集作用均高于 IgG(500～1 000 倍)。IgM 也具有抗肿瘤作用,在补体的参与下同样可介导对肿瘤细胞的杀伤。此外,IgM 可引起Ⅱ型和Ⅲ型变态反应及自身免疫病而造成机体损伤。

三 IgA

　　IgA 以单体和二聚体两种分子形式存在,单体存在于血清中,称为血清型 IgA,占血清免疫球蛋白的 10%～20%,分子质量为 170 ku;二聚体为分泌型 IgA,分子质量为 390 ku,是由呼吸道、消化道、泌尿生殖道等部位的黏膜固有层中的浆细胞所产生,两个单体由一条 J 链连接在一起,形成二聚体,然后与黏膜上皮细胞表达的存在于黏膜上皮基底膜表面的多聚免疫球蛋白受体(poly-Ig receptor)结合,形成的 poly-Ig/IgA 复合体通过上皮细胞被转运到肠腔,poly-Ig 被酶解形成分泌成分,后者与二聚体 IgA 紧密结合在一起,进而释放到分泌液中(图 2-7)。因此,分泌型 IgA 主要存在于呼吸道、消化道、生殖道的外分泌液以及初乳、唾液、泪液,此外在脑脊液、羊水、腹水、胸膜液中也含有 IgA。分泌型 IgA 在各种分泌液中的含量比较高,但差别较大。

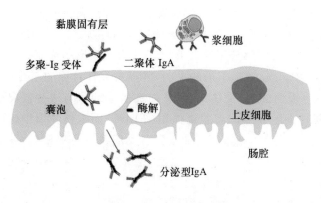

图 2-7　分泌型 IgA 的形成

分泌型 IgA 是黏膜免疫的主要体液成分,在机体呼吸道、消化道等局部黏膜免疫中起着相当重要的作用,特别是对于一些经黏膜途径感染的病原微生物,若动物机体呼吸道、消化道分泌液中存在针对病原微生物的特异性分泌型 IgA 抗体,则可抵御其感染。因此,分泌型 IgA 是机体黏膜免疫的一道"屏障"。在传染病的预防接种中,经滴鼻、点眼、饮水及喷雾途径免疫,均可产生分泌型 IgA 而建立相应的黏膜免疫力。

四　IgE

IgE 以单体分子形式存在,分子质量为 190 ku 左右,产生部位与分泌型 IgA 相似,是由呼吸道和消化道等黏膜固有层中的浆细胞产生的,在血清中的含量甚微。IgE 是一种亲细胞性抗体,其 Fc 片段中含有较多的半胱氨酸和蛋氨酸,与其亲细胞性有关,因此 IgE 易与皮肤组织、肥大细胞、血液中的嗜碱性粒细胞和血管内皮细胞结合。结合在肥大细胞和嗜碱性粒细胞上的 IgE 与抗原结合后,引起细胞脱粒,释放组胺等活性介质,从而引起 I 型过敏反应。

IgE 在抗寄生虫感染中具有重要的作用,如蠕虫感染的自愈现象就与 IgE 抗体诱导过敏反应有关。蠕虫、血吸虫和旋毛虫以及某些真菌感染后,可诱导机体产生大量的 IgE 抗体。

五　IgD

IgD 很少分泌,在血清中的含量极低且极不稳定,容易降解。IgD 分子质量为 170～200 ku。IgD 主要作为成熟 B 细胞膜上的抗原受体,是 B 细胞的重要表面标志,而且与免疫记忆有关。

各种动物和人血清中各类免疫球蛋白的含量以及主要理化特性和免疫学功能分别见表2-3 和表 2-4。

表 2-3　动物和人血清中各类免疫球蛋白的含量　　　　　　mg/mL

物种	免疫球蛋白种类			
	IgG	IgM	IgA	IgE
马	10～15	1～2	0.6～3.5	—
牛	17～27	2.5～4	0.1～0.5	—
绵羊	17～20	1.5～2.5	0.5～5	—
猪	17～29	1～5	0.2～1.5	—
犬	10～20	0.7～2.7	0.3～1.5	0.023～0.042
猫	4～20	0.3～1.5	0.3～0.6	—
鸡	3～7	1.2～2.5		—
小鼠	7～16	0.8～1.5	0.3～0.5	—
人	8～16	0.5～2	1.5～4	0.000 02～0.000 5

表 2-4　各类免疫球蛋白的理化特性与免疫学功能

特　性	IgG	IgM	IgA	IgE	IgD
沉降系数/S	7	19	7/11	8	7
分子质量/ku	160～180	900	170/390	200	170
电泳位置	γ2～α2	γ1～α	γ1～α1	γ1～β	γ1～β
含糖量/%	2.9	12	7.5	10.7	13
重链					
类	γ	μ	α	ε	δ
亚类	γ1、γ2、γ3、γ4	μ1、μ2	α1、α2	—	—
分子质量/ku	52	75	63	75	77
轻链					
型	κ、λ	κ、λ	κ、λ	κ、λ	κ、λ
分子质量/ku	22	22.5	22.5	22.5	22.5
单体数	1	5	1/2	1	1
抗原结合价	2	5～10	2	2	2
占 Ig 总量/%	75～80	5～10	10～20	0.008	0.3
合成率/[mg/(kg·d)]	33	6.7	24	0.002	0.4
半衰期/d	23	5	6	2.8	2.8
免疫学功能	抗菌、抗病毒、抗毒素、固定补体、通过胎盘、与 SPA 结合	溶菌、溶血、固定补体、B 细胞表面免疫球蛋白	黏膜免疫、激活补体系统替代途径	介导Ⅰ型超敏反应	B 细胞表面免疫球蛋白、免疫记忆

第五节　动物的免疫球蛋白

所有哺乳动物都具有 4 类主要的免疫球蛋白，即 IgG、IgM、IgA 和 IgE，大多数动物有 IgD。在所有种类动物中，每一类免疫球蛋的基本特性没有明显的差异，但在其亚类和同种异型上存在一定的差异。

一　马的免疫球蛋白

马的 IgG 有 7 个亚类，为 IgG1(IgGa)、IgG2(IgGc)、IgG3[IgG（T）]、IgG4(IgGb)、IgG5、IgG6[IgG（BT）]和 IgG7。曾把 IgG3 定名为 IgG(T)。IgG3 最初被认为是 IgA 的同源物，被命名为 T 是源于观察到该免疫球蛋白在用于生产破伤风免疫球蛋白的马血清中水平较高。然而，对其结构的分析表明，它明显属于 IgG 的一个亚类。IgG3 不能活化豚鼠补体，但参与沉淀反应并出现明显的特征性絮状沉淀。马有 IgM、IgA、IgE 和 IgD。

二　牛的免疫球蛋白

牛的 IgG 分为 3 个亚类，即 IgG1、IgG2 和 IgG3。IgG2 可能还有 IgG2a 和 IgG2b 两个亚类，但未完全证实。IgG1 占血清 IgG 的 50%，牛奶中的主要免疫球蛋白也是 IgG1，而非 IgA。IgG2 的水平具有高度的遗传性，因此在牛个体之间其浓度变异很大。牛的巨噬细胞和中性粒细胞具有独特的免疫球蛋白 Fc 受体，在结构上不同于其他动物的 Fc 受体，只与 IgG2 结合。因为 IgG2 的铰链区很小，仅适合 Fc 受体与之结合。IgG2 有 2 种同种异型（G2A$_1$ 和 G2A$_2$），IgG1 有 1 种同种异型（G1A$_1$）。在某些牛的轻链发现同种异型 B1，但相当不常见。牛有 IgM、IgA、IgE 和 IgD。

三　绵羊的免疫球蛋白

绵羊的免疫球蛋白的亚类与牛的相似。绵羊具有 IgG1、IgG2 和 IgG3。绵羊有 IgG1a，可能属于同种异型。绵羊 IgA 有 2 个亚类(IgA1 和 IgA2)，也有 IgM、IgE 和 IgD。

四　猪的免疫球蛋白

猪的 IgG 有 5 个亚类，包括 IgG1、IgG2a、IgG2b、IgG3 和 IgG4。IgG2a 与 IgG2b 仅有 3

个氨基酸的差异。猪IgG是主要的血清免疫球蛋白,占总量的85%;IgM占12%;二聚体IgA占血清免疫球蛋白的3%。猪的IgA有2个亚类(IgA1和IgA2),IgA1的铰链区含12个氨基酸,而IgA2的铰链区仅由2个氨基酸构成。猪有IgE和IgD。猪的IgG有4种同种异型,IgM有1种同种异型。此外,在新生仔猪还发现一类可能缺乏轻链的5 S IgG。猪与人的免疫球蛋白轻链之间,不管是核酸序列还是交叉反应抗原决定簇,都存在部分同源区。猪κ链和λ链与人的同源区有着相似的特性,而与反刍动物的差异极大。

五 犬和猫的免疫球蛋白

犬的IgG有4个亚类,为IgG1、IgG2、IgG3和IgG4,其中IgG1的含量最高。犬也有IgA、IgM、IgE和IgD。犬IgE有2个亚类(IgE1和IgE2),是其独特之处。

猫的IgG至少有3个亚类,为IgG1、IgG2和IgG3,可能有IgG4。猫有IgM,IgA可能有2个亚类(IgA1和IgA2);猫有一种热敏抗体,可能是IgE。猫的IgM有1种同种异型。猫是否有IgD尚不确定。

六 小鼠的免疫球蛋白

小鼠的IgG有4个亚类,为IgG1、IgG2a、IgG2b和IgG3。小鼠有IgM、IgA、IgE和IgD。

七 兔的免疫球蛋白

兔的IgG无亚类,有IgM、IgA和IgE,无IgD。

八 鸡的免疫球蛋白

鸡的IgG性质独特,因而称其为IgY,功能与哺乳动物IgG相似。鸡IgG分子质量为200 ku。鸡IgG有3个亚类,为IgG1、IgG2和IgG3。鸡也有IgA,主要存在于分泌液中,与哺乳动物一样,以二聚体形式存在。鸡IgM主要是在初次免疫反应中产生,并含有J链。鸡胚尿囊液和1日龄雏鸡中含有IgM单体,可能来自母鸡的输卵管分泌液。已鉴定出禽类IgD的同源区,但未确证IgD的存在。鸡免疫球蛋白至少有5种同种异型,其中2个位于IgG的C_H1区,2个位于IgM重链,还有1个位于轻链。

九 鸭的免疫球蛋白

鸭的免疫球蛋白称为IgY,有2类(7.8 S和5.7 S)。鸭的IgG和IgE均来自IgY,卵黄中主要含7.8 S IgG,是唯一可通过卵黄传递给新生雏鸭的免疫球蛋白。鸭的卵黄抗体不能结合葡萄球菌蛋白A(SPA)和链球菌蛋白G(SPG),鸭胆汁中含有IgA,黏膜免疫系统中也有IgA。鸭血清中含有IgM,尚未发现鸭有IgD。

十 鱼类的免疫球蛋白

鱼类对抗原刺激可以产生免疫应答,形成抗体。硬骨鱼有4类免疫球蛋白,分别是IgM、IgD、IgZ/T以及IgM-IgZ嵌合体。鱼的IgM相当于人的IgM,是系统发育中最原始的免疫球蛋白。鱼的免疫球蛋白也有同种异型。IgD有膜型和分泌型2种形式。

第六节 免疫球蛋白超家族

许多细胞膜蛋白在结构上具有一个或多个与免疫球蛋白功能区的同源区,这些膜蛋白称为免疫球蛋白超家族(immunoglobulin superfamily,IgSF)成员。免疫球蛋白超家族蛋白均含有由大约110个氨基酸构成的Ig折叠区,其大多数成员不能结合抗原,分子中的Ig折叠区具有其他功能。免疫球蛋白超家族包括以下几类蛋白质(图2-8),一些蛋白质的功能将在相应章节中介绍。

(1)Ig-α/Ig-β异二聚体:BCR复合体的成分。

(2)多聚-Ig受体:分泌型IgA的分泌成分。

(3)T细胞受体(TCR)。

(4)T细胞表面CD分子:CD2、CD4、CD8、CD28和CD3分子的γ、δ、ε链等。

(5)MHC I类和II类分子。

(6)β_2微球蛋白:与MHC I类分子结合的肽链。

(7)各种细胞黏附分子:VCAM-1、ICAM-1、ICAM-2和LAF-3等。

(8)血小板生长因子。

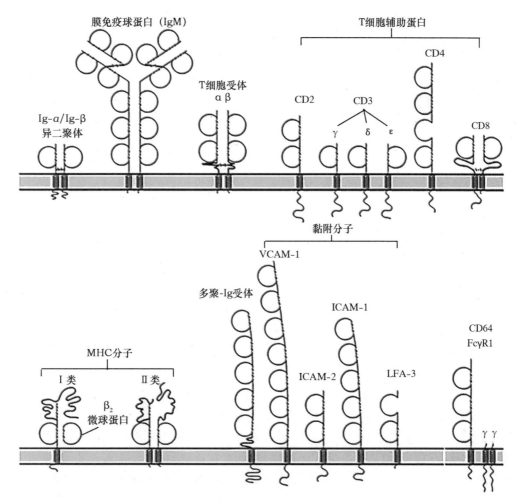

图 2-8　免疫球蛋白超家族部分成员

（引自 Punt 等，2018）

第七节　抗体产生的克隆选择学说

19 世纪末发现抗体以后，免疫学家们围绕抗体的特异性与多样性，机体对自身与非自身的识别，免疫耐受等诸多问题进行了研究，并试图提出解释这些疑问的免疫学理论。不同时期不同的学者提出了不同的关于抗体产生的学说。20 世纪 50 年代以前的侧链学说、诱导学说和自然选择学说均未能圆满解释上述问题，直到 1959 年澳大利亚免疫学家 Burnet 在研究免疫耐受和自然选择学说的基础上，提出了一个合理并得到公认的抗体产生理论，即克隆选择学说（clonal selection theory）。

一　克隆选择学说的基本思想

克隆选择学说认为抗原进入机体选择的不是所谓存在于体内的自然抗体,而是事先存在于淋巴细胞膜表面的抗原受体,即后来证明是膜免疫球蛋白(mIg)。动物体内存在有无数的淋巴细胞克隆(估计 $10^7 \sim 10^8$),每个克隆表面都带有特异性的 mIg,进入体内的外来抗原或内源性抗原可选择性地激活带有相应受体的淋巴细胞克隆,进而使其分化增殖并产生抗体。同时该学说强调决定抗体结构的是淋巴细胞基因,抗原不能改变或修饰编码抗体的基因。

二　克隆选择学说对几个问题的解释

(1)抗体多样性　动物出生以后,机体便已具有产生各种各样抗体的免疫活性细胞,体内有众多细胞克隆可供抗原选择。不论何种抗原进入体内,均有相应的克隆被选出,进而分化增殖,产生抗体。因此,克隆选择学说从细胞水平上解释了抗体的多样性。

(2)抗原的作用　抗原只是一种启动,与枪支上的扳机相似。相应的细胞克隆一旦被选出,即使无抗原存在,机体也能继续产生抗体。抗原对决定抗体的基因无影响。

(3)免疫记忆　细胞克隆在分化过程中,一部分淋巴细胞停留在中间阶段,再次与相应抗原接触时,立刻可增殖而产生抗体,呈现免疫记忆现象。

(4)免疫耐受　克隆选择学说认为在胚胎后期,自身抗原已完全备齐,于是凡能与自身抗原特异性结合的相应细胞克隆便可受到阻抑,最后被清除,构成自身免疫禁忌,即对自身的抗原物质不产生免疫反应,形成先天免疫耐受。在胚胎时期,人为地引进异体抗原,也能消除与该抗原相对应的淋巴细胞克隆,动物出生后对此种抗原不产生免疫反应,形成人工免疫耐受。

克隆选择学说为广大免疫学者所接受,对近代和现代免疫学的发展起到了无比巨大的推动作用。后来的很多研究都从不同的角度证实了该学说的合理性,特别是1975年单克隆抗体的问世对克隆选择学说是一个极大的证实。独特型-抗独特型免疫网络学说、抗体多样性的基因控制理论是对克隆选择学说的进一步发展和深化。

第八节　抗体的分类

一　根据抗原的来源

(1)异种抗体(heteroantibody)　由异种抗原刺激机体产生的抗体,如各种微生物的抗体,对异种动物蛋白质和细胞的抗体。大部分抗体均属于此类。

(2)同种抗体(alloantibody) 是指由同种属动物之间的抗原物质免疫所产生的抗体,如血型抗体、组织相容性抗原的抗体。

(3)自身抗体(autoantibody) 是指针对自身抗原所产生的抗体,如自身免疫病的抗核抗体、抗 Ig 的抗体。

(4)异嗜性抗体(heterophile antibody) 是指针对异嗜性抗原产生的抗体。

二 根据有无抗原刺激

(1)天然抗体(natural antibody) 又称正常抗体(normal antibody),指无明显抗原刺激而天然存在于动物体液中的抗体,如存在于人血清中的天然血型抗体,A 型人血清中有 B 型红细胞的抗体,B 型人血清中有 A 型红细胞的抗体。

(2)免疫抗体(immune antibody) 是指自然感染、人工免疫和疫苗接种体内所产生的抗体。

三 根据与抗原反应的性质

(1)完全抗体(complete antibody) 即二价或多价抗体,是指所有抗原结合部位均能与抗原结合的抗体分子。

(2)不完全抗体(incomplete antibody) 指单价抗体,又称封闭抗体(blocking antibody),即只有一个抗原结合部位能与相应抗原结合,而另一个结合部位无活性的抗体分子。在一些微生物感染和肿瘤性疾病,体内常产生不完全抗体。它与抗原结合后不产生肉眼可见的反应,但阻止抗原与完全抗体的结合。

此外,可按免疫球蛋白的种类分为 IgG、IgM、IgA、IgE 抗体。曾根据抗原抗体反应的各种表现形式,将抗体分为沉淀素(precipitin)、凝集素(agglutinin)、补体结合抗体(complement fixing antibody)、调理素(opsonin)和中和抗体(neutralizing antibody)等。沉淀素是指与抗原结合后可发生沉淀反应的抗体;凝集素是指与颗粒性抗原结合出现凝集反应的抗体;溶解素是指与细胞膜上抗原结合后,在补体的参与下可使细胞出现溶解的抗体,如溶血素、溶菌素等;补体结合抗体是指与抗原结合后可激活补体的抗体;调理素是指具有调理作用,与微生物结合后能促进吞噬细胞的吞噬作用的抗体;中和抗体是指与病毒结合后,可使病毒失去感染性的抗体。

复习思考题

1. 试述抗体与免疫球蛋白的概念。
2. 试述免疫球蛋白单体的分子结构。

3. 简述免疫球蛋白 Fab 片段和 Fc 片段的组成和生物学活性。

4. 免疫球蛋白的特殊结构有哪些？各有何功能？

5. 免疫球蛋白的种类有哪些？

6. 如何理解免疫球蛋白的同种型决定簇、同种异型决定簇和独特型决定簇？

7. 如何从免疫球蛋白种类与抗体独特型决定簇的角度理解抗体的多样性？

8. 各类抗体有哪些主要特性和免疫学功能？

9. 试述各种动物免疫球蛋白的特点。

10. 什么是免疫球蛋白超家族？

11. 克隆选择学说的基本思想是什么？

第三章
人工制备抗体的类型

内容提要

人工制备抗体的类型包括多克隆抗体、单克隆抗体、基因工程抗体和催化抗体。多克隆抗体即常规抗血清。单克隆抗体是针对单一抗原表位、单一抗体类型的抗体。基因工程抗体是用分子生物学技术按人类设计所重新组装的新型抗体分子。催化抗体又称抗体酶,是具有催化活性的免疫球蛋白。抗体被广泛用于抗原物质的鉴定、定位、分析和提纯,它不仅用作诊断和检测试剂,而且是某些疾病的有效预防或治疗制剂。应根据实际需要和条件选择合适的人工制备抗体类型。

抗体制备技术是免疫学工作者经常采用的一项技术,其发展彰显免疫学的发展历程。免疫学已进入分子水平时代,因此抗体的制备亦已步入分子水平。人工制备抗体的类型主要有 4 种,即多克隆抗体、单克隆抗体、基因工程抗体和催化抗体。

第一节　多克隆抗体

一　多克隆抗体的概念

采用传统的免疫方法,将抗原物质经不同途径注入动物体内,经数次免疫后采集动物血液,分离出血清,由此获得的抗血清即为多克隆抗体(polyclonal antibody,PcAb),简称多抗。无论细菌抗原,还是病毒抗原,均是由多种抗原成分所组成,而即使纯蛋白质抗原分子也含有多种抗原表位,因此进入机体后即可激活许多淋巴细胞克隆,机体可产生针对各种抗原成分或抗原表位的抗体,由此获得的抗血清是一种多克隆的混合抗体,具有高度的异质性。进一步而言,针对同一抗原表位的抗体仍是由 B 细胞克隆活化、增殖和分化而来的不同浆细胞产生的不同质的抗体组成。此外,应用动物免疫的方法制备的多抗通常含有针对其他无关抗原的抗体和血清中其他蛋白质成分。由于常规抗血清的多克隆性质,使它作为一种特异的生物探针或预防、治疗制剂存在不少不可避免的缺点。

二　多克隆抗体制备的基本过程

目前多克隆抗体仍然用于抗原物质的鉴别、定位、分析和提纯,并作为疾病的诊断、检测和检疫试剂,以及人和动物某些疾病的有效预防与治疗制剂。根据多抗的用途不同,其制备的基本过程略有不同,大致包括抗原制备、动物免疫、试血测定抗体效价、血清分离与保存、多抗纯化与标记等。关于多克隆抗体的具体制备程序可参阅有关免疫学实验技术书籍。

第二节　单克隆抗体

一　单克隆抗体的概念

单克隆抗体是指由一个 B 细胞分化增殖的子代细胞(浆细胞)产生的针对单一抗原表位的抗体。这种抗体的重链、轻链及其 V 区独特型的特异性、亲和力、生物学特性及分子结构均完全相同。采用传统免疫方法是不可能获得这种抗体的。Köhler 和 Milstein 在 1975 年建立了体外淋巴细胞杂交瘤技术,用人工的方法将产生特异性抗体的 B 细胞与骨髓瘤细胞融合,形成 B 细胞杂交瘤,这种杂交瘤细胞既具有骨髓瘤细胞无限繁殖的特性,又具有 B 细胞分泌特异性抗体的能力,由克隆化的 B 细胞杂交瘤所产生的抗体即为单克隆抗体(monoclonal antibody,McAb 或 mAb),简称单抗。单克隆抗体技术的问世,极大地推动了免疫学及其他生物医学科学的发展,并于 1984 年获得诺贝尔生理学或医学奖。

二　单克隆抗体与多克隆抗体的比较

与多克隆抗体比较,单克隆抗体具有无可比拟的优越性,具有高特异性、高纯度、均质性好、亲和力不变、重复性强、效价高、成本低并可大量生产等优点(表3-1)。

表 3-1 单抗与多抗特性的比较

特性	多抗	单抗
对免疫原要求	免疫原纯度高,抗体纯度才能高	用不纯的免疫原可得高纯度抗体
抗体产生细胞	多克隆性	单克隆性
同质性	高度异质	高度同质(均质)
特异性	较高,与抗原多种表位结合	高,与特定的抗原表位结合
稳定性	较好	相对较差,对理化条件敏感
标准化	较难,不同批次的抗体质量差异大	易于标准化,批次间差异小
交叉反应	很常见,难避免非特异反应	不常见,可避免非特异反应
沉淀反应	有	大多数没有
适用的血清学试验	大多数血清学试验	一种或数种,需适当选择
供应量	有限	无限
有效抗体含量/(mg/mL)	$0.1 \sim 1.0$	一般悬浮培养 $0.01 \sim 0.05$,中空纤维等反应器培养 $1.0 \sim 5.0$,小鼠腹水 $1.0 \sim 5.0$
无关 Ig 含量/(mg/mL)	$10.0 \sim 15.0$	体外培养一般没有,小鼠腹水 $0.5 \sim 1.0$
其他血清蛋白	存在	体外培养可有少量小牛血清蛋白,小鼠腹水有少量杂蛋白

三 单克隆抗体制备的基本过程

1. B 细胞的制备

可用提纯的抗原免疫 BALB/c 或其他品系的纯系小鼠,一般免疫 $2 \sim 3$ 次,间隔 $2 \sim 4$ 周,最后一次免疫后 $3 \sim 4$ d,取小鼠脾脏,制成 10^8/mL 的脾细胞悬液,即为亲本的 B 细胞。

2. 骨髓瘤细胞的制备

用与免疫相同来源的小鼠的骨髓瘤细胞,要求其本身不能分泌免疫球蛋白,而且具有某种营养缺陷。可用 SP2/0 或 NS-1,它们缺少次黄嘌呤-鸟嘌呤磷酸核糖转化酶(HGPRT 酶),不能在 HAT 培养基中生长。事先在含有 10% 新生犊牛血清(或胎牛血清)的 DMEM 培养基中培养,至对数生长期,细胞数可达 $10^5 \sim 10^6$/mL,即可用于细胞融合。

3. 饲养细胞的准备

常用的饲养细胞有小鼠胸腺细胞、小鼠腹腔巨噬细胞。在融合之前,将饲养细胞制成所需的浓度,加入培养板孔中。饲养细胞一方面可减少培养板对杂交瘤细胞的毒性,同时巨噬细胞还能清除一部分死亡的细胞。

4. 选择培养基

常用 HAT 选择培养基,H 为次黄嘌呤(hypoxanthine),T 为胸腺嘧啶核苷(thymidine),二者都是旁路合成 DNA 的原料;A 是氨基蝶呤(aminopterin),是细胞合成 DNA 的阻断剂。在 DMEM 培养基中加入 H、A、T 3 种成分即制成 HAT 选择培养基。在该培养基中,未融合的骨髓瘤细胞不能生长,因它缺乏 HGPRT 酶不能利用旁路途径合成 DNA,内源性的合成又受到氨基蝶呤的阻断;至于未融合的脾细胞则在 2 周内自然死亡,所以只有融合的杂交瘤细胞才能在培养基中生长。HAT 培养基筛选杂交瘤细胞的原理见图 3-1。

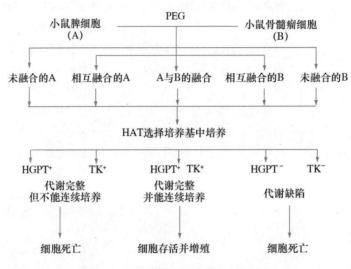

图 3-1 HAT 培养基筛选杂交瘤的原理

5.细胞融合

将脾细胞与骨髓瘤细胞按一定比例[一般为(10～1):1]混合,离心后吸尽上清液,然后缓慢加入融合剂——50%聚乙二醇(PEG 4 000)。静置 90 s,逐渐加入 HAT 培养基,分于加有饲养细胞的 96 孔培养板孔中,置 5%～10% CO_2 培养箱中培养。5 d 后更换一半 HAT 培养基,再 5 d 后改用 HT 培养基,再经 5 d 后用完全 DMEM 培养基。细胞融合的常用试剂及其配制方法参见表 3-2。

6.检测抗体

杂交瘤细胞培养后,应用敏感的血清学方法检测各孔中的抗体。视抗原性质的不同,可采用放射免疫分析、酶联免疫吸附试验、间接免疫荧光抗体试验、反向间接血凝试验、流式细胞术等。通过检测筛选出抗体阳性孔。

7.杂交瘤细胞的克隆化

应尽早对抗体阳性孔的杂交瘤细胞进行克隆化,一方面是保证以后获得的杂交瘤细胞是由一个细胞增殖而来的,即单个克隆;另一方面防止杂交瘤细胞因染色体丢失而丧失分泌抗体的能力。一般需要反复克隆 3～5 次方能使杂交瘤细胞稳定。克隆化的方法有如下几种。

(1)有限稀释法 可将阳性孔的细胞稀释成 5～10 个细胞/mL,然后加入 96 孔培养板中,0.1 mL/孔,这样每孔约含 1 个细胞,每天用倒置显微镜观察确证是 1 个细胞生长。

（2）显微操作法　用一有直角弯头的毛细吸管,在倒置显微镜下将分散在培养皿上的单个细胞吸入管内,移种到培养板中,培养后即可获得单个细胞形成的克隆。

（3）软琼脂平板法　在45℃水浴中,将饲养细胞与0.5%琼脂糖(用DMEM配制)混合,倒入培养皿凝固后作为底层,然后将阳性孔细胞悬于预热至45℃的培养基中与等量0.5%琼脂糖混合,再加于平皿内,置CO_2培养箱培养,经1～2周后可见小白点,即为一个克隆,自软琼脂上吸出移入培养板中培养即可获得单个克隆的杂交瘤细胞。

8. 杂交瘤细胞的冻存

原始克隆、克隆化后的杂交瘤细胞,可加入二甲基亚砜,分装于小安瓿瓶内保存于液氮中。

9. 单克隆抗体的生产

获得稳定的杂交瘤细胞克隆后,即可用于生产单克隆抗体。可采用以下方法。

（1）动物体内生产系统　可将杂交瘤细胞注入小鼠腹腔,杂交瘤细胞可在小鼠腹腔中无限繁殖,导致腹水产生,每毫升腹水可获得5～20 mg的单克隆抗体,一般一次可收腹水5～10 mL,间隔3～4 d采一次,可多次反复采集。为了刺激腹水产生,应在注射杂交瘤细胞前2周给小鼠腹腔注射液体石蜡或降植烷0.5 mL。

（2）细胞培养生产系统　杂交瘤细胞并不是严格的贴壁依赖细胞,它既可以进行单层的细胞培养,又可以进行悬浮培养。用体外培养法大量生产单抗的技术关键是提高培养液中的细胞密度。细胞密度越高,细胞存活的时间越长,单抗的浓度就越高,产量就越大。目前用于杂交瘤细胞大规模培养的系统分两大类:悬浮培养系统和细胞固定化培养系统。前者包括普通悬浮培养和微载体培养,后者又包括中空纤维细胞培养和微囊化细胞培养。

①普通悬浮培养。采用发酵式生物反应器,通过搅拌使细胞悬浮,其培养方式可分为纯批式、流加式、半连续式和连续式。

②微载体培养。微载体(microcarrier)是以小的固体颗粒作为细胞生长的载体,在搅拌下使微载体悬浮于培养基中,细胞则在固定颗粒表面生长成单层。微载体以交联琼脂糖、葡聚糖、聚苯乙烯、玻璃等作为基质的产品。微载体培养的基本方法与普通悬浮培养相同,但所达到的细胞密度较大,抗体浓度较高。

③中空纤维细胞培养。由中空纤维生物反应器、培养基容器、供氧器和蠕动泵等组成。中空纤维由乙酸纤维、聚氯乙烯-丙烯复合物、多聚碳酸硅等材料制成,外径一般为50～100 μm,壁厚25～75 μm,壁呈海绵状,上面有很多微孔。中空纤维的内腔表面是一层半透性的超滤膜,允许营养物质和代谢废物出入,而对细胞和大分子物质(如单抗)有滞留作用。中空纤维生物反应器有柱式、板框式和中心灌流式等不同类型。该系统可获得高产量高纯度的抗体,大规模生产时相对成本较低,但由于设备昂贵,使用范围受到限制。

④微囊化细胞培养。先将杂交瘤细胞微囊化,然后将此具有半透膜的微囊置于培养液中进行悬浮培养,一定时间后从培养液中分离出微囊,冲洗后打开囊膜,离心后可获得高浓度的单抗。

以上简要介绍了单克隆抗体的制备过程(图3-2),详细的有关技术可阅读相关的书籍。

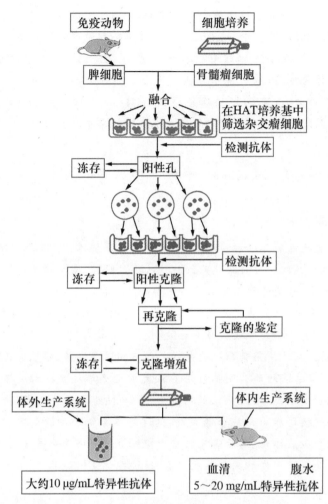

图 3-2　B 细胞杂交瘤及单克隆抗体制备过程

表 3-2　细胞融合的常用试剂及其配制方法

试剂	配制方法	用途
氨基蝶呤（A）储存液 （100×，$4×10^{-5}$ mol/L）	取 1.76 mg A，加入 90 mL 超纯水，滴加 1 mol/L NaOH 0.5 mL 助溶，待完全溶解后，加 1 mol/L HCl 0.5 mL 中和，加超纯水至 100 mL，0.22 μm 膜过滤除菌，小量分装，−20℃ 保存	HAT 培养基的主要成分，用于细胞融合后杂交瘤细胞的选择性培养
次黄嘌呤和胸腺嘧啶核苷（HT）储存液（100×，10^{-2} mol/L H，$1.6×10^{-3}$ mol/L T）	取 136.1 mg H 和 38.8 mg T，加超纯水至 100 mL，置 45～50℃ 水浴中使之完全溶解，0.22 μm 膜过滤除菌，小量分装，−20℃ 保存，临用前 37℃ 水浴中溶解	HAT 和 HT 培养基的主要成分
L-谷氨酰胺（L-G）溶液（100×，0.2 mol/L）	取 2.92 g L-G，溶于 100 mL 超纯水中，0.22 μm 膜过滤除菌，小量分装，−20℃ 保存	HAT、HT 和完全培养基的添加成分

续表 3-2

试剂	配制方法	用途
青链霉素溶液（100×，10^4 单位青霉素、10 mg 链霉素/mL）	取青霉素（钠盐）100 万单位和链霉素（硫酸盐）1 g，溶于 100 mL 灭菌超纯水中，小量分装，−20℃保存	细胞培养基的抗菌添加剂
8-氮鸟嘌呤储存液（100×）	取 200 mg 8-氮鸟嘌呤加入 4 mol/L NaOH 1 mL，待其溶解后加超纯水至 100 mL，0.22 μm 膜过滤除菌，小量分装，−20℃保存	HGPRT⁻骨髓瘤细胞的选择和维持
7.5% NaHCO₃ 溶液	取 7.5 g NaHCO₃ 溶于 100 mL 超纯水中，0.22 μm 膜过滤除菌，小量分装于小瓶，加密封瓶盖，4℃保存	调节培养基和 50% PEG 的 pH
50%聚乙二醇（PEG）	取 PEG（分子质量 1 000 或 4 000）20～50 g，置 100 mL 盐水瓶中，60～80℃水浴中融化，分装于小瓶，每瓶 0.6 mL，0.06 MPa 15 min 高压灭菌，−20℃保存备用，临用前加等量基础培养基，用少许 7.5% NaHCO₃ 调 pH 至 8.0	细胞融合的融合剂
基础培养基 RPMI-1640 或 DMEM	按生产厂家规定的程序配制，0.22 μm 膜过滤除菌，4℃保存	完全培养基、HT 培养基和 HAT 培养基的基础液
完全培养基 RPMI-1640 或 DMEM	在基础培养基中加 1% 100× L-G 和双抗溶液，加 10%新生犊牛血清（或胎牛血清）	骨髓瘤细胞和建株后的杂交瘤细胞培养
HT 培养基	在完全培养基中加 1% 100× HT	杂交瘤细胞培养
HAT 培养基	在完全培养基中加 1% 100× HT 和 1% 100× A	细胞融合后杂交瘤细胞的选择性培养

四　单克隆抗体的应用

自单克隆抗体问世以来，其应用十分广泛。同时，单克隆抗体技术本身也取得了相应的进展，如人 T 细胞杂交瘤、T-B 细胞杂交瘤、人-人 B 细胞杂交瘤、兔-兔 B 细胞杂交瘤以及用于制备双特异性抗体的三源杂交瘤和四源杂交瘤等技术的出现，进一步促进和推动了免疫学及其他相关学科的发展。

1. 在血清学技术中的应用

单克隆抗体广泛用免疫荧光抗体技术、免疫酶标记技术、放射免疫分析、胶体金标记技术等血清学技术，进一步提高方法的特异性、重复性、稳定性和敏感性，制成诊断与检测试剂盒，使一些血清学技术（如 ELISA、胶体金试纸条）实现标准化和商品化，用于动物传染病和其他疾病的诊断。利用单克隆抗体取代多克隆抗体，用于病原微生物鉴定与分型，避免了多克隆抗体引起的交叉反应。一些生物活性物质（如激素、细胞因子）、小分子物质（如药物）的单克隆抗体的应用使其检测水平上升到一个新的高度。此外，单克隆抗体也用于一些新的免疫分析技术，如免疫荧光共聚焦技术、免疫转印技术、免疫沉淀技术等。

2. 在免疫学基础研究中的应用

单克隆抗体作为一种均质性很好的分子,用于抗体结构、抗原物质结构以及蛋白质抗原表位组成的分析,促进了抗原抗体反应特异性的深入理解。应用单克隆抗体对淋巴细胞表面标志(表面抗原和表面受体)以及组织细胞组织相容性抗原的分析,有力推动了免疫学的发展,如用单克隆抗体分析与鉴定免疫细胞 CD 分子,采用流式细胞术区分免疫细胞群与亚群。

3. 在肿瘤及其他疾病治疗中的应用

利用肿瘤细胞特异性抗原的单克隆抗体,与药物或毒素连接制成免疫毒素(immuno-toxin)(又称生物导弹)用于肿瘤的靶向治疗。具有中和活性的单克隆抗体在传染病的预防与治疗中也有相应的临床实践。此外,单克隆抗体还用于自身免疫病等疾病的治疗。

4. 在抗原纯化与制备中的应用

利用单克隆抗体的特异性,可将单克隆抗体与琼脂糖等偶联制成亲和层析柱,可从复杂混合组分中提取某种抗原成分。与基因工程技术相结合,用单克隆抗体筛选保护性抗原成分或表位以及鉴定表达蛋白质,以制备基因工程疫苗、合成肽疫苗以及表位疫苗等。

第三节　基因工程抗体

利用 DNA 重组技术及蛋白质工程技术对编码抗体的基因进行加工改造和重新组装,利用相应的表达系统制备的抗体分子称为基因工程抗体(genetic engineering antibody)。基因工程抗体是分子水平的抗体,被誉为第三代抗体。基因工程抗体是按人类设计所重新组装的新型抗体分子,可保留或增加天然抗体的特异性和主要生物学活性,去除或减少无关结构(如 Fc 片段),从而可克服单克隆抗体在临床应用方面的缺陷(如鼠源单克隆抗体在人体内使用会引起抗体产生而降低其效果,Fc 片段的无效性和副作用),因此基因工程抗体更具有广阔的应用前景。

基因工程抗体的制备过程首先是获得抗体基因片段,可从 B 细胞 DNA 库中筛选,也可用探针从杂交瘤细胞、免疫脾细胞的 DNA 库或 cDNA 库中筛选,或以 PCR 法直接扩增等。然后将抗体基因片段导入真核细胞(如杂交瘤细胞)或原核细胞(如大肠杆菌),使之表达具有免疫活性的抗体片段。抗体分子结构比较复杂,有助于发挥人们的聪明才智和激发科学家的大胆设想。目前基因工程抗体有嵌合抗体、重构抗体、单链抗体、Ig 相关分子以及噬菌体抗体等类型。

一　嵌合抗体

同一抗体分子中含有不同种属来源抗体片段的抗体称为嵌合抗体(chimeric antibody),又称杂种抗体。嵌合抗体多为"鼠-人"类型,即抗体的 Fab 或 F(ab)2 来源于鼠类,而 Fc 片段来源于人类(图 3-3)。可将小鼠杂交瘤细胞的免疫球蛋白(Ig)V_H 基因与人 Ig 的 C_H 基因连接后导入骨髓瘤细胞,使之表达嵌合重链,再将小鼠杂交瘤细胞的 Ig V_L 基因与人的 C_L 基因相连,转染含嵌合重链的小鼠骨髓瘤细胞,经过筛选即可得到分泌鼠-人嵌合抗体的骨髓瘤细胞,其所分泌的嵌合抗体与原杂交瘤细胞分泌的抗体特异性和亲和力相同,但减少了抗体中的鼠源成分。

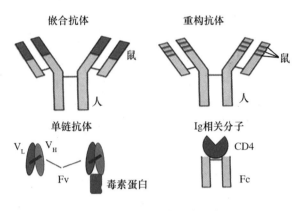

图 3-3 基因工程抗体种类示意图

二 重构抗体

尽管嵌合抗体具有一些优点,但仍然有近 50% 的成分来自小鼠。因此为进一步减少鼠源蛋白质在嵌合抗体内的含量,将鼠抗体的高变区基因嵌入人抗体 V 区骨架区的编码基因中,再将此 DNA 片段与人 Ig 恒定区基因相连,然后转染杂交瘤细胞,使之表达嵌合的 V 区抗体。实际上也就是在人抗体可变区序列内嵌入鼠源抗体的高变区基因序列,通过这种置换为人类抗体提供了一个新的抗原结合部位,称为重构抗体(reshaping antibody)(图 3-3)。

三 单链抗体

由于抗体的分子质量较大,体内应用时受到一定的限制。因此,用基因工程技术构建更小的具有结合抗原能力的抗体片段,这类抗体称为单链抗体(single-chain antibody),又称 Fv 分子、小分子抗体或单链抗体蛋白(图 3-3)。单链抗体是由 V_L 区氨基酸序列与 V_H 区氨基酸序列经肽连接物(linker)连接而成。此外,肽连接物还可将药物、毒素或同位素与单链抗体蛋白相融合。单链抗体具有分子质量小,作为外源性蛋白质的免疫原性较低;在血清中比完整的单克隆抗体或 F(ab)2 片段能更快地被清除;无 Fc 片段,体内应用时可避免非特异性杀伤;能进入实体瘤周围的微循环等优点。

四 　Ig 相关分子

可将抗体分子的部分片段(如 V 区或 C 区)连接到与抗体无关的序列上(如毒素),可制备出一些 Ig 相关分子。例如,可将有治疗作用的毒素或化疗药物取代抗体的 Fc 片段,通过高变区结合特异性抗原,连接上的毒素可直接运送到靶细胞表面,起"生物导弹"的作用。用于治疗人艾滋病的"CD4 免疫黏附素"即是这一类抗体分子(图 3-3),是将 CD4 基因与 IgG1 C 区在体外重组而表达出的 Ig 相关分子,它可封闭人 HIV gp120 蛋白与 CD4$^+$ T 细胞的结合。

五 　噬菌体抗体

利用噬菌体表面展示技术(phage display technology),将已知特异性抗体分子的所有 V 区基因在噬菌体中构建成基因库,用噬菌体感染细菌,模拟免疫选择过程,具有相应特异性的重链和轻链可变区即可在噬菌体表面呈现出来,这类抗体称为噬菌体抗体(phage antibody)。噬菌体抗体是一类新型的基因工程抗体,作为研究和治疗用试剂具有广阔的应用前景。

六 　全套抗体基因库

针对某一特定抗原,动物个体通常可产生 5~10 000 个分泌抗体的 B 细胞克隆,若加上抗体产生过程中体细胞的突变,则产生能与抗原结合的单个 B 细胞的克隆数更大。而用杂交瘤技术最多只能筛选出数百种单抗,这对筛选催化抗体是非常不利的。筛选催化抗体需要"查阅"全套抗体库,以便筛选出有强催化作用的 Ig 分子。Ig 与抗原结合的能量主要来自重链,轻链的作用差一些。有些 Ig 具有不同的特异性,而其 V$_L$ 区非常相似。因此,将全套抗体(immunoglobulin repertoire)基因库中的 V$_H$ 基因与有限数目的 V$_L$ 基因排列组合构建 Ig,从中可筛选出有催化作用的抗体。

基因工程抗体由于将抗体基因置于人为操作之下,抗体分子的大小、亲和力的高低、对细胞毒性的强弱,以及是否连接上其他有用的分子等都可根据治疗和诊断的要求进行设计,这是杂交瘤技术所不及的,因此有着强大的生命力。从构建的人和动物抗体基因总文库中筛选和表达针对任一抗原的抗体基因,将结束仅依靠免疫获得抗体的状况。

第四节　催化抗体

一　催化抗体的概念

　　具有催化活性的免疫球蛋白称为催化抗体(catalytic antibody),又称抗体酶(abzyme)。由于兼具抗体的高度选择性和酶的高效催化性,催化抗体制备技术的开发预示着可以人为生产适应各种用途的,特别是自然界不存在的高效催化剂,对生物学、化学和医药等多种学科有重要的理论意义和实用价值。

二　催化抗体的制备

　　催化抗体技术是化学和免疫生物学的研究成果在分子水平交叉渗透的产物,是将抗体的极其多样性和酶分子的巨大催化能力结合在一起的蛋白质分子设计的新方法,故而显示出较高的理论和实用价值,成为酶工程领域中的研究热点。自1986年Lerner和Schultz两个研究小组各自独立发表了他们关于抗体酶的第一篇报道以来,抗体酶的研究已广泛取得成功。

　　就亲和性和结合特异性而言,抗体-抗原的相互作用显然与酶-底物的相互作用相似。但这两类反应差别巨大。抗体与处于稳定、低能构型的抗原作用,而酶与处于不稳定、高能的过渡态底物结合。酶结合能量帮助打开底物分子的化学键。因此抗体酶的结构应该与底物过渡态互补。但这种过渡态往往只存在短时间,所以必须先制备底物过渡态的稳定低能类似物,然后制备抗体酶。目前制备催化抗体有以下4种方法。

　　(1)细胞融合法　首先通过化学反应合成反应物的过渡态类似物(通常是半抗原),经与载体蛋白偶联,制成抗原免疫BALB/c小鼠,应用B细胞杂交瘤技术研制针对该过渡态类似物的特异性单抗(即抗体酶)。这种单抗与反应物的过渡态结合降低了反应的活化能,从而加速该反应的进行,如催化碳酸脂水解的抗体MOPC167就以法制备。

　　(2)抗体结合位点化学修饰法　抗体酶和酶一样也可以用化学修饰的方法加以改造。对抗体酶进行结构修饰的关键是找到一种温和的方法在抗体结合位置或附近引入具有催化功能的基团。游离巯基就是适合的基团之一,它具有高亲核性,易于氧化,能通过二硫化物进行交换反应或亲电反应而选择性修饰的特点。Schultz等在IgA MOPC315抗体结合部位选择性地引入了亲核性巯基。其方法如下:用含有易裂解键(如二硫键或硫键)的亲和力标记试剂,在$NaCNBH_3$存在下,对抗体进行亲和标记,将标记的抗体通过亲和层析而纯化,然后标记物被裂解形成活泼的二硫化物。大量的催化基团能够通过二硫化物的交换反应而引入。通过此方法,在IgA MOPC315抗体的结合部位引入了巯基(—SH),其催化香豆酯水解的速度比对照样提高了 6×10^4 倍。

(3)引入辅助因子法 很多天然酶活性中心都含有金属离子。Lerner 等将金属离子引入抗体酶,成功地催化了肽键的选择性水解。他们用三乙撑胺 Co^{3+} 盐作为金属离子辅因子,所用半抗原分子带有一肽键,且通过羧酸根及仲胺基与金属离子相连。将此半抗原通过共价键连接在载体蛋白上免疫动物后产生的抗体,在金属离子复合物作为辅因子的参与下,这些抗体酶能选择性水解甘氨酸和丙氨酸之间的肽键,其转化数达 6×10^{-4}。

(4)基因工程抗体技术 该技术在抗体酶制备中具有诱人的前景。应用噬菌体抗体展示技术或全套抗体基因库,并辅以计算机模拟,为筛选特定目的高效催化抗体提供了丰富的资源和技术支撑。

❓ 复习思考题

1. 什么是多克隆抗体?什么是单克隆抗体?
2. 试述单克隆抗体与多克隆抗体的优缺点。
3. 试述单克隆抗体制备的基本过程。
4. 什么是基因工程抗体?其种类有哪些?
5. 什么是催化抗体?

第四章
免疫系统

内容提要

　　免疫系统是动物机体产生免疫应答的物质基础,主要由免疫器官、免疫细胞和免疫分子组成。免疫器官分为初级淋巴器官和次级淋巴器官;免疫细胞包括淋巴细胞、抗原提呈细胞及其他细胞。T 细胞、B 细胞是特异性免疫应答的核心细胞,分别承担细胞免疫和体液免疫;其抗原受体分别为 TCR 和 BCR,是识别抗原的分子基础。T 细胞分为 CD4$^+$ 和 CD8$^+$ 两大亚群。NK 细胞可直接杀伤靶细胞。树突状细胞、巨噬细胞和活化的 B 细胞是专职的抗原提呈细胞。粒细胞等其他免疫细胞具有相应功能。黏膜免疫系统具有独特的免疫功能。

第一节　概　　述

　　免疫是动物机体的一种生理反应,通过识别和清除非自身异物,维持体内外环境的稳定。动物机体的免疫反应是在组织器官中,由各种免疫细胞(淋巴细胞、树突状细胞、单核-巨噬细胞等)和免疫分子(如抗体、细胞因子和补体等)的相互作用完成的。免疫系统(immune system)是动物机体执行免疫功能的组织机构,由具有免疫功能的免疫器官和组织、免疫细胞及免疫分子组成(图 4-1),是产生免疫应答的物质基础。

　　免疫器官可分为初级淋巴器官和次级淋巴器官。它们在体内分布广泛,如次级淋巴器官分布于机体各个部位。免疫细胞主要是淋巴细胞、树突状细胞、单核-巨噬细胞和其他细胞,它们不仅定居在淋巴器官和组织中,也分布于黏膜和皮肤等组织。免疫分子有抗体、细胞因子和补体等。免疫细胞和免疫分子还可通过循环系统(血液循环和淋巴循环)分布于体内几乎所有部位,持续地进行免疫应答。各种免疫细胞和免疫分子既相互协作,又相互制约,使免疫应答既能有效发挥又能在适度范围内进行。本章主要介绍免疫器官和免疫细胞,与抗体、细胞因子、补体等相关的内容分别在其他章节介绍。

　　此外,由黏膜相关淋巴组织和一些细胞构成的黏膜免疫系统,是相对独立的免疫体系,具有独特的免疫功能。

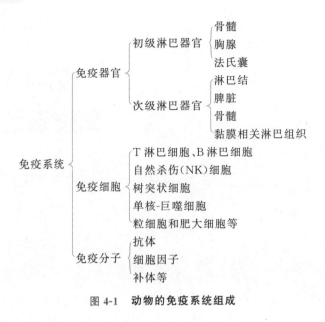

免疫系统 {
　　免疫器官 {
　　　　初级淋巴器官 {
　　　　　　骨髓
　　　　　　胸腺
　　　　　　法氏囊
　　　　}
　　　　次级淋巴器官 {
　　　　　　淋巴结
　　　　　　脾脏
　　　　　　骨髓
　　　　　　黏膜相关淋巴组织
　　　　}
　　}
　　免疫细胞 {
　　　　T淋巴细胞、B淋巴细胞
　　　　自然杀伤(NK)细胞
　　　　树突状细胞
　　　　单核-巨噬细胞
　　　　粒细胞和肥大细胞等
　　}
　　免疫分子 {
　　　　抗体
　　　　细胞因子
　　　　补体等
　　}
}

图 4-1　动物的免疫系统组成

第二节　免疫器官

机体执行免疫功能的组织结构称为免疫器官(immune organ),它们是淋巴细胞和其他免疫细胞发生、发育,并分化成熟、栖居和增殖以及产生免疫应答的场所。根据其功能可分为初级淋巴器官和次级淋巴器官。

一　初级淋巴器官

初级淋巴器官(primary lymphoid organ)又称中枢或一级淋巴器官,是免疫细胞发生、发育、分化和成熟的场所,包括骨髓、胸腺和法氏囊(禽类)。它们具有共同的特点是在胚胎发育的早期出现,动物出生后,有的器官(如胸腺和法氏囊)在青春期后就逐步退化为淋巴上皮组织,这些器官具有诱导淋巴细胞增殖分化为免疫活性细胞的功能。如果在新生期切除动物的这类器官,可导致免疫缺陷,即淋巴细胞因不能正常发育分化而缺乏功能性淋巴细胞,表现出免疫功能低下甚至丧失。

1. 骨髓(bone marrow)

骨髓是动物机体最重要的造血器官。出生后所有血细胞均来源于骨髓,同时骨髓也是各种免疫细胞发生和分化的场所(图 4-2)。骨髓的多能造血干细胞(hematopoietic stem cell,HSC)可分化成髓样前体细胞(或称为髓样祖细胞)(myeloid progenitor)和淋巴样前体细胞(或称为淋巴样祖细胞)(lymphoid progenitor),前者进一步分化成红细胞系、单核细胞系、粒细胞系和巨核细胞系等;后者则发育成各种淋巴细胞的前体细胞。淋巴样前体细胞中的一部分在骨髓中分化为前体T细胞(T细胞前体或祖T细胞),经血液循环进入胸腺,被诱导分化为成熟的 T 淋巴细胞,简称 T 细胞。T 细胞是介导细胞免疫的主要成分。还有一部分淋巴样前体细胞分化为前体 B 细胞(B 细胞前体或祖 B 细胞)。在禽类,这些前体细胞经血液循环进入法氏囊,被诱导发育为成熟的囊依赖性 B 淋巴细胞,简称 B 细胞。B 细胞是介导体液免疫的主要成分。在哺乳动物体内,这些前体细胞则在骨髓内进一步分化发育为成熟的 B 细胞,因此骨髓也是参与体液免疫的重要部位。当抗原再次刺激动物时,次级淋巴器官对该抗原应答快速,但产生抗体的时间持续较短;而在骨髓内则可缓慢、持久地产生抗体,所以它们是血清抗体的主要来源。骨髓产生的抗体主要是 IgG,其次为 IgA,所以骨髓也是再次免疫应答发生的主要场所。

大剂量放射线辐射动物,可因杀伤骨髓干细胞而破坏其骨髓造血功能,其结果因严重损害造血干细胞而导致造血功能和免疫功能丧失,临床上出现免疫缺陷症,并因频繁而持久的反复感染可致使动物死亡。但是,骨髓移植可以重建造血功能,并且恢复免疫功能。

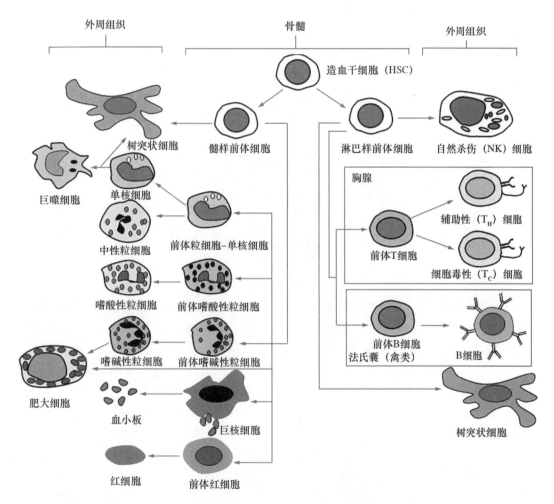

图 4-2　骨髓造血干细胞的分化与免疫细胞的生成

2. 胸腺(thymus)

胸腺是由第 3 对咽囊的内胚层分化而来的。哺乳动物的成熟胸腺位于胸腔前部纵隔内,呈二叶。猪、马、牛、犬、鼠等动物的胸腺可伸展至颈部直达甲状腺。禽类的胸腺沿颈部在颈静脉一侧呈多叶排列。胸腺的大小因年龄不同而异,就其与体重的相对大小而言,在初生时最大,而其绝对大小则在青春期最大。青春期之后,胸腺的实质萎缩,皮质为脂肪组织所取代,并且随年龄增长而逐渐退化。此外,动物常处于应激状态时,可加快胸腺的萎缩。因此,久病死亡动物的胸腺较小。

胸腺外包裹着由结缔组织形成的被膜,被膜向内伸入形成小梁将胸腺分隔成许多胸腺小叶,是胸腺的基本结构单位。胸腺小叶的外周是皮质,中心是髓质。皮质层又分为外皮质层和内皮质层。胸腺实质由胸腺细胞(thymocyte)和胸腺基质细胞所组成。前者属于 T 淋巴细胞,但大多数是未成熟的幼稚细胞;后者则包括胸腺上皮细胞、树突状细胞和巨噬细胞等。外皮质层中有较幼稚的前体 T 细胞和一种特殊的胸腺上皮细胞,称为胸腺哺育细胞(thymic nurse cell,TNC)。内皮质层中的细胞以小的皮质胸腺细胞为主,也有胸腺上皮细胞和树突状细胞。髓质内有髓质胸腺细胞,它们可进一步发育为成熟的 T 细胞。在正常胸腺髓质内还可见到一种圆形或椭圆形的环状结构,称为胸腺小体或哈氏小体(Hassall's cor-puslle),由髓质上皮细胞、巨噬细胞和细胞碎片组成。胸腺小叶的结构见图 4-3。

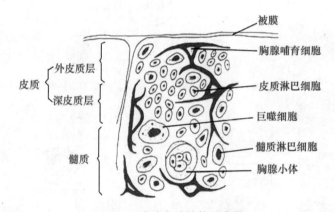

图 4-3　胸腺小叶结构示意图

胸腺是 T 细胞分化成熟的初级淋巴器官。如果小鼠在新生期被摘除胸腺,在成年后外周血和淋巴器官中的淋巴细胞显著减少,不能排斥异体移植皮肤,抗体生成反应也表现低下(表 4-1)。如果动物在出生后数周摘除胸腺,则不易发现明显的免疫功能受损,这是因为在新生期前后已有大量成熟的 T 细胞从胸腺输送到次级淋巴器官,建立了细胞免疫功能。所以,切除成年动物胸腺的后果并不严重。胸腺的免疫功能,主要有以下 2 个方面。

(1)T 细胞成熟的场所　骨髓中的前体 T 细胞经血液循环进入胸腺,首先进入外皮质层,在浅皮质层的上皮细胞诱导下增殖和分化,随后移出浅皮质层,进入深皮质层继续增殖,通过与深皮质层的胸腺基质细胞接触后发生选择性分化过程,绝大部分(>95%)胸腺细胞在此处死亡,只有少数(<5%)能继续分化发育为成熟的胸腺细胞,并向髓质迁移。进入髓质的胸腺细胞与髓质部的胸腺上皮细胞和树突细胞等接触后再进一步分化成熟,成为具有不同功能的 T 细胞亚群。最后,成熟的 T 细胞从髓质经血液循环输至全身,参与细胞免疫。这类成熟的外周 T 细胞极少返回胸腺。

(2)产生胸腺激素　胸腺还有内分泌腺的功能,胸腺上皮细胞可产生多种小分子(分子质量≤1 ku)的肽类胸腺激素,如胸腺血清因子(thymulin)、胸腺素(thymosin)、胸腺生成素(thymopoietin)和胸腺体液因子(thymic humoral factor)等,它们对诱导 T 细胞成熟有重要作用。胸腺素是一种小分子多肽混合物,它使来自动物骨髓的前体 T 细胞成熟,成为具有 T 细胞特征的细胞。胸腺生成素能诱导前体 T 细胞的分化,降低其 cAMP 水平,促进 T 细胞的成熟。胸腺体液因子能促进前体 T 细胞的分化,降低其 cAMP 水平和增强 T 细胞的功能。胸腺血清因子是由胸腺上皮细胞分泌的肽类,它能部分地恢复胸腺切除动物的 T 细胞功能。另外,胸腺激素对外周成熟的 T 细胞也有一定作用,具有调节功能。猪的胸腺血清因子的氨基酸序列是谷氨酰胺-丙氨酸-赖氨酸-丝氨酸-谷氨酸-甘氨酸-丝氨酸-天门冬氨酸。

3. 法氏囊(bursa of Fabricius)

法氏囊又称腔上囊,是禽类所特有的淋巴器官,位于泄殖腔背侧,并有短管与之相连。法氏囊外形似樱桃,鸡为球形椭圆状囊,鹅和鸭的呈圆筒形囊;性成熟前达到最大,随后逐渐萎缩退化直到完全消失。法氏囊的内层黏膜形成数条纵褶,突入囊腔内;在黏膜的固有层有大量淋巴小结,排列紧密。淋巴小结可分皮质和髓质,两者之间还有一层未分化的上皮细胞。

法氏囊是禽类 B 细胞分化和成熟的场所。来自骨髓的前体 B 细胞在法氏囊诱导分化为成熟的 B 细胞,然后随淋巴液和血液循环迁移到次级淋巴器官,参与体液免疫。如果胚胎后期或孵化出壳的雏禽被切除法氏囊,则体液免疫应答受到抑制(表 4-1),表现出浆细胞减少或消失,在抗原刺激后不能产生特异性抗体;但是法氏囊对细胞免疫则影响很小,被切除法氏囊的雏禽仍能排斥皮肤移植。某些病毒(如传染性法氏囊病病毒)感染或者注射某些化学药物(如睾酮等)均可使法氏囊萎缩。所以,鸡感染传染性法氏囊病病毒后,因法氏囊受到损伤,其免疫功能被破坏,可导致其他疫苗的免疫接种失败。法氏囊的另一功能是可作为次级淋巴器官,即捕捉抗原和合成某些抗体。在法氏囊管开口处的背侧还含有小的 T 细胞灶。所以从这个意义上说,不能把法氏囊看作是单一的一级淋巴器官。

哺乳动物只有胸腺而无法氏囊,哺乳动物的 B 细胞在骨髓中发育成熟,所以哺乳动物的骨髓兼具法氏囊的功能。

表 4-1　切除新生幼畜(禽)胸腺或法氏囊对免疫细胞的影响

作用	切除胸腺	切除法氏囊
循环中淋巴细胞数	↓↓↓	—
胸腺依赖区的淋巴细胞	↓↓↓	—
移植物排斥反应	↓↓↓	—
非胸腺依赖区的淋巴细胞和生发中心	↓	↓↓↓
浆细胞	↓	↓↓↓
血清免疫球蛋白	↓	↓↓↓
抗体生成	↓	↓↓↓

注:↓↓↓——严重影响;↓——较轻影响;———无影响。

二 次级淋巴器官

次级淋巴器官(secondary lymphoid organ)又称外周或二级淋巴器官,是成熟的 T 细胞和 B 细胞栖居、增殖和在被抗原刺激后产生免疫应答的场所,它们主要是脾脏、淋巴结和存在于消化道、呼吸道和泌尿生殖道的淋巴小结(黏膜相关淋巴组织)等。次级淋巴器官或组织富含捕捉和处理抗原的树突状细胞(dendritic cell)和巨噬细胞(macrophage),它们能迅速捕获和处理抗原,并将处理后的抗原肽提呈给淋巴细胞。与初级淋巴器官的不同之处在于,次级淋巴器官都起源于胚胎晚期的中胚层,并终身存在。一般而言,切除部分次级淋巴器官不会明显影响动物的免疫功能(表 4-2)。

表 4-2　初级淋巴器官与次级淋巴器官的比较

级别	初级淋巴器官	次级淋巴器官
器官	骨髓、胸腺、法氏囊	脾脏、淋巴结
起源	内外胚层连接处	中胚层
形成时间	胚胎早期	胎儿晚期
存在时间	青春期后退化	终身
切除后的影响	淋巴细胞缺失、免疫应答缺失	无影响或影响微小
对抗原的刺激	无反应	充分反应

1. 淋巴结(lymph node)

淋巴结呈圆形或豆状,遍布于淋巴循环系统的各个部位,具有捕获由体外进入血液-淋巴液的抗原的功能。淋巴结外包裹着由结缔组织构成的被膜,内部则由网状组织构成支架,其内充满淋巴细胞、树突状细胞和巨噬细胞。

输入淋巴管通过被膜与被膜下的淋巴窦相通。淋巴内部实质可分为皮质和髓质两部分。皮质又分靠近被膜的浅皮质区和靠近髓质的深皮质区(又称副皮质区),两者无明显的界限(图 4-4)。浅皮质区中含有淋巴小结,主要由 B 细胞聚集而成,也称初级淋巴小结。接触抗原刺激后,B 细胞分裂增殖形成生发中心,又称二级淋巴小结,内含处于不同分化阶段的 B 细胞和浆细胞,还存在少量 T 细胞。浅皮质区主要由 B 细胞栖居,故又称非胸腺依赖区。新生动物无生发中心。无菌动物淋巴结的生发中心不明显,胸腺切除一般不影响生发中心。淋巴小结和髓质之间为副皮质区。淋巴小结周围和副皮质区是 T 细胞主要集中区,故称胸腺依赖区,该区也有树突状细胞和巨噬细胞等。

淋巴结髓质由髓索和髓窦组成。髓索中含有 B 细胞、浆细胞和巨噬细胞等。髓窦位于髓索之间,为淋巴液通道,与输出淋巴管相通。髓窦内有许多巨噬细胞,能吞噬和清除细菌等异物。此外,淋巴结内免疫应答生成的效应 T 细胞及产生的特异性抗体可汇集于髓窦中随淋巴循环进入血液循环分布到机体全身发挥作用。

猪淋巴结的结构与其他哺乳动物淋巴结的组织学结构有所不同,其淋巴小结在淋巴结的中央,相当于髓质的部分在淋巴结外层。淋巴液由淋巴结门进入淋巴结流经中央的皮质

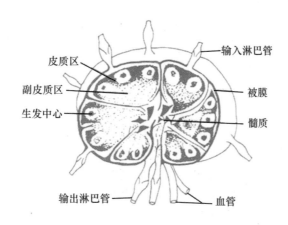

图 4-4　淋巴结结构示意图

和四周的髓质,最后由输出管流出淋巴结。

　　水禽(鹅、鸭等)有 2 对淋巴结,即颈胸淋巴结和腰淋巴结。鸡没有淋巴结,但淋巴组织广泛分布于体内,有的呈弥散性,如消化道管壁中的淋巴组织;有的呈淋巴集结,如盲肠扁桃体;有的呈小结状等。它们在抗原刺激后都能形成生发中心。

　　淋巴结的免疫功能表现在以下几个方面。

　　(1)过滤和清除异物　侵入机体的致病菌、蛋白质颗粒或有害异物,通常随组织淋巴液进入局部淋巴结内,淋巴窦中的巨噬细胞能有效地吞噬和清除这些细菌等异物,但对病毒和癌细胞的清除能力较低。

　　(2)免疫应答的场所　淋巴结是高度专业化的淋巴器官,其实质部分中的树突状细胞和巨噬细胞能捕获和处理外来的异物性抗原,并将抗原提呈给 T 细胞和 B 细胞,使其活化增殖,形成效应性 T 细胞和浆细胞。在此过程中,因淋巴细胞大量增殖而生发中心增大。因此,细菌等异物侵入机体后,局部淋巴结肿大,与受抗原刺激后淋巴细胞大量增殖有关,是产生免疫应答的表现。淋巴结也是免疫应答过程中产生的记忆性 T 细胞和 B 细胞定居的淋巴器官。

2. 脾脏(spleen)

　　脾脏外部包有被膜,内部的实质分为两部分:一部分称为红髓,主要功能是生成与储存红细胞和捕获抗原;另一部分称为白髓,是产生免疫应答的部位。禽类的脾较小,白髓与红髓分界不明显,主要参与免疫功能,储血作用很小。

　　红髓位于白髓周围,由脾索和脾窦组成,脾索为彼此吻合成的呈网状的淋巴组织索,含大量 B 细胞和浆细胞以及巨噬细胞和树突状细胞等。由脾索围成的脾窦内充满血细胞,脾索中和脾窦壁上的巨噬细胞能吞噬和清除血液中的细菌等有害异物和凋亡的血细胞。白髓内围绕脾中央动脉周围的淋巴组织称淋巴鞘,主要由 T 细胞组成,为胸腺依赖区。白髓内还有淋巴小结和生发中心,含大量 B 细胞,为非胸腺依赖区。淋巴小结外周的白髓区仍以 T 细胞分布为主,而在白髓与红髓交界的边缘区则以 B 细胞为多。

　　脾脏的免疫功能主要表现在以下几个方面。

　　(1)滤过血液　在循环血液通过脾脏时,脾脏中的树突状细胞和巨噬细胞捕获(胞饮、吞噬等)和清除侵入血液的细菌等异物和自身衰老与凋亡的血细胞等物质。

(2)滞留淋巴细胞　在正常情况下淋巴细胞经血液循环进入并自由通过脾脏或淋巴结,但是当抗原进入脾脏或淋巴结以后,就会引起淋巴细胞在这些器官中滞留,并集中到抗原聚集的部位附近,增强免疫应答的效应。一些细胞因子可诱导这种滞留,所以滞留作用是佐剂作用的机制之一。

(3)免疫应答的重要场所　脾脏是机体针对血源性病原微生物产生免疫应答的器官。在脾脏中栖居着大量淋巴细胞和其他免疫细胞,抗原一旦进入脾脏即可诱导 T 细胞和 B 细胞活化和增殖,产生效应性 T 细胞和浆细胞,所以脾脏是体内产生抗体的主要器官。

此外,脾脏中有一种含苏-赖-脯-精 4 个氨基酸的四肽激素,称为特夫素(tuftsin),能增强巨噬细胞及中性粒细胞的吞噬作用。

3.其他淋巴组织

动物机体的免疫反应主要在次级淋巴器官和相关组织内进行,它们不仅包括脾脏和淋巴结,还包括骨髓、屏障器官或组织(如皮肤和黏膜免疫系统)。皮肤含有淋巴组织,上皮细胞可发挥对病原微生物感染的第一道防御作用,并激发天然免疫细胞和特异性免疫细胞的免疫应答。此外,肺脏、肝脏、脑、皮肤等被认为是三级淋巴组织(tertiary lymphoid tissue),在次级淋巴组织中被抗原活化的淋巴细胞作为效应细胞和组织定居记忆细胞,可移至这些器官或组织,产生淋巴细胞应答的新微环境。黏膜免疫系统将在本章第四节中介绍。

骨髓是初级淋巴器官,同时也是体内最大的次级淋巴器官。就器官的大小比较而言,脾脏产生抗体的量最多,但骨髓产生的抗体总量最大,对某些抗原的应答,骨髓所产生的抗体可占抗体总量的 70%。

第三节　免疫细胞

所有直接或间接参与免疫应答的细胞统称为免疫细胞(immunocyte),它们种类繁多,功能相异,但是互相作用,互相依存。根据它们在免疫应答中的功能及其作用机理,可分为淋巴细胞、抗原提呈细胞两大类。此外,还有一些其他细胞,如各种粒细胞和肥大细胞等,都参与了免疫应答中的某一特定环节。树突状细胞和单核-巨噬细胞,在免应答过程中起重要的辅佐作用,具有捕获、加工处理和提呈抗原给免疫活性细胞的功能,以及分泌细胞因子调节免疫应答的功能。

一　淋巴细胞

在淋巴细胞中,受抗原物质刺激后能分化增殖并产生特异性免疫应答的细胞,称为免疫活性细胞(immunocompetent cell, ICC),也称为抗原特异性淋巴细胞(antigen-specific lymphoid cell),主要是指 T 细胞和 B 细胞,在特异性免疫应答过程中起核心作用。除此之外,淋巴细胞还包括自然杀伤细胞(NK 细胞)、NKT 细胞。淋巴细胞在体内分布广、数量多,除初级神经系统外,所有组织均存在。

T 细胞和 B 细胞在光学显微镜下均为小淋巴细胞,形态上难以区分,其主要分布和特性见表 4-3。

表 4-3　T 细胞和 B 细胞主要分布和特性

分布和特性	T 细胞	B 细胞
分布		
胸腺	100%	0
胸导管	80%～90%	0%～20%
法氏囊	0%	100%
血液	70%～80%	20%～30%
淋巴结	75%～80%	20%～25%
脾脏	30%～40%	60%～70%
骨髓	少数	多数
肠道集合淋巴结	30%	60%
对药物敏感性		
皮质类类固醇	＋	＋
甲基苄肼	＋	—
环磷酰胺	—	＋
抗淋巴细胞血清	＋＋	＋
对放射线敏感性	＋	＋＋
扫描电镜观察	多数表面光滑	表面有绒毛状突起
生存时间	长	短
参加再循环	大多数	少数
主要功能	细胞免疫	体液免疫

注:＋——轻度敏感;＋＋——敏感;——不敏感。

免疫细胞表面存在着大量不同种类的蛋白质分子,这些表面分子又称为表面标志(surface marker)。它们不仅可用于鉴别 T 细胞、B 细胞及其亚群,还在研究淋巴细胞的分化过程和功能以及临床诊断方面具有重要意义。根据功能可把它们分为表面受体和表面抗原。表面受体是指淋巴细胞表面上能与相应配体(特异性抗原、绵羊红细胞、补体等)产生特异性结合的分子结构。表面抗原是指在淋巴细胞或其亚群细胞表面上能被特异性抗体(如单克隆抗体)所识别的表面分子。需要指出的是,表面抗原和表面受体并无严格的区别。

由于表面标志是在淋巴细胞分化过程中产生的,故又称为分化抗原。为避免不同研究者和实验室建立的以单克隆抗体系统鉴定淋巴细胞表面抗原的互相混淆,自 1982 年第一次人白细胞分化抗原国际会议(International Workshop on Human Leukocyte Differentiation Antigens,HLDA)起,经国际会议商定以分化簇(群)(cluster of differentiation,CD)统一命名淋巴细胞表面抗原或分子。至 2010 年第 9 次国际会议,已命名了 360 余种 CD 分子。近年来,又发现和命名了一些新的 CD 分子。尽管有些动物(如猪和马)的 CD 分子经由相应国际会议予以商定确认,但是仍滞后于人和小鼠的 CD 分子认定。一些 CD 分子在动物与人之间存在较高的同源性,所以在实际应用中,人或小鼠源 CD 分子的单克隆抗体也可用于动物免疫细胞表面标志的鉴定。T 细胞、B 细胞与 NK 细胞重要的 CD 分子见表 4-4。

表 4-4　部分 CD 分子在淋巴细胞上的分布

CD 名称	主要功能	B 细胞	T 细胞		NK 细胞
			T_H	T_C	
CD2	黏附分子、红细胞受体、信号传导	－	＋	＋	＋
CD3	TCR 信号传导	－	＋	＋	－
CD4	结合 MHC Ⅱ类分子、信号传导、黏附分子	－	＋	－	－
CD8	结合 MHC Ⅰ类分子、信号传导、黏附分子	－	－	＋	＋
CD11a/CD18(LFA-1)	黏附分子、与 ICAM-1 和 ICAM-2 结合	＋	＋	＋	＋
CD16(FcγRⅢ)	IgGFc 片段的低亲和力受体	－	－	－	＋
CD19	与 CD21 和 CD81(TAPA-1)形成复合体、B 细胞的共受体	＋	－	－	－
CD21(CR2)	补体 C3d 的受体	＋	－	－	－
CD28	APC 表面共刺激 B7 分子的受体	－	＋	＋	－
CD32(FcγRⅡ)	IgGFc 片段的受体	＋	－	－	－
CD35(CR1)	补体 C3b 的受体	＋	－	－	－
CD40	信号传导	＋	－	－	－
CD45	信号传导	＋	＋	＋	＋
CD54(ICAM-1)	黏附分子、与 CD11a/CD18(LFA-1)结合	＋	＋	＋	＋
CD56	黏附分子	－	－	－	＋

注:＋——有;－——无。

(一)T 细胞

1.T 细胞的来源、发育、分布与形态特点

T 细胞来源于骨髓的多能造血干细胞(HSC),造血干细胞中的淋巴样前体细胞分化为前体 T 细胞。前体 T 细胞进入胸腺,经过 CD4⁻CD8⁻双阴性、CD4⁺CD8⁺双阳性和 CD4⁺CD8⁻或 CD4⁻CD8⁺单阳性 3 个阶段,发育为成熟的 T 淋巴细胞(T lymphocyte),又称胸腺依赖性淋巴细胞(thymus-dependent lymphocyte),简称 T 细胞。成熟的 T 细胞经血液循环分布到次级淋巴器官的胸腺依赖区,或再经血液或淋巴循环进入组织,经血液和淋巴再循环分布于机体全身。在光学显微镜下,T 细胞为小淋巴细胞;扫描电镜下,多数 T 细胞表面光滑,有较少绒毛突起。成熟 T 细胞在正常情况下是静止细胞,但是一旦被抗原刺激后即被活化,进一步增殖,最后分化成为效应性 T 细胞,发挥细胞免疫功能。绝大部分效应性 T 细胞存活期较短,一般只有 4～6 d,只有其中一部分变为长寿的记忆性 T 细胞,进入淋巴细胞再循环,可存活数月至数年。

2.T细胞重要的表面标志

（1）T细胞受体（T-cell receptor，TCR） T细胞表面具有识别和结合特异性抗原的分子结构，称为T细胞抗原受体，简称T细胞受体。绝大多数（约95%）T细胞的TCR是由α链和β链经二硫键连接组成的异二聚体，每条链又可折叠形成可变区（V区）和恒定区（C区）两个功能区。C区与细胞膜相连，并有4～5个氨基酸残基伸入胞质内，而V区则为与抗原结合部位（图4-5）。

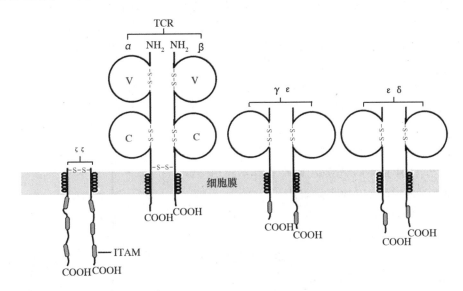

图4-5　T细胞受体与TCR复合体示意图

α链有248个氨基酸，分子质量为40～50 ku，β链有282个氨基酸，分子质量为40～45 ku。在T细胞发育过程中，各个幼稚T细胞克隆的TCR基因经过不同的重排后可形成数百万种以上不同序列的V区基因，编码相应数量的不同特异性的TCR分子。不同的T细胞克隆具有特异性不同的TCR，能识别不同的抗原特异性T细胞表位。在同一个体内，可能有数百万种T细胞克隆及其特异性的TCR，故能识别数量庞大的抗原表位。TCR与细胞膜上的CD3分子紧密结合在一起形成复合体，称为TCR复合体（TCR complex）（图4-5）。与抗体分子一样，TCR也具有独特型（idiotype），是由其V区决定的。

TCR识别和结合抗原的性质是有条件的，即只有当抗原片段（肽）或表位与抗原提呈细胞上的MHC分子结合在一起时，TCR才能识别和结合MHC分子-抗原肽复合物中的抗原部分，同时还需识别MHC分子。也就是说，TCR识别抗原受MHC分子的制约，称为TCR识别抗原的MHC限制性或MHC约束性（MHC restriction）。所以TCR不能识别和结合游离的抗原、抗原肽或表位。

少数T细胞（约5%）的TCR是由γ链和δ链组成，称为γδT细胞。在胸腺皮质中双阴性T细胞表达TCR的γ链和δ链，进入外周淋巴组织。此类细胞在外周血循环中分布较少，主要存在于皮肤和肠道黏膜相关淋巴组织，在局部免疫中起作用，也属于天然免疫细胞之列。

（2）CD2 即红细胞（erythrocyte，E）受体。一些动物和人的T细胞在体外能与绵羊红细胞结合,形成红细胞花环。CD2 是 T 细胞的重要表面标志。B 细胞无此抗原。E 花环试验是鉴别 T 细胞及检测外周血中的 T 细胞的比例及数目的常用方法,但它并不能反映细胞免疫功能状态。不同种的动物,T 细胞 CD2 性质可能有所差异,所以在做花环试验时所要求的指示细胞不完全相同。

(3)CD3 仅存在于 T 细胞表面,是由 5 条多肽链(γ、δ、ε、ζ 和 η)结合形成 3 个二聚体的复合体所组成。其中,γ 与 ε 链形成异二聚体;δ 与 ε 链形成异二聚体;两条 ζ 链形成同源二聚体(大约 90% 的 CD3 复合体)或 ζ 与 η 链形成异二聚体(少数的 CD3 复合体)。ζ 与 η 链是由相同基因编码,仅在羧基端氨基酸有差异。CD3 与 TCR 紧密结合形成含有 8 条肽链($\alpha\beta$-$\gamma\delta\epsilon\epsilon\zeta\zeta$)的 TCR-CD3 复合体(图 4-5)。CD3 二聚体($\gamma\epsilon$、$\delta\epsilon$ 和 $\zeta\zeta$ 或 $\zeta\eta$)是 TCR 表达和信号传导所必需的,其功能是把 TCR 与外来结合的抗原信息传递到细胞内,启动细胞内的活化过程,在 T 细胞接受抗原刺激活化后的早期过程中起重要作用。利用 CD3 分子的单抗,采用流式细胞术可检测动物外周血 T 细胞总数。由于 CD3 单抗能封闭 T 细胞受体,因此在抗移植排斥及自身免疫病治疗中有一定意义。

(4)CD4 和 CD8 分别称为 MHCⅡ类分子和Ⅰ类分子的受体。CD4 和 CD8 分别出现在具有不同功能亚群的 T 细胞表面,同一 T 细胞只表达其中之一。因此,T 细胞可分成 CD4$^+$T 细胞和 CD8$^+$T 细胞两大亚群。CD4 与 CD8 的比值可作为评估机体免疫状态的重要依据之一。正常情况下其比值为 2∶1,如偏离此值,甚至比值倒置则说明机体免疫机能失调。

CD4 是一条分子质量为 55 ku 的单体膜糖蛋白,有 4 个类免疫球蛋白胞外区(D1～D4),一个疏水跨膜区和一个较长的含有 3 个丝氨酸残基的细胞质尾。CD8 分子通常是由 α 和 β 链组成的异二聚体(有时存在由 α 链组成的同源二聚体),两条肽链的分子质量为 30～38 ku,每条链由一个类免疫球蛋白的胞外区、疏水跨膜区和 25～27 个氨基酸的细胞质尾组成,两条链之间以二硫键相连。CD4 和 CD8 分子的结构见图 4-6。

(5)CD28 为分子质量为 25.1 ku 的跨膜蛋白,有 7 种异构体分子,通常以同源二聚体表达于 T 细胞表面,可与抗原提呈细胞表面的 B7 分子(CD80/CD86)结合,是 T 细胞活化的重要共刺激分子。

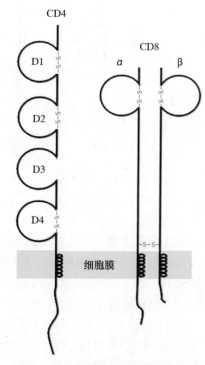

图 4-6 **CD4 和 CD8 的结构示意图**

(6)有丝分裂原受体 T 细胞表位具有有丝分裂原受体,在有丝分裂原的刺激下,静止的淋巴细胞可转化成淋巴母细胞,表现为 DNA 合成增加、体积增大和胞质增多以及有丝分裂等变化。临床上常用植物血凝素(PHA)作为促分裂因子来检测淋巴细胞转化功能,称淋巴细胞转化试验,其转化率的高低常作为衡量机体细胞免疫水平的指标。细胞免疫缺陷以及患恶性肿瘤或某些其他疾病时,转化率显著降低或无转化现象。

(7)其他表面标志 T 细胞表面还有一些较重要的表面受体或抗原,它们与 T 细胞功能有关,如淋巴细胞功能相关抗原-1(lymphocyte function-associated antigen-1,LFA-1)(CD11a/CD18)、CD45R、细胞黏附分子-1[ICAM-1(CD54)、CD40 配体(CD40L)]等。所有 T 细胞表面均存在 MHC I 类分子,受抗原刺激后,还可表达 MHC II 类分子。T 细胞表面有白细胞介素-1(IL-1)的受体以及各种激素和介质的受体,如肾上腺素、皮质激素、组胺等物质的受体,它们是神经内分泌系统对免疫系统功能产生影响的物质基础。活化的 T 细胞可表达 IL-2 受体(CD25)。

活化的 T 细胞可表达 CTLA-4,称为细胞毒性 T 淋巴细胞相关抗原 4(cytotoxic T lymphocyte-associated antigen-4,CTLA-4),又名 CD152,是一种同源二聚体膜蛋白。其作用的配体也是抗原提呈细胞表面的 B7 分子,对免疫应答起负调节效应。该分子由 Allison 等(1990)发现并鉴定,并在小鼠试验中证明 CTLA-4 抗体可以增强免疫抑制肿瘤的发生和发展。通过抑制 T 细胞表面表达的 CTLA-4 这一免疫系统"分子刹车"的活性,即能提高免疫系统对肿瘤细胞的攻击性。

T 细胞表面还有一种重要的免疫抑制分子,称为程序性细胞死亡受体(蛋白)1(programmed cell death protein 1,PD-1),又名 CD279,由 Honjo 等(1992)发现并鉴定。PD-1 的配体是表达于专职抗原提呈细胞、肿瘤细胞等表面的 PD-L1/PD-L2 分子,它们之间相互作用对 T 细胞应答起负调节效应,可启动 T 细胞的程序性死亡而使肿瘤细胞得以逃逸。$CD8^+$ T 细胞更易受到 PD-L1 的抑制。以 PD-1 为靶点的免疫调节对抗肿瘤、抗感染、抗自身免疫病及器官移植存活等均有重要的意义。

CTLA-4 和 PD-1 的发现开创了负性免疫调节治疗癌症的新思路,对肿瘤免疫的贡献巨大,Allison 和 Honjo 两位科学家获得了 2018 年诺贝尔生理学或医学奖。

3. T 细胞亚群

对 T 细胞亚群的划分是基于 CD 分子的不同,分为 $CD4^+$ 和 $CD8^+$ 两大亚群,再根据其在免疫应答中的不同功能(如分泌效应性细胞因子及其生物学效应)又进一步划分为不同的亚型(subtype/subset)。

(1)$CD4^+$ T 细胞 表型为 $CD2^+$、$CD3^+$、$CD4^+$、$CD8^-$ 的 T 细胞称为 $CD4^+$ T 细胞。体内有 60%～65% $CD4^+$ T 细胞,其 TCR 识别的抗原是由抗原提呈细胞的 MHC II 类分子所结合和提呈的,大小为 13～18 个氨基酸的抗原肽。按功能分至少包括以下亚群。

①辅助性 T 细胞(helper T cell,T_H):是体内免疫应答所可不缺少的亚群,其主要功能为协助其他免疫细胞发挥功能。例如,通过分泌效应性细胞因子和与 B 细胞接触可促进 B 细胞的活化、分化和抗体产生;通过分泌效应性细胞因子可促进 T_C 和 T_{DTH} 的活化,增强 T_C 细胞杀伤靶细胞的功能,协助巨噬细胞增强迟发型变态反应的强度。

从 T_H 细胞的功能可见到 T 细胞之间、T 细胞与 B 细胞、T 细胞与抗原提呈细胞之间的相互关系。T_H 细胞占外周血液中 T 淋巴细胞的 50%～75%,活化后可产生不同的效应性 T_H 细胞,产生的细胞因子种类有所不同,可分为 T_H1、T_H2、T_H9、T_H17、T_H22、T_{REG}、T_{FH}(滤泡辅助性 T 细胞)等亚型,它们在细胞因子合成及免疫调节功能上既有联系又有区别,从而使体内免疫调节过程变得更精细。其中,T_H1 和 T_H2 两个亚群通过分泌细胞因子(表 4-5),对机体的免疫功能调节极其重要,它们之间还可发挥交叉调节作用;T_H9 细胞可分泌 IL-9;T_H17 可分泌 IL-17A、IL-17F 和 IL-22;T_H22 可分泌 IL-22;T_{FH} 可分泌 IL-4 和 IL-21。T_{REG}

(regulatory T cell)为调节性 T 细胞,表型为 $CD4^+CD25^+FoxP3^+$,可分泌 IL-10 和 TGF-β,具有免疫抑制效应,在免疫耐受、器官移植、自身免疫病、感染性疾病与肿瘤中发挥重要作用,一些具有持续性感染特性的病毒可诱导 T_{REG} 的产生。

②迟发型超敏反应性 T 细胞(delayed type hypersensitivity T cell,T_{DTH} 或 T_D):大多数属于 T_H1 细胞,在免疫应答的效应阶段和Ⅳ型超敏反应中能释放多种淋巴因子导致炎症反应,发挥清除抗原(如胞内菌)的功能。

(2)$CD8^+T$ 细胞 表型为 $CD2^+$、$CD3^+$、$CD4^-$、$CD8^+$ 的 T 细胞为 $CD8^+T$ 细胞。体内有 $30\%\sim35\%$ $CD8^+T$ 细胞,其 TCR 识别抗原是由抗原提呈细胞或靶细胞的 MHCⅠ类分子所结合和提呈的,大小为 $8\sim10$ 个氨基酸的抗原肽。

$CD8^+T$ 细胞主要为细胞毒性 T 细胞(cytotoxic T cell,T_C),又称为杀伤性 T 细胞,活化后称为细胞毒性 T 淋巴细胞(cytotoxic T lymphocyte,CTL),占外周血液 T 细胞的 $5\%\sim10\%$,具有高度特异性和记忆特性。在免疫效应阶段,T_C 活化产生的 CTL 对靶细胞(如被病毒感染的细胞或肿瘤细胞等)发挥杀伤作用,可连续杀伤多个靶细胞。

表 4-5　T_H1 和 T_H2 细胞的功能区别

项目	T_H1	T_H2
合成细胞因子		
IL-2	+	−
IFN-γ	+	−
TNF-β	+	−
GM-CSF	+	+
IL-3	+	+
IL-4	−	+
IL-5	−	+
IL-6	−	+
IL-10	−	+
IL-13	−	+
活化 B 细胞	+	++
辅助 IgE 合成	−	++
促进肥大细胞增殖	−	+
迟发型超敏反应	+	−
T_C 细胞活化	+	−

注:+——有;-——无。

在理论上和临床应用上,研究 T 细胞的亚群及其功能都有重要的意义。正常的免疫应答是由各种免疫细胞,特别是 T 细胞亚群和亚型之间相互协调和制约,对免疫应答起调节作用,执行既能清除抗原异物,又不损伤机体自身组织的生理功能。但是一些亚群(如 T_{REG})失调或缺陷时,可诱导自身免疫病(如溶血性贫血)等。抗 T 细胞的单克隆抗体,能特异性地与其某一亚群或亚型反应,从而阻断其免疫功能,因此可作为免疫抑制剂,用于治疗某些自身免疫病或预防移植排斥反应。

4.T细胞发育的阳性选择和阴性选择

T细胞在发育成熟过程中,必须经过阳性选择和阴性选择,最终才能发育成为可识别外来抗原物质的成熟T细胞。在胸腺皮质中,前体T细胞可表达CD2和CD3分子,但不表达CD4和CD8分子,即为双阴性(double negative,DN)细胞;TCR的α链、β链基因发生重排和表达,发育成为CD4和CD8双阳性(double positive,DP)细胞,然后进入阳性选择和阴性选择阶段。

(1)阳性选择(positive selection) 发生于胸腺皮质,其基本过程为:①双阳性细胞的TCR与胸腺皮质的基质细胞表面MHC I 类分子以中等(或低)亲和力结合,则细胞表面CD8分子表达水平增高,CD4分子表达水平降低直至丢失,转变为CD4$^-$CD8$^+$单阳性细胞;②双阳性细胞的TCR与胸腺皮质的基质细胞表面MHC II 类分子以中等(或低)亲和力结合,则细胞表面CD4分子表达水平增高,CD8分子表达水平降低直至丢失,转变为CD4$^+$CD8$^-$单阳性细胞;③如果双阳性细胞与MHC分子呈现高亲和力结合(2%~5%的双阳性细胞)或不能结合(90%~96%双阳性细胞),则在胸腺皮质中发生凋亡而被清除。经过阳性选择,赋予CD4$^-$CD8$^+$T细胞和CD4$^+$CD8$^-$T细胞分别具有MHC I 类和MHC II 类分子限制性识别能力。只有2%~5%的双阳性细胞的可以发育成为CD4或CD8单阳性的T细胞。

(2)阴性选择(negative selection) 发生于胸腺髓质,基本过程为:①位于胸腺皮质与髓质交界处的树突状细胞和巨噬细胞均可表达MHC I 类和 II 类分子,形成MHC分子与自身抗原肽结合的复合物;②通过阳性选择产生的单阳性T细胞(CD4$^+$或CD8$^+$)若能与自身抗原肽-MHC分子复合物高亲和力结合,即被激活而发生程序化死亡(凋亡),或称为失能(anergy);③不能识别自身抗原肽-MHC分子复合物的T细胞则继续发育为能识别外来抗原的成熟的单阳性(CD4$^+$或CD8$^+$)T细胞。T细胞通过阴性选择而获得对自身抗原的耐受性和对外来抗原的识别能力,然后成熟的T细胞迁移至外周淋巴器官。

(二)B细胞

1.B细胞的来源、发育、分布与形态特点

B细胞也来源于骨髓的多能造血干细胞,其中的淋巴样前体细胞分化为前体B细胞。前体B细胞在哺乳动物的骨髓或禽类的法氏囊分化发育为成熟的B淋巴细胞(B lymphocyte),故又称骨髓依赖性淋巴细胞(bone marrow-dependent lymphocyte)或囊依赖性淋巴细胞(bursa-dependent lymphocyte),简称B细胞。B细胞分布于次级淋巴器官的非胸腺依赖区。在光学显微镜下,B细胞为小淋巴细胞;扫描电镜下B细胞表面较为粗糙,绒毛突起较多。B细胞接受抗原刺激后,活化、增殖和分化,最终成为浆细胞。浆细胞产生特异性抗体,形成机体的体液免疫。浆细胞一般只能存活2 d。在分化过程中,一部分B细胞成为长寿的记忆性B细胞,参与淋巴细胞再循环,可存活100 d以上。此外,活化的B细胞也是一类重要的抗原提呈细胞,可表达共刺激B7分子,具有较强的抗原提呈能力,可将某些抗原提呈给T$_H$细胞产生免疫应答。

2. B 细胞的重要表面标志

(1)B 细胞受体(B-cell receptor,BCR)　B 细胞表面的抗原受体是 B 细胞表面的膜免疫球蛋白(membrane immunoglobulin,mIg),简称 B 细胞受体,是 B 细胞识别和结合抗原的物质基础。mIg 与一个经二硫键连接、称为 Ig-α/Ig-β 的异二聚体分子构成跨膜蛋白复合体,2 个 Ig-α/Ig-β 异二聚体分子与 1 个 mIg 分子结合形成一个 BCR 复合体(BCR complex)(图 4-7)。

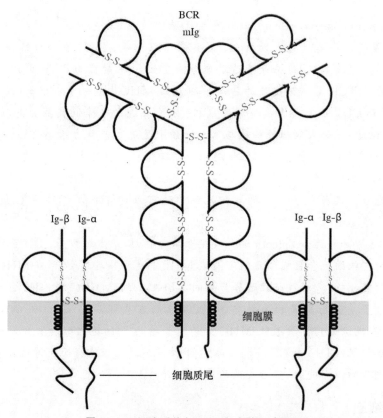

图 4-7　**B 细胞受体与 BCR 复合体示意图**

Ig-α 和 Ig-β 都有一个很长的细胞质尾,为 48～61 个氨基酸。Ig-α 又名 CD79a,Ig-β 为 CD79b,类似于 T 细胞的 CD3 分子的作用,是一种信号传导分子,在 B 细胞活化过程中起着十分重要的信号传导作用。

B 细胞表面的 mIg 的分子结构与血清中的相同,其 F_c 段镶嵌在细胞膜脂双层中,有一个短的细胞质尾(mIgM 和 mIgD 为 3 个氨基酸,mIgA 为 14 个氨基酸,mIgG 和 mIgE 为 28 个氨基酸),Fab 段则在细胞外侧,起识别和结合抗原的作用。成熟 B 细胞的 mIg 为单体的 IgM 和 IgD。每个 B 细胞表面有 10^4～10^5 个免疫球蛋白分子。牛、羊、猪的 B 细胞表面均有 mIg。mIg 是鉴别 B 细胞的主要特征,常用荧光素或铁蛋白标记的抗免疫球蛋白抗体来鉴别 B 细胞。

(2)B 细胞辅助受体(coreceptor)　CD21、CD19 和 CD81(TAPA-1)为 B 细胞的辅助受体(又称共受体或协同受体),它们形成复合物,称为 B 细胞辅助受体复合物(图 4-8)。此复合物可与 BCR 交联,在 B 细胞的活化过程中起重要作用。

(3)Fc 受体(Fc receptor,FcR)　大多数 B 细胞表面存在 IgG 的 Fc 受体(CD32),称为 FcγR,可与 IgG 的 Fc 片段结合。B 细胞表面的 FcγR 与抗原抗体复合物结合,有利于 B 细胞对抗原的捕获和结合,活化 B 细胞和抗体产生。

(4)补体受体(complement receptor,CR)　大多数 B 细胞表面存在能与补体成分 C3b 和 C3d 结合的受体,分别称为 CR1(CD35)和 CR2(CD21)。其中,CD21 是 B 细胞辅助受体复合物成分之一,也是 EB 病毒的受体。CR 有利于 B 细胞捕捉与补体结合的抗原抗体复合物,有助于 B 细胞的活化。

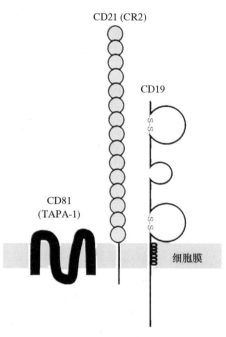

图 4-8　B 细胞辅助受体示意图

(5)B7　活化的 B 细胞可表达 B7 分子,属免疫球蛋白超家族成员,分子中有可变区(V 区)和恒定区(C 区),有 B7-1(CD80)和 B7-2(CD86)2 种类型分子,其配体是 T_H 细胞表面的 CD28 和 CTLA-4。B7 分子是 B 细胞与 T_H 细胞相互作用和活化的共刺激分子。

(6)有丝分裂原受体　B 细胞表面的有丝分裂原受体与 T 细胞不同,因此,刺激 B 细胞转化的有丝分裂原也不同。SPA 可刺激 B 细胞转化,LPS 只刺激小鼠 B 细胞转化,PWM 既能刺激 T 细胞,又能刺激 B 细胞。但体内 B 细胞的活化有赖于 T 细胞的存在。

(7)其他表面分子　B 细胞表面还有一些重要分子,如白细胞介素-2 受体(CD25)及其他细胞因子的受体、MHC Ⅱ 类分子、CD11a/CD18、CD40、CD45、CD54 等。

3.B 细胞亚群

B 细胞的分群尚无统一标准,有的根据 B 细胞分化的不同阶段将其分为不同的亚群,还有的则根据是否依赖 T 细胞将 B 细胞分成不同的亚群。目前,比较公认的是根据能否表达 CD5 分子,将 B 细胞分为 B1 和 B2 两个亚群,而 B2 再分为滤泡性 B 细胞和边缘区 B 细胞。

(1)B1 亚群　表达 CD5 分子,细胞表面仅有 mIgM,仅识别非蛋白质抗原如脂多糖,可介导对非胸腺(T 细胞)依赖性抗原的免疫应答而产生抗体,无须 T_H 细胞的协助,仅产生 IgM 抗体,不产生记忆细胞。

(2)B2 亚群　不表达 CD5 分子,细胞表面同时有 mIgM 和 mIgD,主要识别蛋白质抗原。只有在 T_H 细胞的辅助下,B2 细胞才能完全激活并介导对胸腺(T 细胞)依赖性抗原的免疫应答,可产生 IgM、IgG 及其他类型的抗体,可分化为记忆细胞。小鼠的 B1 和 B2 细胞在免疫特性方面的差异见表 4-6。

表 4-6 B 细胞亚群的特性(小鼠)

特性	B1	B2
发育阶段	未成熟	成熟
表面标志	mIgM	mIgM、mIgD
IgG F$_c$ 受体	—	+
C3b 受体	—	+
针对的抗原	TI 抗原	TD 抗原
产生抗体的类别	IgM	IgM、IgG
再次抗体应答	—	+
免疫耐受性	易形成	难形成

注:+——有;———无。

(3)边缘区 B 细胞　存在于次级淋巴器官的脾脏白髓边缘窦中的一群 B 细胞,故称为边缘区 B 细胞(marginal zone B cell)。它们属于成熟 B 细胞类群,但是不同于淋巴滤泡中产生并参与循环的其他常规 B 细胞。其可产生分泌 IgM 抗体的短寿浆细胞,并对进入血液的微生物抗原产生反应,也可介导对非胸腺依赖抗原的免疫应答。边缘区 B 细胞和 B1 细胞被认为是体内存在的天然 IgM 抗体的主要来源。

4.B 细胞发育的阴性选择和阳性选择

B 细胞在发育成熟过程中,同样经历类似于 T 细胞的阳性选择和阴性选择。

(1)阴性选择　前体 B 细胞在骨髓中表达抗原受体前体(mIgM),大多数未成熟的 B 细胞识别自身抗原的细胞进入凋亡,只有少数与自身抗原无关的细胞发育成熟而表达 mIgD,并进入次级淋巴器官和组织。大多数 B 细胞进入脾脏的淋巴滤泡,识别高亲和力抗原的 B 细胞被阴性选择清除。

(2)阳性选择　成熟 B 细胞在次级淋巴器官通过识别外来抗原,发生类别转换和基因高频突变,产生不同亲和力的细胞克隆。逃逸阴性选择的 B 细胞的 BCR 接受刺激信号,上调 B 淋巴细胞刺激因子(BAFF)受体,如此产生高亲和力抗体的 B 细胞被选择,并存活和增殖,有的发育为记忆性 B 细胞;其他不能接受刺激信号或 BAFF 生存信号的 B 细胞在脾脏中死亡。

(三)淋巴细胞再循环

成熟的 T 细胞和 B 细胞进入次级淋巴器官后在不同区域定居和增殖,其中有些细胞还可离开淋巴器官进入血液循环。淋巴细胞在血液、淋巴液和淋巴器官之间的反复循环称为淋巴细胞再循环。淋巴细胞再循环有多条途径(图 4-9)。在淋巴结中,最重要的途径是随血液进入副皮质区,穿过毛细血管后经微静脉进入淋巴组织的 T 细胞和 B 细胞定居区,随后再迁移到髓窦,经输出淋巴管进入胸导管返回血循环。在脾脏中,由血液途径随脾动脉进入脾脏的淋巴细胞穿过血管壁进入白髓区,然后移出脾索,再穿出血管壁进入脾窦内,经脾静脉返回血循环。只有少数淋巴细胞从脾淋巴输出管进入胸导管返回血循环。

参加再循环的淋巴细胞绝大多数是 T 细胞(占 80%～90%),整个循环约需 18 h。参与再循环的 B 细胞较少（10％～20％），且循环较慢，整个循环至少 30 h 以上。经过再循环后的淋巴细胞仍回到原来区域定居和增殖；此外，不同功能的淋巴细胞亚群可以定向地分布到不同淋巴组织，如产生分泌型 IgA 的 B 细胞大多分布于黏膜相关淋巴组织，由此表明淋巴细胞的迁移和再循环具有选择性。

淋巴细胞再循环的意义在于：①使带有各种不同抗原受体的淋巴细胞不断在体内迁移，增加与抗原和抗原提呈细胞接触的机会；②许多免疫记忆细胞也参与淋巴细胞再循环，一旦接触相应抗原，可立即进入淋巴组织发生增殖反应，产生免疫应答，使机体更有效地发挥清除抗原的免疫作用。

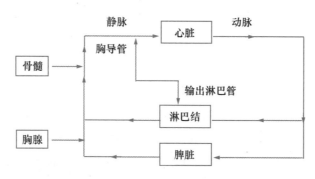

图 4-9　淋巴细胞再循环示意图

（四）NK 细胞

NK 细胞(natural killer cell, NK cell)属于淋巴细胞，但其细胞表面无 T 细胞和 B 细胞特有的抗原受体，可直接杀伤靶细胞，称为自然杀伤细胞，简称 NK 细胞。此类细胞形态上有所不同，胞质中富含嗜天青颗粒，杀伤靶细胞不受 MHC 分子的限制，是重要的天然免疫细胞之一。

NK 细胞来源于骨髓，它的发育成熟主要依赖于骨髓、淋巴结和扁桃体等次级淋巴组织。NK 细胞主要存在于外周血和脾脏中，占外周血淋巴细胞的 5％～10％；淋巴结和骨髓中很少，胸腺中不存在。NK 细胞有许多表面标志，如 CD16、CD56、CD57 等，其中 CD16 是 NK 细胞表面一种低亲和力的 IgG Fc 片段羧基末端的受体；一些表面标志与其他免疫细胞类相同，如 CD11a/CD18(LFA-1)、CD45、CD54(ICAM-1)等。此外，NK 细胞还可表达少量的 CD2、CD8 分子。

NK 细胞的主要生物功能为非特异性地杀伤病毒感染细胞、胞内寄生菌和真菌以及肿瘤细胞。NK 细胞对肿瘤细胞的杀伤作用是广谱的，因此可能是机体免疫监视的一个重要组成部分，是消灭癌变细胞的第一道防线。NK 细胞对生长旺盛的细胞如骨髓细胞和 B 细胞有一定的杀伤作用，表明 NK 细胞也有免疫调节作用。

NK 细胞杀伤靶细胞主要通过以下 3 种机制。

（1）ADCC 途径　NK 细胞表面具有 IgG 的 Fc 受体(FcγR)。当靶细胞与相应的 IgG 抗体结合，NK 细胞与结合在靶细胞上的 IgG 的 Fc 片段结合，从而被活化，释放溶细胞因子裂解靶细胞，称为抗体依赖性细胞介导的细胞毒作用(antibody-dependent cell-mediated cytotoxicity,ADCC)(图 4-10)。在 ADCC 反应中,IgG 抗体与靶细胞的结合是特异性的,而 NK 细胞的杀伤作用是非特异性的,不需要识别抗原和 MHC 分子,任何被 IgG 结合的靶细胞均可被 NK 细胞杀伤。

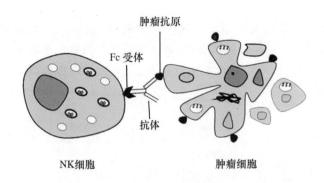

图 4-10　ADCC 示意图

（2）穿孔素/颗粒酶作用途径　NK 细胞与靶细胞接触,可通过释放细胞毒性颗粒(含有穿孔素和颗粒酶)杀伤靶细胞。穿孔素分子在靶细胞膜上聚合并形成"孔道",破坏靶细胞通透性,最终导致靶细胞裂解;而颗粒酶为丝氨酸蛋白酶,可通过破坏细胞膜或参与激活半胱氨酸蛋白酶(caspase)级联反应,诱导靶细胞凋亡。在病原微生物感染的早期阶段,树突状细胞和巨噬细胞分泌的 IFN-α、IFN-β 以及 IL-12 对 NK 细胞具有活化作用,可增强其杀伤能力。在动物机体特异性免疫(抗体、CTL)尚未建立之前,NK 细胞对于控制某些病毒感染起着重要作用。

（3）相关受体途径　NK 细胞可表达各类受体(如免疫球蛋白样受体、C 型凝集素样受体、细胞毒类受体),感知和识别病原微生物的特定分子结构。活化的 NK 细胞可以表达如 TNF-α 等细胞因子,通过与靶细胞表面受体的结合介导靶细胞凋亡。

NK 细胞与 T 细胞、B 细胞的主要特性比较见表 4-7。

表 4-7　三类淋巴细胞的主要特性比较

特性	T 细胞表位	B 细胞表位	NK 细胞
抗原受体	TCR(αβ/γδ)	BCR(mIg/Ig-α/Ig-β)	相关识别受体
E 受体(CD2)	＋	－	－/＋
CD 分子	CD3、CD4/CD8、CD28	CD21、CD19、CD40	CD56、CD57
IgG Fc 受体	少数有	CD32	CD16
C3b 受体(CD35)	－	＋	－
免疫功能	细胞免疫、免疫调节	体液免疫、提呈抗原	自然杀伤、ADCC

注:＋——有;－——无。

（五）NKT 细胞

一类具有 T 细胞和 NK 细胞相关特性的细胞,称为自然杀伤性 T 细胞(natural killer T cell,NKT cell)。NKT 细胞参与机体的特异性免疫和天然免疫,可表达 CD3 分子和

αβTCR,但 TCR 不具多样性,一些细胞可表达 CD4;其 TCR 不识别蛋白质多肽,与类 MHC分子(CD1)相互作用,识别由 CD1 分子提呈的脂类和糖脂类抗原;具有 NK 细胞相关的受体和不稳定的 CD16,可杀伤靶细胞。活化的 NKT 细胞可释放细胞毒性颗粒,介导对靶细胞的杀伤,并可分泌大量的细胞因子增强或抑制免疫应答,如促进 B 细胞抗体产生和炎症反应以及细胞毒性 T 细胞的发育和增殖、抑制自身免疫病和癌症的发展过程。

二 抗原提呈细胞

　　T 细胞和 B 细胞是特异性免疫应答的主要承担者,但免疫反应中必须有树突状细胞和巨噬细胞的协助参与。在免疫应答中具有捕获、加工处理和提呈抗原功能的免疫细胞称为抗原提呈细胞(antigen-presenting cell,APC)。专职的抗原提呈细胞主要包括树突状细胞、巨噬细胞和活化的 B 细胞。

1. 树突状细胞(dendritic cell,D cell)

　　树突状细胞简称 D 细胞或 DC,来源于骨髓和脾脏的红髓,成熟后主要分布于脾脏、淋巴结和淋巴组织,结缔组织中也广泛存在。树突状细胞表面有许多树突状突起,胞内线粒体丰富,高尔基体发达,但无溶酶体及吞噬体,故无吞噬能力。大多数 DC 有丰富的 MHC Ⅰ 类和Ⅱ 类分子,少数 DC 表面有 Fc 受体和 C3b 受体,可通过结合抗原抗体复合物将抗原提呈给淋巴细胞。

　　树突状细胞可持续表达高水平的 MHC Ⅱ 类分子和共刺激 B7 分子,因此,它们比巨噬细胞和 B 细胞(两者在发挥 APC 功能之前均需要活化)提呈抗原的能力强,是功能最强的专职抗原提呈细胞,既是特异性免疫应答的启动者,也是天然免疫重要的细胞。树突状细胞在组织中经吞饮或内吞途径捕获抗原后,迁移至血液和淋巴液,并循环至淋巴器官将抗原提呈给 T_H 细胞。

　　根据所在部位,树突状细胞包括如下几种。

　　(1)朗格汉斯细胞(Langerhans cell) 存在于皮肤和黏膜组织,具有较强的抗原提呈能力,特别在针对从皮肤进入的抗原所形成的免疫应答中起重要作用。

　　(2)间质树突状细胞(interstitial dendritic cell) 存在于大多数器官(如心脏、肺脏、肝脏、肾脏和胃肠道)。

　　(3)并指状树突状细胞(interdigitating dendritic cell) 存在于次级淋巴组织的 T 细胞区和胸腺的髓质。

　　(4)循环树突状细胞(circulating dendritic cell) 包括血液中的树突状细胞(占血液白细胞的 0.1%)和淋巴液中的树突状细胞,称为隐蔽细胞(veiled cells)。

　　(5)滤泡树突状细胞(follicular dendritic cell,FDC) 是另一种类型的树突状细胞,存在于淋巴结的富含 B 细胞的淋巴滤泡中。不表达 MHC Ⅱ 类分子,因此不具有将抗原提呈给 T_H 细胞的功能,但可表达高水平的抗体与补体的膜受体,因此可结合循环抗原抗体复合物,促进淋巴结中 B 细胞的活化。抗原抗体复合物可长时间(数周到数月,甚至数年)存在于树突状细胞膜上,对于滤泡内记忆细胞的产生具有十分重要的作用。

(6)浆细胞样树突状细胞(plasmacytoid dendritic cell,PDC) 来源于淋巴样前体细胞,其表面标志与功能有别于来自髓样前体细胞的 DC,在抗病毒免疫中发挥重要作用。还可通过多种途径诱导 T 细胞失能和调节性 T 细胞的形成而参与机体免疫耐受的诱导。

2. 巨噬细胞

单核-巨噬细胞(mononuclear macrophage)包括血液中的单核细胞(monocyte)和组织中的巨噬细胞(macrophage)。单核细胞在骨髓分化成熟进入血液,在血液中停留数小时至数月后,经血液循环分布于全身多种组织器官,分化成熟为巨噬细胞。巨噬细胞具有较强的吞噬功能,且寿命较长(数月以上)。在不同组织定居的巨噬细胞有不同的名称(表 4-8)。

表 4-8 组织中的巨噬细胞

名称	组织
巨噬细胞	淋巴结、脾脏、腹水
组织细胞	结缔组织
库普弗(Kupffer)细胞	肝脏
肺泡巨噬细胞	肺脏
破骨细胞	骨组织
小胶质细胞	脑
肾小球系膜细胞	肾脏
肠道巨噬细胞	肠道

巨噬细胞表面具有多种受体,如 IgG 的 Fc 受体、补体 C3b 受体,有助于吞噬功能的发挥。巨噬细胞表面有较多的 MHCⅡ类分子,活化的巨噬细胞可表达高水平的 MHCⅡ类分子和共刺激 B7 分子,与抗原提呈有关;巨噬细胞表面也有 MHCⅠ类。单核-巨噬细胞有较强的黏附玻璃或塑料表面的特性,而 T 细胞、B 细胞和 NK 细胞等淋巴细胞一般无此特性,故可利用这一特性分离和获取单核-巨噬细胞。巨噬细胞具有异质性,可分化为 M1 型巨噬细胞和 M2 型巨噬细胞,二者功能有差异。M1 型巨噬细胞具有较强的抗原提呈能力,而 M2 型巨噬细胞提呈抗原的能力较弱。

单核-巨噬细胞的免疫功能主要表现在以下几方面。

(1)吞噬和杀伤作用 单核-巨噬细胞是天然免疫的重要细胞,是机体非特异性免疫的重要因素。组织中的巨噬细胞可吞噬和杀灭多种病原微生物和处理凋亡损伤的细胞,特别是与抗体(IgG)和补体(C3b)结合的抗原物质更易被巨噬细胞吞噬。巨噬细胞可通过 AD-CC 作用杀伤靶细胞。经一些细胞因子(如 IFN-γ)激活的巨噬细胞更能有效地杀伤胞内菌和肿瘤细胞。

(2)抗微生物和细胞毒性作用 活化的巨噬细胞可产生大量抗微生物和细胞毒性物质,发挥对吞噬微生物的细胞内杀灭作用。由巨噬细胞释放出来毒性物质可介导很强的抗肿瘤活性。

(3)抗原加工和提呈 在免疫应答中,巨噬细胞是重要的专职抗原提呈细胞,外源性抗原经巨噬细胞通过吞噬、胞饮等方式摄取,经胞内酶的降解处理形成抗原决定肽,随后抗原肽与 MHCⅡ类分子结合形成抗原肽-MHCⅡ类分子复合物,并呈送到细胞表面,供 T_H 细胞识别。因此,巨噬细胞是特异性免疫应答中不可缺少的免疫细胞,活化的巨噬细胞具有更强的抗原提呈能力。

(4)合成和分泌各种活性因子 活化的巨噬细胞能合成和分泌多种生物活性物质,如酶(中性蛋白酶、酸性水解酶、溶菌酶)、细胞因子(如 IL-1、IL-6、各种集落刺激因子、IFN-α、TNF-α)、前列腺素(PGE)、血浆蛋白和各种补体成分等,在炎症反应、病原微生物清除以及免疫调节中发挥作用。

3. B 细胞

活化的 B 细胞具有抗原提呈功能,是一类重要的抗原提呈细胞。静止的 B 细胞虽然可表达 MHC Ⅱ类分子,但不表达 B7 分子,因此不具备抗原提呈活性。B 细胞活化后,其 MHC Ⅱ类分子可上调并持续表达,同时表达 B7 分子,因此可充当抗原提呈细胞,将抗原提呈给 T_H 细胞而产生免疫应答。一些细胞因子可促进 B 细胞表达 MHC Ⅱ类分子,增强其提呈抗原能力。

三 其他免疫细胞

细胞质中含有颗粒的白细胞统称粒细胞(granulocyte)。根据胞质颗粒的染色特性,粒细胞分为中性粒细胞、嗜酸性粒细胞和嗜碱性粒细胞。它们均来源于骨髓髓样前体细胞,其寿命较短,在外周血中的数量维持恒定,由骨髓不断地供应。

(1)中性粒细胞(neutrophil) 是血液中的主要吞噬细胞,具有高度的移动性和吞噬功能。细胞表面有 Fc 受体和 C3b 受体,可分泌炎症介质促进炎症反应,可处理颗粒性抗原并提供给巨噬细胞,也可发挥 ADCC 效应杀伤靶细胞,因此中性粒细胞在防御感染的天然免疫中起重要作用。

(2)嗜酸性粒细胞(eosinophil) 胞质内有许多在电镜下呈晶体样结构的嗜酸性颗粒,内含有多种酶,尤其富含过氧化物酶。在寄生虫感染及Ⅰ型超敏反应中常见嗜酸性粒细胞数量增多。嗜酸性粒细胞能结合至被抗体覆盖的血吸虫上而发挥杀伤作用,且能吞噬抗原抗体复合物。同时,可释放出一些酶(如组胺酶、磷脂酶 D 等)分别作用于组胺、血小板活化因子,在超敏反应中发挥负反馈调节作用。

(3)嗜碱性粒细胞(basophil) 嗜碱性粒细胞内含有大小不等的嗜碱性颗粒,内含组胺、白三烯、肝素等参与Ⅰ型超敏反应的介质。细胞表面有 IgE 的 Fc 受体,能与 IgE 抗体结合,带 IgE 的嗜碱性粒细胞与相应抗原结合后,立即引起细胞脱粒,释放组胺等介质,导致超敏反应。

(4)肥大细胞(mast cell) 肥大细胞存在于周围淋巴组织、皮肤的结缔组织,特别是在小血管周围、脂肪组织和小肠黏膜下组织等。肥大细胞表面有 IgE 的 Fc 受体、胞质内的嗜碱性颗粒、脱粒机制及其在超敏反应中的作用与嗜碱性粒细胞十分相似。已有的研究表明,肥大细胞可分泌多种细胞因子,参与免疫调节(包括对 T 细胞、B 细胞的调节和 APC 活化),也可表达 MHC 分子、B7 分子,具有 APC 功能。

（5）红细胞（erythrocyte）　红细胞表面存在一些受体和活性分子,通过吸附并运输抗原抗体复合物,参与抗原物质的清除。早在 1981 年 Siegel 等就发现红细胞有免疫黏附作用,其细胞膜表面有补体受体 CR1,可与抗原-抗体-补体免疫复合物结合。后来发现红细胞膜表面还存在补体受体 CR3、淋巴细胞功能相关抗原-3（LFA-3）、衰变加速因子（decay accelerating factor,DAF）和超氧化物歧化酶（SOD）等,提示红细胞参与机体的免疫应答和免疫调节。

第四节　黏膜免疫系统

黏膜免疫系统（mucosal immune system,MIS）是指由消化道、呼吸道和泌尿生殖道黏膜相关淋巴组织（mucosal-associated lymphoid tissue,MALT）所组成的免疫系统。MIS 既是动物机体整个免疫系统的重要组成部分,同时亦是具有独特功能的一个独立免疫体系。MIS 是受经黏膜入侵的病原微生物和抗原物质刺激而产生局部特异性免疫应答的主要场所,也是动物机体屏障免疫（barrier immunity）的重要因素。

一　黏膜免疫系统的组成与结构特点

1. MIS 的组成

MIS 主要包括：①广泛存在于消化道、呼吸道和泌尿生殖道等组织黏膜固有层和上皮细胞下弥散性的淋巴组织；②带有生发中心的器官化的淋巴小结,如扁桃体、小肠派尔集合淋巴结（Peyer patch）等；③一些外分泌腺（如哈德氏腺、胰腺、乳腺、泪道、唾液腺分泌管等）。MALT 有肠道相关淋巴组织（gut-associated lymphoid tissue,GALT）、支气管相关淋巴组织（bronchus-associated lymphoid tissue,BALT）、鼻相关淋巴组织（nasal-associated lymphoid tissue,NALT）、尿生殖道相关淋巴组织（urogenital-associated lymphoid tissue,UALT）和皮肤相关淋巴组织（skin-associated lymphoid tissue,SALT）。

哈德氏腺（gland of Harder）是存在于禽类眼窝内的腺体之一（又称瞬膜腺）,位于眼窝中腹部,眼球后中央,在视神经区呈喙状延伸,形成不规则的带状。整个腺体由结缔组织分割成许多小叶,小叶内有腺泡、腺管及排泄管。腺泡上皮由一层柱状腺上皮排列而成,上皮基膜下含大量淋巴细胞和浆细胞。它除了具有分泌泪液润滑瞬膜,对眼睛有机械性保护作用外,还能在抗原刺激下产生免疫应答,分泌特异性抗体。产生的抗体通过泪液进入呼吸道黏膜,成为口腔和上呼吸道的抗体来源之一,在上呼吸道局部免疫中起着非常重要的作用。

2. MIS 的结构特点

MIS 分成两大部分,即黏膜淋巴集合体（mucosal lymphoid aggregates）和弥散淋巴组织,后者广泛分布于黏膜固有层中。抗原（如细菌）通过黏膜滤泡进入淋巴区,激发 MIS 产生免疫应答。弥散淋巴组织中的抗原可刺激免疫细胞分化,导致分泌型抗体 sIgA 产生或形成特异性 T 细胞(图 4-11)。

(1)黏膜淋巴集合体　黏膜淋巴集合体经上皮组织而非淋巴或血循环途径捕获抗原,主要是经被称为微皱褶细胞(microfold cell,M 细胞)的特殊上皮细胞进入集合体。M 细胞分布于淋巴集合体的上皮细胞内。此外,黏膜淋巴集合体还包括其他一些细胞。①M 细胞在形态上属于扁平上皮细胞,可经胞饮摄取抗原,再由吞饮泡转送至细胞内进一步降解,未经降解的抗原则运送至上皮下圆顶区。病毒、细菌、原虫等颗粒物质或可溶性蛋白质均可被转运。由于 M 细胞不表达 MHCⅡ类分子,故不参与抗原提呈。②圆顶区(dome area)位于淋巴集合体上皮下,内有以 B 细胞为主的生发中心淋巴滤泡和以 T 细胞、巨噬细胞及树突状细胞为主的滤泡间区。富含 MHCⅡ类分子的巨噬细胞、树突状细胞和 B 细胞具有提呈抗原的功能。圆顶区含 T 细胞较多,大多为 CD4$^+$ T 细胞。③滤泡区有生发中心,主要含 B 细胞,也有散在的 T 细胞。与其他部位的生发中心不同之处在于:高达 40% 的 B 细胞带有 mIgA,与黏膜 sIgA 的大量产生有关。滤泡间区的 T 细胞大多为 CD8$^+$ 细胞。

(2)弥散黏膜淋巴组织　弥散黏膜淋巴组织是由上皮内淋巴细胞(intraepithelial lymphocyte,IEL)和固有层淋巴细胞(lamina propria lymphocyte,LPL)组成。①IEL 是位于基底膜和上皮细胞间的一群淋巴细胞,数量比 LPL 少。正常状态下,每 100 个上皮细胞中有 6~40 个 IEL,但在炎症时其数量剧增。IEL 为异质性细胞群,主要是 γδT 细胞。②LPL 是位于上皮层下固有层内的一群淋巴细胞。与 IEL 群不同之处:LPL 中的 B 细胞数量和 T 细胞几乎相等。主要是分泌 sIgA 的 B 细胞,但也有分泌 IgM、IgG 和 IgE 的 B 细胞(数量依次递减)。IgA 免疫缺陷时,胃肠道黏膜中的 B 细胞类型不是 IgA 型,而以 IgM 型为主,分泌 IgG 的 B 细胞数量则无变化。当发生溃疡性结肠炎等黏膜炎症时,各种类型的 B 细胞均增加,其中尤以分泌 IgG 的 B 细胞增加最明显。黏膜 T 细胞群由 CD4$^+$ 和 CD8$^+$ 细胞组成,与外周血中情况类似,CD4$^+$ 细胞数是 CD8$^+$ 细胞的 2 倍。

(3)固有层巨噬细胞　分散在整个 MIS 的黏膜部位,但较集中于黏膜上皮下的浅表区。它们可能同黏膜淋巴细胞一样源自黏膜淋巴集合体,因从肠组织引流的肠淋巴液中发现有单核细胞形态的细胞。大多数固有层巨噬细胞表达 MHCⅡ类分子和与吞噬细胞活性有关的其他表面标志。固有层巨噬细胞在动物非特异防御中是十分重要的。此外,它们还能产生 IL-1、IL-6 等细胞因子,对局部 B 细胞的分化和其他免疫应答过程也是必需的。

(4)固有层 NK 细胞　在灵长类和啮齿类动物,黏膜固有层中的 NK 细胞数量比在脾脏或外周血中要少,但仍能检测出其活性。在人的黏膜固有层中具有 CD16、CD56 标志的 NK 细胞更少。

(5)固有层肥大细胞　黏膜区富含肥大细胞前体,受适当刺激能迅速分化为成熟的肥大细胞。肥大细胞通过释放介质,促进炎症细胞快速进入黏膜组织,并参与机体的局部防御功能。肥大细胞前体随微环境不同可分化成不同类型的肥大细胞。在 T 细胞产生 IL-3 等细胞因子时分化成黏膜肥大细胞,若同时有成纤维细胞产生的有关因子,则分化成结缔组织肥大细胞。如在线虫感染时,黏膜 T 细胞受刺激分泌细胞因子,迅速导致肥大细胞前体分化成黏膜肥大细胞。

黏膜淋巴组织中活化的抗原特异性淋巴细胞可经淋巴细胞再循环迁移至其他黏膜组织

发挥免疫效应,构成共同黏膜免疫系统(common mucosal immune system,CMIS)。此外,黏膜相关淋巴组织中的一些 T 细胞、B 细胞和抗原提呈细胞可迁移至肠系膜淋巴结。

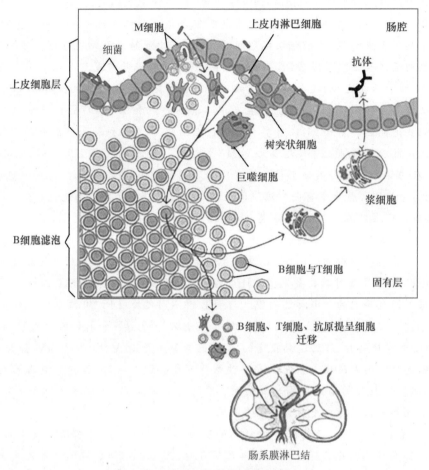

图 4-11　肠道黏膜相关淋巴组织结构示意图

(引自 Punt 等,2018)

二　MIS 的功能

众所周知,黏膜和皮肤是大多数病原微生物入侵动物机体的门户。MIS 的主要功能是为机体提供黏膜表面的防御作用,包括天然免疫和特异性免疫两个方面。

(1)天然免疫功能　MIS 的天然免疫功能涉及:①正常栖居的菌群可产生对侵入的病原菌的抑制作用;②黏膜的蠕动和纤毛活动以及分泌,可减少潜在病原菌与上皮细胞的作用;③胃酸、肠胆盐的微环境不利于病菌生长;④乳铁蛋白、乳过氧化物酶、溶菌酶等对某些病原菌有抑制和杀灭作用。

(2)特异性免疫功能　MIS 具有捕获抗原物质的功能,并通过局部免疫应答,包括特异性细胞免疫和体液免疫(产生 sIgA),清除外来异物(特别是病原微生物),使其难以进入体内引起全身性的免疫反应。此外,MIS 含有调节性 T 细胞,具有下调由突破黏膜进入体内的抗原诱导的全身性免疫应答的作用。

动物黏膜良好防御功能的保持有赖于其天然免疫和特异性免疫功能的健全和完整。当免疫系统完整,但是因抗生素治疗破坏正常菌群后,可引起病原微生物感染;反之,特异性免疫不健全时,其天然免疫保护作用虽然正常,同样易发生黏膜感染。

复习思考题

1. 概述免疫器官的种类及其主要免疫功能。

2. 免疫细胞有哪几类? 各有何免疫功能?

3. T 淋巴细胞与 B 淋巴细胞有哪些主要表面标志?

4. 试述 TCR 与 BCR 的结构特点。

5. T 淋巴细胞有哪些亚群? 各亚群的功能是什么?

6. 试述 T 细胞发育的阳性选择与阴性选择及其生物学意义。

7. 试述 NK 细胞、NKT 细胞的主要特性与功能。

8. 试述 ADCC 作用的机理。

9. 试述树突状细胞的主要特性、功能与类型。

10. 巨噬细胞有哪些? 其主要功能是什么?

11. 为什么活化的 B 细胞可以发挥抗原提呈功能?

12. 简述各种粒细胞和肥大细胞的免疫功能。

13. 黏膜免疫系统的概念是什么? 试述其组成与结构特点。

第五章
细胞因子

内容提要

细胞因子是由免疫细胞及相关细胞产生的一类具有广泛生物学活性的多肽和小分子蛋白质,其种类繁多,有白细胞介素、干扰素、肿瘤坏死因子、集落刺激因子、生长因子、趋化因子等。细胞因子可发挥免疫调节、抗病毒、介导炎症反应和造血等多种生物学功能。细胞因子通过与作用靶细胞上的细胞因子受体结合才能发挥功能。猪、鸡的一些细胞因子已明确。细胞因子有多方面的用途。

细胞因子(cytokine,CK)是指由免疫细胞(如单核-巨噬细胞、T 细胞、B 细胞、NK 细胞等)和某些非免疫细胞(如血管内皮细胞、表皮细胞、成纤维细胞等)合成和分泌的一类具有广泛生物学活性的多肽和小分子蛋白质,参与调控机体的免疫应答、炎症反应、造血功能,乃至胚胎发生、生长发育等各个方面。20 世纪 90 年代以来,由于人类基因组计划和生物信息学研究的飞速发展,不仅通过克隆获得了众多已知细胞因子的基因序列,而且发现了许多新的细胞因子,并对多种细胞因子的来源、分子结构、受体、信号传导以及生物学功能等进行了大量的研究。目前,细胞因子及其相关领域已经成为免疫学基础和临床研究中非常活跃的热点之一。

第一节　细胞因子的种类

细胞因子种类多样,其分类方法很多,迄今尚未统一。最初根据来源,Dumonda 等(1968)将细胞因子分为淋巴因子(lymphokine,LK)和单核因子(monokine, MK)两类。前者主要是指由淋巴细胞产生的细胞因子,后者主要是指由单核-巨噬细胞产生的细胞因子。这种分类现已较少使用。

根据细胞因子的结构和生物学功能,目前多数学者认为可将细胞因子分为 6 类,即白细胞介素、干扰素、肿瘤坏死因子、集落刺激因子、趋化因子和生长因子。新近的一些分类方法与之大同小异,将细胞因子分为 6 大家族,即白细胞介素-1 家族、造血生长因子家族(又称 I类 细胞因子)、干扰素家族(又称II类细胞因子)、肿瘤坏死因子家族、趋化因子家族和白细胞介素-17

家族,后者是新近发现和明确的一类细胞因子。

一 白细胞介素

白细胞介素(interleukin,IL)是指主要由白细胞产生的、能介导白细胞间或白细胞与其他细胞间相互作用的细胞因子。其主要作用是调节机体免疫应答、介导炎症反应和刺激造血功能。在 1979 年第 2 届国际淋巴因子专题讨论会上对白细胞介素正式命名,并根据发现的先后顺序命名为 IL-1、IL-2、IL-3 等。至今已报道 30 余种 IL。主要的白细胞介素的生物学功能见表 5-1。

表 5-1　白细胞介素的种类与主要功能

名称	主要产生细胞	主要生物学作用
IL-1(α、β)	单核细胞和巨噬细胞等	APC 协同刺激;T 细胞和 B 细胞增殖分化和 Ig 生成;炎症和全身反应;促进造血作用
IL-1Ra	单核细胞和巨噬细胞等	IL-1 受体拮抗蛋白,对抗 IL-1 作用
IL-2	T_H1 细胞、T_C 细胞和 NK 细胞等	促进 T 细胞增殖分化和细胞因子生成;增强 T_C 细胞、NK 细胞和 LAK 细胞活性;促进 B 细胞增殖和抗体生成
IL-3	T 细胞等	促进早期造血干细胞生长
IL-4	T_H2 细胞和肥大细胞等	促进 B 细胞增殖;IgE 表达;促进肥大细胞增殖;抑制 T_H1 细胞;增强巨噬细胞、T_C 细胞功能
IL-5	T_H2 细胞和肥大细胞等	诱导 IgA 合成;促 B 细胞增殖与分化
IL-6	单核细胞、巨噬细胞、T_H2 细胞和成纤维细胞等	促进 B 细胞分化和产生 Ig;促进杂交瘤、骨髓瘤生长;诱生肝细胞生成急性相蛋白;促进 T_C 细胞成熟
IL-7	骨髓和胸腺基质细胞等	促进 B 细胞增殖;促进活化 T 细胞的增殖与分化
IL-8	单核细胞和巨噬细胞等	趋化作用与炎症反应;激活中性粒细胞
IL-9	T 细胞等	协同 IL-3 和 IL-4 刺激肥大细胞生长
IL-10	巨噬细胞、T_H2 细胞、$CD8^+$ T 细胞和 B 细胞等	抑制巨噬细胞;抑制 T_H1 细胞分泌细胞因子;促进 B 细胞增殖和抗体生成;促进胸腺和肥大细胞增殖
IL-11	基质细胞等	与 CSF 协同造血作用;促进 B 细胞抗体生成
IL-12	B 细胞、巨噬细胞和 T_H2 细胞等	协同 IL-2 促进 T_C 细胞、NK 细胞和 LAK 细胞分化;诱导 T_H1 细胞,抑制 T_H2 细胞;促进 B 细胞产生 Ig 和类转换
IL-13	活化 T 细胞等	抑制巨噬细胞分泌细胞因子;促进 B 细胞增殖和表达 CD23
IL-14	活化 T 细胞等	刺激 B 细胞增殖;抑制丝裂原诱生 Ig
IL-15	T 细胞等	刺激 T 细胞增殖;诱导 T_C 细胞、LAK 细胞
IL-16	$CD8^+$ T 细胞等	$CD4^+$ T 细胞趋化因子;诱导 $CD4^+$ T 细胞活化
IL-17(A、B、C、D、E、F)	T_H17 细胞等	促进中性粒细胞聚集与活化;炎症反应;抗胞外菌与真菌感染;自身免疫病
IL-18	库普弗细胞等	促进 T_H1 细胞增殖;增强 NK 细胞和 FasL 的细胞毒作用

续表 5-1

名称	主要产生细胞	主要生物学作用
IL-19	单核细胞和肿瘤细胞等	参与炎症反应和自身免疫病
IL-20	角质细胞等	调节角质细胞参与的炎症反应
IL-21	活化的 CD4$^+$ T 细胞等	促进初始 T 细胞和成熟 B 细胞的增殖；促进 NK 细胞的增殖和分化
IL-22	T 细胞、B 细胞、肥大细胞、胸腺淋巴瘤细胞和嗜酸性粒细胞等	参与炎症反应；促进 β 防御素的表达，发挥免疫防御的作用；促进 IL-6、IL-8、IL-11、LIF 的表达；活化 STAT3 及下游抗凋亡基因和有丝分裂基因表达
IL-23	活化的树突状细胞等	诱导 T$_H$1 细胞增殖和产生 IFN-γ；促进记忆 T 细胞增殖
IL-24	人黑素瘤细胞等	抑制肿瘤细胞生长，促进肿瘤细胞凋亡
IL-25	骨髓基质细胞等	促进淋巴样细胞系增生
IL-26	活化的 T 细胞等	抗病毒；通过活化 STAT3 诱导 IL-8、IL-10 和 CD54 的表达
IL-27	树突状细胞等	促进初始 CD4$^+$ T 细胞增殖；诱导初始 CD4$^+$ T 细胞产生 IFN-γ
IL-28	病毒感染的单核细胞等	抗病毒
IL-29	病毒感染的树突状细胞和肿瘤细胞等	抗病毒
IL-30（IL-27 亚基 p28 的新名称）	见 IL-27	见 IL-27
IL-31	活化的 T$_H$2 细胞等	激活 STAT 通路；参与变态反应和炎症性疾病
IL-32	淋巴细胞、自然杀伤细胞、上皮细胞和外周血单核细胞等	参与自身免疫病；参与炎症性疾病；与癌症和病毒感染相关
IL-33	平滑肌细胞、上皮细胞、成纤维细胞、角化细胞、树突状细胞和巨噬细胞等	促进 T$_H$2 细胞产生细胞因子，参与变态反应；参与炎症反应
IL-34	脾细胞、成骨细胞、滑膜细胞和外周血单核细胞等	刺激单核细胞增殖；调节髓样细胞分化生长；加速破骨细胞
IL-35	调节性 T 细胞、CD8$^+$ T 细胞、B 细胞、树突状细胞和巨噬细胞等	抗炎症反应；抑制 T$_H$17 通路
IL-36	上皮细胞和角化细胞等	促炎症反应；通过作用于角化细胞和树突状细胞参与炎症性皮肤病的发生
IL-37	淋巴细胞、巨噬细胞、外周血单核细胞和树突状细胞等	抗炎症反应
IL-38	B 细胞等	与 IL-36 受体结合，抑制 IL-36 的功能；抑制炎症反应

二　干扰素

干扰素(interferon,IFN)是 1957 年最早发现的细胞因子,因其具有干扰病毒感染和复制的能力而命名。根据来源和理化性质,干扰素可分为Ⅰ型干扰素、Ⅱ型干扰素和Ⅲ型干扰素。Ⅰ型干扰素包括 IFN-α、IFN-β、IFN-ω、IFN-ε、IFN-κ、IFN-δ、IFN-τ 和 IFN-ζ;Ⅱ型干扰素即 IFN-γ。IFN-α 来源于病毒感染的白细胞,IFN-β 由病毒感染的成纤维细胞产生,IFN-ω来自胚胎滋养层,IFN-τ 来自反刍动物滋养层;IFN-γ 由抗原刺激 T 细胞产生。IFN-α 和IFN-β 具有抗病毒作用,IFN-ω 和 IFN-τ 与胎儿保护有关,IFN-γ 主要发挥免疫调节功能。Ⅲ型干扰素 IFN-λ,是一种新发现的细胞因子,与Ⅰ型干扰素关系密切,可能具有特殊的生理学功能。

三　肿瘤坏死因子

肿瘤坏死因子(tumor necrosis factor,TNF)是 Carswell 等在 1975 年从免疫动物血清中发现的分子,因能引起肿瘤坏死而命名。根据来源和结构不同,TNF 可分为 TNF-α 和TNF-β 两种,前者主要由活化的单核-巨噬细胞产生,抗原刺激的 T 细胞、活化的 NK 细胞和肥大细胞也可分泌 TNF-α;TNF-β 主要由活化的 T 细胞和 NK 细胞产生,又称淋巴毒素(lymphotoxin,LT)。TNF-α 和 TNF-β 的生物学活性基本相同,最主要功能是参与机体防御反应,是重要的促炎症因子和免疫调节分子,与败血症休克、发热、多器官功能衰竭、恶病质等严重病理过程有关,而抗肿瘤作用仅是其功能的一部分。

四　集落刺激因子

集落刺激因子(colony stimulating factor,CSF)是指能够选择性刺激多能造血干细胞和不同发育阶段造血干细胞定向增殖分化、形成某一谱系细胞集落的细胞因子。目前发现的集落刺激因子主要包括:巨噬细胞集落刺激因子(macrophage-CSF,M-CSF)、粒细胞集落刺激因子(granulocyte-CSF,G-CSF)、粒细胞-巨噬细胞集落刺激因子(GM-CSF)、多能集落刺激因子(multi-CSF,即 IL-3)、干细胞生成因子(stem cell factor,SCF)、红细胞生成素(erythropoietin,EPO)和血小板生成素(thrombopoietin,TPO)等。

五　生长因子

生长因子(growth factor,GF)是一类可介导不同类型细胞生长和分化的细胞因子。根据其功能和作用的靶细胞不同而有不同的命名，目前发现的生长因子主要包括：转化生长因子-β（transforming growth factor-β，TGF-β）、表皮生长因子（epidermal growth factor，EGF）、血管内皮细胞生长因子（vascular endothelial cell growth factor，VEGF）、血小板衍生的生长因子（platelet-derived growth factor，PDGF）、成纤维细胞生长因子（fibroblast growth factor，FGF）、胰岛素样生长因子（insulin-like growth factor，IGF）、肝细胞生长因子（hepatocyte growth factor，HGF）、神经生长因子（nerve growth factor，NGF）等。

一些未以生长因子命名的细胞因子也具有刺激细胞生长的作用，如 IL-2 是 T 细胞的生长因子、TNF 是成纤维细胞生长因子。有些生长因子在一定的条件下也可表现对免疫应答的抑制活性，如 TGF-β 可抑制细胞毒性 T 淋巴细胞（CTL）的成熟和巨噬细胞的活化。

六　趋化因子

趋化因子（chemokine）是一类结构高度同源，分子质量为 8～10 ku 的对白细胞具有趋化和激活作用的细胞因子。目前已发现的趋化因子多达数十种，如 IL-8 和单核细胞趋化蛋白（monocyte chemotactic protein，MCP）等。根据趋化因子多肽链近氨基端两个半胱氨酸残基的排列方式，可将其分为 CXC、CC、C 和 CX3C（C 代表半胱氨酸，X 代表其他任一氨基酸）4 个亚家族。

细胞因子通常以可溶性蛋白质的形式存在于体液或细胞间隙中，有些细胞因子可以膜结合形式存在于细胞表面，发挥其生物学作用。目前发现的膜型细胞因子有膜型 IL-8、跨膜型 TGF-α/β 和跨膜型 SCF 等。

第二节　细胞因子的共同特性

细胞因子的种类很多，每种细胞因子均有各自独特的分子结构、理化特性及生物学功能，但它们也具有共同特点，主要表现在以下几个方面。

一　细胞因子理化特性及合成分泌特点

（1）低分子质量　绝大多数细胞因子为低分子质量（<30 ku）多肽或可溶性糖蛋白。多数细胞因子以单体形式存在，少数细胞因子如 IL-5、IL-10、IL-12、M-CSF 和 TGF-β 等以二聚体形式存在，TNF 为三聚体。多数细胞因子间的氨基酸序列无明显同源性；动物与人的同种细胞因子有一定的同源性，如猪的 IFN-α 和 IL-12 与人的氨基酸同源性分别为 64% 和 85%。

（2）自限性　细胞因子合成分泌是一个短暂自限的过程。细胞因子一般无前体状态，当细胞因子产生细胞接受刺激后，立即启动细胞因子基因转录及蛋白质合成，但这一过程通常十分短暂,而且细胞因子的 mRNA 极易降解,故细胞因子合成分泌具有自限性。

二　细胞因子来源和产生特点

（1）多源性　体内多种细胞受到刺激后都可合成分泌细胞因子,归纳起来主要有以下 3 类细胞：①免疫细胞,主要包括 T 细胞、B 细胞、NK 细胞、单核吞噬细胞、粒细胞、肥大细胞等；②非免疫细胞,主要包括血管内皮细胞、成纤维细胞、上皮细胞；③某些肿瘤细胞,如骨髓瘤细胞等。

（2）多向性　接受某种抗原或有丝分裂原刺激后,一种细胞可分泌多种细胞因子,如活化的 T 细胞可产生 IL-2、IL-6、IL-9、IL-10、IL-13、IFN-α、TGF-β、GM-CSF 等；几种不同类型的细胞也可产生一种或几种相同的细胞因子,如 IL-1 可由单核-巨噬细胞、内皮细胞、B 细胞、成纤维细胞、表皮细胞等产生。

（3）级联诱导性（cascade induction）　一种细胞因子作用于一种靶细胞,进而诱导该细胞产生一种或多种另外的细胞因子,如活化的 T_H 细胞释放 IFN-γ,IFN-γ 活化巨噬细胞,后者产生 IL-12,IL-12 又诱导活化的 T_H 细胞分泌 IFN-γ、TNF、IL-2 以及其他细胞因子。

三　细胞因子作用特点

1. 局部性（local effect）

细胞因子大多以自分泌（autocrine）与旁分泌（paracrine）方式,作用于产生细胞本身和（或）邻近细胞,因此绝大多数细胞因子只在局部产生作用。生理条件下,少数细胞因子（如 IL-1、IL-6、TNF-α、TNF-β、EPO 和 M-CSF 等）也可通过内分泌（endocrine）方式作用于远端靶器官和靶细胞,介导全身性反应。

2. 高效性（high efficiency）

细胞因子与相应受体结合具有很高的亲和力,只需极少量（pmol/L）就能产生明显生物学效应。细胞因子的半衰期短,在动物体内主要通过对局部细胞活性的调节而间接发挥全身性调节作用。

3. 多效性（pleiotropy）

细胞因子必须与靶细胞表面特异性受体结合才能发挥其生物学效应,细胞因子对靶细胞的作用是抗原非特异性的,且不受 MHC 限制。一种细胞因子可对多种靶细胞作用,产生多种生物学效应。如 IL-6 的作用主要是促进 B 细胞的分化、增殖和抗体形成,此外它还参与骨髓造血干细胞的定向分化、炎症反应及抗病毒等。

4. 冗余性（redundancy）

冗余性又称重叠性。几种不同的细胞因子可对同一种靶细胞作用,产生相同或相似的生物学效应,如 IL-2、IL-4、IL-5 等均可促进 B 细胞的增殖与分化。

5. 网络性(network)

细胞因子间可通过合成分泌的相互控制、生物学效应的相互影响而组成细胞因子网络。主要表现在以下几个方面。

(1)一种细胞因子可与诱导或抑制另外一些细胞因子的产生,如 IL-1 能诱生 IFN-α/β、IL-1、IL-2、IL-4、IL-5、IL-6、IL-8 等多种细胞因子,由此形成一种级联反应,表现正向或负向调节效应。

(2)某些细胞因子可调节自身或其他细胞因子受体在细胞表面的表达,如 IL-1、IL-5、IL-6、IL-11、IL-7、TNF 等均能促进 IL-2 受体的表达;IL-1 能降低 TNF 受体密度;多数细胞因子对自身受体的表达呈负调节,对其他细胞因子受体表达呈正调节。

(3)某些细胞因子之间的作用可表现为协同效应、相加效应或拮抗作用,如 IL-1、IL-2、IL-4、IL-6、TNF 等协同促进活化的 B 细胞增殖;低浓度 IFN-γ 或 TNF 单独应用不能激活巨噬细胞,联合使用有显著的激活作用。

6. 双重性(double-edged)

某些细胞因子在生理条件下可发挥免疫调节、促进造血功能和抗感染、抗肿瘤等对机体有利的作用;但在某些特定条件下,又具有介导强烈炎症反应和诱导自身免疫病、肿瘤、血液系统疾病等对机体有害的病理学效应。

四　细胞因子的抑制性调节

(1)细胞因子受体拮抗物　此类拮抗物如 IL-1 受体拮抗物等存在于正常动物体内,它们能与膜表面细胞因子受体结合,但不启动胞内信号转导,故可封闭相应细胞因子与靶细胞表面受体的结合。

(2)可溶性细胞因子受体　此类受体如 sIL-1R 和 sTNF-R 等,可通过与相应膜受体竞争结合细胞因子的作用方式,抑制相应细胞因子对靶细胞的作用。

第三节　细胞因子的主要生物学活性

细胞因子的生物学作用极其广泛而复杂,不同细胞因子的功能既有特殊性,又有冗余性、协同性与拮抗性。本节仅简述细胞因子的免疫学活性。

一　参与和调节天然免疫应答

参与机体天然免疫应答的细胞主要包括单核-巨噬细胞、树突状细胞、粒细胞、NK 细胞、B-1 细胞、γδT 细胞和 NKT 细胞等。细胞因子通过作用于以上细胞来完成对机体天然免疫应答的调节。

(1)趋化单核-巨噬细胞并调节其活性 趋化因子如单核细胞趋化蛋白(MCP)可定向趋化单核细胞迁移至某些炎症部位并发挥作用。如巨噬细胞的趋化因子包括 IL-2、IFN-γ、M-CSF 和 GM-CSF 等。其中,IFN-γ 可通过上调 MHC Ⅰ 类和 Ⅱ 类分子的表达来促进单核-巨噬细胞的抗原提呈功能。细胞因子对细胞具有双向的趋化作用,如 IL-10 和 IL-13 可以抑制巨噬细胞的功能,发挥负调节作用。

(2)促进 DC 成熟、迁移、归巢和抗原提呈 树突状细胞(DC)作为机体内功能最强的抗原提呈细胞,其生物学功能的发挥是在体内迁移的过程中实现的。机体内大部分 DC 处于未成熟状态,在摄取抗原或受到某些因素刺激后逐渐分化为成熟的 DC。在摄取抗原的过程中,IL-1β 和 TNF-α 等细胞因子可诱导 DC 成熟分化。在 DC 成熟的过程中,其迁移、归巢至次级淋巴组织器官发挥抗原提呈过程。其归巢是一个连续而复杂的过程,涉及多个步骤,在每一个步骤中都需要相关细胞因子的参与和调控。在抗原提呈过程中,IFN-γ 可上调 DC 的 MHC Ⅰ 类和 Ⅱ 类分子表达。

(3)趋化和活化中性粒细胞 在急性炎症发生时,中性粒细胞迁移至炎症部位发挥杀伤和清除病原的作用。在此过程中,炎症局部产生的 IL-1β、IL-8 和 TNF-α 等细胞因子可通过上调血管内皮细胞的黏附分子,促进中性粒细胞经血管壁渗出到炎症部位。此外,G-CSF 和 IL-17 等细胞因子是中性粒细胞的激活因子。

(4)促进 NK 细胞分化与细胞毒活性 在 NK 细胞分化过程中,IL-15 是关键的早期促分化因子。IL-2、IL-12、IL-15 和 IL-18 可明显地促进 NK 细胞对肿瘤细胞和病毒感染细胞的杀伤。

(5)激活 NKT 细胞和 γδT 细胞 IL-2 和 IL-12 可活化 NKT 细胞,并增强其细胞毒活性;巨噬细胞或肠道上皮细胞产生的 IL-1、IL-17、IL-12 和 IL-15 等细胞因子对 γδT 细胞有很强的激活作用。

二 参与和调节特异性免疫应答

(1)促进 B 细胞活化、增殖和分化 IL-4、IL-5、IL-6、IL-13 和肿瘤坏死因子超家族的 B 细胞活化因子(BAFF)等细胞因子均可促进 B 细胞的活化、增殖和分化为抗体产生细胞。多种细胞因子可调控 Ig 的类转换,如 IL-4 可诱导 B 细胞成为产生 IgG1 和 IgE 的细胞,TGF-β 和 IL-5 可诱导 B 细胞成为产生 IgA 的细胞。

(2)促进 T 细胞活化、增殖、分化以及发挥效应 IL-2、IL-7 和 IL-18 等细胞因子可活化 T 细胞并促进其增殖。IL-12 和 IFN-γ 可诱导 T_H0 向 T_H1 亚群分化,而 IL-4 可促进 T_H0 向 T_H2 亚群分化。TGF-β 可促进调节性 T 细胞(T_{REG})的分化。IL-2、IL-6 和 IFN-γ 可明显促进 CTL 的活化并增强其杀伤功能。

三　刺激造血功能

造血主要是在一级淋巴器官(骨髓和胸腺)中进行。骨髓和胸腺微环境中产生的细胞因子尤其是集落刺激因子对调控造血细胞的增殖和分化起着关键作用,如 IL-3 和 CSF 等细胞因子可刺激造血干细胞和多种祖细胞的增殖与分化;GM-CSF 可作用于髓样前体细胞以及多种髓样谱系细胞;G-CSF 主要促进中性粒细胞生成,促进中性粒细胞吞噬功能和 ADCC 活性,M-CSF 可促进单核-巨噬细胞的增殖与分化;而红细胞生成素(EPO)则可促进红细胞的生成;血小板生成素(TPO)和 IL-11 可促进巨核细胞分化和血小板生成。上述细胞因子均可通过促进造血功能,参与调节机体的生理或病理过程。

四　细胞因子与神经-内分泌-免疫网络

神经-内分泌-免疫网络是体内重要的调节机制。在此网络中,细胞因子作为免疫细胞的递质,与激素、神经肽、神经递质共同构成细胞间信号分子系统。

细胞因子对神经和内分泌可产生影响。IL-1、IL-6、TNF 等可促进星形细胞有丝分裂;有的细胞因子可参与神经元的分化、存活和再生,刺激神经胶质细胞的移行;上述细胞因子共同参与中枢神经系统的正常发育和损伤修复;IL-1、TNF、IFN-γ 等可诱导下丘脑合成和释放促皮质激素释放因子,诱导机体释放 ACTH,进而促进皮质激素的释放。

反之,神经-内分泌系统对细胞因子的产生也有作用。应激时交感神经兴奋,使儿茶酚胺和糖皮质类固醇分泌增多,进而抑制 IL-1、TNF 等的合成和分泌。

五　促进组织损伤修复

多种细胞因子在组织损伤修复的过程中发挥重要作用。例如:TGF-β 可通过刺激成纤维细胞和成骨细胞促进损伤组织的修复;VEGF 可促进血管和淋巴管的生成;FGF 可促进多种细胞的增殖,且有利于慢性软组织溃疡的愈合;EGF 可促进上皮细胞、成纤维细胞和内皮细胞的增殖,从而促进皮肤溃疡和创口的愈合;IL-8 在内的多种 CXC 趋化性因子可促进血管的新生。以上各种细胞因子所发挥的作用对组织损伤修复具有重要的病理和生理意义。

第四节　细胞因子受体

细胞因子发挥生物学功能需先与靶细胞上特异性受体相结合。细胞因子所能显示的作用范围和生物学效应,取决于细胞表面细胞因子受体的表达和相应细胞的分布。有些细胞因子受体以可溶性形式存在于体液中,称为可溶性细胞因子受体。细胞因子受体的命名一般以细胞因子为基础,即在细胞因子的具体名称后加"受体"(receptor,R),如 IL-2 受体、IFN-γ 受体和 M-CSF 可分别写为 IL-2R、IFN-γR 和 M-CSFR。

一　细胞因子受体的共同特点

细胞因子受体一般以跨膜蛋白的形式存在于细胞因子作用的靶细胞膜上。结构上,细胞因子受体分子由胞外区、跨膜区和胞内区三部分构成。多数受体分子的胞外区含有若干功能区或不同基序组成的重复单位,有些受体就是不同功能区或重复单位的组合。细胞因子受体往往由一条以上的多肽链结合起来共同行使功能,其中一条多肽链负责与细胞因子结合,称为结合链;其他多肽链用于信号传递,称为信号传导链。

各种细胞因子受体的结构差异很大,根据胞外区的类型将细胞因子受体分为不同的家族。细胞因子受体的胞外区主要由 3 种不同类型的功能区组成,分别为①细胞因子(CK)型功能区:含有 Cys-X-Trp 基序和另外 3 个保守的半胱氨酸残基;②Ⅲ型纤连蛋白(FNⅢ)型功能区:含有 Trp-Ser-X-Trp-Ser(WSXWS)的保守序列,是结合配体和信号转导的基础;③免疫球蛋白 C2 型样(Ig 样)功能区。每一个功能区大约有 100 个氨基酸残基。CK 和 FNⅢ功能区与 Ig 样功能区的空间结构相似。

二　细胞因子受体的分类

根据细胞因子受体的结构与功能,可分为 IL-1 受体家族、Ⅰ类细胞因子受体家族、Ⅱ类细胞因子(干扰素)受体家族、肿瘤坏死因子受体家族、趋化因子受体家族和 IL-17 受体家族等 6 类。各类细胞因子受体的结构见图 5-1。

(1)IL-1 受体家族(IL-1 receptor family)　又称免疫球蛋白超家族受体家族,其成员主要有 IL-1R、IL-6R、某些生长因子受体(如 PDGFR)和集落刺激因子受体(如 M-CSFR)。此类受体结构特点是其胞外区富含半胱氨酸,并含免疫球蛋白样功能区。

(2)Ⅰ类细胞因子受体家族(class Ⅰ cytokine receptor family)　又称造血因子受体家族,是造血因子家族细胞因子的受体,属于最大的细胞因子受体家族。此类受体家族成员的胞外区与 EPO 受体胞外区在氨基酸序列上有较高同源性,分子结构上也有较高相似性。绝大多数细胞因子受体,如 IL-2R、IL-3R、IL-4R、IL-5R、IL-6R、IL-7R、IL-9R、IL-11R、IL-12R等均属此类。它们的共同特征是其胞外区均包括由 200 个氨基酸构成的同源区,N 端有 4 个保守的半胱氨酸,其 C 端存在由 Trp-Ser-X-Trp-Ser 组成的 WSXWS 构型。

(3)Ⅱ类细胞因子受体家族(class Ⅱ cytokine receptor family)　又称干扰素受体家族,成员包括 IFN-αR、IFN-βR、IFN-γR、IL-10R。其结构与Ⅰ类细胞因子受体家族相似,但 N端及近膜处分别含有 2 个保守的半胱氨酸。

(4)肿瘤坏死因子受体家族(TNF receptor family)　又称Ⅲ类细胞因子受体家族,其成员包括 TNF-α、TNF-β 受体、神经生长因子(NGF)受体、Fas 蛋白及 CD40 等。其结构特征是胞外区有由 160 个氨基酸构成的同源区,由 4 个含有 6 个 Cys 的结构域重复组成。

(5)趋化因子受体家族(chemokine receptor family) 又称 G 蛋白偶联受体家族。此类受体含有 7 个疏水性跨膜 α 螺旋结构,已发现与 GTP 结合蛋白偶联的受体广泛具有该结构,其发挥作用依赖于 G 蛋白。趋化性细胞因子受体即为该家族主要成员。

(6)IL-17 受体家族(IL-17 receptor family) 包括 5 种蛋白肽链(IL-17RA、IL-17RB、IL-17RC、IL17-RD、IL-17RF),以同源或异源二聚体和三聚体构成完整的受体分子。共同的结构特点是:单次跨膜蛋白;胞外具有粘连蛋白功能区(FN);胞质内含有介导 IL-17R 信号转导途径中蛋白质间相互作用的 SEF/IL-17R 功能区(SEFIR)。IL-17RA 链还含有一个与 Toll 样蛋白和 IL-1 受体分子的类似结构——类 TIR 环状功能区(TILL)和一个可激活 C/EBPβ 转录因子的 C/EBPβ 活化功能区(CBAD)。

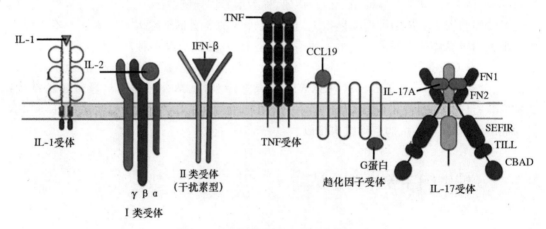

图 5-1　细胞因子受体结构示意图
(引自 Punt 等,2018)

三　可溶性细胞因子受体

可溶性细胞因子受体(soluble CKR,sCKR)是细胞因子受体的一种特殊形式。sCKR 的氨基酸序列与膜结合型细胞因子受体(membrane-binding CKR,mCKR)胞外区同源,仅缺少跨膜区和胞质区,但仍可与相应配体特异性结合。多数 sCKR 与细胞因子的亲和力比 mCKR 低。多种 sCKR 在体液中的水平与某些疾病的发生、发展密切相关。sCKR 可发挥如下生物学功能。

(1)作为细胞因子的转运蛋白 sCKR 与细胞因子结合,可将细胞因子转运至机体有关部位,增加局部细胞因子的浓度,从而更有利于细胞因子在局部发挥作用。此外,sCKR 还可稳定细胞因子,减慢细胞因子的"衰变",从而发挥细胞因子"慢性释放库"的作用,以维持并延长低水平细胞因子的生物学活性。

(2)调节细胞因子的生物学活性 sCKR 可通过多种途径调节细胞因子的效应,如:

①作为膜受体的清除形式之一,使细胞对细胞因子的反应性下降;②sCKR 可与 mCKR 竞争性结合细胞因子,从而下调细胞因子的效应;③某些 sCKR 可上调细胞因子的效应,如 sIL-6R 与 IL-6 特异性结合后可被靶细胞表面 gp130 蛋白识别并传递刺激信号,从而促进 IL-6 效应的发挥。

sCKR 对细胞因子活性起抑制或增强作用,可能取决于细胞因子与 sCKR 之间的浓度比。一般而言,高浓度 sCKR 可抑制相应细胞因子的活性,而低浓度 sCKR 则可起增强作用。

第五节　猪和禽的细胞因子

人和小鼠细胞因子的研究相当广泛和深入,动物的细胞因子特别是畜禽的主要细胞因子研究也有所进展。但与人和小鼠相比,研究的系统性和应用方面还有相当大的距离。尽管如此,一般可以借鉴人和小鼠细胞因子的相关资料开展相应的研究,而且多数动物细胞因子的鉴定和命名也是以人和小鼠细胞因子为基础而确定的。本节主要对猪、鸡的细胞因子进行简要介绍。

一　猪的主要细胞因子

1.干扰素

根据人及其他哺乳动物 IFN 的划分,Bonmardiere 等将猪干扰素也分为 2 类,即 I 型干扰素和 II 型干扰素,前者有 IFN-α、IFN-β 等,后者为 IFN-γ。

(1)猪 I 型干扰素　编码猪 IFN-α 的基因定位于第一对染色体的短臂上,至少有 12 个基因。功能性基因至少编码 3 种亚型的 IFN-α,不同亚型之间的氨基酸序列有差异。已克隆的 IFN-α1 和 IFN-α2 的成熟蛋白分别含 166 个和 158 个氨基酸残基,与人的核苷酸同源性为 78%,氨基酸同源性为 64%。IFN-α3 被确定为伪基因,由于许多缺失和插入导致其不能编码功能性多肽。IFN-α 的主要产生细胞为单核-巨噬细胞。

IFN-β 成熟蛋白含有 165 个氨基酸残基,编码基因与 IFN-α 基因串联在一起。氨基酸序列与人的 IFN-β 同源性为 3%。IFN-β 只有一个亚型,其主要产生细胞为成纤维细胞。

IFN-δ 是新近在猪滋养层细胞中发现的一种 I 型干扰素,富含 Cys,等电点偏碱性,成熟蛋白含有 149 个氨基酸残基,是已知猪 I 型干扰素中分子质量最小的,与 IFN-α、β、ω 具有相似的构象。在昆虫细胞中表达的重组 IFN-δ 具有抗病毒活性,并在 IFN-γ 的协助下具有高度的抗病毒增殖活性。

IFN-ω 与 IFN-α 一样,也有多个亚型。IFN-ω1 和 IFN-ω2 为伪基因;IFN-ω3～5 编码 179～190 个氨基酸残基的前体蛋白,且带有一个 23 个残基的信号肽。IFN-ω 及其受体主要由怀孕初期的胚胎滋养层细胞分泌,推测其生物学功能可能与胚胎的发育有关。

(2)猪 II 型干扰素　猪 IFN-γ 是由两个 21～24 ku 亚基组成的同源二聚体糖蛋白。亚基间大小的差异主要由糖基化程度不同造成的。猪 IFN-γ 是由单一基因编码,其产生细胞有巨噬细胞、单核细胞、树突状细胞、NK 细胞、激活的外周血单核细胞(PBMC)、T_H0 细胞、T_H1 细胞、$CD8^+T$ 细胞以及胚胎滋养层细胞等。

2. 白细胞介素

(1)IL-1　猪的 IL-1 与多数哺乳动物 IL-1 约有 80% 的同源性,但 IL-1α 和 IL-1β 两亚基的同源性只有 25%。猪的 IL-1 缺少信号肽序列。大肠杆菌内毒素可强烈诱生 IL-1 的产生。IL-1 与多种细胞(如软骨细胞、成纤维细胞和甲状腺细胞等)上的高亲和力受体结合发挥作用。已明确猪 IL-1 是内源性致热因子,可以诱导合成急性期蛋白,导致骨的溶解与重吸收,刺激成纤维细胞的生成。

(2)IL-2　用促有丝分裂原(如 ConA、PHA、PWM)可以诱导猪淋巴细胞产生 IL-2。猪的 IL-2 与人和小鼠的相似,分子质量都是 15 ku,由 154 个氨基酸组成。其序列同其他哺乳动物的 IL-2 有着高度的同源性。由非洲猪瘟病毒、痘病毒和副黏病毒引起的感染可诱发猪外周血液中淋巴细胞产生 IL-2。

(3)IL-4　1993 年 Bailey 等克隆出猪 IL-4 的 cDNA,推导的氨基酸序列与牛的有很高的同源性;与人的序列相比,在 61~80 位氨基酸的区域却有很大的差异。

(4)IL-8　猪的 IL-8 是由 77 个氨基酸组成的成熟蛋白质,与人的 IL-8 相似性为 80%。在细菌感染的情况下,肺部的中性粒细胞大量增加与 IL-8 表达密切相关。

(5)IL-10　Blancho 等于 1995 年从 PHA 刺激的外周血单核细胞的 cDNA 文库中获得猪 IL-10 的基因克隆,cDNA 全长为 1 336 nt,有一编码 175 氨基酸的开放阅读框。猪 IL-10 分子质量约为 19 ku,比人和鼠的 IL-10 少 3 个氨基酸,同源性分别为 74% 和 68%。

(6)IL-12　IL-12 是由二硫键连接的异源二聚体,两个亚单位的分子质量分别为 35 ku 和 40 ku。利用人的 IL-12 序列可扩增出猪的 IL-12 基因,与人的 IL-12 相比,猪 IL-12 的 p35 和 p40 分别有 3 个和 4 个氨基酸的差异。与人 IL-12 的同源性为 85%,表明猪 IL-12 与人 IL-12 同源性很高。猪 IL-12 在脾脏、胸腺、淋巴结中的表达水平较高。

3. 转化生长因子-β

猪的 TGF-β1、2、3 的基因已被克隆。TGF-β 是由若干个 25 ku 的前体加工而成。25 ku 的前体可以分解成 12 ku 的带有羧基末端的片段,只有当它形成二聚体时才具有活性。TGF-β1 主要由猪的淋巴细胞和骨髓细胞表达。编码 TGF-β1 的基因位于 6 号染色体的某一区域中,此区域还含有与肌肉紧张有关的染色体组基因。TGF-β 在伤口愈合、免疫调节和各种生理活动中起着极为重要的作用。

二　禽类的主要细胞因子

1. 干扰素

干扰素是在 1935 年 Isaacs 和 Lindenmann 研究禽流感病毒的干扰现象时在鸡胚绒毛尿囊膜中发现的一种具有干扰病毒繁殖作用的因子。尽管干扰素最早发现于禽类,但禽类干扰素的研究尤其是分子生物学水平的研究一直比较滞后。

（1）Ⅰ型干扰素　1994 年 Sekellick 等首次成功克隆鸡Ⅰ型干扰素基因。与哺乳动物相似，鸡体内至少存在 2 种不同型的干扰素。1995 年 Schultz 等成功克隆鸭Ⅰ型干扰素基因。

（2）Ⅱ型干扰素　1997 年 Lowenthal 等从有丝分裂原刺激的鸡脾淋巴细胞中得到了对热和 pH 2 敏感的干扰素，它能激活巨噬细胞产生一氧化氮，这与哺乳动物 IFN-γ 相似，从而证明在鸡体内同样存在 IFN-γ。之后 Digby 和 Song 等先后采用 RT-PCR 方法分别从高效诱导的 T 细胞系和 CD4$^+$ T 细胞杂交瘤细胞中扩增得到了鸡 IFN-γ 基因，完整的阅读框为 492 个核苷酸，推测成熟蛋白质为 145 个氨基酸，分子质量为 16.8 ku。与马和人氨基酸序列的同源性分别为 35％和 32％，且有一些高度保守的序列，而与Ⅰ型干扰素的同源性仅为 15％。

鸭 IFN-γ 基因也已被克隆，大小与其他禽类 IFN-γ 基因一致，与鸡和哺乳动物 IFN-γ 氨基酸的同源性分别为 67％和 21％～34％。通过基因进化树可以看出，各种动物 IFN-γ 序列的同源性与推测的进化关系是一致的。

2. 白细胞介素

到目前为止，只有少数鸡的白细胞介素得到纯化，少数基因被成功克隆。

（1）IL-1　鸡 IL-1 样活性最初发现于受刺激的脾细胞条件培养基（conditioned medium，CM）中。Klasking 等将其部分纯化后发现，鸡 IL-1 对鼠胸腺细胞具有微弱的刺激活性。Brezinschek 等报道鸡 IL-1 分子质量在 16～21.5 ku 不等，但也有报道其分子质量为 53 ku。1998 年，Weining 等成功地克隆鸡 IL-1 基因，该基因在 COS 细胞中的表达显示，它编码 267 个氨基酸的多肽，缺少疏水的 N-末端区域。

（2）IL-2　与人和哺乳动物比较，有关鸡 IL-2 的研究十分滞后。一方面是因为至今尚未发现鸡 CD4$^+$ T 细胞的 T_H1 和 T_H2 亚群的存在；另一方面是由于鸡淋巴因子（包括 IL-2）的种属特异性较强，使得在人和哺乳动物 IL-2 研究中采用的技术和方法无法有效地应用于鸡 IL-2 的研究。1997 年 Sundick 首次克隆鸡的 IL-2 基因，其 mRNA 全长为 747 nt，结构基因长 343 nt。推测由 143 个氨基酸组成，类似于哺乳动物 IL-2 和 IL-15，核苷酸序列与牛 IL-2 和 IL-15 的同源性分别为 24.5％和 23.8％。

（3）IL-8　Barker 等 1993 年报道一分子质量为 6 ku 的 9E3/CEF4 蛋白，在氨基酸水平上与哺乳动物 IL-8 有 51％的同源性，9E3/CEF4 蛋白可能是鸡类似于哺乳动物的 IL-8。

3. 转化生长因子-β

鸡 TGF-β 有 5 个不同的亚型，相互间的同源性达 64％～82％。有证据表明，鸡可表达 4 个 TGF-β 亚型，其中 TGF-β4 是鸡所特有的。

4. 肿瘤坏死因子-α

1990 年，Qureshi 等用马立克病病毒感染鸡转化的脾细胞建立了一单核细胞系，可分泌一种对肿瘤靶细胞具有杀伤活性的因子，并可在 LPS 处理后得到增强，提示此因子可能是鸡类似于哺乳动物的 TNF-α。1993 年，Byrne 等发现感染艾美耳球虫的鸡脾巨噬细胞也可分泌 TNF-α。

第六节　细胞因子的应用

大多数细胞因子是免疫应答的产物,在动物和人体内可发挥免疫学效应,最终通过上调免疫细胞对抗原物质的免疫应答,介导炎症反应而清除抗原物质。抗原刺激和病原微生物感染均可诱导体内产生细胞因子,因此细胞因子与疾病的发生、发展有着密切的关系。另一方面,体内细胞因子生成过多可引起一些病理性反应。因此,细胞因子在疾病的诊断、治疗、预防等方面有着广泛的应用。自20世纪80年代以来,细胞因子临床应用成为医学研究和产品开发的重要领域。细胞因子在自身免疫病、免疫缺陷病、病毒性疾病及恶性肿瘤等的治疗方面发挥了独特的作用,取得了较明显的效果。

一　细胞因子与疾病的发生

细胞因子在调节机体免疫应答过程中是一把"双刃剑"。在生理条件下,细胞因子参与和调节机体对抗原物质的免疫应答,进而清除抗原物质,维持机体的生理平衡;在特定条件下,细胞因子表达过高、过低或缺陷,又能引起和促进某些免疫相关疾病的发生,如细胞因子风暴、类风湿关节炎、强直性脊柱炎、全身性红斑狼疮和银屑病等。

细胞因子风暴(cytokine storm)又称高细胞因子血症(hypercytokinemia),是致死性的全身免疫反应,通常由微生物感染引起,表现出多种细胞因子在短期内大量分泌。细胞因子风暴可造成多种组织和器官的严重损伤,使机体发生多器官功能衰竭,多发生于健康和免疫力强的个体。细胞因子风暴可出现在多种疾病的发生过程中,如移植物抗宿主反应、急性呼吸窘迫综合征、脓毒血症、全身性炎症反应综合征、SARS和流感等。

TNF-α和IL-1等细胞因子是类风湿关节炎的致病因子;在强直性脊柱炎、银屑病和关节炎患者的体内均可检测到过高水平的TNF-α,拮抗TNF-α的生物制剂对上述疾病有治疗作用;多种趋化因子能够促进类风湿关节炎、肺炎、哮喘和过敏性鼻炎的发展;IFN-α是全身性红斑狼疮和银屑病的致病因子。

二　细胞因子与疾病的诊断

许多疾病过程中可出现细胞因子水平的改变,但一般缺少特异性。但在某些情况下,特定细胞因子的定量或定性检测可作为早期诊断和鉴别诊断的指标。如在类风湿性关节炎的滑液中IL-8和MCP-1的水平升高,而在骨性关节炎中无此现象。病原微生物感染可诱导某些细胞因子过量产生,高浓度细胞因子可加剧感染症状,因此临床上通过检测细胞因子水平可以对疾病进行辅助性诊断以及监测机体免疫功能状态及辅助判断疾病的预后。

三　细胞因子与疾病的治疗

利用细胞因子抗御和治疗中的作用,阻断细胞因子导致和/或促进疾病发生、发展的病理作用。在临床上,可采用细胞因子疗法(cytokine therapy),即细胞因子补充或添加使体内细胞因子水平增加,充分发挥细胞因子的生物学效应,达到治疗疾病的目的。已有多种重组细胞因子(如 IFN、IL-2、CSF)广泛应用于医学临床。可应用细胞因子阻断/拮抗疗法,即通过抑制细胞因子的产生,阻断细胞因子与其相应受体的识别结合及信号传导过程,适用于自身免疫病、移植排斥反应、感染性休克等疾病的治疗。例如,医学临床上用抗 TNF 单克隆抗体可以减轻、阻断感染性休克的发生,IL-1 受体拮抗剂可用于炎症和自身免疫病的治疗。利用一些细胞因子的免疫增强作用,可用于免疫功能低下、免疫缺陷病和肿瘤患者以及病毒性感染疾病的治疗。

四　细胞因子在兽医学中的应用

动物细胞因子的研究越来越受到重视,采用基因工程技术已开发出一些重组细胞因子产品(如干扰素)。其应用主要表现在:①通过检测细胞因子水平来评价动物机体的免疫功能状态;②研究细胞因子在病原微生物感染,特别是一些持续性感染疾病、免疫抑制性疾病中的作用和地位;③开发动物源性细胞因子作为免疫增强剂;④开发动物源性细胞因子作为疫苗免疫佐剂,如 IFN-γ、IL-2、IL-4、IL-6、TNF-α 和 CSF 等细胞因子佐剂。

❓复习思考题

1. 细胞因子的概念是什么?
2. 细胞因子的种类有哪些?
3. 细胞因子有哪些共同特性与作用特点?
4. 细胞因子主要的生物学活性有哪些?
5. 试述细胞因子受体的种类及其结构特点。
6. 细胞因子有何用途?

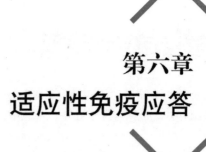

第六章
适应性免疫应答

内容提要

　　适应性免疫应答是动物机体对抗原刺激而发生的复杂的生物学过程,最终产生特异性的细胞免疫和体液免疫,又称特异性免疫应答。抗原的加工和提呈是关键,主要有外源性途径和内源性途径,由抗原提呈细胞(APC)完成。APC分两大类,一类是以树突状细胞、巨噬细胞和B细胞为代表的专职APC,表达MHCⅡ类分子;另一类为受到病原微生物感染的靶细胞以及肿瘤细胞等,表达MHCⅠ类分子,分别加工和提呈外源性抗原和内源性抗原。树突状细胞、巨噬细胞可介导外源性抗原的交叉提呈途径,CD1分子可介导脂类抗原的提呈。经MHCⅡ类分子提呈的外源性抗原被$CD4^+T_H$细胞识别,经MHCⅠ类分子提呈的内源性抗原被$CD8^+$ T_C细胞识别,在一些共刺激分子的参与下启动T细胞的活化过程。B细胞的活化和分化涉及与T_H细胞的相互作用和细胞因子。特异性细胞免疫主要表现为CTL的细胞毒作用和迟发型超敏反应。特异性体液免疫由抗体介导,在体内发挥多方面的免疫效应,但初次应答和再次应答的抗体种类、水平及产生特点有所不同。

第一节　概　　述

　　动物机体的免疫包括先天性免疫(innate immunity)和适应性免疫(adaptive immunity)两大方面。前者又称固有免疫、天然免疫或非特异性免疫,是与生俱来的,可遗传;作用范围广,对所有病原微生物都有效,无特异性。后者又称特异性免疫或获得性免疫,是动物出生后通过主动方式免疫系统对病原微生物和抗原物质反应(应答)而建立的,也可经被动方式获得,不能遗传。因此,免疫应答(immune response)是动物免疫系统对病原微生物和抗原物质的刺激而产生的复杂的生物学过程,根据应答特点、获得形式以及效应机制,分为先天性免疫应答和适应性免疫应答。本章着重描述适应性免疫应答,先天性免疫应答如屏障免疫、炎症反应、吞噬作用、天然免疫细胞、补体系统等内容将在相关章节中介绍。需要指出的是,天然免疫和适应性免疫是免疫系统功能不可分割的两个方面,天然免疫对动物机体同等重要,与适应性免疫应答的联系十分密切,没有天然免疫细胞和分子的介入,就不会激发和产生有效的适应性免疫应答。

一　适应性免疫应答的概念

动物机体免疫系统受到病原微生物等抗原物质的刺激后,免疫细胞对抗原分子的识别并产生一系列复杂的免疫连锁反应和表现出特定生物学效应,最终建立对病原微生物的特异性免疫力的过程称为适应性免疫应答(adaptive immune response),又称为特异性免疫应答(specific immune response)或获得性免疫应答(acquired immune response)。

适应性免疫应答包括抗原提呈细胞对抗原的处理、加工和提呈,抗原特异性淋巴细胞(T 细胞和 B 细胞)对抗原的识别、活化、增殖与分化,最后产生免疫效应分子——抗体与细胞因子以及免疫效应细胞——效应性 T_H 细胞和细胞毒性 T 细胞(CTL),并最终将病原微生物等抗原物质和对再次进入机体的抗原物质产生清除效应。

二　参与适应性免疫应答的细胞

适应性免疫应答是以 T 细胞、B 细胞为中心,最终产生特异性的体液免疫和细胞免疫。树突状细胞、巨噬细胞等是免疫应答的抗原提呈细胞,主要参与对抗原物质的加工处理和提呈,是免疫应答所不可缺少的,这些细胞主要加工和提呈外源性抗原。受到病原微生物感染的细胞也是抗原提呈细胞,主要加工和提呈内源性抗原。体液免疫和细胞免疫是适应性免疫应答的主要表现形式,分别由 B 细胞和 T 淋巴细胞介导。

三　适应性免疫应答产生的部位

动物的次级淋巴器官及淋巴组织是免疫应答产生的部位,其中淋巴结、脾脏以及黏膜相关淋巴组织是适应性免疫应答的主要场所。抗原进入机体后,一般先通过淋巴循环进入引流区的淋巴结,进入血液的抗原则滞留于脾脏,并被淋巴结髓窦和脾脏移行区中的抗原提呈细胞所摄取和加工处理,再表达于其细胞表面,进而刺激淋巴结和脾脏中的 T 细胞和 B 细胞而产生应答。与此同时,血液循环中的成熟 T 细胞和 B 细胞,经淋巴组织的毛细血管后静脉进入淋巴器官,与抗原提呈细胞上表达的抗原接触后,滞留于淋巴器官内并被活化,进一步增殖和分化为效应细胞。

随着淋巴细胞的增殖和分化,淋巴组织发生相应的形态学变化。T 细胞在次级淋巴器官的胸腺依赖区内分化、增殖,少量的 T 细胞也可进入淋巴滤泡,随后 B 细胞在初级淋巴滤泡内增殖。在抗原刺激后 4~5 d 可形成具有生发中心的二级淋巴滤泡,并保持相当长的时间。T 细胞最终分化成效应性 T 细胞和记忆性 T 细胞,并产生细胞因子;B 细胞最终分化成能分泌抗体的浆细胞,并产生抗体,一部分B细胞成为记忆性B细胞。效应性T细胞、记忆性T细胞和B细胞可游出淋巴组织,重新进入血液循环。机体受到抗原刺激后,由于淋巴细胞的增殖,以及各种细胞因子的产生,如趋化因子、炎性因子等可吸引巨噬细胞及其他吞噬细胞而引起局部血管扩张,因此出现局部淋巴结肿大。

从黏膜入侵的病原微生物或进入的抗原物质可激发黏膜免疫系统产生免疫应答(见第四章)。

四 适应性免疫应答的特点

适应性免疫应答一般具有三大特点:一是特异性,即只针对某种病原微生物或抗原物质;二是耐受性,即对自身组织细胞成分不产生免疫应答;三是记忆性,即动物机体保留对初次刺激抗原的免疫记忆,相同抗原的再次进入会诱导产生更快、更强和持续时间更长的免疫应答。此外,适应性免疫应答还具有免疫期,从数月至数年甚至终身,其长短与抗原的性质、刺激强度、免疫次数以及机体反应性有关。

第二节 适应性免疫应答的基本过程

适应性免疫应答是十分复杂的生物学过程,除了由树突状细胞、单核-巨噬细胞和淋巴细胞协同完成外,还有很多细胞因子发挥相应效应。虽然免疫应答是连续的不可分割的过程,但可人为地划分为3个阶段:①致敏阶段;②反应阶段;③效应阶段(图6-1)。

一 致敏阶段

致敏阶段(sensitization stage)又称感应阶段、识别活化阶段或抗原识别阶段,涉及抗原提呈细胞对进入体内的抗原物质摄取、捕获、加工处理和提呈以及T细胞和B细胞对抗原的识别等。

二 反应阶段

反应阶段(reaction stage)又称增殖与分化阶段,是T细胞、B细胞活化、增殖与分化,以及产生效应性淋巴细胞和效应分子的过程。活化的T_H细胞增殖分化成为效应性淋巴细胞,并产生多种细胞因子;T_C细胞活化成为细胞毒性T细胞(CTL)。活化的B细胞增殖分化为浆细胞,合成并分泌抗体。一部分T细胞和B细胞在分化过程中成为记忆性T细胞(T_M)和记忆性B细胞(B_M)。反应阶段有多种细胞间的协作和多种细胞因子的参与。

三　效应阶段

效应阶段(effect stage)是由效应细胞——效应性 T_H 细胞和细胞毒性 T 细胞(CTL)与效应分子——抗体和细胞因子发挥细胞免疫效应和体液免疫效应的过程。效应细胞和效应分子共同作用,并在一些天然免疫细胞和分子的参与下,共同清除抗原物质。

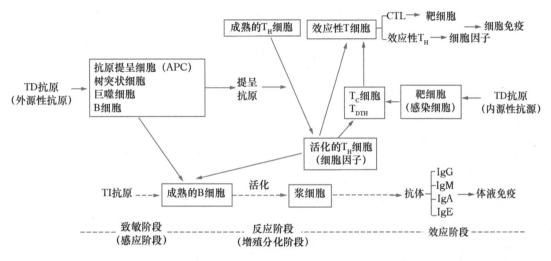

图 6-1　适应性免疫应答的基本过程

第三节　抗原的加工和提呈

抗原提呈细胞(APC)通过吞噬(phagocytosis)、吞饮(pinocytosis)或受体介导的内吞(endocytosis)作用摄取或捕获抗原(或对细胞内的内源性蛋白质抗原),并进行消化降解产生抗原肽(antigen peptide)的过程称为抗原加工(antigen processing)。降解产生的抗原肽在 APC 内与 MHC 分子结合形成抗原肽-MHC 复合物,然后被运送到 APC 表面,以供免疫细胞识别,这一过程称为抗原提呈(antigen presentation)。抗原加工和提呈有不同的途径,外源性途径和内源性途径是蛋白质抗原加工和提呈的经典途径。此外,外源性蛋白质抗原还具有交叉提呈途径,非肽类抗原可由非经典的 CD1 途径提呈。

抗原提呈细胞对抗原的加工和提呈是免疫应答所必需的过程,提呈的分子基础是 APC 表达的主要组织相容性复合体(MHC)Ⅰ类和Ⅱ类分子。MHCⅡ类分子是由 α 链与 β 链二条肽链组成的糖蛋白,二条肽链之间以非共价键结合,其分子中由 α1 与 β1 片段构成一个肽结合凹槽或裂隙(peptide-binding cleft),大约可容纳 15 个氨基酸残基的肽段。由 APC 处理后的抗原肽一般为 13~18 个氨基酸,与 MHCⅡ类分子的肽结合槽结合,形成抗原肽-MHCⅡ类分子复合物,最后提呈给 $CD4^+$ 的 T_H 细胞。MHCⅠ类分子是由一条重链(α 链)和一条轻链(β_2 微球蛋白,β_2m)组成,由 α 链的 $\alpha1$ 和 $\alpha2$ 片段构成一个大小为 2.5 nm×1.0 nm× 1.1 nm(长约 2.5 nm,宽约 1.0 nm,深约 1.1 nm)的凹槽,即为 MHC I 类分子的肽结合槽,该区域的大小和构型适合于经处理后的抗原肽段,可容纳 8～20 个氨基酸残基肽段。内源性抗原经处理后形成 8～10 个氨基酸的抗原肽,结合于 MHC I 类分子的肽结合槽,形成抗原肽-MHC I 类分子复合物,然后提呈给 CD8[+] 的细胞毒性 T 细胞。

一　抗原提呈细胞的类型

按照细胞表面的主要组织相容性复合体(MHC)分子,抗原提呈细胞可分为两大类,一类是表达 MHC II 类分子的抗原提呈细胞,另一类是表达 MHC I 类分子的靶细胞。

(1)表达 MHC II 类分子的抗原提呈细胞　树突状细胞、巨噬细胞、B 细胞是专职的抗原提呈细胞(professional APC,pAPC),主要负责对外源性抗原的加工和提呈。树突状细胞是最有效的抗原提呈细胞,可持续地表达高水平的 MHC II 类分子和共刺激分子 B7(CD80/CD86),具有强大的提呈抗原能力,并可活化幼稚型 T_H 细胞。静止的巨噬细胞仅能表达很少的 MHC II 类分子或 B7 分子,因此不能活化幼稚型 T_H 细胞,而且对记忆性细胞和效应性细胞的活化能力也很弱。巨噬细胞在受到吞噬的微生物、IFN-γ 和 T_H 细胞分泌的细胞因子活化后,可上调表达 MHC II 类分子或共刺激 B7 分子。B 细胞作为抗原提呈细胞是现代免疫学的一大发现,活化 B 细胞的抗原提呈能力与巨噬细胞相近,尤其是对可溶性抗原的提呈极其重要。B 细胞可依靠其抗原受体(BCR)捕获抗原物质,也可利用补体受体(CD21)结合补体成分偶联的抗原。静止的 B 细胞可表达 MHC II 类分子,但不表达 B7 分子,因此静止的 B 细胞不能活化幼稚型 T 细胞,但能活化记忆性细胞和效应性细胞。活化后的 B 细胞可上调并持续表达 MHC II 类分子,并表达 B7 分子,可活化幼稚型 T 细胞、记忆性细胞以及效应性细胞。B 细胞活化 T_H 细胞需要的抗原浓度是非特异性抗原提呈细胞的 1/1 000。细胞因子可促进 B 细胞表达 MHC II 类分子,增强其提呈抗原的能力。

此外,皮肤中的纤维母细胞、脑组织的小胶质细胞、胸腺上皮细胞、甲状腺上皮细胞、血管内皮细胞和胰腺 β 细胞被认为是非专职的抗原提呈细胞(non-professional APC),它们可诱导表达 MHC II 类分子或共刺激分子,大多数细胞可在持续性炎症反应中短暂地充当 APC,发挥抗原提呈功能。

(2)表达 MHC I 类分子的靶细胞　动物体内所有的有核细胞都可表达 MHC I 类分子,当受到微生物感染(如病毒感染细胞和胞内菌感染的细胞)时可作为靶细胞将微生物内源性抗原加工处理并提呈给 CD8[+] 细胞毒性 T 细胞。肿瘤细胞、衰老的细胞、移植物的同种异体细胞等也是靶细胞,可提呈相应的内源性抗原。

二　外源性抗原的加工和提呈

蛋白质、灭活的细菌、毒素和病毒、细胞外的细菌和病毒等均属外源性抗原,抗原提呈细胞可通过吞噬、吞饮、受体介导的内吞等方式摄取这些抗原。树突状细胞具有强大的吞饮作用,并可借助于膜表面 Fc 受体和补体受体吸附免疫复合物;巨噬细胞经吞噬作用吞噬外源性抗原,也可通过细胞膜上的 Fc 受体和 C3b 受体捕获免疫复合物(调理),也可经吞饮和吸附方式捕获外源性抗原。B 细胞可有效地通过抗原受体介导的内吞作用而捕获抗原。

被 APC 捕获的抗原物质经内化进入胞质,形成吞噬体(phagosome),吞噬体与溶酶体融合形成吞噬溶酶体(phagolysosome),或称内体(endosome)。外源性抗原在内体的酸性环境中被水解成抗原肽,同时,在粗面内质网新合成的 MHC Ⅱ 类分子被转运到内体与抗原肽结合,形成抗原肽-MHC Ⅱ 类分子复合物,然后被运送至抗原提呈细胞表面,供 CD4$^+$ T$_H$ 细胞所识别(图 6-2)。这一过程称为外源性途径(exogenous pathway),又称为 MHC Ⅱ 类分子途径、溶酶体途径或内吞途径(endocytic pathway)。

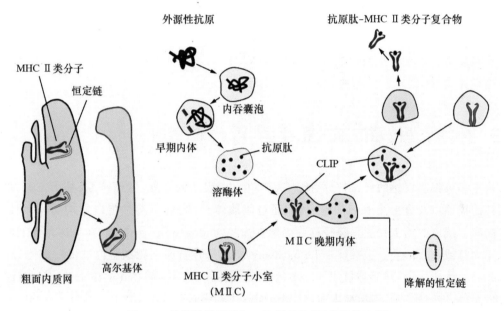

图 6-2　外源性抗原的加工和提呈途径(外源性途径)

外源性抗原的加工和提呈涉及以下过程。

(1)抗原肽产生　外源性抗原内化后,在 3 个酸性逐渐增加的内吞囊泡(endocytic vesicle)或小室(compartment)中被降解为肽段。内吞囊泡包括早期内体(early endosome,pH 6.0~6.5)、晚期内体(late endosome,pH 5.0~6.0)或内溶酶体(endolysosome)、溶酶体(lysosome,pH 4.5~5.0)以及内体与溶酶体融合的吞噬溶酶体(phagolysosome)。抗原从早期内体进入晚期内体,最终到溶酶体,受到水解酶的作用而降解。溶酶体中含有 40 多种依赖酸的水解酶,包括蛋白酶、核酸酶、糖苷酶、脂酶、磷脂酶及磷酸酶。外源性抗原被降解成 13~18 个氨基酸残基的短肽,可与 MHC Ⅱ 类分子结合。

(2)MHC Ⅱ 类分子转运　在粗面内质网(rough endoplasmic reticulum,RER)中新合成的 MHC Ⅱ 类分子与一种称为恒定链(invariant chain,Ii 链/CD74)的蛋白质结合,3 对 MHC Ⅱ 类分子的 α、β 链与提前组装成三聚体恒定链结合,形成九聚体。Ii 链与 MHC Ⅱ 类分子肽结合槽的结合可阻止细胞内源性肽与 RER 中的 MHCⅡ类分子结合。Ii 链还参与 MHCⅡ类分子 α 链和 β 链的折叠与组装,具有促进 MHCⅡ类分子从 RER 移行的作用。MHCⅡ类分子-Ii 链复合物离开 RER,经高尔基体进入称为 MHCⅡ类分子小室(MHCⅡcompartment,MⅡC)的溶酶体样囊泡。

(3)抗原肽与 MHCⅡ类分子组装 MHCⅡ类分子-Ii 链复合物由早期内体进入晚期内体,最后进入溶酶体,并与溶酶体融合。Ii 链被降解,留下一个被称为"楔子"(CLIP)的短片段仍结合于 MHCⅡ类分子的肽结合槽。CLIP 占据 MHCⅡ类分子的肽结合槽,可阻止未成熟的抗原肽与 MHCⅡ类分子结合。一种类似于 MHCⅡ类分子的 HLA-DM 可移走 CLIP,有助于抗原肽与 MHCⅡ类分子的结合。HLA-DM 分子由 α 链和 β 链组成的异二聚体,它不同于 MHCⅡ类分子,不能在细胞膜上表达,主要存在于内体中。编码 DM-α 链和 DM-β 链的基因位于 MHC 复合体 *TAP* 和 *LMP* 基因附近。在酸性环境中,MHCⅡ类分子构型松散,因此 CLIP 易于被抗原肽置换。最后,抗原肽-MHCⅡ类分子复合物移行,被转运到细胞膜表面。抗原提呈细胞膜表面的中性环境使抗原肽-MHCⅡ类分子以一种紧凑、稳定的形式存在,供 CD4$^+$ T$_H$ 细胞识别。

三 内源性抗原的加工和提呈

病毒感染细胞表达的病毒抗原、胞内菌(寄生虫)表达的抗原、肿瘤抗原、基因工程细胞内表达的抗原以及直接注射到细胞内(如通过脂质体技术)的可溶性蛋白质均属内源性抗原。内源性抗原的加工和提呈途径称为内源性途径(endogenous pathway),又称为 MHCⅠ类分子途径或胞质溶胶途径(cytosolic pathway)。内源性抗原在靶细胞内被蛋白酶体(proteasome)酶解成肽段,然后被抗原加工转运体(transporters associated with antigen processing,TAP)从细胞质转运到粗面内质网,与粗面内质网中新合成的 MHCⅠ类分子结合,形成抗原肽-MHCⅠ类分子复合物,最后被高尔基体运送至细胞表面,供 CD8$^+$ 细胞毒性 T 细胞所识别(图 6-3)。

内源性抗原加工和提呈的胞质途径涉及以下过程。

(1)抗原肽产生 真核细胞内的蛋白质水平是受到精细调控的,每一种蛋白质都会不断更新,变性的、错误折叠的或其他异常蛋白质均会受到胞质蛋白水解系统的降解。一种称为泛素(ubiquitin)的小分子蛋白质可附着在被蛋白水解酶靶定的蛋白质上,形成的泛素-蛋白质复合物受到蛋白酶体(proteasome)的降解。蛋白酶体是一种大分子的多功能蛋白酶复合体,呈圆柱状,含有 4 个环形的蛋白质亚单位,依赖 ATP 可以切割 3~4 种不同类型的肽键。泛素-蛋白质复合物的降解是在蛋白酶体的中央隧道(1~2 nm)中进行,因此可以避免细胞质内其他蛋白质受到水解。蛋白酶体的作用类似于绞肉机,首先将蛋白质靶肽链去折叠(unfolding),然后释放泛素,蛋白质肽链通过中央隧道而被降解成肽段,最终可产生许多 8~10 个氨基酸的小肽(small peptide)(图 6-4)。

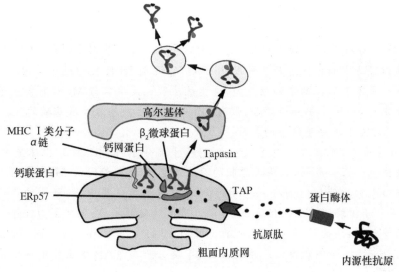

图 6-3　内源性抗原的加工和提呈途径(内源性途径)

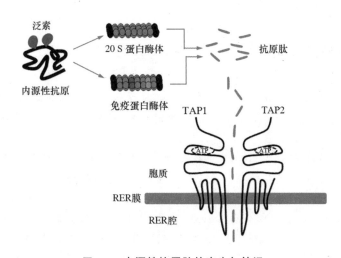

图 6-4　内源性抗原肽的产生与转运

　　内源性抗原可受到靶细胞内的上述蛋白质降解途径而产生 MHC Ⅰ 类分子提呈的短肽,但需要 2 个亚单位 LMP2 和 LMP7 对蛋白酶体加以修饰。细胞内除了标准的 20 S 蛋白酶体外,病毒感染细胞和一些抗原提呈细胞(如树突状细胞)中还存在一种截然不同的蛋白酶体,称为免疫蛋白酶体(immunoproteasome)。IFN-γ 和 TNF-α 可诱导免疫蛋白酶体的产生,有利于增加与 MHC Ⅰ 类分子有效结合的抗原肽,在病毒蛋白质的加工中发挥重要作用。LMP2 和 LMP7 是由 *MHC* 基因编码的,IFN-γ 水平的升高可以诱导其产生。含有 LMP2 和 LMP7 的蛋白酶体的肽酶对碱性和/或疏水性肽键的活性较高,优先产生与 MHC Ⅰ 类分子结合的肽段,这与 MHC Ⅰ 类分子结合的肽段几乎都具有碱性或疏水性残基末端是相一致的。

（2）抗原肽转运　抗原加工转运体（TAP）负责从胞质向粗面内质网转运抗原肽。TAP是一种跨膜的异二聚体，由 TAP1 和 TAP2 组成，均属于 ATP 结合蛋白家族；除跨膜区外，TAP1 和 TAP2 还分别各有一疏水区（经 RER 膜插入其腔内）和突出于胞质内的 ATP 结合区（图 6-4）。编码 TAP1 和 TAP2 的基因位于 MHC Ⅱ类基因区内。

胞质内经蛋白酶体降解产生的肽由 TAP 转运至 RER 腔的过程需要水解 ATP。TAP与 8～13 个氨基酸肽段的亲和性最高，这类抗原肽也最适宜与 MHC Ⅰ类分子结合；TAP 易于转运优先与 MHC Ⅰ类分子结合、带有疏水性或碱性羧基末端氨基酸的肽段，因此 TAP 专职转运与 MHC Ⅰ类分子结合的肽段。

（3）抗原肽与 MHC Ⅰ类分子组装　MHC Ⅰ类分子的 α 链和 $β_2$ 微球蛋白是在粗面内质网的多聚核糖体上合成的，需要抗原肽的存在才能组装成稳定的 MHC Ⅰ类分子，同时必须有伴侣蛋白或分子伴侣（molecular chaperones）的参与。其中，钙联蛋白（calnexin）是参与MHC Ⅰ类分子组装的主要伴侣蛋白，可以促进多肽链的折叠；钙网蛋白（calreticulin）是另一种重要的伴侣蛋白；此外，还有 TAP 结合蛋白（TAP-associated protein，Tapasin）和内质网腔蛋白（ERp57）。与钙联蛋白结合的 MHC Ⅰ类分子与 TAP 相互作用可以促进 MHC Ⅰ类分子对肽段的捕捉。MHC Ⅰ类分子与肽段结合后，与钙联蛋白及 TAP 解离，其稳定性增加，并经高尔基体向细胞膜移行并呈现于细胞膜表面，供 CD8$^+$ T 细胞识别。

四　交叉提呈与非肽抗原提呈

经专职的抗原提呈细胞加工和处理的外源性抗原肽可以进入粗面内质网腔，经 MHC Ⅰ类分子提呈给 CD8$^+$ Tc 细胞，已发现树突状细胞和巨噬细胞均具有此功能，称为交叉提呈（cross-presentation）。

蛋白质抗原通过经典的 MHC 分子提呈，而糖脂（如结核分枝杆菌的分枝杆菌酸）和含脂类的小分子抗原可经一组非经典的 MHC Ⅰ类分子提呈，称为非肽抗原提呈（non-peptide antigen presentation）。许多免疫细胞（如胸腺细胞、B 细胞和树突状细胞等）均可表达非经典的 MHC Ⅰ类分子，包括 CD1 蛋白家族和 MHC Ⅰ类分子相关蛋白（MHC class Ⅰ-related protein，MR1）。在结构上这些分子与经典的 MHC Ⅰ类分子相似，也与 $β_2$ 微球蛋白非共价结合，但功能更像 MHC Ⅱ类分子；它们在细胞内移行至内体与外源性脂类抗原结合，然后提呈给 αβT 细胞（如 CD8$^+$ 细胞毒性 T 细胞）、皮肤和黏膜组织中的 γδT 细胞和 NKT 细胞。

第四节　T 细胞和 B 细胞对抗原的识别

一　T 细胞对抗原的识别

对外源性和内源性抗原的识别分别由两类 T 细胞执行，CD4$^+$ T$_H$ 细胞识别外源性抗原,CD8$^+$细胞毒性 T 细胞识别内源性抗原。T 细胞识别抗原的分子基础是其抗原受体 (TCR)和抗原提呈细胞的 MHC 分子。TCR 不能识别游离的、未经抗原提呈细胞处理的抗原物质,只能识别经抗原提呈细胞处理并与 MHC Ⅰ 类或 Ⅱ 类分子结合的抗原肽,而且 T 细胞识别的抗原表位是线性表位。

(1)T$_H$ 细胞对外源性抗原的识别 T$_H$ 细胞依靠其 TCR,识别抗原肽-MHC Ⅱ 类分子复合物,同时还有多种细胞表面分子(如黏附分子)参与识别及活化(图 6-5)。其中,CD3 分子是参与 T$_H$ 细胞识别的重要分子,它与 TCR 以非共价键结合形成 TCR-CD3 复合物,TCR 识别抗原肽后,CD3 将抗原的信息传递到细胞内并启动细胞内的活化过程。此外,T$_H$ 细胞的 CD4 分子与 MHC Ⅱ 类分子的结合对 TCR 与抗原肽的反应起到稳固作用。一些免疫黏附分子也参与识别和活化信号传导过程,如 T$_H$ 细胞的 CD2(LFA-2)与 APC 的 CD58(LFA-3)、CD28 与 APC 的 B7(CD80/CD86)、CD40L 与 APC 的 CD40 以及 CD11a(LFA-1)与 APC 的 CD54(ICAM-1),这些分子间的相互作用可促进 T$_H$ 细胞与 APC 之间的直接接触,而且对于细胞内活化信号传导也是必需的。

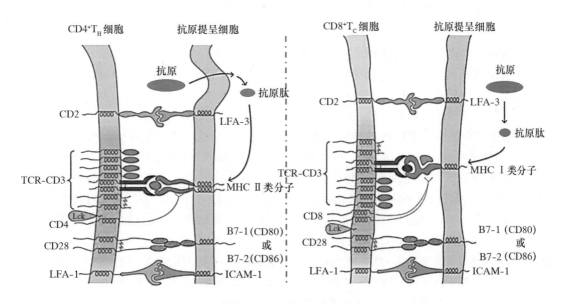

图 6-5　T 细胞对抗原的识别

(引自 Punt 等,2018)

(2)CTL 对内源性抗原的识别 由靶细胞(内源性抗原提呈细胞)提呈的抗原供 CD8$^+$ 细胞毒性 T 细胞(T$_C$)识别。T$_C$ 细胞和活化后的 CTL 也是依靠其细胞表面的 TCR 识别靶细胞提呈的抗原肽-MHC Ⅰ 类分子复合物。在 TCR 识别抗原肽的过程中,CD8 分子作为 MHC Ⅰ 类分子的受体与靶细胞的 MHC Ⅰ 类分子结合,也有一些免疫黏附分子参与(图 6-5)。

(3)T 细胞对超抗原的识别 超抗原(SAg)在被 T 细胞识别之前不需要经抗原提呈细胞处理,而是直接与抗原提呈细胞的 MHC Ⅱ 类分子的肽结合区以外的部位结合,并以完整蛋白质分子形式被提呈给 T 细胞(图 6-6)。超抗原使 TCR 与 MHC Ⅱ 类分子交联产生活化信号,从而诱导 T 细胞活化和增殖,而且 SAg-MHC Ⅱ 类分子复合物仅与 TCR 的 β 链结合,因此可激活多个 T 细胞克隆,且不受 MHC 的限制。

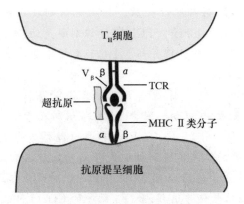

图 6-6　T 细胞对超抗原的识别

二　B 细胞对抗原的识别

B 细胞识别抗原的物质基础是其膜表面的抗原受体(BCR),即膜免疫球蛋白(mIg)。B 细胞可直接识别抗原,不需要抗原提呈细胞对抗原进行加工处理,且无 MHC 限制性。BCR 不仅能识别蛋白质抗原,还能识别肽、核酸、多糖、脂类和小分子化学物质。BCR 可特异性识别天然蛋白质分子的抗原表位,也可识别蛋白质降解所暴露的抗原表位。

B 细胞识别非胸腺依赖性(TI)抗原和胸腺依赖性(TD)抗原的机制有所不同。

(1)B 细胞对 TI 抗原的识别　TI 抗原又分为 TI-1 型和 TI-2 型抗原。TI-1 型抗原(如革兰阴性菌的 LPS)在高浓度时可与所有 B 细胞(包括大多数 B-2 亚群的 B 细胞)的天然免疫受体(TLR-4/MD-2/CD14)结合,从而引起多克隆 B 细胞活化,与 BCR 无关,但产生的抗体仅有少量可与 TI-1 型抗原结合;在低浓度时无多克隆激活作用,但可被 BCR 所识别,使 BCR 与天然免疫受体交联导致 B 细胞活化,可分泌 TI-1 型抗原的特异性抗体。TI-2 型抗原(如荚膜多糖、多聚鞭毛素)具有适当间隔、呈线状排列的高度重复的抗原表位,可与 C3d 和 C3dg 结合,使 B 细胞表面的 BCR 和 CD21(CR2)广泛交联而活化 B 细胞(图 6-7)。TI 抗原主要活化 B-1 亚群的 B 细胞,TI-2 型抗原可活化边缘区 B 细胞。

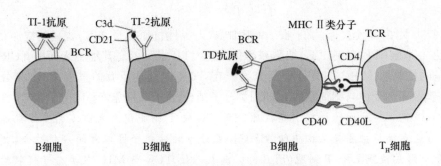

图 6-7　B 细胞对 TI 抗原和 TD 抗原的识别

(2)B 细胞对 TD 抗原的识别　大多数蛋白质抗原均属于 TD 抗原。B 细胞识别蛋白质抗原并特异性结合,同时需要 T$_H$ 细胞辅助。抗原特异性 B 细胞与 T$_H$ 细胞所识别的表位不同,但二者须识别同一抗原分子的不同表位才能相互作用。B 细胞活化后可作为抗原提呈细胞将抗原提呈给 T$_H$ 细胞,同时自身也活化。B 细胞结合抗原后,通过胞吞作用摄取抗原并进行加工处理,抗原肽-MHC Ⅱ 类分子复合物表达于细胞表面,供 T$_H$ 细胞识别。B 细胞与 T$_H$ 细胞间的相互作用对于 B 细胞和 T$_H$ 细胞的活化是十分必要的(图 6-7)。

第五节　T 细胞和 B 细胞活化、增殖与分化

一　T 细胞活化、增殖与分化

尽管幼稚型 T 细胞与抗原提呈细胞间的相互作用是适应性免疫应答的起始事件,但在此之前感染或组织损伤部位的天然免疫系统已被警醒,APC(特别是树突状细胞)通过模式识别系统已被活化。APC 已吞噬细胞外或调理的细胞内病原微生物,或者已受到胞内病原微生物感染,可加工处理病原微生物的抗原物质,并以抗原肽-MHC 分子复合物形式提呈。存在于局部淋巴结或脾脏的 APC,可被幼稚型 CD4$^+$ T 细胞和 CD8$^+$ T 细胞扫描,并分别识别抗原肽-MHC Ⅱ 和抗原肽-MHC Ⅰ 类分子复合物。

(一)T 细胞活化

体液免疫和细胞免疫产生的中心环节是 CD4$^+$ T$_H$ 细胞和 CD8$^+$ T$_C$ 细胞的活化(activation)。通过 TCR-CD3 复合体与抗原提呈细胞表面的抗原肽-MHC 分子复合物之间的相互反应,从而介导 T$_H$ 细胞和 T$_C$ 细胞的活化,T 细胞的活化需要 3 个信号(图 6-8)。

(1)TCR 信号传导(TCR signaling)　特异性 TCR 与抗原肽的相互作用是 T 细胞活化的第一信号,决定免疫应答的特异性。T 细胞的辅助受体(coreceptor)和黏附分子及 APC 的相应配体可增强这一信号。T 细胞与 APC 相互作用导致信号分子稳定构成免疫突触(immune synapse):TCR/抗原肽-MHC 复合物和辅助受体聚集于突触中心,形成中心超分子活化复合体(central supramolecular activating complex,cSMAC);cSMAC 中的 CD4 或 CD8 分别与 MHC Ⅱ 类分子或 MHC Ⅰ 类分子结合,从而稳定 TCR 与抗原肽-MHC 复合物的相互作用;黏附分子间的相互作用(如 LFA-1/ICAM-1、CD2/LFA-3)有助于维持和增强产生的信号(表 6-1),它们围绕于 cSMAC,构成外周超分子活化复合体

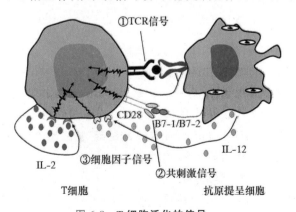

图 6-8　T 细胞活化的信号

(peripheral supramolecular activating complex,pSMAC)。

（2）共刺激信号传导（costimulatory interaction/signaling）　T 细胞的共刺激受体（costimulatory receptor）CD28 与树突状细胞等抗原提呈细胞的共刺激配体 B7（CD80/CD86）的相互作用为 T 细胞活化提供必需的第二信号。

（3）细胞因子信号传导（cytokine signaling）　细胞因子（如巨噬细胞和树突状细胞分泌的 IL-12,T_H 细胞分泌的 IL-2）是 T 细胞活化的第三信号,在 T 细胞的活化中起着重要作用,可驱动 T 细胞分化成效应性细胞。静止期的 T_H 细胞（G_0 期）识别 APCs 提呈的抗原后,表达 IL-2 受体（IL-2R）并分泌 IL-2,成为活化的 T_H 细胞。

表 6-1　参与 T 细胞活化的辅助分子

辅助受体/共刺激受体 （T 细胞）	配体 （APCs）	黏附作用	功能
CD4	MHC II 类分子	+	增强信号传导
CD8	MHC I 类分子	+	增强信号传导
CD2(LFA-2)	CD58(LAF-3)	+	增强信号传导
LFA-1(CD11a/CD18)	ICAM-1(CD54)	+	增强信号传导
CD28	B7-1/B7-2(CD80/CD86)		共刺激信号、活化幼稚型 T 细胞
ICOS	ICOS-L	—	维持分化 T 细胞的活性 T/B 细胞相互作用
CD45R	CD22	+	增强信号传导
CD5	CD27	—	增强信号传导
CTLA-4(CD152)	B7-1/B7-2(CD80/CD86)	—	负调节免疫应答、降低炎症反应、感染清除后抵消 T 细胞功能
PD-1(CD279)	PD-L1 或 PD-L2		负调节免疫应答、调节 T_{REG} 分化
BTLA(CD272)[a]	HVEM[b]		负调节免疫应答

注：[a] B 和 T 淋巴细胞弱化因子（B and T lymphocyte attenuator）；[b] 疱疹病毒入胞介质（herpes virus entry mediator）。
+——有；——无。

1. TCR 介导的信号途径

主要是通过磷脂酰肌醇代谢途径,由蛋白激酶 C 和钙离子-钙调蛋白依赖性蛋白激酶协同作用而发生（图 6-9）。酪氨酸蛋白激酶（tyrosine protein kinase,TPK）参与的酪氨酸磷酸化途径也在 T 细胞活化过程中起着重要的作用。T 细胞活化的信号传导过程包括:①肌醇-脂（inositol-lipid）特异性磷酸酯酶-磷脂酶 Cγ（phospholipase Cγ, PLCγ）的活化;②细胞质膜肌醇磷脂的水解;③细胞内 Ca^{2+} 水平的升高;④各种蛋白激酶的活化;⑤参与介导活化信号的蛋白质的磷酸化等。

TCR 有一个短的细胞质区,可介导信号传导。此外,CD3 复合体的细胞质区、辅助受体 CD4 或 CD8 以及包括 CD2 和 CD45 在内的各种黏附分子都可介导信号传导。通过由蛋白激酶催化的一系列蛋白质的磷酸化反应和由蛋白质磷酸化酶催化的去磷酸化共同完成 T 细胞活化的信号传导。

CD3 分子每条肽链的细胞质区都含有免疫受体酪氨酸的活化基序（immunoreceptor tyrosine-based activation motif，ITAM），该基序在信号传导过程中与蛋白质酪氨酸激酶反应。2 种蛋白质酪氨酸激酶（Fyn 和 ZAP-70）可与 CD3 ε 和 ζ 链的细胞质区结合。此外，CD4 和 CD8 细胞质区能与蛋白激酶 Lck 结合。这些蛋白质酪氨酸激酶的活化需要 CD45 分子，其细胞质尾带有 2 个蛋白质酪氨酸磷酸化酶区，可催化 Lck 和 Fyn 的酪氨酸残基去磷酸化而使其活化，从而启动 CD3 的 ε 和 ζ 链、PLCγ 和其他细胞基质的磷酸化。

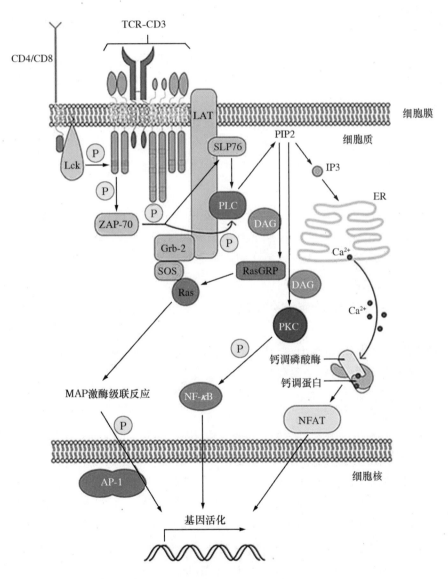

图 6-9　T 细胞活化的 TCR 信号传导途径

（引自 Punt 等，2018）

PLCγ 的磷酸化可以将磷脂酰肌醇 4，5-二磷酸(PIP2)水解成 2 种重要的产物，即肌醇 1，4，5-三磷酸(IP3)和甘油二酯(diacylglycerol，DAG)。IP3 和 DAG 进一步启动 2 条必需的信号传导途径(图 6-9)：①IP3 激发细胞内 Ca^{2+} 浓度升高，钙调磷酸酶(calcineurin)的钙调蛋白依赖的磷酸化酶随之活化，进而使 T 细胞特异性的活化 T 细胞核因子(nuclear factor of activated T cell，NFAT)去磷酸化进入细胞核，激活转录因子；②DAG 可活化蛋白激酶 C (protein kinase C，PKC)。PKC 可使各种细胞基质磷酸化，并介导核因子 NF-κB 的释放。2 种核因子进入细胞核和参与各种基因(如 IL-2 基因)的活化。DAG 可使 Ras(一种小分子的 G 蛋白)经 GTP 活化，启动有丝分裂原活化的蛋白激酶(MAP 激酶)的级联反应，进而活化激活因子蛋白 1(activator protein 1，AP-1)。

2. CD28-B7 相互作用的共刺激信号

静止和活化的 T 细胞均可表达 CD28，以中等亲和力与抗原提呈细胞的 B7 结合。CD28 与 B7 相互作用可产生共刺激信号，与 TCR 信号具有协同作用，可提高 IL-2 产生水平，也可活化蛋白激酶 JNK，进而参与核因子 c-Jun 磷酸化，促进 T 细胞的增殖。此外，CD28 介导的共刺激信号可提高 IL-2 mRNA 的半衰期。T 细胞的诱导性共刺激因子(inducible costimulator，ICOS)与其表达于活化的抗原提呈细胞上的配体(ICOS-L)相互作用，可为 T 细胞活化提供正向刺激效应。

3. 共抑制受体的负调节

在 T 细胞的活化过程中，一些共抑制受体(coinhibitory receptor)，如活化 T 细胞的 CTLA-4(CD152)、PD-1(CD279)、B 细胞和 T 细胞弱化因子(BTLA)(CD272)，与其相应的配体作用，可抑制 T 细胞的活化，从而对免疫应答起负调节效应。

4. T 细胞活化后的基因表达

T 细胞活化后表达的基因产物可分为 3 类：①快速基因。抗原识别后 0.5 h 内表达的编码一些转录因子(包括 c-Fos、c-Myc、c-Jun、NF-AT 和 NF-κB 等)的基因；②早期基因。抗原识别后 1～2 h 表达的基因，编码 IL-2、IL-2R、IL-6、IFN-γ 和其他蛋白质；③晚期基因。抗原识别后 2 d 以上表达的基因，编码各种黏附分子。

(二)T 细胞增殖与分化

活化的 T_H 细胞经历细胞周期，快速增殖(proliferation/clonal expansion)，并分化(differentiation)成效应性细胞。活化的 T_H 细胞进入 G_1 期(DNA 合成前期)，当 IL-2R 与 IL-2 (自身分泌的或其他 T_H 细胞分泌的)作用后，进入 S 期(DNA 合成期)，T 细胞即母细胞化，表现为胞体变大、胞浆增多、染色质疏松和出现明显的核仁，微管和多聚核糖体形成，大分子物质合成与分泌增加。经过一个短暂的 G_2 期(DNA 合成后期)后进入 M 期(有丝分裂期)，然后增殖。活化的 T 细胞在 4～5 d 内每天分裂 2～3 倍，产生子代克隆，分化为效应性 T_H 细胞，并分泌一系列细胞因子，如 IL-2、IL-4、IL-5、IL-6、IL-9、IL-17 以及 IFN-γ 等，从而发挥 T_H 细胞的辅助效应和调节效应(图 6-10)。其中一部分 T 细胞停留在分化中间阶段而不再继续分化，成为抗原特异性记忆性 T 细胞(memory T cell，T_M)。

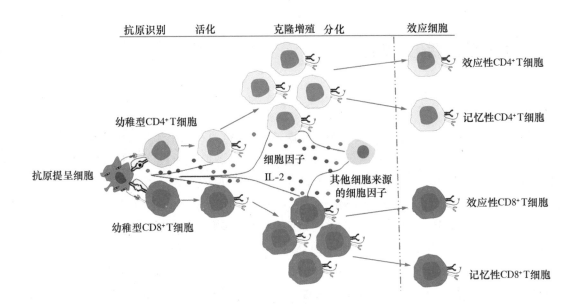

图 6-10 **T 细胞增殖与分化**

CD8$^+$ T$_C$ 细胞识别靶细胞提呈的内源性抗原后,在 IL-2、IL-12 等细胞因子的作用下,活化为效应性细胞毒性 T 细胞(CTL),一部分细胞成为抗原特异性记忆性 CD8$^+$ T 细胞(图 6-10)。CTL 可离开二级淋巴器官,经循环至感染部位,通过杀伤靶细胞可直接清除细胞内感染的病原微生物。

效应性 T$_H$ 细胞有不同的亚型(subset),可分为 T$_H$1、T$_H$2、T$_H$9、T$_H$17、T$_H$22、T$_{REG}$ 和 T$_{FH}$,它们具有不同的细胞因子谱和调节功能。T$_H$1 亚型可分泌 IL-2、IFN-γ 和 TNF-β,发挥经典的细胞介导免疫,包括活化细胞毒性 T 细胞和巨噬细胞,参与迟发型变态反应等;T$_H$2 亚型可分泌 IL-4、IL-5 和 IL-13,调节 B 细胞活化和分化;T$_H$17 可分泌 IL-17A、IL-17F 和 IL-22,参与细胞介导免疫;T$_{REG}$ 可分泌 IL-10 和 TGF-β,对 T 细胞应答起负调节作用,抑制炎症反应和抗肿瘤应答。在 T$_H$ 细胞产生的细胞因子中,IL-2 的作用相当重要,是促进各亚群 T 细胞增殖和分化的重要介质。此外,T$_H$ 细胞亚型之间(如 T$_H$1 与 T$_H$2、T$_H$17 与 T$_{REG}$)常相互进行交叉调节。

效应性 T 细胞是短寿的,一般数天至数周。抗原被清除后,至少 90% 的效应性 T 细胞发生凋亡。但是,T$_M$ 细胞的寿命比效应性 T 细胞长,它们在次级和三级淋巴组织可长时间滞留,为机体再次感染提供免疫保护,诱导比初次应答更快、更强、更有效的免疫应答。基于 T$_M$ 细胞存在的部位、表面标志以及功能,可分为中枢记忆性 T 细胞(central memory T cell,T$_{CM}$)、效应记忆性 T 细胞(effector memory T cell,T$_{EM}$)、栖居记忆性 T 细胞(resident memory T cell,T$_{RM}$)以及干细胞记忆性 T 细胞(stem cell memory T cell,T$_{SCM}$)。T$_{CM}$ 栖居和巡游于次级淋巴组织,寿命较长,增殖能力高于 T$_{EM}$;T$_{EM}$ 巡游于三级免疫相关组织(包括皮肤、肺脏、肝脏、肠道),对病原微生物的再感染起着第一道防线作用,受到抗原刺激再活化后可快速发挥其效应功能。

二 **B 细胞活化、增殖与分化**

1. B 细胞活化

TI-1 型抗原活化 B 细胞不需要 T 细胞辅助,TI-2 型抗原在完全无其他细胞辅助的情况下仅能刺激部分 B 细胞。单核细胞、巨噬细胞和树突状细胞能够通过分泌 B 细胞活化因子 (B-cell activating factor,BAFF) 刺激 B 细胞对 TI-2 型抗原的应答。尽管不需要 T 细胞辅助,但 T 细胞通过产生的细胞因子能够增强 TI-2 型抗原对 B 细胞的活化,促进分泌除 IgM 外的其他类型的抗体。与 TI-1 型抗原不同,TI-2 型抗原不是多克隆激活剂,不能刺激未成熟的 B 细胞。表达 CD5 抗原的 B-1 亚群 B 细胞可迅速对抗原产生应答,但仅产生 IgM 抗体。

TD 抗原活化 B 细胞(B-2 亚群 B 细胞)需要 T 细胞辅助。B 细胞活化需要 3 种信号(图 6-11):①BCR 信号。B 细胞经 BCR 结合抗原,内化的抗原进入内吞囊泡,经加工处理以抗原肽-MHC Ⅱ 类分子复合物表达于细胞表面。B 细胞识别细胞结合型抗原(包括其他 APC 提呈的抗原)后,可导致 BCR、受体相关信号分子和黏附分子聚集,形成免疫突触;②活化 T 细胞提供的共刺激信号。活化 T 细胞通过其抗原受体和 CD40L 与 B 细胞的 CD40 结合。幼稚型 B 细胞可表达 CD40,活化的 T_H 细胞可表达 CD40L,它们之间的相互作用是 B 细胞活化所必需的;③细胞因子信号。由活化 T 细胞产生的细胞因子与 B 细胞表面的细胞因子受体结合,对于活化 B 细胞的增殖和分化十分重要。

活化 B 细胞可上调 MHC Ⅱ 类分子和 B7 分子,进一步加强 B 细胞在 T_H 细胞活化过程中发挥抗原提呈细胞的能力。通过外源性途径产生的抗原肽-MHC Ⅱ 类分子复合物呈现于 B 细胞膜上并提呈给 T_H 细胞,诱导其活化。

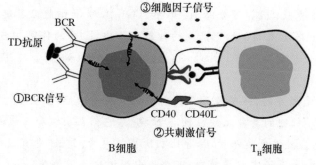

图 6-11 **B 细胞活化的信号**

2. B 细胞活化的信号传导

B 细胞的 BCR 复合体中的 Ig-α/Ig-β 异二聚体在信号传导中具有重要的作用。Ig-α/Ig-β 链具有传导由 BCR 交联产生的刺激信号的功能,其细胞质尾的 ITAM 基序可与酪氨酸激酶 Src 和 Syk 家族成员结合。活化的激酶使 ITAM 基序中的酪氨酸残基磷酸化,随之激活相应的细胞内信号传导途径，包括磷脂酰肌醇代谢途径、Ras-MAP 激酶途径等。磷脂酰肌醇 3 (PI3)激酶、磷脂酶 Cγ2(PLCγ2)的活化将磷脂酰肌醇二磷酸(PIP2)水解成肌醇-1,4,5-三磷酸(IP3)和甘油二酯(DAG)。IP3 和 DAG 起着第二信使的作用，它们可单独或协同地诱导大量的生化反应，包括 Ca^{2+} 的流动与释放、蛋白激酶(PKC)的活化以及 Ca^{2+}/钙调蛋白依赖性激酶的活化(图 6-12)，最终导致一系列转录因子活化。转录因子转位到细胞核刺激或抑制特异性基因的转录。

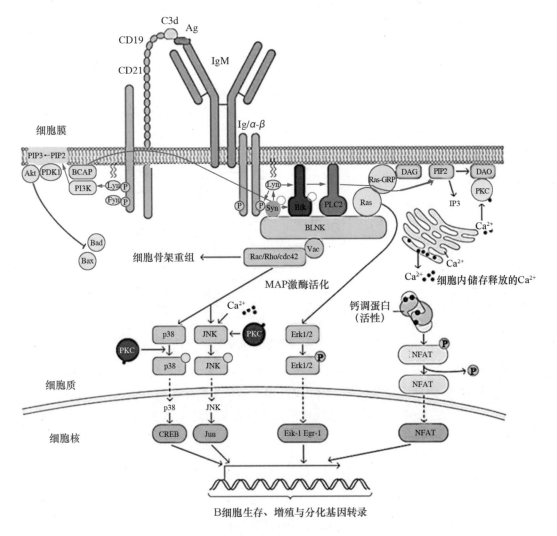

图 6-12　B 细胞活化的 BCR 信号传导途径
(引自 Punt 等,2018)

　　B 细胞辅助受体(CD19、CD21 和 CD81)可导致 BCR 交联,CD21 可结合与 C3d 共价连接的抗原,对 BCR 信号传导起放大作用。CD19 与 Ig-α/Ig-β 相互作用,参与并介导蛋白酪氨酸激酶活化;CD19 的磷酸化可使其与 Src 家族酪氨酸激酶 Lyn 和 Fyn 结合,并使之活化,进一步参与 PI3 激酶的活化。

3.B 细胞增殖与分化

在活化信号的刺激下,B 细胞由 G_0 期进入 G_1 期,IL-4 可诱导幼稚型 B 细胞体积增大,并刺激其 DNA 和蛋白质的合成。B 细胞表面可依次表达 IL-2、IL-4、IL-5、IL-6 等细胞因子受体,分别与活化 T 细胞所释放的 IL-2、IL-4、IL-5、IL-6 结合,然后进入 S 期,并增殖分化成浆细胞,合成并分泌抗体蛋白(图 6-13)。一部分 B 细胞在分化过程中成为记忆性 B 细胞(memory B cell,B_M)。免疫应答早期(生发中心形成之前)可产生带 mIgM 的记忆性 B 细胞和长寿的浆细胞,后者可终身存在。

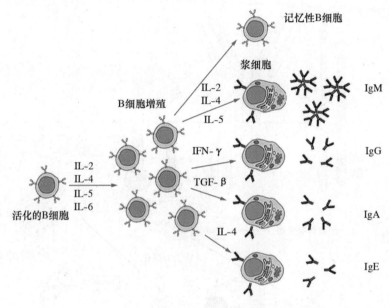

图 6-13　**B 细胞增殖与分化**

由 TI 抗原活化的 B 细胞,最终分化成浆细胞,只产生 IgM 抗体,而不产生 IgG 抗体,不形成记忆性细胞,因此无免疫记忆。由 TD 抗原刺激产生的浆细胞最初几代分泌 IgM 抗体,因此体内最早产生 IgM 抗体,以后分化的浆细胞可产生 IgG、IgA 和 IgE 抗体。

第六节　细胞免疫

特异性细胞免疫(cell-mediated immunity,CMI)是由抗原特异性效应性 T 细胞(不同亚型的 T_H 细胞、CTL、T_{DTH} 细胞)及其效应分子(如细胞因子)发挥的免疫效应。广义的细胞免疫还包括吞噬细胞的吞噬作用,NK 细胞、NKT 细胞等介导的细胞毒作用。

<table>
</table>

一　效应性 T 细胞的一般特性

抗原刺激产生的效应性 T 细胞可高密度表达几种细胞黏附分子,包括 CD2 和 LFA-1,其表达水平是幼稚型 T 细胞的 2～4 倍,使效应性 T 细胞更有效地与 APC 和各种靶细胞结合。效应性 T 细胞与 APC 或靶细胞的起始反应是比较弱的,TCR 可扫描 MHC 分子提呈的特异性肽段,如果没有效应性 T 细胞识别的抗原肽-MHC 分子复合物,则效应性 T 细胞将从 APC 或靶细胞上脱离下来。TCR 对抗原肽-MHC 复合体的识别可提供使 LFA-1 与 APC 或靶细胞表面的黏附分子亲和力提高的信号,并延长细胞间的反应。

效应性 T 细胞的一些膜受体的表达水平可进一步提高,使效应细胞能够进入除了二级淋巴器官组织外,还能进入皮肤和黏膜上皮。与幼稚型 T 细胞不同,效应性细胞可表达效应分子,不同效应性 T 细胞可分泌不同类型的效应分子(表 6-2)。效应分子大多是可溶性的,如细胞因子;少数与细胞膜结合,如 CD8$^+$ T 细胞上的 Fas 配体(FasL)、T$_H$1 细胞表面的 TNF-β 和 T$_H$2 细胞表面的 CD40L。效应分子对于各种 T 细胞的功能起着很重要的作用,如 Fas 配体、穿孔素和颗粒酶可介导 CTL 对靶细胞破坏,膜结合的 TNF-β 和可溶性的 IFN-γ、GM-CSF 可促进 T$_H$1 细胞对巨噬细胞的活化,CD40L 和 IL-4、IL-5、IL-6 在 T$_H$2 细胞对 B 细胞的活化过程十分重要。

表 6-2　效应性 T 细胞产生的效应分子与功能

效应性 T 细胞	效应分子		功能
	可溶性效应分子	膜结合效应分子	
CD4$^+$ T$_H$ 细胞亚型			
T$_H$1	IL-2、IL-3、IFN-γ、TNF-β、GM-CSF	TNF-β	增强 APCs 活性 增强 T$_c$ 活性 抵抗胞内病原微生物 参与迟发型超敏反应、自身免疫病
T$_H$2	IL-4、IL-5、IL-6、IL-10、IL-13、GM-CSF	CD40 配体(CD40L)	抵抗胞内病原微生物 促进体液免疫 IgE 介导的过敏反应
T$_H$9	IL-9		抵抗胞内病原微生物 参与黏膜免疫
T$_H$17	IL-17A、IL-17F、IL-22		抵抗真菌和细菌感染 参与炎症反应 自身免疫病
T$_H$22	IL-22		抵抗胞内病原微生物
T$_{REG}$	IL-10、TGF-β		抑制炎症反应和抗肿瘤应答
T$_{FH}$	IL-4、IL-21		在滤泡和生发中心辅助 B 细胞
CD8$^+$ CTL	细胞毒素(穿孔素、颗粒酶)IFN-γ、TNF-β	Fas 配体(FasL)	细胞毒作用

二 细胞毒性 T 细胞的细胞毒作用

细胞毒性 T 细胞(CTL)是特异性细胞免疫很重要的一类效应细胞,为 CD8$^+$ T 细胞亚群,在动物机体内以非活化的前体形式(即 T_C 细胞或 CTL-P)存在。T_C 细胞的 TCR 识别由病毒感染细胞、胞内菌感染细胞、肿瘤细胞等靶细胞提呈的内源性抗原(也可识别交叉提呈的外源性抗原),并与抗原肽特异性结合。在活化 T_H 细胞产生的 IL-2 的作用下,T_C 细胞活化、增殖并分化成具有杀伤能力的效应性 CTL。CTL 具有溶解活性,在病毒感染细胞、胞内菌感染细胞和肿瘤细胞的识别与清除以及移植物排斥反应中起着关键作用。CTL 与靶细胞的相互作用受到 MHC I 类分子的限制,即 CTL 在识别靶细胞抗原的同时,需要识别靶细胞的 MHC I 类分子,它只能杀伤携带有与自身相同 MHC I 类分子的靶细胞。

CTL 介导的免疫反应分为两个阶段,第一阶段是 CTL 的活化,即幼稚型 T_C 细胞活化成有功能的效应性 CTL;第二阶段为效应性 CTL 识别靶细胞表面的抗原肽-MHC I 类分子复合物,启动一系列反应最终破坏靶细胞。

1. CTL 的活化阶段

幼稚型的 T_C 细胞不能杀伤靶细胞,活化后才能分化成具有细胞毒性作用的功能性 CTL。CTL 的产生需要 3 个信号:

(1)识别抗原肽-MHC I 类分子复合物后由 TCR 复合体传导的抗原特异性信号。

(2)由 CD28-B7 分子相互反应的共刺激信号。

(3)IL-2 与高亲和力 IL-2 受体相互作用诱导的信号,导致抗原活化的 CTL 前体增殖和分化成效应性 CTL。

CTL 前体不表达 IL-2 和 IL-2 受体,不能发生增殖,不呈现细胞毒活性。抗原活化诱导 CTL 前体开始表达 IL-2 受体和分泌一定量的 IL-2,IL-2 是活化的 CTL 前体增殖与分化成效应性 CTL 的主要细胞因子。一般而言,CTL 前体需要由增殖的 T_H1 细胞产生的 IL-2 才能增殖和分化成效应性 CTL,但有时由抗原活化的 CTL 前体分泌的 IL-2 就足以诱导其自身增殖和分化,特别是记忆性 CTL 活化所需要的 IL-2 量比幼稚型 CTL 要低得多。抗原活化的 T_H 细胞和 CTL 前体的增殖和分化都是 IL-2 依赖性的。IL-2 基因敲除小鼠不能表达 IL-2,因而缺乏 CTL 介导的细胞毒性作用。抗原清除后,IL-2 的水平下降,可致 T_H1 细胞和 CTL 发生程序化死亡,免疫应答很快平息。动物机体以这种方式可减低因炎症反应对机体组织造成的非特异性损伤。

2. 靶细胞的破坏

CTL 杀伤和溶解靶细胞的过程涉及:①效-靶细胞结合。CTL 与靶细胞表面的抗原肽-MHC I 类分子复合物紧密结合。这一过程需时较短,数分钟即可完成;②靶细胞被溶解破坏。CTL 对靶细胞造成不可逆的损伤,使靶细胞溶解,最终被清除(图 6-14)。这一阶段需时较长,约 1 h 或更长。

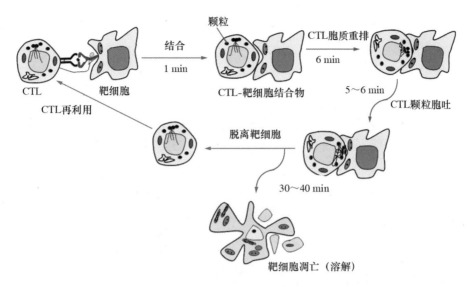

图 6-14　**CTL 介导的杀伤靶细胞阶段**

CTL 介导的靶细胞破坏有两个主要途径(图 6-15)。

(1)穿孔素/颗粒酶途径　CTL 释放的细胞毒性蛋白直接对靶细胞发挥攻击作用,介导靶细胞溶解。参与溶解靶细胞的因素包括 CTL 释放的穿孔素(perforin)和颗粒酶 B(granzyme B),是导致靶细胞溶解的重要介质。活化的 CTL 可表达分子质量为 65 ku 的单体穿孔素,颗粒酶 B 具有丝氨酸酯酶活性。单体分子的穿孔素与靶细胞膜接触,发生构型变化,暴露两亲性区域,插入靶细胞膜;在 Ca^{2+} 存在条件下,单体发生聚合形成中央直径为 5～20 nm 的圆柱状孔,在靶细胞膜形成大量的小孔(与补体介导的溶解作用相似,穿孔素与补体终末成分 C9 有一定程度的同源性)。CTL 释放的颗粒酶 B 和其他溶解性物质可通过小孔进入靶细胞,使靶细胞 DNA 断裂成 200 bp 的寡聚体(片段化),导致靶细胞凋亡。

(2)Fas 途径　活化的 CTL 可表达 FasL,与靶细胞表面的 Fas(CD95)结合。FasL 属于 TNF 家族,Fas 为 TNF 受体家族成员,它们之间的相互作用可传递细胞死亡信号,活化半胱氨酸蛋白酶(caspase),诱导半胱氨酸蛋白酶的级联反应,最终导致细胞凋亡。

此外,CTL 可释放 TNF-β(又称为淋巴毒素),与靶细胞表面的相应受体结合而诱导靶细胞凋亡。CTL 与靶细胞直接接触造成靶细胞膜的损伤,是其发挥毒性杀伤作用的前提;释放的毒性蛋白可定向传递给靶细胞,并被靶细胞摄取。CTL 杀伤靶细胞后,可完整无缺地与裂解的靶细胞分离,又可继续攻击其他靶细胞。CTL 对靶细胞的杀伤效率较高,一般 1 个 CTL 可在数小时内连续杀伤数十个靶细胞。CTL 解离后 15 min～3 h 内,靶细胞受到破坏。CTL 介导的细胞毒作用在机体的特异性细胞免疫效应中,特别是在抗肿瘤与抗细胞内感染中具有极其重要的作用。

目前认为 CTL 有 2 个亚型:T_C1 和 T_C2。T_C1 分泌 IFN-γ,但不分泌 IL-4;T_C2 分泌 IL-4 和 IL-5 的量远高于 IFN-γ。T_C1 可通过分泌穿孔素和颗粒酶、Fas 途径杀伤靶细胞,而 T_C2 仅具有分泌穿孔素和颗粒酶杀伤靶细胞的功能。

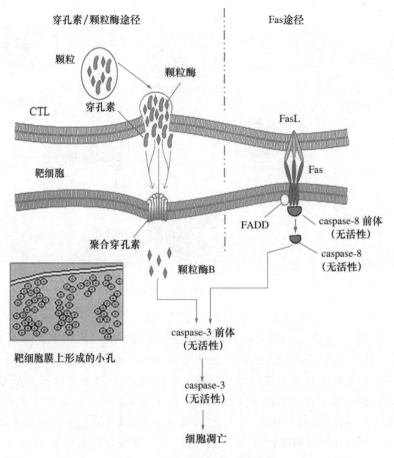

图 6-15　CTL 杀伤靶细胞的途径

三　T_{DTH} 细胞介导的迟发型超敏反应

一些亚群的 T_H 细胞接触到某些抗原时可分泌细胞因子,诱导产生局部的炎症反应,称为迟发型超敏反应(delayed type hypersensitivity,DTH)。介导迟发型超敏反应的 T_H 细胞称为迟发型超敏反应 T 细胞,简称 T_{DTH} 细胞,大多数属于 $CD4^+$ T_H1 细胞亚型,有少数为 $CD8^+$ T 细胞。在体内也是以非活化前体形式存在,其表面抗原受体与抗原提呈细胞或靶细胞的抗原特异性结合,并在 IL-2 等细胞因子的作用下活化、增殖、分化成具有免疫效应的 T_{DTH} 细胞。T_{DTH} 细胞的免疫效应是通过释放多种可溶性的细胞因子如 IL-2、IL-3、IFN-γ、TNF-β、GM-CSF 等而发挥作用,可活化单核-巨噬细胞和非特异性炎症细胞,主要引起以局部单核-巨噬细胞浸润为主的炎症反应。

1. 迟发型超敏反应的阶段

迟发型超敏反应分为两个阶段,即活化(致敏)阶段和效应阶段。机体初次接触抗原后1～2 周为活化阶段,即 T_H 细胞活化和增殖。一些抗原提呈细胞(如树突状细胞和巨噬细胞)可摄取进入皮肤的抗原物质,并将抗原输送到局部淋巴结,淋巴结中的 T 细胞受到抗原刺激而活化。一些动物的血管内皮细胞也可表达 MHCⅡ类分子,在 DTH 的发生过程中同样具有抗原提呈细胞的功能。一般而言,活化的 T 细胞是 $CD4^+ T_H1$ 细胞亚型,少数为 $CD8^+ T$ 细胞。

再次与抗原接触可诱导 DTH 的效应阶段,T_{DTH} 细胞分泌各种细胞因子,活化巨噬细胞和其他非特异性炎症细胞。由于细胞因子诱导局部巨噬细胞聚集和活化需要时间,所以正常情况下机体在再次接触抗原后 24 h 后,DTH 反应才变得明显,一般而言,48～72 h 达到高峰。DTH 反应充分时,仅有大约 5％的参与细胞是抗原特异性 T_{DTH} 细胞,其余的是巨噬细胞和其他非特异性细胞(图 6-16)。

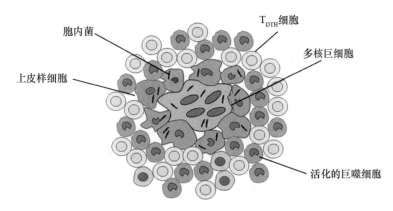

胞内菌　　上皮样细胞　　T_{DTH}细胞　　多核巨细胞　　活化的巨噬细胞

图 6-16　迟发型变态反应形成的肉芽肿

巨噬细胞是 DTH 反应的主要效应细胞。T_{DTH} 细胞分泌的细胞因子可诱导血液单核细胞吸附到血管内皮,并从血液迁移至周围组织。单核细胞在这一过程中分化成活化的巨噬细胞。活化的巨噬细胞呈现高水平的吞噬活性和杀灭微生物的能力,还可表达高水平的MHCⅡ类分子和细胞黏附分子,因此可发挥更有效的抗原提呈活性。

巨噬细胞的聚集和活化可为宿主提供有效的防卫细胞内病原体的能力。一般而言,病原体可被迅速清除,仅有轻微的组织损伤。但有时,特别是在抗原物质不容易被清除时,DTH 反应持续时间较长,因炎症反应可造成对宿主的损害。巨噬细胞不断活化并相互聚集,融合形成多核巨细胞,从而导致形成肉芽肿;多核巨细胞取代正常组织细胞,形成可见的结节,并释放高浓度的溶解酶对周围组织造成破坏。这种情况下 DTH 可引起血管壁损害和广泛性的组织坏死。

2. 参与 DTH 的细胞因子

许多细胞因子在 DTH 的发生中起着很重要的作用,一些细胞因子可活化和吸引巨噬细胞到活化部位。参与 DTH 的细胞因子主要包括 IL-3、GM-CSF、IFN-γ、TNF-β、单核细胞趋化和活化因子(MCAF)、移动抑制因子(MIF)等。

3. DTH 的免疫保护作用

DTH 是典型的特异性细胞免疫反应,是机体成功清除胞内病原体和真菌的有效机制。许多细胞内病原体,包括胞内菌(如结核分枝杆菌、产单核细胞李氏杆菌、布鲁氏菌)、真菌、寄生虫、病毒(如单纯疱疹病毒、天花病毒、麻疹病毒)和接触性抗原均可诱导 DTH。有胞内病原体寄生的细胞可迅速被聚集在 DTH 部位的活化巨噬细胞所释放的溶解酶破坏。

四 细胞免疫效应

特异性细胞免疫效应由 CTL 和 T_{DTH} 细胞以及细胞因子体现,主要表现为抗感染作用和抗肿瘤效应,此外细胞免疫也可引起机体的免疫损伤(表 6-3)。

表 6-3　细胞免疫效应

细胞免疫效应	对象	参与因素
抗感染作用	胞内细菌,如结核分枝杆菌、产单核细胞李氏杆菌、布鲁氏菌、沙门菌等 病毒 真菌,如白色念珠菌等 寄生虫,如原虫	CTL、T_{DTH}、细胞因子
抗肿瘤作用	肿瘤细胞	CTL、肿瘤坏死因子(TNF-β)、穿孔素/颗粒酶、FasL
免疫损伤作用	Ⅳ型超敏反应 移植排斥反应 自身免疫病	T_{DTH} 与细胞因子 CTL 与细胞因子 细胞因子

第七节　体液免疫

由 B 细胞介导的免疫称为体液免疫(humoral immunity),而体液免疫效应是由 B 细胞通过对抗原的识别、活化、增殖,最后分化成浆细胞并分泌抗体来实现的,抗体是介导体液免疫效应的免疫分子,因此又称为抗体介导免疫(antibody-mediated immunity)。体液免疫是动物机体清除细胞外病原体的有效免疫机制,其特征是机体大量产生针对入侵病原体和抗原物质的特异性抗体,最终通过由抗体介导的各种途径和相应机制清除病原体。

一 抗体产生的动态

动物机体初次和再次接触抗原,体内抗体产生的种类、抗体的水平等都有差异(表 6-4)。

1. 初次应答(primary response)

动物机体初次接触抗原,也就是某种抗原首次进入体内引起的抗体产生过程称为初次应答。抗原首次进入体内后,相应的 B 细胞克隆被活化,随之进行增殖和分化,大约经过 10 次分裂,形成一群浆细胞克隆,进而产生特异性抗体。初次应答抗体产生具有以下特点。

（1）具有潜伏期　机体初次接触抗原后,在一定时间内检测不到抗体或抗体产生很少,这一时期称为潜伏期,又称为诱导期。潜伏期的长短视抗原的种类而异,如细菌抗原一般经 5～7 d 血液中才出现抗体,病毒抗原为 3～4 d,而毒素则需 2～3 周才出现抗体。潜伏期之后为抗体的对数上升期,抗体含量直线上升,抗体达到高峰需 7～10 d,然后为持续期,抗体产生和代谢相对平衡,最后为下降期。

（2）IgM 是最早产生的抗体　IgM 可在几天内达到高峰,然后开始下降;接着才产生 IgG,即 IgG 抗体产生的潜伏期比 IgM 长。如果抗原剂量小,可能仅产生 IgM。血清中 IgA 抗体产生最晚,常在 IgG 产生后 2 周至 1～2 个月才能在血液中检出,而且含量少。

（3）抗体水平低,且维持时间较短　初次应答产生的抗体总量较低,而且不能维持足够长的时间。IgM 抗体的维持时间最短,IgG 抗体可在较长时间内维持较高水平,其含量也高于 IgM。

2. 再次应答（secondary response）

动物机体第二次接触相同的抗原时体内产生的抗体过程称为再次应答。再次应答有以下特点。

（1）潜伏期显著缩短　机体再次接触与第一次相同的抗原时,起初原有抗体水平略有降低,接着抗体水平很快上升,3～5 d 抗体水平即可达到高峰。

（2）抗体水平高,而且维持时间长　再次应答可产生高水平的抗体,比初次应答要高 100～1 000 倍,而且维持较长时间。

（3）以 IgG 抗体为主,而 IgM 抗体很少　如果再次应答间隔的时间越长,机体越倾向于只产生 IgG。

初次应答和再次应答的抗体产生动态见图 6-17。

3. 回忆应答（anamnestic response）

抗原刺激动物机体产生的抗体经过一定时间后,在体内逐渐消失,此时若机体再次接触相同的抗原物质,可使已消失的抗体快速回升,称为抗体的回忆应答。

再次应答和回忆应答取决于体内记忆性 T 细胞和记忆性 B 细胞的存在。T_M 细胞保留了对抗原分子 T 细胞表位的记忆,在再次应答中,T_M 细胞可被诱导很快增殖分化成效应性 T_H 细胞,对 B 细胞的增殖和产生抗体起辅助作用。B_M 细胞和记忆性浆细胞为长寿的,可以再循环,具有对抗原分子 B 细胞表位的记忆,可分为 IgG 记忆细胞、IgM 记忆细胞、IgA 记忆细胞等。机体与抗原再次接触时,各类抗体的记忆细胞均可被活化,然后增殖分化成产生 IgG,IgM 的浆细胞。其中,IgM 记忆细胞寿命较短,所以再次应答的间隔时间越长,机体越倾向于仅产生 IgG,而不产生 IgM。

抗原物质经消化道和呼吸道等黏膜途径进入机体,可诱导黏膜相关淋巴组织中的 B 细胞活化而产生分泌型 IgA,在局部黏膜组织发挥免疫效应。

表 6-4　初次应答和再次应答抗体产生的比较

特性	初次应答	再次应答
反应的 B 细胞	幼稚型 B 细胞	记忆性 B 细胞
接触抗原后的潜伏期	一般 4～7 d	一般 1～3 d
抗体达到高峰的时间	7～10 d	3～5 d
产生抗体的量	变化较大,取决于抗原	一般是初次应答的 100～1 000 倍
产生抗体的种类	应答早期主要是 IgM	主要是 IgG
抗原	TD 和 TI 抗原	TD 抗原
抗体的亲和力	低	高

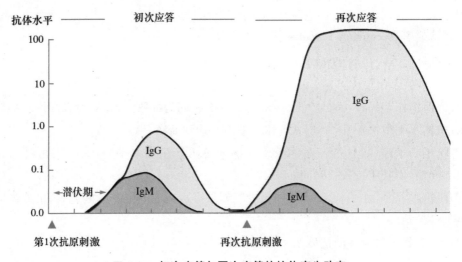

图 6-17　初次应答与再次应答的抗体产生动态

二　体液免疫效应

　　抗体作为体液免疫的重要分子,在体内具有多种免疫功能,从而发挥相应的免疫效应(图 6-18)。在大多数情况下,由抗体介导的免疫效应对机体抗病毒和胞外菌感染是有利的,但有时也会造成机体的免疫损伤。体液免疫效应体现在以下几个方面。

1. 中和效应(neutralization)

　　体内针对细菌外毒素的抗体和针对病毒的抗体,可对相应的外毒素和病毒产生中和效应。一方面毒素的抗体与相应的外毒素结合可改变毒素分子的构型而使其失去毒性作用,另一方面毒素与相应的抗体形成的免疫复合物容易被单核-巨噬细胞吞噬。病毒的抗体可通过与病毒表面抗原结合,而抑制病毒侵染细胞的能力或使其失去对细胞的感染性,从而发挥中和作用。因此,体液免疫的中和效应在动物机体抵御病毒感染和细菌外毒素致病中发挥重要作用。

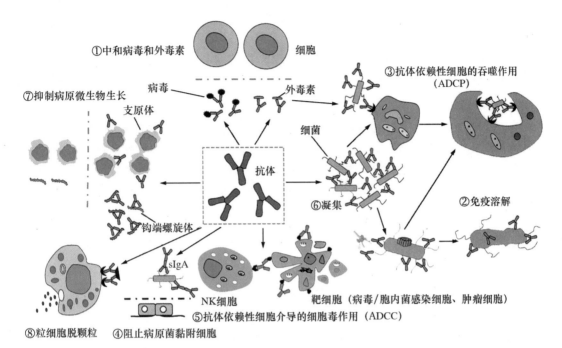

①中和病毒和外毒素　　细胞
⑦抑制病原微生物生长
支原体
病毒　　　　外毒素
③抗体依赖性细胞的吞噬作用（ADCP）
钩端螺旋体
抗体
细菌
⑥凝集
②免疫溶解
sIgA
NK细胞
靶细胞（病毒/胞内菌感染细胞、肿瘤细胞）
⑤抗体依赖性细胞介导的细胞毒作用（ADCC）
⑧粒细胞脱颗粒　　④阻止病原菌黏附细胞

图 6-18　抗体介导的体液免疫效应

2. 免疫溶解（lysis）

一些革兰阴性菌（如霍乱弧菌）和某些原虫（如锥虫），体内相应的抗体与之结合后，可通过经典途径活化补体，最终导致菌体或虫体被溶解。

3. 免疫调理（opsonization）

特异性抗体（IgM 或 IgG）与细菌结合后，则容易受到吞噬细胞（如单核-巨噬细胞、中性粒细胞）的吞噬，特别是一些有荚膜的毒力较强的细菌，体内抗体的这种效应在抗胞外菌感染中的意义很大。如果再活化补体形成细菌-抗体-补体复合物，则细菌更容易被吞噬。这是由于吞噬细胞表面具有 F_c 受体和 C3b 的受体，可识别形成的抗原-抗体或抗原-抗体-补体复合物中的抗体分子的 F_c 片段或补体成分，有利于捕获病原微生物，激发吞噬作用。抗体增强吞噬细胞的吞噬活性和能力的作用称为免疫调理，又称为抗体依赖性细胞的吞噬作用（antibody-dependent cellular phagocytosis，ADCP）。

4. 黏膜免疫（mucosal immunity）

由黏膜固有层浆细胞产生的分泌型 IgA 是动物机体抵抗经呼吸道、消化道及泌尿生殖道感染的病原微生物的主要防御力量。分泌型 IgA 可阻止病原微生物吸附黏膜上皮细胞，体现抗病毒和胞外菌感染的免疫效应。

5. 抗体依赖性细胞介导的细胞毒作用（antibody-dependent cell-mediated cytotoxicity，ADCC）

一些天然免疫细胞（如 NK 细胞）表面具有抗体分子（如 IgG）Fc 片段的受体（FcγR），当抗体分子与相应的靶细胞（如病毒感染细胞、胞内菌感染细胞、肿瘤细胞）结合后，效应细胞就可借助于 Fc 受体与抗体分子的 Fc 片段结合，从而发挥其细胞毒作用杀伤靶细胞。巨噬细胞等在抗体的参与下也具有细胞毒作用,IgM 抗体也可介导一些亚群 T 细胞的细胞毒作用。

此外,借助于免疫细胞表面的 Fc 片段的受体,抗体在 APC 捕获抗原、免疫细胞的活化中起着十分重要的作用。

6. 凝集与抑制病原微生物生长

一般而言,特异性抗体与细菌结合后,表现为凝集(agglutination)和制动现象,不会影响细菌的繁殖和代谢,但可促进吞噬细胞的吞噬作用或活化补体造成细菌的损伤,进一步被清除。少数病原微生物(如支原体和钩端螺旋体)的特异性抗体可抑制其生长。

此外,抗体具有免疫损伤作用。抗体在体内引起的免疫损伤主要是介导Ⅰ型(IgE)、Ⅱ型和Ⅲ型(IgG 和 IgM)超敏反应以及一些自身免疫病。

复习思考题

1. 试述适应性免疫应答的概念与基本过程。
2. 专职的抗原提呈细胞提呈抗原的分子基础是什么?
3. 病毒感染细胞等靶细胞提呈抗原的分子基础是什么?
4. 阐述抗原加工和提呈的外源性途径和内源性途径的基本过程。
5. 细菌的糖脂和脂类抗原是如何被提呈的?
6. 与 $CD4^+T_H$、$CD8^+T_C$ 细胞识别抗原有关的主要分子有哪些?
7. 超抗原是如何被 T 细胞识别的?
8. B 细胞对 TI 抗原和 TD 抗原的识别有何不同?
9. 试述 T 细胞与 B 细胞活化的信号。
10. 试述 CTL 和 T_{DTH} 细胞的免疫学功能。
11. 特异性细胞免疫在动物机体内可发挥哪些免疫效应?
12. 初次应答和再次应答中,抗体产生有何特点?
13. 抗体在动物体内可发挥哪些免疫效应?

第七章
先天性免疫

内容提要

　　先天性免疫是机体在种系发育和进化过程中逐渐建立起来的天然防御功能，又称固有免疫，是与生俱来的，可遗传、反应快速，无特异性和记忆性。主要由解剖学屏障、固有免疫细胞和固有免疫分子构成固有免疫系统，它们各自具备不同的功能，发挥抗病原微生物感染、抗肿瘤等免疫效应。NK细胞在机体抗病毒感染的早期极其重要。固有免疫细胞通过模式识别受体识别病原体的病原相关分子模式，启动先天性免疫效应，并激发和参与适应性免疫应答。

　　先天性免疫（innate immunity）又称固有免疫、天然免疫或非特异性免疫（non-specific immunity），是机体在种系发育和进化过程中逐渐建立起来的一系列天然防御功能，具有与生俱来、受遗传控制、反应迅速、作用广泛而无特异性和记忆性等特点，既可对病原体及异物的入侵迅速产生应答，亦可清除体内损伤、衰老或畸变的细胞，启动并参与适应性免疫应答。先天性免疫的作用由机体长期进化所形成的固有免疫系统（innate immunity system）所执行，是适应性免疫应答的基础。固有免疫系统主要由屏障结构、固有免疫细胞和固有免疫分子组成。

第一节　解剖学屏障

一　皮肤和黏膜

　　皮肤和黏膜以其特殊的解剖生理学构造构成了动物机体防御病原体和异物入侵的第一道防线（物理屏障），又称屏障免疫（barrier immunity）。皮肤和黏膜具有以下几方面的作用。

　　（1）机械阻挡与排除作用　健康完整的皮肤和黏膜有阻挡和排除病原体等异物的作用，

体表上皮细胞的脱落和更新可清除大量黏附于其上的细菌。呼吸道黏膜的纤毛不停地由下而上有节律地摆动能把吸入的细菌或异物排至喉头,咯出体外。眼、口腔、支气管、泌尿生殖道等部位的黏膜,经常有泪液、唾液、支气管分泌物或尿液的冲洗,可排除外来的病原体。当分泌或排泄功能障碍或受阻时,细菌增多易造成局部感染。

(2)局部分泌液的作用　皮肤和黏膜的分泌物含有多种杀菌或抑菌物质,构成了机体抵御病原体感染的化学屏障。皮肤的皮脂腺分泌的不饱和脂肪酸和汗腺分泌的乳酸都具有杀菌作用。呼吸道、消化道和泌尿生殖道分泌的黏液中含有溶菌酶、抗菌肽等活性物质,对病原体有一定的抑制和杀灭作用。大多数细菌和许多病毒、真菌对低浓度的有机酸敏感。胃液中的胃酸能杀灭吞入的多种细菌,如肠道致病性大肠杆菌等;当胃液缺乏时,可增加对肠道致病菌的易感性。此外,阴道的酸性环境能有效地防止酵母菌类、厌氧菌和革兰阳性菌的定居和繁殖。

(3)正常菌群的拮抗作用　动物体内、体表的正常菌群也起一定的屏障作用(又称微生物屏障),是重要的先天性免疫因素之一。新生幼畜皮肤和黏膜基本无菌,出生后很快从母体和周围环境中获得微生物,它们在动物体内某一特定的栖居所(主要是消化道)定居繁殖,种类与数量基本稳定,与宿主保持着相对平衡而成为正常菌群。正常菌群对动物机体有两方面的作用:①阻止或限制外来微生物或毒力较强微生物的定居和繁殖;②刺激机体产生天然抗体。临床上长期大量使用广谱抗生素,往往可导致正常菌群失调,引起耐药性细菌感染的菌群失调症。

二　血脑屏障

血脑屏障是防止中枢神经系统发生感染的重要防卫结构,主要由软脑膜、脑毛细血管壁和包在血管壁外的由星状胶质细胞形成的胶质膜所构成。这些组织结构致密,能阻止病原体及其他大分子物质由血液进入脑组织和脑脊液。血脑屏障是在个体发育过程中逐步成熟的,婴幼儿易发生脑部感染,仔猪易发生伪狂犬病与其血脑屏障未发育完善有关。

三　血胎屏障

血胎屏障是保护胎儿免受感染的一种防卫结构。它不妨碍母胎之间的物质交换,但能防止母体内病原微生物的通过。在妊娠过程中,病原微生物由母体感染胎儿称垂直感染,禽类经卵将病原传给子代也是垂直感染。垂直感染往往与妊娠时期有关,多数为病毒所致。如人的风疹病毒、巨细胞病毒等的感染主要在妊娠的最初 3 个月,牛白血病病毒则在最后第9 个月传染给胎儿,猪的乙型脑炎也是在妊娠中后期感染胎儿。细菌感染常常因引起胎盘炎而导致胎儿感染,如布鲁氏菌病。

此外,机体还存在着血睾屏障和血胸腺屏障,都是保护机体正常生理活动的重要屏障结构。

第二节　固有免疫细胞

　　参与先天性免疫的细胞称为固有免疫细胞(innate immunocyte)，又称为天然免疫细胞，主要包括单核-巨噬细胞、树突状细胞、中性粒细胞、NK 细胞、肥大细胞、NKT 细胞、γδT 细胞、B1 细胞等。其中，巨噬细胞、树突状细胞、中性粒细胞、NK 细胞和肥大细胞是主要的固有免疫细胞，它们不表达特异性抗原受体，可通过模式识别受体或相关受体，对病原体及其感染细胞或机体衰老损伤和畸变细胞表面的某些共有特定分子的识别结合，介导先天性免疫应答，参与免疫调节等。同时参与启动适应性免疫应答，加大机体对病原体的清除力度。巨噬细胞、树突状细胞和肥大细胞又被誉为哨兵细胞(sentinel cell)。

一　单核-巨噬细胞

　　血液中的单核细胞和组织器官中的巨噬细胞具有很强的吞噬功能，是机体固有免疫的主要组成细胞，同时活化的巨噬细胞又是一类重要的抗原提呈细胞，在适应性免疫应答的诱导和调节中起着关键作用。巨噬细胞借助表面模式识别受体(甘露糖受体、清道夫受体、Toll 样受体等)、调理性受体(IgG Fc 受体、补体受体等)和细胞因子受体(趋化因子受体、IFN-γ 受体、M-CSF 受体等)，介导其对病原体的吞噬杀伤作用及其自身的活化和生物学效应。

　　巨噬细胞既可触发先天性免疫应答，也能启动适应性免疫应答，在机体免疫防御中发挥重要作用，具有噬菌、促进炎症、抗原提呈、免疫调节、杀伤肿瘤细胞和病毒感染细胞等广泛的生物学功能。

二　树突状细胞

　　树突状细胞(DC)是目前所知的抗原提呈能力最强的细胞，可有效刺激 T 细胞和 B 细胞的活化，从而将先天性免疫和适应性免疫有机联系起来。未成熟的 DC 可高水平表达模式识别受体(甘露糖受体、Toll 样受体)、调理性受体(IgG Fc 受体、C3b 受体)和趋化因子受体，摄取和加工抗原的能力强；但低水平表达 MHC Ⅱ 类和 Ⅰ 类分子以及共刺激分子，提呈抗原与启动适应性免疫应答的能力弱。未成熟的 DC 摄取抗原物质后开始迁移，进入外周淋巴器官发育成熟。成熟的 DC 可高水平表达 MHC Ⅱ 类和 Ⅰ 类分子以及共刺激分子，提呈抗原、启动适应性免疫应答的能力强；但不表达或低表达模式识别受体和调理性受体，趋化因子受体谱发生改变，其摄取和加工抗原的能力较弱。

　　浆细胞样 DC 可表达 TLR7、TLR8、TLR9 等模式识别受体，病毒刺激可产生以 IFN-α 为主的细胞因子，在机体抗病毒的先天性免疫应答中发挥重要作用。

三　NK 细胞

　　NK 细胞是极其重要的固有淋巴细胞(innate lymphoid cell, ILC)，在动物机体抗病毒感染中发挥重要的功能，它能直接杀伤病毒感染细胞，其效应的出现远早于病毒特异性的细胞毒性 T 细胞(CTL)(图 7-1)。虽然 NK 细胞可直接杀伤靶细胞，但在巨噬细胞和树突状细胞产生的 IFN-α、IFN-β 以及 IL-12 的作用下，其杀伤活性得到显著增强(20～100 倍)。在病毒感染早期，NK 细胞主要通过自然杀伤来控制病毒感染，在机体产生针对病毒抗原的特异性抗体后，NK 细胞还可通过其 IgG Fc 受体介导的 ADCC 来杀伤感染的靶细胞。同时，NK 细胞在机体早期抗肿瘤、抗寄生虫感染和胞内病原菌感染方面也发挥着重要作用。NK 细胞的杀伤效应主要通过其所分泌的杀伤介质(如穿孔素、颗粒酶、TNF-α、FasL 等)所介导。

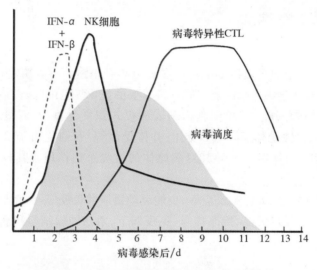

图 7-1　NK 细胞在病毒感染早期发挥抗病毒效应

四　中性粒细胞

　　中性粒细胞胞质颗粒中含有髓过氧化物酶、溶菌酶、碱性磷酸酶、酸性磷酸酶等杀菌物质，是血液中吞噬杀伤病原微生物能力最强的粒细胞。中性粒细胞具有很强的趋化作用和吞噬能力，当病原体引发感染时，机体可立即调动大量中性粒细胞进入感染部位，吞噬、杀伤和清除病原体。中性粒细胞还可借助其表达的 IgG Fc 受体和 C3b 受体，通过抗体或补体介导的调理作用，或抗体介导的 ADCC 作用，增强其吞噬杀伤能力。

五　固有样淋巴细胞

此类细胞存在于机体某些特殊部位,具有抗原受体(BCR 或 TCR),但多样性有限。它们可直接识别某些靶细胞或病原体所共有的特定表位分子,并在未经克隆增殖条件下,通过募集、迅速活化发生应答,产生免疫效应。其生物学行为更加类似于固有淋巴细胞,故称为固有样淋巴细胞(innate-like lymphoid cell),主要包括 NKT 细胞(自然杀伤性 T 细胞)、γδT 细胞和 B1 细胞。

此外,肥大细胞、嗜碱性粒细胞和嗜酸性粒细胞等也参与固有免疫应答。其中,肥大细胞可表达多种模式识别受体,并含有多种炎性介质,可触发炎症反应,并促进病原体的清除。

第三节　吞噬作用

动物机体内具有吞噬作用的细胞主要分为两大类,一类是小吞噬细胞,主要是血液中的中性粒细胞;另一类为大吞噬细胞即单核吞噬细胞系统,包括血液中的单核细胞和淋巴结、脾脏、肝脏、肺脏的巨噬细胞、神经系统内小胶质细胞等。巨噬细胞不仅吞噬病原微生物,而且能消除炎症部位的中性粒细胞残骸,有助于细胞的修复。

一　吞噬过程

当病原体通过皮肤或黏膜侵入组织后,中性粒细胞等吞噬细胞先从毛细血管中游出聚集到病原体所在部分,吞噬过程涉及趋化、识别与调理、吞入及杀菌和消化等几个连续步骤(图 7-2)。

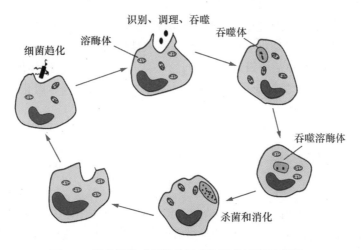

图 7-2　吞噬细胞对细菌的吞噬和消化过程示意图

1.趋化作用

病原体(细菌)进入机体后,在趋化因子的作用下吞噬细胞就会向病原体存在部位移动,而对其进行围歼。最重要的趋化因子有补体活化片段(如 C3a、C5a、C5b67),它们是由于损伤的组织细胞释放的组织蛋白酶和革兰阴性菌的多糖激活了补体系统而产生的。此外,尚有细菌性趋化因子、白细胞游出素及 T 细胞、B 细胞等释放的某些细胞因子都具有趋化作用。

2.识别和调理作用

吞噬细胞接触颗粒性物质,通过辨别其表面的某种特征,而选择性地进行吞噬。病原菌经新鲜血清或含特异性抗体的血清处理后,则易被吞噬细胞吞噬(调理作用),这种用于细菌使之易被吞噬的物质称为调理素,主要有特异性抗体IgG 和补体降解片段 C3b。特异性抗体(IgG1、IgG3)通过其 Fab 片段与病原菌相应抗原结合,Fc 部可与吞噬细胞的 Fc 受体结合。补体激活的裂解产物 C3b 易与细菌及其他颗粒、组织细胞表面或抗原抗体复合物结合,而同时又易于与吞噬细胞细胞膜上的 C3b 受体结合,从而导致细菌易被吞噬或放大吞噬作用。

3.吞入与脱颗粒

经调理的病原与吞噬细胞接触后,吞噬细胞伸出伪足,接触部位的细胞膜内陷,将病原菌包围并摄入细胞质内形成吞噬体。随后,吞噬体逐渐离开细胞边缘而向细胞中心移动。与此同时,细胞内的溶酶体颗粒向吞噬体移动靠拢,与之融合形成吞噬溶酶体,并将含溶菌酶、髓过氧化物酶、乳铁蛋白等内容物倾于吞噬体内而起杀灭和消化细菌的作用,这种现象称脱颗粒。

4.杀菌与消化作用

吞噬细胞吞入病原菌后发生一系列的代谢活动,产生许多活性强的杀菌物质。杀菌作用可大致分为非氧依赖杀菌系统和氧依赖杀菌系统。

(1)非氧依赖杀菌系统　是指杀菌过程不需要分子氧的参与。①酸性 pH。吞噬过程所需能量经糖类酵解获得,故产生并积累大量乳酸,致使 pH 下降,吞噬小体内部 pH 可降至3.5~4.0,酸性本身有杀菌作用并可促进许多酶类反应;②溶菌酶。能水解细菌胞壁肽聚糖而破坏细菌;③乳铁蛋白。能螯合细菌生长所必需的铁而具有抑菌作用。

(2)氧依赖杀菌系统　是指有分子氧参与的杀菌过程,其机制是通过某些氧化酶的作用,使分子氧活化成为各种活性氧或氧化物,这些活化的氧化物直接作用于微生物,中性粒细胞还可通过髓过氧化物酶(myeloperoxidase,MPO)与过氧化氢和卤化物的协同作用而杀灭病原微生物。

二　吞噬作用的后果

细菌被吞噬细胞吞噬后,有的能被杀死和消化;有的不被杀灭,甚至能在吞噬细胞内存活和繁殖,如布鲁氏菌、结核分枝杆菌等虽被吞噬却不被杀死。细菌不能被杀灭的吞噬作用称为不完全吞噬,能杀灭细菌的吞噬作用称为完全吞噬。多数化脓性细菌被吞噬后,一般

5～10 min 死亡,1 h 内完全被消化破坏。

吞噬过程也可引起组织损伤。在某些情况下,吞噬细胞异常活跃,当其细胞膜将异物颗粒包围,尚未完全闭合形成吞噬体时,吞噬细胞因无法将其吞入进行细胞内消化,便主动释放溶酶体酶,以销毁免疫复合物,但同时也会造成邻近组织损伤,吞噬细胞在吞噬中死亡崩解时可引起局部组织化脓,从而引起组织器官的功能障碍。

第四节　炎症反应

炎症反应(inflammatory response)是固有免疫系统为消除有害刺激或病原体及促进受损组织修复,由多细胞多因子共同参与的防御性反应。炎症区域除出现组织受损病变外,尚有抗御致病因子并使受损组织修复的一系列抗损伤反应。通常情况下,炎症是有益的,是机体自动的防御反应,但过度的炎症反应则会造成组织的严重损伤和功能紊乱。炎症反应的主要作用为:①将效应细胞和效应分子输送到感染部位,以增强巨噬细胞对病原体的杀伤作用;②提供感染部位微血管血液凝集的生理屏障,防止病原体通过血液扩散;③促进损伤组织的修复。

炎症反应引起受累组织局部毛细血管扩张、通透性增强、白细胞和血浆蛋白及体液渗出,感染局部出现红、热、肿胀或疼痛。炎症反应可分为急性炎症和慢性炎症。急性炎症的持续时间为数日至 1 个月,以血浆渗出和中性粒细胞浸润为主要特征。慢性炎症可持续数月至数年,主要特征是淋巴细胞和单核-巨噬细胞浸润以及小血管和结缔组织增生。

固有免疫抗感染过程是机体在感染早期由多细胞多因子参与的炎症反应过程。感染部位的炎症反应由巨噬细胞对病原体的固有免疫应答所启动。当病原微生物突破机体的防御屏障进入组织中,首先由感染局部定居的巨噬细胞对其进行捕获、吞噬、消化和清除,同时活化的巨噬细胞分泌细胞因子、趋化因子和炎性介质,肥大细胞活化并释放炎性介质。这些免疫分子共同招募中性粒细胞、单核细胞和其他效应细胞进入感染部位,免疫效应细胞经过滚动黏着、紧密结合、细胞溢出和迁移 4 个阶段渗出毛细血管壁到达感染部位并引起炎症反应。中性粒细胞是首先到达感染部位的效应细胞,其后是单核细胞,并分化成为组织巨噬细胞。在炎症后期,其他白细胞如嗜酸性粒细胞和淋巴细胞也进入到感染部位。巨噬细胞、嗜酸性粒细胞等分泌的 IL-1β、IL-6、IL-8、TNF-α 等细胞因子在炎症反应中发挥重要作用,补体活化后产生的 C5a、C3a 和 C4a 也可诱导炎症反应。

第五节　可溶性分子

动物组织和体液中存在抗菌肽、溶菌酶、干扰素、补体、乙型溶素等可溶性分子,构成了机体固有免疫分子,发挥固有体液免疫(innate humoral immunity)。这些物质对某些微生物分别有抑菌、杀菌或溶菌作用,若它们配合抗体、细胞及其他免疫因子则可表现出较强的免疫作用。

一　抗菌肽

抗菌肽(antimicrobial peptides)是一类可被诱导产生具有杀伤多种细菌和某些真菌、病毒或肿瘤细胞的小分子多肽的总称，亦称之为防御素或肽抗生素，在机体抵抗病原微生物入侵方面起着重要作用。抗菌肽广泛分布于动物体内，抗菌谱广，除了对细菌、真菌、囊膜病毒有杀灭作用外，还对支原体、衣原体以及一些恶性细胞(如肿瘤细胞)有杀伤作用。防御素具有特殊的杀伤机理，它主要作用于病原微生物表面脂多糖、磷壁酸或与病毒囊膜脂质结合形成跨膜离子通道，使病原体裂解；也可诱导病原体产生自溶酶或干扰 DNA 和蛋白质合成。由于防御素杀伤机理特殊，病原微生物不易对其产生抗性。

防御素主要包括 α-防御素和 β-防御素。①α-防御素由 29～36 个氨基酸组成，富含精氨酸，并含有 6 个保守的半胱氨酸。最初从豚鼠和兔子的中性粒细胞分离出来，随后又在小鼠等多种哺乳动物的许多器官和组织中发现 α-防御素；②β-防御素由 38～42 个氨基酸组成，广泛分布于动物组织和细胞中，如牛的气管、舌、肠、巨噬细胞、中性粒细胞，羊胃肠道，人的胃、唾液、气管、皮肤及其他上皮，小鼠及大鼠的肾和肺，猪舌、呼吸系统和胃肠道等。二者的相同点在于都具有阳离子并含有 6 个保守的半胱氨酸，其不同点除了基本序列不同外，还在于二硫键的连接位置不同。β-防御素序列中部有 1 个保守的脯氨酸和 1 个甘氨酸，而 α-防御素则没有。前体结构不同，α-防御素合成时，由信号肽合成前体片段，然后再形成成熟肽，而β-防御素的信号肽序列和前体序列是一样的。虽然二者在序列和结构上有诸多不同，但它们在水溶液中的三维结构却几乎一致，由此推测二者可能是由同一基因经过不同的分支进化而来。

二　溶菌酶

溶菌酶(lysozyme)是一种低分子质量(14.7 ku)不耐热的碱性蛋白质，主要来源于吞噬细胞，广泛分布于血清及泪液、唾液、乳汁、肠液和鼻液等分泌物中。溶菌酶作用于革兰阳性菌细胞壁的肽聚糖，切断连接 N-乙酰葡萄糖胺和 N-乙酰胞壁酸的聚糖链，使细胞壁丧失其坚韧性，细菌发生低渗性裂解，从而杀伤细菌。中性粒细胞和巨噬细胞中均含有大量溶菌酶，对吞噬杀灭细菌有重要意义。革兰阴性菌因肽聚糖外面有脂蛋白、脂多糖等包围，一般不受溶菌酶影响，但经抗体和补体作用后，也可被溶菌酶溶解破坏，可能的原因是抗体和补体使细菌细胞壁中的脂多糖发生了改变，从而导致胞壁易受溶菌酶作用。

三　干扰素

干扰素(interferon，IFN)是宿主细胞受病毒感染后或受干扰素诱生剂作用后，由巨噬细胞、内皮细胞、淋巴细胞和体细胞等合成的一类有广泛生物学效应的糖蛋白。主要有Ⅰ型和Ⅱ干扰素。Ⅰ型干扰素主要包括 IFN-α 和 IFN-β，主要由病毒感染细胞产生；Ⅱ干扰素即 IFN-γ，主要由活化 T 细胞和 NK 细胞产生。干扰素具有抗病毒、抗肿瘤和免疫调节等作用。干扰素本身对病毒无灭活作用，它主要作用于正常细胞，使之产生抗病毒蛋白从而抑制病毒的生物合成，使这些细胞获得抗病毒能力。此外，干扰素还能抑制某些细胞内寄生物（如原虫和立克次体等）的增殖，并对动物肿瘤有明显的抑制作用。2003 年发现的Ⅲ型干扰素（即 IFN-λ），其诱导过程及生物学功能与Ⅰ型干扰素相似，在上皮屏障（皮肤、胃肠道、呼吸道和泌尿生殖道）及组织屏障（如血脑屏障和胎盘屏障）中的作用尤为明显。

抗病毒蛋白由"抗病毒蛋白基因"编码，该基因平时处于抑制状态，抑制该基因的物质被称为"抗病毒蛋白基因抑制蛋白"。干扰素与干扰素受体结合后，即可迅速导致"抗病毒蛋白基因"去抑制，激发细胞内相应的信号传导途径，从而合成抗病毒蛋白。抗病毒蛋白包括蛋白激酶、2-5A 合成酶、磷酸二酯酶和氮氧化物合成酶、Mx 蛋白等。这些酶均为催化酶，仅存在于细胞内，不分泌到细胞外。在细胞未受到病毒入侵时，它们呈非活化状态，一旦细胞受到病毒入侵，即被活化。活化的蛋白激酶使一种称为 eIF2 的启动因子磷酸化，由磷酸化的 eIF2 阻止病毒双链 RNA 的延伸从而抑制病毒蛋白质的合成；2-5A 合成酶可导致病毒 mRNA 的降解；磷酸二酯酶可阻断病毒 mRNA 的翻译；氮氧化物合成酶催化产生的氮氧化物具有抗病毒活性，能阻止被干扰素激活的巨噬细胞中病毒的生长。

四　补体

补体系统（complement system）是机体重要的固有免疫分子，在感染早期，可通过替代途径或凝集素途径被激活，发挥溶菌、溶解病毒感染细胞的先天性免疫作用。补体活化后产生的某些裂解片段可发挥相应的生物学功能，如 C3a、C4a、C5a 具有过敏毒素作用；C5a 具有趋化作用，可引发和增强炎症反应；C3b、C4b 发挥调理作用和免疫黏附作用，可促进吞噬细胞对病原体和抗原抗体复合物的吞噬清除。在抗体和/或吞噬细胞参与下，补体能发挥强大的抗感染作用，若补体成分缺失则机体容易发生细菌感染。

五　C-反应蛋白

C-反应蛋白（C-reactive protein，CRP）是在巨噬细胞产生的细胞因子 TNF-α、IL-1β 和 IL-6 的诱导下，由肝脏合成的急性期蛋白，可识别细菌细胞壁磷脂酰胆碱，具有调理、激活补体和促炎作用。

六　乙型溶素

乙型溶素（β-lysin）是血清中一种对热较稳定的非特异性杀菌物质，是血小板释放出的一种碱性多肽，主要作用于革兰阳性菌细胞膜而溶菌，对革兰阴性菌无效。

除上述抗微生物物质外，还有其他多种非特异性抗菌物质（表7-1）。

表 7-1　正常体液和组织中的其他抗菌物质

抗菌物质	主要来源（体内）	化学性质	作用范围
吞噬细胞杀菌素	中性粒细胞	碱性多肽	多种细菌
血细胞素	中性粒细胞	碱性多肽	革兰阳性菌
血小板素	血小板	碱性多肽	革兰阳性菌
精素、精胺碱	胰、肾、前列腺	碱性多肽	革兰阳性菌
乳素	乳汁	蛋白质	革兰阳性菌
转铁蛋白	血浆	球蛋白	细菌
正铁血红素	红细胞	含铁卟啉	革兰阳性菌

第六节　模式识别受体

一　病原相关分子模式

病原相关分子模式（pathogen-associated molecular patterns，PAMPs）是指某些病原体或其产物所共有的高度保守、可被模式识别受体识别和结合的特定分子。PAMPs往往是病原体特有的赖以生存且变化较少的物质，而不表达于正常宿主细胞表面，如细菌的脂多糖、肽聚糖、细菌DNA、病毒RNA等。PAMPs种类有限，但在病原微生物中分布广泛。因此，固有免疫细胞可通过PRRs对PAMPs加以识别（表7-2），并对病原体及其产物发生应答。

此外，机体受损、坏死、凋亡、死亡、突变及衰老的细胞及其释放的内源性分子也可被固有免疫细胞所识别，这些分子统称为损伤相关分子模式（damage-associated molecular patterns，DAMPs）。

二　模式识别受体

模式识别受体（pattern recognition receptors，PRRs）是一类表达于固有免疫细胞表面、内体、溶酶体、细胞质中的非克隆性分布的识别分子,可识别一种或多种病原体或宿主凋亡细胞和衰老损伤细胞表面某些共有的特定分子结构。主要包括 Toll 样受体(Toll-like receptor,TLR)、NOD 样受体(NOD-like receptor,NLR)、RIG-I 样受体(RIG-I-like receptor,RLR)和 C 型凝集素受体(C-type lectin receptor,CLR)家族。根据其功能的不同,可将 PRRs 分为可溶型、细胞吞噬型和信号传导型 PRRs。可溶型 PRRs 主要包括甘露糖结合凝集素(MBL)、C-反应蛋白等急性期蛋白;细胞吞噬型 PRRs 主要包括甘露糖受体(mannose receptor,MR)、清道夫受体(scavenger receptor,SR)等;信号传导型 PRRs 主要包括 TLR、NLR 和 RLR。

(1)Toll 样受体　是一类非常重要的模式识别受体,在免疫应答、抗病毒感染和炎症反应中发挥重要作用。TLR 均为 I 型跨膜蛋白,由胞外区、跨膜区和胞内区 3 个功能区组成。目前已发现 15 种 TLR 家族成员,其中人有 TLR1~10 和 TLR14 共 11 个成员,小鼠不表达 TLR10 但表达 TLR11~13,鸡有 TLR15。TLR1、TLR2、TLR4、TLR5、TLR6、TLR10 和 TLR11 表达于细胞表面,主要识别病原体的膜成分;TLR3、TLR7、TLR8 和 TLR9 位于细胞内小室(囊泡)(如内体、溶酶体)膜上,主要识别病毒核酸成分。除 TLR3 以外的其他 TLR 家族成员的信号通路均依赖于髓样分化因子 88(myeloid differentiation factor 88,MyD88)向下传递信号,激活核因子 NF-κB(nuclear factor-κB)和丝裂原活化蛋白激酶(mitogen-activated protein kinase,MAPK),从而引起炎症反应,同时激活干扰素调节因子(interferon regulatory factors,IRFs)而致 I 型 IFN 产生。TLR3 信号传导依赖于干扰素 TIR 结构域衔接蛋白(TIR-domain-containing adaptor protein inducing interferon-β,TRIF)通路(MyD88 非依赖),TLR4 是唯一可经 MyD88 依赖型和 TRIF 依赖型两条信号通路传导信号的 TLR 家族成员。

(2)NOD 样受体　是一类细胞质受体,分布于细胞质中,可识别细胞质中不同的病原相关分子模式,是抗细胞内病原体感染的固有免疫信号通路中重要的受体。最具代表性的是 NOD1 和 NOD2,能够识别细菌肽聚糖的相关结构。NOD 识别配体,最终激活下游分子(如 NF-κB)介导 IL-1β 等促炎细胞因子的产生。NOD2 识别病毒 ssRNA 后,导致 IRF3 的活化和诱导 I 型 IFN 产生。

(3)RIG-I 样受体　为胞质 RNA 解旋酶,在宿主抗病毒应答中发挥重要作用,细胞内的病毒核酸成分主要由 RLRs 识别。RLRs 包括 RIG-I、MDA-5 和 LGP-2 3 种蛋白质。RIG-I 和 MDA-5 识别病毒 dsRNA,诱导炎性因子和 I 型 IFN 的产生,同时也可通过 NF-κB 途径,激发机体抗病毒反应产生大量细胞因子;LGP-2 是 RIG-I 的负调控因子。作为机体抗病毒途径的补充环节,RLRs 能有效地识别逃避细胞膜上 TLRs 识别的入侵病毒,在增强机体自身免疫力、抵抗入侵病毒的过程中发挥重要作用,其中以动物 RIG-I 的抗病毒功能最为重要。

此外,新近发现的环 GMP-AMP 合成酶(cyclic GMP-AMP synthase,cGAS)和干扰素基因激活因子(stimulator of interferon genes,STING)属胞质内模式识别受体,前者可识别胞质中的细菌和病毒来源的 DNA,后者可结合胞内细菌释放的环二苷酸产物,经活化细胞内信号传导途径,导致 I 型 IFN 和细胞因子的产生。

表 7-2　模式识别受体及其识别的病原相关分子模式

模式识别受体(PRRs)	分布与位置	病原相关分子模式(PAMPs)
TLR2/TLR6 和 TLR2/TLR1	细胞膜	G⁺菌肽聚糖、磷壁酸,细菌和支原体的脂蛋白、脂肽,酵母多糖
TLR4 和 CD14	细胞膜	G⁻菌脂多糖、热休克蛋白
TLR5	细胞膜	G⁻菌鞭毛蛋白
TLR3	细胞内体、溶酶体	病毒 dsRNA
TLR7/TLR8	细胞内体、溶酶体	病毒或非病毒性 ssRNA
TLR9	细胞内体、溶酶体	细菌或病毒非甲基化 CpG DNA
TLR10	细胞膜	未知
TLR11	细胞膜	寄生虫穿孔素样蛋白
RLRs	细胞质	病毒 dsRNA
NLRs	细胞质	胞质中 PAMPs
甘露糖受体(MR)	细胞膜	细菌甘露糖、岩藻糖
清道夫受体(SR)	细胞膜	G⁺菌磷壁酸、G⁻菌脂多糖
甘露糖结合凝集素(MBL)	体液、血液	病原体表面的甘露糖、岩藻糖和 N-乙酰葡萄糖胺残基
C-反应蛋白(CRP)	体液、血液	细菌胞壁磷酰胆碱
STING	细胞质	胞内细菌释放的环二苷酸产物
cGAS	细胞质	细菌和病毒源的 DNA

第七节　先天性免疫与适应性免疫的相互作用

先天性免疫应答是指病原体及其产物或抗原性异物侵入机体后,体内固有免疫细胞和免疫分子对其识别、结合并被迅速激活,产生相应生物学效应,将病原体等抗原性异物杀伤清除的过程。先天性免疫应答参与适应性免疫应答的全过程。生理条件下,先天性免疫应答与适应性免疫应答相互依存,密切配合,共同发挥宿主免疫防御、免疫监视和免疫自稳功能,产生对机体有益的免疫保护作用。

一　启动适应性免疫应答

固有免疫细胞中的树突状细胞是唯一能激活幼稚型 T 细胞的抗原提呈细胞,是机体适应性免疫应答的启动者。巨噬细胞在吞噬、消化清除病原微生物的同时,也具有抗原加工和提呈功能,供 T 细胞识别,形成 T 细胞活化的第一信号。同时巨噬细胞在识别病原体后自身活化,上调表达共刺激分子,有助于 T 细胞活化第二信号的产生。这两类细胞都直接参与了适应性免疫应答的启动过程。然而,巨噬细胞只能向抗原刺激过的 T 细胞或记忆性 T 细胞提呈抗原,使之活化启动或增强适应性免疫应答。

二 影响适应性免疫应答的类型

固有免疫细胞可通过对不同病原体的识别,产生不同种类的细胞因子,继而影响幼稚型 T 细胞的分化和适应性免疫应答的类型。例如,胞内病原体感染时,可刺激巨噬细胞和树突状细胞分泌以 IL-12、IFN-γ 为主的细胞因子,诱导静止的 T 细胞(T_H0)向 T_H1 细胞分化,产生 IL-2、IFN-γ、TNF 等 T_H1 型细胞因子,介导特异性细胞免疫应答;胞外菌或某些寄生虫感染时,肥大细胞、NKT 细胞产生以 IL-4 为主的细胞因子,诱导 T_H0 细胞向 T_H2 细胞分化,产生 IL-4、IL-10、IL-13 等 T_H2 型细胞因子,进而辅助 B 细胞活化,发挥促进特异性体液免疫应答效应。

三 协助适应性免疫应答发挥免疫效应

一般而言,特异性体液免疫的效应分子(抗体)本身无杀菌和清除病原体的功能,只有在吞噬细胞、NK 细胞和补体等固有免疫细胞和分子参与下,通过调理吞噬、ADCC 和补体介导的溶菌效应等,才能有效杀伤和清除病原体等抗原性异物。细胞免疫的效应性 T_H1 也不能直接杀伤靶细胞,而是通过分泌细胞因子活化巨噬细胞清除胞内感染病原体。

❓ 复习思考题

1. 先天性免疫的主要因素有哪些?
2. 试述主要固有免疫细胞的免疫效应。
3. 简述模式识别受体及其识别的配体。
4. 简述吞噬作用的过程及其功能与后果。
5. 如何理解机体屏障的重要免疫生物学意义?
6. 简述先天性免疫应答与适应性免疫应答之间的关系。

第八章
补体系统

内容提要

补体系统是构成机体天然免疫的重要成分,包含50多种蛋白,主要是血清蛋白和一些存在于细胞膜上的蛋白(如补体受体),其功能各异。补体系统的激活是复杂的级联反应,经典途径、凝集素途径、替代途径是激活的主要途径,其激活因素、参与成分有所不同,但最终均形成攻膜复合体,将靶细胞溶解和破坏。C3是补体系统激活的核心成分。经典途径被认为也是机体适应性免疫的重要组成部分,而凝集素途径和替代途径是补体天然免疫功能的体现。补体系统激活后具有细胞溶解、细胞黏附、介导炎症反应、调理作用、中和病毒、溶解和清除免疫复合物、免疫调节等重要的生物学效应。补体系统的激活受到自身和一系列调控蛋白的调节。细胞的补体受体有多种类型,功能有所不同。

19世纪末人们发现免疫学中的溶菌与溶血现象,并将具有这一作用的物质称为防御素(alexin)。Bordet证实霍乱弧菌的溶解需要血清中的2种物质,一是耐热的与细菌结合的特异性抗体,二是不耐热的成分。Ehrlich将血清中的不耐热成分命名为"补体"(complement),意为"存在于血清中有助于实现或完成抗体作用的有活性的成分"。Bordet等相继发现各种动物红细胞抗体加补体可引起免疫溶血现象,建立了绵羊红细胞的免疫溶血系统和体外补体结合试验(complement fixation test,CFT),为研究补体的功能提供了必要的实验手段。随着蛋白质化学与免疫化学研究技术的发展,20世纪60年代发现补体系统是由多种成分组成,并分离纯化到各种补体成分,阐明了补体经典激活途径的机制。进入20世纪80年代以来,明确了多种补体成分的基因,而且发现补体的活性涉及多种成分,使人们从分子水平上对补体蛋白结构、补体基因、补体激活的新途径以及各种复合体的组装、补体受体、补体的调控、补体激活的免疫生物学效应等方面的研究与认识不断深入。

第一节 概 述

一 补体系统的概念

补体系统(complement system)是动物机体重要的天然免疫分子,涉及 50 多种血清蛋白和一些细胞膜结合蛋白。经典的补体概念是指存在于正常动物和人血清中的一组不耐热具有酶原活性的球蛋白,以补体英文(complement)的首字母"C"命名。

补体系统中大多数成分的含量相对稳定,与抗原刺激无关,不随机体的免疫应答而增加,但在某些病理情况下可引起改变。补体系统激活过程中,可产生多种具有生物活性的物质,引起一系列重要的生物学效应,并参与机体的防御功能和维持机体与自身稳定,同时也作为一种介质引起炎症反应,导致组织损伤。此外,补体系统还与凝血系统、纤维蛋白溶解系统等存在互相促进与制约的关系。

二 补体系统的组成

补体系统由 50 多种血清蛋白和细胞膜结合蛋白组成,均属糖蛋白。一般按功能可分为启动补体成分、具有酶原活性的成分、吞噬增强成分或调理素、炎症介质、膜攻击蛋白、补体受体蛋白以及调节性补体成分等。经典的补体成分包括 C1、C2、C3、C4、C5、C6、C7、C8 和 C9,其中 C1 又由 C1q、C1r 和 C1s 3 个亚单位组成。启动补体成分有 C1q、MBL 等;具有酶原活性以及转化酶与酶介质活性的成分包括 C1r、C1s、MASP、C4b、C2a、C3 转化酶、C5 转化酶等;C3b 具有增强吞噬或调理作用;C5a、C3a 具有炎症介质活性;C5b 与 C6、C7、C8、C9 构成的复合体具有膜攻击活性;补体受体包括补体 1 型受体(CR1)、2 型受体(CR2)、3 型受体(CR3)和 4 型受体(CR4);补体调节蛋白包括 C1 抑制因子、H 因子、I 因子、C4b 结合蛋白、S 蛋白、衰变加速因子等。此外,参与补体激活替代途径的成分还有 B 因子、D 因子、备解素(P 因子)。

三 补体系统的性质

补体系统各成分有不同的肽链结构,分子质量变动范围较大,最低的分子质量仅为 25 ku(D 因子),高的可达 400 ku(C1q)。各成分在血清中的含量也有差异,在 $1\sim2$ $\mu g/mL$(D因子)和 $1\,200$ $\mu g/mL$(C3)之间不等。某些补体成分对热不稳定,经 56℃ 30 min 即可灭活,在室温下很快失活,在 $0\sim10$℃中活性仅能保持 $3\sim4$ d。但在 -20℃以下可保存较长时间。

许多理化因素,如紫外线、机械振荡、酸碱等都能破坏补体。大多数补体成分在动物体内的含量稳定,不受免疫的影响。以豚鼠血清中的补体含量最丰富,因而在实验中常以豚鼠血清作为补体来源。补体的作用没有特异性。

四　补体系统的遗传控制

(1)补体蛋白的基因家族　编码补体蛋白的基因根据其序列同源性可分为不同基因家族成员,相同基因家族成员常常具有相同的功能特征。编码不同补体蛋白基因的同源性提示,每一基因家族成员可通过祖先基因的复制而增多,从而导致结构多样性,这种多样性可使不同的蛋白执行特殊的功能。

了解最为清楚的补体基因家族,主要是与 C3b 和 C4b 结合的一组蛋白,如 C4bBP、H 因子、CR1、CR2、DAF、MCP、C2 和 B 因子,这组蛋白家族常见的结构特征是含有由 60 个氨基酸残基组成的重复氨基酸序列或基序,称为 SCR(short consensus repeats),如 H 因子的氨基酸序列是由完整的 20 个 SCR 组成,CR1 的细胞外区域由 34 个 SCR 构成。这些分子的 C3b/C4b 结合区域至少有部分是由 SCR 组成。

(2)补体基因的染色体连锁　补体 C2、C4 及 B 因子都是由 MHC 的Ⅲ类基因编码控制的,调控补体的蛋白(如 H 因子、C4 结合蛋白、DAF)基因与补体的主要细胞膜受体(如 CR1、CR2)基因相连锁,其基因紧密连锁在 1 号染色体长臂的一个 950 kb DNA 片段上,位于 MHC 的外侧,该基因群被命名为补体活化调节群(regulators of complement activation,RCA)基因簇。编码 C3 的基因与 MHC 在同一染色体上,但不是 MHC 的组成部分。编码 MAC 成分的 C6、C7、C8 和 C9 基因位于 1 号染色体的另一个区域。

五　补体蛋白的生物合成与代谢

补体蛋白的合成具有广泛性的特点,肝脏、脾脏、骨髓、肾脏、肺脏、小肠等均可合成补体成分,肝细胞是合成补体的主要细胞,其次是巨噬细胞、肾小球细胞、肠道上皮细胞以及骨髓细胞等。其中,肝细胞和单核吞噬细胞(巨噬细胞)能合成存在于血清中的大多数补体蛋白。炎症病灶中的补体成分主要是由巨噬细胞合成的。不同类型的上皮细胞可合成 C1 蛋白。

补体在合成时,其基因表达具有组织特异性,即不同细胞各自调节其补体的生物合成,如 C3 缺乏症患者肝细胞中产生 C3 明显减少,但巨噬细胞产生的 C3 明显增多,超出正常水平。此外,补体的合成受多种因素的调节,如在应激反应中产生的细胞因子 IL-1、IL-6、TNF、IFN-γ 等均可调节补体成分的合成。已有研究表明干扰素-γ 可诱导巨噬细胞合成大量补体激活替代途径中的蛋白质。与其他血浆蛋白比较而言,补体代谢快,血浆中的补体大约每天更新一半,但在疾病状态下,补体代谢变得比较复杂。

第二节 补体系统的激活途径

　　补体系统的激活（activation）是指补体各成分在受到激活物质的作用后，在转化酶（convertase）的作用下从无活性酶原转化为具有酶活性状态的过程，是一种级联反应，又称为补体系统的活化。通常情况下，补体多以非活性状态的酶原形式存在于血清和体液中，经激活后，补体成分按一定顺序发生连锁的酶促反应，并在激活过程中不断组成具有不同酶活性的新的中间复合物，将相应的补体成分裂解为大小不等的片段，呈现不同的生物学活性，最终导致靶细胞溶解。补体系统的激活主要有 3 种途径，包括经典途径、凝集素途径和替代途径（图 8-1）。每种途径的激活物与参与成分有所不同（表 8-1），但均需要 C3 转化酶和 C5 转化酶的形成，最终形成攻膜复合体，3 种途径的攻膜复合体形成（终末阶段）均是相同的。经典途径与凝集素途径形成的 C3 转化酶和 C5 转化酶是相同的，而替代途径与其不同。C3 是补体系统的核心成分，是补体系统不同激活途径和发挥效应功能的关键成分。

表 8-1　**参与补体系统激活途径的成分及其生物学功能**

成分	活性片段	生物学功能	参与的激活途径
IgM、IgG		与抗原或病原微生物结合形成免疫复合物，启动补体的级联反应	经典途径
甘露糖结合凝集素（MBL）、纤维胶凝蛋白		与微生物表面多糖结合，启动补体的级联反应	凝集素途径
G⁻菌及脂多糖、G⁺菌及细胞壁的磷壁酸、真菌和酵母细胞壁成分、一些病毒和病毒感染细胞、寄生原虫、眼镜蛇毒素等		启动补体的级联反应	替代途径
C1	C1q	与抗原抗体复合物中的抗体分子的 Fc 片段结合，启动经典途径	经典途径
	(C1r)2	丝氨酸蛋白酶，裂解 C1r 和 C1s	
	(C1s)2	丝氨酸蛋白酶，裂解 C4 和 C2	
MASP-1		MBL 相关丝氨酸蛋白酶	凝集素途径
MASP-2		丝氨酸蛋白酶，裂解 C4 和 C2	凝集素途径
C2	C2a	丝氨酸蛋白酶，与 C4b 结合形成 C3 转化酶	经典途径 凝集素途径
	C2b	在补体激活途径中无活性	
C4	C4b	与微生物细胞膜结合，与 C2a 结合形成 C3 转化酶	经典途径 凝集素途径
	C4c、C4d	由 I 因子裂解的产物	
C3	C3a	过敏毒素，介导炎症反应	经典途径 凝集素途径

续表 8-1

成分	活性片段	生物学功能	参与的激活途径
	C3b	调理作用,与免疫复合物、病原微生物和凋亡细胞结合,促进吞噬,与 C4b、C2a 结合形成 C5 转化酶	
		与 Bb 结合形成 C3 转化酶	替代途径
	C3(H₂O)	与 B 因子结合并受到水解,与 Bb 结合形成液相 C3 转化酶	替代途径
B 因子		与 C3(H₂O)结合,被 D 因子裂解成 2 个片段(Ba 和 Bb)	替代途径
	Ba	B 因子被 D 因子裂解产生的小片段,可抑制活化 B 细胞的增殖	
	Bb	B 因子被 D 因子裂解产生的大片段。与 C3(H₂O)结合形成液相的 C3 转化酶;与 C3b 结合形成细胞结合型 C3 转化酶	
D 因子		裂解 B 因子的蛋白酶	替代途径
备解素(P 因子)		稳定微生物表面的 C3bBb	替代途径
C5	C5a	过敏毒素,诱导炎症反应	经典途径 凝集素途径 替代途径
	C5b	攻膜复合体(MAC)的成分,结合于细胞膜上,促进 MAC 的其他成分结合	
C6		MAC 的成分,稳定 C5b;若 C6 缺乏,C5b 很快被降解	
C7		MAC 的成分,与 C5bC6 结合并诱导构型改变,使 C7 插入到细胞膜	
C8		MAC 的成分,与 C5bC6C7 结合,在细胞膜上产生微孔	
C9		MAC 的成分,10～19 个 C9 分子与 C5bC6C7C8 结合,在细胞膜上造成较大的孔	

一　经典途径

补体激活的经典途径(classical pathway)又称 C1 激活途径或第一途径,补体的活化从 C1 开始。它是抗体介导免疫反应的主要效应机制之一,因为是从抗原抗体复合物开始,故被认为是适应性(特异性)免疫的组成部分。激活经典途径的抗原抗体复合物可以是可溶性的,或是抗体结合于病毒、细菌、真菌、寄生虫细胞膜表面的抗原(或抗原表位)而形成的免疫复合物(immune complex,IC)。免疫复合物与 C1、C4、C2 相互作用,启动激活过程,进而活

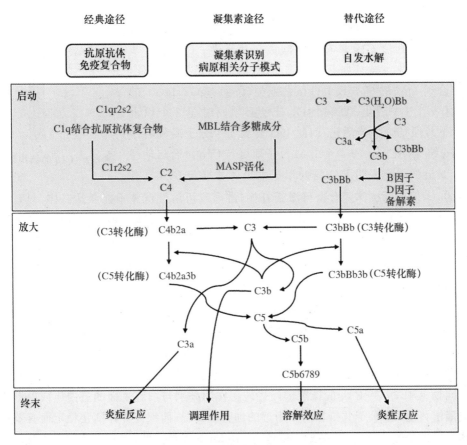

图 8-1　补体系统激活途径汇总示意图

化 C3 和 C5。通常情况下,C1、C4、C2 是以无活性的前体或酶原存在于血浆中。这一激活途径是补体系统中最早发现的级联反应,因而称之为经典途径。整个激活过程可分为 3 个阶段,即识别阶段、活化阶段和攻膜阶段。

1. 识别阶段

抗体与抗原结合后,铰链区发生构型变化,暴露出 Fc 片段上的补体结合部位,补体 C1 的 C1q 分子与该部位结合并被激活,这一过程称为补体激活的启动或识别。

C1 是一个大的、多聚体分子复合物,分子质量大约 750 ku,由一个 C1q 分子,在有 Ca^{2+} 存在下,与两个 C1r 和 C1s 分子结合而成。C1q 实际上是与 Ig 分子结合的亚单位,而 C1r 和 C1s 是蛋白酶解级联反应需要的丝氨酸蛋白酶原。C1q 是分子质量为 400 ku 的蛋白复合物,由 3 种不同的多肽链组成,它们结合形成杆状异三聚体结构,在氨基末端有胶原状的三股螺旋,而羧基末端呈球形结构。6 个同样的杆状结构(共有 18 条分开的多肽)结合形成一个一端为三股螺旋组成的中心索,而另一端为放射状球体的对称性分子复合体即 C1q 分子(图 8-2)。C1r 和 C1s 均为分子质量为 85 ku 的单链蛋白,在钙离子存在条件下,二者结合组成一个顺序为 C1s-C1r-C1r-C1s 的具有弹性的线状四聚体。C1q 的两个或多个球体与 IgM 或 IgG 分子结合引起 C1r 活化,两个活化的 C1r 分子互相裂解产生一条 57 ku 肽链和一条 28 ku 肽链,后者即为有活性的 C1r,具有丝氨酸蛋白酶活性。活化的 C1r 裂解 C1s 分子,同样形成 57 ku 肽链和 28 ku 肽链。同样,较小片段 C1s 具有丝氨酸蛋白酶活性。C1s 进一步作用于 C4 和 C2。虽然如此,但 C1 的激活需满足以下条件:①C1 结合到 IgM 的 $C_H 3$ 或 IgG 某些亚类(IgG1、IgG2、IgG3)的 $C_H 2$ 时才发生 C1 活化;②单个 C1 分子必须同时与 2 个以上 IgG 的 Fc 片段结合才能活化,因此 IgG 需要 2 个分子凝集后才能与 C1q 结合(图 8-3a)。1 个 IgM 分子即可与 C1q 结合启动经典途径,最近的研究表明 IgG 需要形成六聚体才能与 C1q 具有

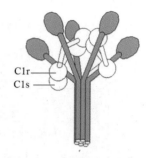

图 8-2　C1q 的结构示意图

高亲和力;③仅抗原抗体复合物可激活补体,游离或可溶性抗体不能激活补体,只有抗体与细胞膜上的抗原结合后,重链(H 链)构象改变,补体结合点暴露才能触发补体激活过程。

2. 活化阶段

活化的 C1s 依次酶解 C4、C2 形成 C3 转化酶。C3 转化酶进一步酶解 C3 形成 C5 转化酶,即完成活化阶段。

(1)C3 转化酶的形成　C4 是分子质量为 210 ku 的可溶性血清蛋白,由 α、β 和 γ 3 条多肽链组成。α 链位于半胱氨酸残基和附近的谷氨酸残基之间,含有内部硫酯键。C1s 裂解 C4 的 α 链,产生 1 个 8.6 ku 的小片段 C4a 和 1 个大的残留分子 C4b(大片段)。1 个 C1s 分子能裂解 C4 产生多个 C4b 分子。大多数 C4b 硫酯键很快与水分子反应,产生寿命短的非活性中间物 iC4b,一些 C4b 的硫酯键经过转酯作用分别与细胞表面的蛋白质或糖形成共价酰胺或酯键,使 C4b 分子共价黏附于附近细胞表面,从而保证补体活化稳定而有效地发生于抗体结合的细胞表面。C2 是分子质量为 110 ku 的单链多肽,在有镁离子存在时能与细胞表面的 C4b 结合,一旦 C2 与 C4b 结合,C2 即被附近的 C1s 分子裂解产生 1 个 35 ku 的离开细胞表面的 C2b 分子(小片段)和 1 个 75 ku 的可与 C4b 结合的 C2a 片段(大片段)。C4b 与 C2a 结合形成 C4b2a 复合物,即经典途径中的 C3 转化酶,具有结合并裂解 C3 的能力(图 8-3b)。而小分子的 C2b 游离于液相。

(2)C5 转化酶的形成　C3 的分子质量为 195 ku,是由 α 和 β 两条多肽链通过二硫键连接的异二聚体糖蛋白。C3 的血清浓度为 0.55~1.2 mg/mL,高于所有其他补体成分。C3 含有与 C4 分子相同的内部硫酯键。C3 转化酶从 C3 分子 α 链上切去 1 个 9 ku 的 C3a 片段(小片段),残留的分子是亚稳定的 C3b(大片段)。与 C4b 一样,大部分亚稳定的 C3b 与水分子反应,变为 iC3c 和 iC3cd,不再参与补体级联反应。约 10% 的 C3b 分子通过共价键与细胞表面或与连接有 C4b2a 的免疫球蛋白结合,形成新的复合物 C4b2a3b,即为经典途径的 C5 转化酶(图 8-3c)。C3a 是一种炎性因子,具有过敏毒素和趋化作用。此外,少数 C3b 分子可黏附于有 C3 受体的细胞膜表面,引起免疫黏附反应。

3. 攻膜阶段

C5 转化酶裂解 C5 后,C6、C7、C8 和 C9 按顺序活化并酶解,导致攻膜复合体(membrane attack complex,MAC)的形成。

(1)C5 的活化　C5 是分子质量为 190 ku 经二硫键连接的异二聚体蛋白,类似于 C3 和

C4,但无内部硫酯键。C5 与 C5 转化酶的 C3b 分子结合,然后 C5 被裂解为 C5a 和 C5b。C5a 为小片段,分子质量为 11 ku,游离于液相;C5b 为双链、分子质量为 180 ku 的大片段,结合于细胞表面(图 8-3d)。

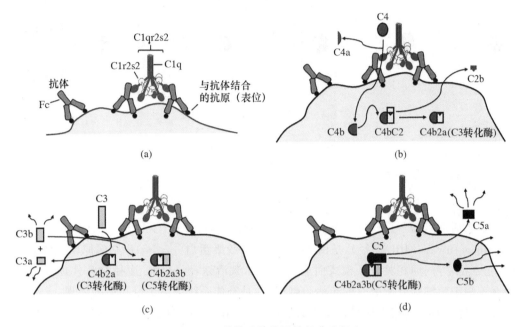

图 8-3　补体系统激活的经典途径

(2)攻膜复合体的形成　　C5 活化产生的 C5b 与 C6 分子(128 ku 的单链蛋白)结合形成 C5b6 复合物。稳定的 C5b6 复合物可松散地结合在细胞表面直至结合 C7 分子(121 ku 的单链蛋白),1 个 C7 分子与 1 个 C5b6 复合物结合,形成 C5b67 复合体,该复合体具有高度亲脂性,它能插入细胞膜脂质双层的疏水端构成一个 C8 分子高亲和性的内在膜受体。C8 是由 3 条不同的肽链组成的分子质量为 155 ku 的三聚体蛋白,64 ku 的 α 链借二硫键与 22 ku 的 γ 链连接,并以非共价键与 64 ku 的 β 链连接。γ 链插入细胞膜的脂质双层与 C5b67 复合物连接形成复合体 C5b678(C5-8),复合体 C5b678 稳定地吸附于细胞表面,C5b678 复合物对所吸附的细胞具有有限溶解力。补体系统的完全溶解活性取决于 C9,即补体级联反应的最后一个成分与 C5-8 复合物结合后出现。C9 是一种分子质量为 79 ku 的单体血清蛋白,多个 C9 聚合于 C5-8 部位形成 MAC(图 8-4)。研究显示,MAC 是由 10～19 个 C9 分子和 1 个 C5-8 复合体结合组成的,呈一种管状结构。经电镜观察,"多聚 C9"在细胞膜上形成内径约 11 nm 的孔道,1 个 11.5 nm 大小的柄包埋于脂质双层中,在细胞膜表面有长约 10 nm 的突起,从剖面图看似炸面圈形,此类结构类似于通过穿孔素而产生的膜微孔。通过 MAC 形成的微孔允许可溶性小分子物质、离子和水进行被动交换,但由于微孔太小以致不允许大分子(如蛋白质)从胞质逸出,其结果是水和离子进入细胞引起渗透性溶解,最终造成细胞溶解和破坏。

此外,在无 C9 聚合及微孔形成时,也可以发生某种程度的细胞溶解,可能是由于 C5-9 复合体疏水部分插入细胞引起脂质重排,使该区域发生渗漏的结果。换言之,由于致死量的钙被动扩散进入细胞,末端补体成分插入细胞膜可引起细胞非依赖性渗透溶解而死亡。

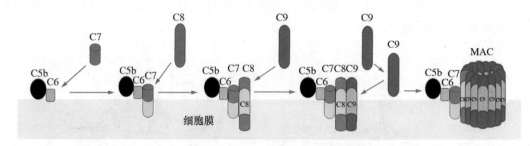

图 8-4　攻膜复合体(MAC)的形成

二　凝集素途径

　　补体激活的凝集素途径(lectin pathway)又称为甘露糖结合凝集素途径(mannose-binding lectin pathway,MBL 途径),是由 MBL 或纤维胶凝蛋白(ficolin)识别病原微生物的多糖(碳水化合物)等病原相关分子模式而启动的补体激活途径。MBL 途径与替代途径均是一种由血液中细菌细胞壁所引发的天然防御反应,是补体系统天然免疫功能的体现。

　　MBL 是一种属于胶原凝集素家族的蛋白质,它由胶原结构组成(3 个亚基的 α 螺旋部分相互缠绕形成螺旋状束),并且可以行使凝集素功能。结构上,MBL 与 C1q 的外形很相似。MBL 是一种 C 型凝集素,在依赖 Ca^{2+} 条件下可以识别并结合多种病原微生物的糖链(N-乙酰葡萄糖胺、甘露糖、岩藻糖等)。MBL 在正常血清中的浓度极低,一般为 $10\sim20\ \mu g/mL$,但在急性期反应时 MBL 的水平明显升高。MBL 的活化是通过其球形头部——糖链识别区域(carbohydrate recognition domain,CRD)与糖基相结合而实现的。对 1 个 CRD 而言,其配基的亲和力较低,只有多个 CRD 与糖链残基连接后才能结合。

　　MBL 结合到微生物表面后,发生构象改变,就会激活与之相连的 MBL 相关丝氨酸蛋白酶(MBL-associated serine protease,MASP)。目前,认为主要有 3 类 MASP(MASP-1、MASP-2 和 MASP-3),但研究最多的是 MASP-2,被认为是凝集素途径中最主要的蛋白酶。活化的 MASP-2 能以类似于 C1s 的方式依次裂解 C4 和 C2,形成与经典途径相同的 C3 转化酶(C4b2a),进而激活 C3,形成与经典途径相同的 C5 转化酶(C4b2a3b),进一步激活 C5 和后续的补体成分(图 8-5)。简单来理解,凝集素途径不依赖于抗体,绕过 C1 直接引发与经典途径相同的 C4 之后的级联反应,最终形成 MAC。

三　替代途径

　　补体激活的替代途径(alternative pathway)又称为补体旁路或 C3 激活途径,是补体系统不经 C1、C4、C2 而被激活的过程。与凝集素途径一样,替代途径不依赖于抗体,包括 G^-

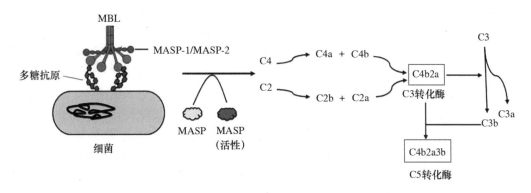

图 8-5　补体系统激活的凝集素途径

菌及脂多糖、G$^+$菌及细胞壁的磷壁酸、真菌和酵母细胞壁成分、一些病毒和病毒感染细胞、寄生原虫（如锥虫）、眼镜蛇毒素等均可激活此途径。参与替代途径的成分有 C3、B 因子、D 因子和备解素（properdin，P）。

C3 在替代途径的启动和后续过程中起着关键作用，因为这条途径是通过两种改变的 C3 形式中的一种而触发的。第一种是经常由经典途径产生 C3b；第二种是在循环的 C3 内部硫酯键进行缓慢自发性水解时产生的 C3（H_2O）。C3b 或 C3（H_2O）与 B 因子（一种分子质量为 94 ku 的单链蛋白，类似于经典途径的 C2）结合形成复合物，复合物中的 B 因子被 D 因子（一种分子质量为 25 ku 的丝氨酸蛋白酶）酶解，释放出 1 个 33 ku 的片段（Ba），并留下 1 个 63 ku 的大片段（Bb）。Bb 与 C3b 或 C3（H_2O）形成的复合物 C3bBb 或 C3（H_2O）Bb 是替代途径的 C3 转化酶。Bb 作为丝氨酸蛋白酶能够裂解 C3。如果替代途径 C3 转化酶是由 C3（H_2O）形成的，则存在于液相中；如果由 C3b 形成的 C3bBb 则为膜结合型的，可以结合到细胞膜上。C3bBb 复合物不稳定，很快衰变，但当其与分子质量为 220 ku 的备解素结合后，形成的 P·C3bBb 才非常稳定，并可作用于 C3 产生 C3a 和 C3b。C3bBb 与 C3b 结合产生 C3bBbC3b（C5 转化酶）（图 8-6）。C5 转化酶即可发挥作用，进入与经典途径和凝集素途径相同的终末阶段，活化 C5 和后续补体成分，形成 MAC。因此，在外来物质（如细菌、真菌）侵入时，机体可在没有抗体存在的情况下，通过替代途径激活补体系统发挥抗感染的天然免疫效应。

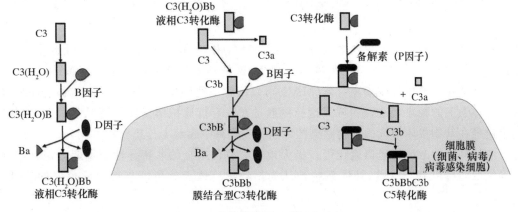

图 8-6　补体系统激活的替代途径

在正常血清中存在 2 种抑制因子,分别称为 H 因子和 I 因子,前者可将 P·C3bBb 复合物裂解为 C3b 与 BbP,然后 I 因子将 C3b 灭活。因此,在正常情况下,替代途径的 C3 转化酶形成后即被破坏,但当有 H 因子的抑制物(如细菌、真菌的细胞壁、某些肿瘤细胞膜和聚集的免疫球蛋白等)时,H 因子受到抑制,P·C3bBb 能保持稳定而不被裂解。

替代途径的正常功能依赖其成分的活化和调节,其活化具有 2 个重要特征。

(1)起始于 C3 内部硫酯键的自发性水解,在 C3 转化酶的作用下持续产生 C3b,这一过程称为 C3 逐渐停滞(C3 tick over)。通过 C3 逐渐停滞机制产生的 C3b 常在很短时间内被水解形成无活性形式,使补体在液相中不能被活化,仅很少 C3b 能以随机的方式与细胞表面形成共价结合,这是替代途径识别自身和非自身的阶段。此时,如果 C3b 滞留于自身细胞表面,会很快被相关的调节蛋白灭活,从而停止级联反应。相反,结合于许多微生物表面的 C3b 可促进其与 B 因子结合,形成稳定的酶活性分子即替代途径 C3 转化酶(C3bBb)。

(2)替代途径的活化是补体系统作用的进一步放大。稳定的 C3bBb 复合物可产生许多 C3b 分子,反过来,结合于同一细胞表面的 C3b 可形成更多的 C3 转化酶。因此,C3b 既是 C3 转化酶的成分之一,又是 C3 转化酶作用形成的一个产物。这种状态是替代途径的正反馈放大作用。事实上,由于从经典途径产生的 C3b 能触发替代途径,替代途径 C3 转化酶同样是经典途径补体活化启动的一种放大机制。

通过替代途径 C3 转化酶产生的一些 C3b 沉积于邻近的细胞表面并与 C3 转化酶结合形成新的复合物 C3bBb3b,是替代途径的 C5 转化酶,相当于经典途径的 C5 转化酶 C4b2a3b,其功能为裂解 C5,后续过程与经典途径和凝集素途径相同,汇聚为相同的 MAC 形成的终末阶段。

第三节　补体系统激活的生物学效应

补体系统激活后可发挥多方面生物学效应(表 8-2)。

一　细胞溶解

补体激活后最直接的生物学效应是细胞溶解(cell lysis)。红细胞的特异性抗体与红细胞结合后,再加入补体即可呈现免疫溶血现象,这是补体激活后导致细胞溶解最经典的体现。补体活化后形成的攻膜复合体(MAC)可以溶解一些微生物、病毒、红细胞和有核细胞。因为补体激活的凝集素途径和替代途径一般是在没有抗原抗体反应的情况下发生,因此这两个途径在动物机体抵抗微生物感染的天然免疫防御中起着十分重要的作用。通过抗原抗体反应启动补体激活的经典途径可以极大地补充替代途径的非特异性防御能力,从而产生特异性的防御机制。所以,补体系统被认为是动物机体天然免疫与特异性免疫的接合点之一。

抗体和补体在机体抵御病毒感染中具有重要的免疫生物学功能,特别是在急性感染阻止病毒扩散和保护机体遭受再感染起着关键的作用。大多数甚至几乎所有的囊膜病毒都对补体介导的溶解十分敏感。病毒的囊膜大部分来自感染细胞的胞质膜,因而易受到 MAC 的作用引起孔道形成。疱疹病毒、正黏病毒、副黏病毒和反转录病毒等容易受到补体介导的溶解作用。

一般而言,补体系统溶解革兰阴性菌是十分有效的。但有些革兰阴性菌和大多数革兰阳性菌具有抵抗补体介导损伤的机制。

单个 MAC 即可溶解红细胞。与红细胞相比,有核细胞可抵抗补体介导的溶解效应,因此补体系统激活引起的有核细胞溶解需要多个 MAC 参与。

二　细胞黏附

细胞黏附(cell adherence)是由细胞表面的补体受体介导的。许多细胞都具有补体成分受体,如 CR1、CR2、CR3、CR4 等。CR1 是其中最重要的受体,中性粒细胞、巨噬细胞、血小板(非灵长类动物)以及 B 细胞都有 CR1,该受体结合 C3b 的能力强,结合 C4b 的能力弱。覆盖有 C3b 的颗粒通过补体受体结合到上述细胞表面,可引起细胞黏附,此过程称为免疫黏附(immune adherence)。细胞黏附在抗感染免疫和免疫病理过程中具有重要作用。此外,B 细胞与中性粒细胞具有 CR2 受体,可与 C3 裂解产物结合。单核细胞、B 细胞、中性粒细胞和某些无标志细胞具有 C1q 受体。而 B 细胞还有 H 因子受体。

三　炎症反应

补体系统激活引发或参与的炎症反应(inflammatory response)是由一些活化后的产物介导的,主要作用是吸引白细胞溢出到补体激活部位。过敏毒素(anaphylatoxin)C3a、C4a 与 C5a 能与肥大细胞和血液中的嗜碱性细胞结合,诱导其脱颗粒和释放组胺以及其他活性介质,可加强炎症反应。C3b 引起的血小板凝聚可提供炎症介质,C3a、C5a 和 C5b67 可共同作用,诱导单核细胞和中性粒细胞黏附到血管内皮细胞,并向补体激活部位的组织迁移,从而促进炎症反应。中性粒细胞与巨噬细胞在吞噬颗粒物质时释放的蛋白水解酶也能激活补体 C1 或 C3,从而显著增强炎症发生过程。

四　调理作用

补体活化后的一些产物可以增强吞噬细胞对病原微生物和抗原物质的吞噬能力,称为调理作用(opsonization)。具有调理作用的补体成分也被称为调理素(opsonin),C3b 是补体系统中的主要调理素,C4b 和 iC3b 也有调理活性。吞噬细胞可表达补体受体(CR1、CR3、CR4),可与 C3b、C4b 或 iC3b 结合,在补体活化过程中,如果病原微生物或抗原物质被 C3b

覆盖,具有 CR1 受体的吞噬细胞(如中性粒细胞、单核细胞和巨噬细胞)即可与之结合,则吞噬作用就被加强。

表 8-2　补体激活的免疫生物学效应

效应		介导效应的补体产物
细胞溶解	溶血; 溶菌、细菌损伤(抗菌); 病毒感染细胞损伤(抗病毒)	C5b6789(攻膜复合体——MAC)
细胞黏附	免疫黏附(抗感染、免疫病理)	C3b
炎症反应	肥大细胞和嗜碱性粒细胞脱颗粒; 嗜酸性粒细胞脱颗粒; 炎症部位白细胞溢出和趋化作用; 血小板凝聚; 抑制单核-巨噬细胞迁移和诱导其扩散; 中性粒细胞从骨髓释放; 中性粒细胞释放水解酶; 增强中性粒细胞的补体受体(CR1 和 CR3)表达	C3a、C4a、C5a C3a、C5a C3a、C5a、C5b67 C3a、C5a Bb C3c C5 C5a
调理作用	促进颗粒性抗原(如细菌)被吞噬(抗菌)	C3b、C4b、iC3b
中和病毒	破坏或损伤病毒囊膜,使其失去感染性(抗病毒);使病毒凝聚或促进与抗体结合的病毒颗粒被吞噬	C3b、MAC
溶解和清除免疫复合物	清除可溶性抗原物质	C3b

五　病毒中和

补体系统对病毒的感染性具有中和作用(viral neutralization)。在有抗体存在时,可通过经典途径激活补体系统。一些病毒如反转录病毒、新城疫病毒等在无抗体存在时,可活化替代途径。补体系统介导的病毒中和作用有不同的机制。有的可通过使病毒形成大的凝聚物,而降低病毒的感染性。在少量抗体存在下,C3b 可促进病毒凝聚物的形成。抗体和/或补体结合到病毒表面,可形成一层很薄的"外衣",从而阻断病毒对细胞的吸附过程而中和病毒的感染性。抗体和补体在病毒颗粒表面沉积可促进病毒与具有 Fc 受体或 CR1 的细胞结合,如果结合的细胞为吞噬细胞,则可引起吞噬作用和细胞内破坏。此外,前已述及,补体可介导大多数囊膜病毒的溶解,导致病毒囊膜的裂解和与核衣壳蛋白的解离,使病毒失去感染性。

六　免疫复合物的溶解和清除

抗原和抗体结合在体内形成的免疫复合物沉积于组织中,可以激活补体,并通过 C3a、

C5a、C5b67 的作用造成组织损伤。在免疫复合物形成的初期，C3b 与 C4b 与免疫复合物结合可阻止其沉积。当免疫复合物形成后，补体可促进其溶解，也可通过免疫黏附作用，有利于免疫复合物的清除，防止免疫复合物疾病的发生。被 C3b 覆盖的可溶性免疫复合物可促进其与红细胞上的 CR1 结合，然后被红细胞运送到肝脏和脾脏，免疫复合物在这些器官中受到吞噬，因而可防止免疫复合物在组织中的沉积。

七　免疫调节

B 细胞具有 CR1 受体，而 T 细胞却无此受体。补体缺失会使抗体应答延迟，抗体的产生受到抑制，严重影响生发中心的发育和免疫记忆功能，由此推测 CR1 受体可能与免疫应答的调节有关。补体的免疫调节作用十分复杂，如 C3a 具有免疫抑制作用，抑制 T_H 与 T_C 细胞的活性，而 C5a 可刺激 IL-1 的分泌。因此补体对 T 细胞和 B 细胞的增殖有促进作用，而且也能提高 T_C 细胞的活性。

此外，补体还可介导细胞凝聚（cell clumping），与凝血系统密切相关，如被补体溶解的细胞可通过一些因子激活凝血级联反应，C3b 可引起血小板的聚集而直接促使血栓的形成。因此，血流中细胞的溶解与免疫复合的形成都可引起血管内凝结。在急性移植排斥病例中常常可观察到补体引起移植物血管内皮的破坏，进而引起血管内血栓的形成和移植物破坏。在新生牛犊溶血性疾病中，补体介导破坏大量的红细胞，以致引起广泛性的血管内凝结和死亡。

八　病原微生物逃逸补体的策略

入侵的病原微生物通常被免疫系统识别为非自身物质。然而，一些病原微生物可以逃避机体的识别或抑制机体合适的攻击和破坏。病原微生物进化出一系列逃逸补体攻击的策略，包括：①干扰抗体补体的相互反应；②结合和灭活补体成分；③蛋白酶介导对补体成分的破坏；④模拟补体调节成分。

病原微生物可利用生物化学和生物物理的方法抵抗 C3b 的沉积、调理或补体介导的细胞溶解与损伤，或者模拟补体样结构与功能。许多病原微生物甚至利用补体受体从 2 种途径触发感染：最普通的一条是病原微生物改进了其活化补体的特性，导致非调理性作用的 C3 片段在其表面结合，并引起多形核细胞不适宜的识别（伪装）；一些病原微生物表面有模拟 C3 的蛋白质抗原或功能性 C3 分子的存在，可与补体受体结合从而以补体非依赖的方式介导内吞摄入。通过如此伪装和模拟，病原微生物可以逃避补体和抗体介导的损伤和破坏，并为自身的繁殖增加了细胞动力。然而，病原微生物补体抵抗依赖的分子并不仅仅是蛋白质，可能还有其他成分。

病原微生物介导的蛋白酶解作用可以引起补体成分的降解，保护其免于被调理或破坏。蛋白酶裂解 C1INH 导致持续的 C1 消耗和 C3 裂解，导致炎症反应和对周围无辜细胞的反应性溶破。这些微生物一定具有高度复杂的调节机制以保证有足够但不是过度的终末阶段发生。

第四节 补体活性的调节

动物体内的许多生理过程需要进行有效的调节，一旦失去控制就会导致机体严重的损伤和机能紊乱。一般而言，对宿主具有潜在危害的生物系统都是受到调节机制的严格控制，补体系统作为动物进化过程中形成的级联酶促反应，也不例外。如果调节机能紊乱，补体的产物将导致机体细胞受到破坏或造成严重的组织损伤。补体的活性除受到自身调控而外，还受到若干可溶性和膜结合型蛋白的严格调控，补体系统的级联反应活化与抑制的平衡既可以防止自身组织和细胞损伤又可有效杀伤外来的病原微生物。

一 补体的自身调控

补体的自身调控表现为：①补体激活过程中生成的一些中间产物极不稳定，容易受到降解而失去活性，成为补体系统级联反应的重要自限因素，这是补体系统最主要的被动调节机制。例如，替代途径中的 C3 转化酶（C3bBb）的半衰期仅有 5 min，除非它与备解素反应而得到稳定；C4b、C3b 和 C5b 易衰变，只有与固相（细胞膜）结合的 C4b、C3b 和 C5b 才能触发经典途径。②宿主细胞与病原微生物表面糖成分的差异。例如，与具有相当低水平唾液酸的微生物相比，液相蛋白酶可破坏结合于具有高水平唾液酸的宿主细胞表面的 C3b，因此宿主细胞表面的 C3b 分子在造成明显损伤之前，极有可能已被降解。

二 补体调节蛋白的调节

动物机体内有许多调节补体活性的蛋白，对补体激活的级联反应中的一些产物发挥调控作用。补体活性的主要调节蛋白及其功能见表 8-3。

表 8-3 参与补体活性调节的主要蛋白质及其功能

蛋白质	分布	作用的补体成分与影响的激活途径	功能
C1 抑制因子（C1INH）	血清、可溶性	C1r、C1s 经典途径、凝集素途径	丝氨酸蛋白酶抑制剂；抑制 C1r、C1s 与 C1q 结合；使 C1r2s2 与 C1q 解离
C4b 结合蛋白（C4bBP）	血清、可溶性	C4b 经典途径、凝集素途径	加速 C4b2b 衰变，辅助 I 因子介导的 C4b 裂解

续表 8-3

蛋白质	分布	作用的补体成分与影响的激活途径	功能
H 因子	血清、可溶性	C3b 替代途径 经典途径、凝集素途径、替代途径	加速 C3bBb 衰变 辅助 I 因子介导的 C3b 降解
I 因子	血清、可溶性	C4b、C3b 经典途径、替代途径、凝集素途径	丝氨酸蛋白酶；裂解 C3 和灭活 C3b、C4b
羧肽酶 N、B、R (过敏毒素灭活因子)	血清、可溶性	C3a、C4a、C5a 经典途径、凝集素途径、替代途径	水解蛋白末端精氨酸残基灭活过敏毒素
S 蛋白 (vitronectin)	血清、可溶性	C5b67 经典途径、替代途径、凝集素途径	结合 C5b67 复合物，防止其插入宿主细胞膜
蛋白水解的膜辅助因子 (MCP、CD46)	血细胞（除红细胞外）、上皮细胞、成纤维母细胞	C3b、C4b 经典途径、替代途径、凝集素途径	辅助 I 因子介导 C3b、C4b 的降解
衰变加速因子(DAF)	大多数血细胞	C4b2b、C3bBb 经典途径、凝集素途径、替代途径	加速 C3 转化酶的降解
同源限制因子 (HRF)	红细胞、淋巴细胞、单核细胞、血小板、中性粒细胞	C8、C9 经典途径、替代途径、凝集素途径	抑制旁细胞溶解；阻止 C5b678 与 C9 结合，使 C9 不能聚合；阻止 MAC 插入自身细胞脂质双层，防止细胞溶解
保护素 (protectin、CD59)	红细胞、淋巴细胞、单核细胞、血小板、中性粒细胞	C7、C8 经典途径、替代途径、凝集素途径	结合宿主细胞上的 C5b678，抑制旁细胞溶解；阻止 C5b678 与 C9 结合和 MAC 的形成
CR1(CD35)	多数血细胞、肥大细胞	C3b、C4b、iC3b 经典途径、凝集素途径	加速 C3 转化酶解离；辅助 I 因子介导 C3b、C4b 的降解

1.调节经典途径和凝集素途径的蛋白质

（1）C1 抑制因子（C1 inhibitor,C1INH） C1 抑制因子是一种 104 ku 的高度糖基化的血清蛋白,是丝氨酸蛋白酶抑制剂（serpin）蛋白超家族成员,包括几种丝氨酸蛋白酶抑制剂,如 α-1 抗胰蛋白酶、抗凝血酶Ⅱ和 α-1 抗糜蛋白酶。C1INH 通过与活性形式的 C1r 或 C1s 结合,形成稳定的复合物来调节经典途径的补体级联反应;复合物的形成阻断了这 2 种丝氨酸蛋白酶裂解正常底物的活性。与其他丝氨酸蛋白酶抑制剂一样,C1INH 发挥作用是通过表达一段"诱导"序列,以模仿 C1s 和 C1r 的正常底物。C1INH 被 C1s 或 C1r 蛋白裂解暴露出一个活性部位与蛋白酶形成一个共价酯键。C1INH 是唯一已知的 C1r 和 C1s 抑制剂。

C1INH 亦可防止 C1 的自发性活化,C1 自发性活化发生于缺乏抗体的情况。血液中大多数 C1 是与 C1INH 连接,如此可以防止 C1 结构改变而引起的自发性活化。C1 与抗原抗体复合物的结合可以明显地使 C1 从 C1INH 抑制作用中释放出来。

(2)调节 C3 转化酶的蛋白质　　C4b 结合蛋白(C4-binding protein,C4bBP)是一种分子质量为 550 ku 的可溶性血清糖蛋白,而 1 型补体受体(CR1)是一种完整膜蛋白,两者的结构不同,但以 2 种相同的方式调节经典途径和凝集素途径:①与 C4b 结合而竞争性抑制与 C2a 的结合,从而防止 C3 转化酶 C4b2a 的装配并加速其解离;②C4bBP 和 CR1 作为协同因子,促进 I 因子对 C4b 的裂解。I 因子是分子质量为 90 ku,由二硫键连接的异二聚体血清蛋白,具有丝氨酸酯酶活性,它能使 C4b 裂解产生 2 个片段 C4c(释放进入液相)和 C4d(仍然结合在细胞表面,但不具有 C3 转化酶活性)。除 C4bBP 和 CR1 外,蛋白水解膜辅助因子(membrane cofactor of proteolysis,MCP)也可作为 I 因子的协同因子介导 C4b 的裂解。MCP 是分子质量为 45~70 ku 的完整膜糖蛋白,表达于白细胞、淋巴细胞、上皮细胞和成纤维母细胞。与 C4bPB 和 CR1 不同,MCP 不能促进 C4b2a 解离。C3 转化酶的形成也受衰变加速因子(decay accelerating factor,DAF)的抑制。DAF 是一种分子质量为 70 ku,存在于外周血细胞、内皮细胞及各种黏膜上皮细胞上的磷脂酰肌醇结合的或跨膜的糖蛋白。同 C4bBP 和 CR1 一样,DAF 能与 C2a 竞争与 C4b 结合,从而抑制经典途径和凝集素途径 C3 转化酶形成,并促进形成的 C3 转化酶解离。与 C4bBP、CR1 和 MCP 不同的是,DAF 不能作为 I 因子的协同因子介导 C4b 裂解。

2. 调节替代途径的蛋白质

替代途径也受到一些循环(可溶性的)和膜蛋白的调节,其中有些同样作为经典途径和凝集素途径的调节因子。有几种蛋白可抑制替代途径 C3 转化酶成分的结合并加速其解离,其中之一是可溶性的、分子质量为 150 ku 的 H 因子。H 因子是单链血清蛋白,与 B 因子和 Bb 竞争性与 C3b 结合。CR1 和 DAF 与 C3 结合并竞争性抑制 B 因子与 C3b 结合,因而阻止替代途径 C3 转化酶的装配。CR1 和 DAF 也能使 Bb 从已形成的 C3 转化酶上解离。CR1 和 DAF 在替代途径中的调节活性与经典途径中所起的阻断作用相似。

替代途径 C3 转化酶 C3bBb 的形成受 I 因子的抑制。I 因子能裂解 C3b,H 因子、CR1 和 MCP 可起协同促进作用。I 因子首先裂解 C3b,释放出 1 个 3 ku 片段,留下 1 个无活性的 C3b(iC3b)黏附在细胞表面,iC3b 不能参与 C3 转化酶的形成。iC3b 进一步被 I 因子裂解,产生 1 个仍结合于细胞表面的 41 ku 片段(C3dg)和 1 个可溶性 C3c 片段。C3dg 易受纤维蛋白溶酶和胰蛋白酶降解,产生 1 个 33 ku 的表面结合分子 C3d 和 1 个可溶性的 8 ku 片段 C3g。

除了作为协同因子直接作用外,MCP 和 CR1 也可增加 C3b 与 B 因子有关的 H 因子的亲合力,进一步减少 C3bBb 复合物的形成。不同的细胞表达不同量的调节蛋白 MCP 和 CR1,从而控制 C3b 和替代途径 C3 转化酶形成的部位。大多数正常细胞可表达高水平的 MCP 和/或 CR1,以保护细胞免受补体损伤。相反,许多外源性颗粒和感染性病原微生物缺乏 MCP 和 CR1,导致 C3b 停留于其表面而不能被灭活,与 B 因子结合,从而促进 C3bBb 的形成而导致补体活化。

3.调节攻膜复合体的蛋白质

经典途径、凝集素途径和替代途径 C3 转化酶形成后,过量补体介导的细胞溶解作用可通过作用于 MAC 而受到抑制。

(1)HRF 和 CD59   MAC 的形成受同源限制因子(homologous restriction factor,HRF)和 CD59 两种膜蛋白的抑制。它们均表达为磷脂酰肌醇连接形式或跨膜蛋白。HRF(又称为 C8 结合蛋白)的分子质量为 65 ku,表达于多种细胞膜上,可干扰 C9 与 C8 的结合。CD59 又称为反应性溶解膜抑制因子(membrane inhibitor of reactive lysis,MIRL)或保护素(protectin),是一种分子质量为 18~20 ku 的糖蛋白,可能通过阻断 C7 和 C8 与 C5b6 的结合而抑制 MAC 的形成。HRF 和 CD59 均显示出同源限制性,如它们有效抑制 MAC 介导的溶解反应仅仅发生于相同种属的、表达 HRF 和 CD59 细胞的末端补体成分。当补体被邻近的免疫复合物或细菌活化时,HRF 和 CD59 可能是保护正常旁细胞(normal bystander cell)免受溶解的重要因子。

(2)S 蛋白   终末补体成分插入脂质膜受到 S 蛋白的抑制。S 蛋白是一种分子质量为 83 ku 的血清蛋白,与 C5b67 复合物结合而阻止复合物插入细胞脂质膜,以此方式可减少 MAC 对机体细胞潜在的损伤。

第五节   补体受体

许多细胞都具有补体成分的受体(complement receptor,CR)。补体系统激活后,活性片段通过与细胞表面的特异性受体结合而发挥作用。目前研究最清楚的补体受体是共价结合至活性 C3 片段的细胞膜表面分子。C3 遭降解导致细胞或颗粒结合 C3b、iC3b 和 C3dg/C3d 片段,产生针对多种受体的配体。所有的受体结合位点均位于 C3 α 链。而由 C3 受体介导的最重要的补体生理功能是调理颗粒的吞噬和活化多种表面带有补体受体的细胞。已知的补体受体及其生物学功能见表 8-4。

表 8-4   补体受体

受体	分子质量/ku	主要的配体	细胞分布	生物学功能
CR1(CD35)	190~280	C3b、C4b、C1q、iC3b	红细胞、单核-巨噬细胞、中性粒细胞、嗜酸性粒细胞、B 细胞、某些 T 细胞、滤泡树突状细胞	清除循环 IC 加速 C3 转化酶解离 辅助 I 因子介导 C3b、C4b 裂解 增强 Fc 受体介导的吞噬作用 介导非 Fc 受体依赖的吞噬 促进被捕获的 IC 溶解 结合 IC
CR2(CD21)	145	C3d、iC3b、C3dg、C3b(弱)、EBV	B 细胞、鼻咽部上皮细胞、滤泡树突状细胞	B 细胞激活 EB 病毒感染模型 结合 IC 记忆性 B 细胞激活

续表 8-4

受体	分子质量/ku	主要的配体	细胞分布	生物学功能
CR3(CD11b/CD18)	α:165 β:95	iC3b H 因子	单核-巨噬细胞、中性粒细胞、嗜酸粒细胞、滤泡树突状细胞、NK细胞、T 细胞	参与表面黏附 趋化和吞噬
CR4(CD11c/CD18)	α:150 β:95	iC3b	单核-巨噬细胞、中性粒细胞、树突状细胞、NK细胞、T 细胞	增强 iC3b 介导的吞噬作用 介导非 Fc 受体依赖的吞噬作用
CRIg(VSIG4)		C3b、iC3b、C3c	组织中的巨噬细胞	增强 iC3b 介导的吞噬作用 抑制替代途径
C1qRp(CD93)	68.6	C1q、MBL	单核细胞、中性粒细胞、内皮细胞、血小板、T 细胞	诱导 T 细胞活化 增强吞噬作用
SIGN-R1(CD209)	45.8	C1q	脾脏边缘区和淋巴结中的巨噬细胞	增强巨噬细胞对细菌吞噬的调理作用
C3aR	90	C3a	肥大细胞、嗜碱性粒细胞、粒细胞	诱导脱颗粒释放各种炎症介质
C5aR(CD88)	45	C5a	肥大细胞、嗜碱性粒细胞、粒细胞、单核-巨噬细胞、内皮细胞、血小板、T 细胞	诱导脱颗粒释放各种炎症介质 增强趋化作用 与 IL-1β 和/或 TNF-α 共同作用诱导急性期反应 诱导中性粒细胞的呼吸暴发

🔖 复习思考题

1. 试述补体系统的概念、组成与主要理化特性。
2. 简述补体系统激活的经典途径。
3. 三种补体系统激活途径有何异同？
4. 补体系统激活的免疫生物学效应有哪些？
5. 简述涉及补体系统抗感染的天然免疫和特异性免疫机制。

第九章
超敏反应

内容提要

超敏反应是动物机体再次接触抗原产生的一种异常的免疫反应,又称为变态反应。超敏反应分为4型,即过敏反应型、细胞毒型、免疫复合物型和迟发型。前三型均由抗体介导,反应迅速。后一型由细胞介导,再次接触抗原后至少超过12 h才发生,属典型的细胞免疫反应。各型超敏反应的参与成分、发生机理和临床表现均不相同。

超敏反应(hypersensitivity)是指免疫系统对再次进入机体的抗原做出过于强烈或不适当而导致组织器官损伤的一类反应,又称变态反应。除了伴有炎症反应和组织损伤外,它们与前几章中所描述的维持机体正常功能的免疫反应并无实质性区别。

根据超敏反应中所参与的成分(细胞和活性物质)、损伤组织器官的机制和产生反应所需时间等,Gell 和 Coombs(1963)将超敏反应分为Ⅰ~Ⅳ型,即:过敏反应型(Ⅰ型)、细胞毒型(Ⅱ型)、免疫复合物型(Ⅲ型)和迟发型(Ⅳ型)。其中,前 3 型是由抗体介导的,共同特点是反应发生快,故又称为速发型超敏反应(immediate hypersensitivity);Ⅳ型则是细胞介导的,称为迟发型超敏反应(delayed-type hypersensitivity)。尽管有学者提出一些新的分型方法,但尚未被广泛接受,上述分型至今仍是国际通用的方法。其实,临床所观察到的超敏反应,往往是混合型的,而且其反应强度可因个体的不同而有很大差异。

第一节　过敏反应型(Ⅰ型)超敏反应

过敏反应(allergy)是指机体再次接触抗原时引起的在数分钟至数小时内出现以急性炎症为特点的反应。引起过敏反应的抗原又称为过敏原(allergen)。过去并不了解这种反应的机理,故曾被称为"变化了的反应"。随着 IgE 的发现及其结构功能的了解,过敏反应的机制得到阐明:初次过敏原诱导机体产生的 IgE 结合于肥大细胞等表面,当过敏原再次进入机体并与之结合,导致细胞释放活性介质以及引起一系列炎症反应。而从 IgE 的产生到介质的释放是个复杂的过程,受到多种因素的制约和调控。

一 过敏反应的成分

参与过敏反应的成分有过敏原、IgE 抗体、肥大细胞和嗜碱性粒细胞和 IgE Fc 片段的受体(FcεR)。

1. 过敏原

引起过敏反应的过敏原很多,包括异源血清、疫苗、植物花粉、药物、食物、昆虫产物、霉菌孢子、动物毛发和皮屑等(表 9-1)。这些过敏原可通过呼吸道吸入或经消化道、皮肤以及黏膜等途径进入动物机体,在黏膜表面引起 IgE 抗体应答。

表 9-1　与 I 型超敏反应相关的过敏原

过敏原种类	常见的过敏原
蛋白质	异源血清、异源蛋白质、疫苗
植物花粉	黑麦草花粉、豚草花粉、梯牧草花粉、桦树花粉、其他花粉
药物	青霉素、磺胺、局部麻醉药、水杨酸盐
食物/饲料	坚果类、海鲜、鸡蛋、牛奶、豌豆、黄豆
昆虫产物	蜜蜂毒素、黄蜂毒素、蚂蚁毒素、蟑螂花萼
霉菌孢子	
动物毛发和皮屑	

2. IgE

IgE 在寄生虫(尤其是肠道蠕虫)免疫中具有重要作用,也是介导过敏反应的抗体。IgE 是一种亲细胞性的过敏性抗体,其重链恒定区的 C_H4 是与肥大细胞和嗜碱性粒细胞上的 IgE Fc 受体(FcεR)结合的部位。

IgE 的半衰期只有 2.5 d,但一旦与肥大细胞结合,则可延至 12 周。IgE 的另一特性是热稳定,经 56℃ 30 min 处理的 IgE,其 Fc 片段结合受体的能力可丧失,但其 Fab 端结合抗原的活性仍保持。根据这一特性可与结合肥大细胞的 IgG 抗体加以区别。

尽管分泌性 IgA 是肠道寄生虫免疫的主要成分,但是在 IgA 不能消除寄生虫时,IgE 能使致敏的肥大细胞释放介质,提高 IgG 和补体等局部浓度,并激活补体系统;同时也使嗜酸性粒细胞和中性粒细胞等向炎症区迁移。在 IgA 缺陷的动物往往过敏反应性高,可能与此有关。

当抗原进入机体,经抗原提呈细胞和 T_H 细胞的作用,静止的 B 细胞被活化,增殖并分化成分泌 IgE 的浆细胞。分泌的 IgE 能通过 Fc 片段与局部的肥大细胞结合,与 IgE 结合的肥大细胞即为致敏细胞。未被结合的 IgE 则进入循环系统,与其他组织器官中的肥大细胞或嗜碱性粒细胞结合。

动物试验表明,IgE 的产生受到 T_H 细胞和 T_{REG} 细胞的调节。正常大白鼠在用 DNA-佐剂免疫后的 5~10 d 就可产生 IgE 抗体,其滴度逐渐升高,约在以后的 6 周内又恢复至原来水平。被摘除胸腺或经辐射处理的小鼠,其 IgE 水平明显增高,而且在血清中的时间延长;如被动接受经致敏的淋巴细胞,则可恢复至正常水平和缩短存在时间。但是在上述情况下 IgG 和 IgM 水平不受影响。

寄生虫感染和过敏反应的动物个体往往伴有较高的血清 IgE 水平。尽管这有一定的诊断意义,但 IgE 水平高不一定导致过敏反应,因为过敏反应还受到遗传和环境因素的影响。

3. 肥大细胞和嗜碱性粒细胞

肥大细胞和嗜碱性粒细胞是参与过敏反应的主要细胞,它们含有大量的膜性结合颗粒,分布于整个细胞质内,颗粒内含有引起炎症反应的活性介质。此外,大多数肥大细胞还可分泌一些细胞因子,包括 IL-1、IL-3、IL-4、IL-5、IL-6、GM-CSF、TGF-β 和 TNF-α,这些细胞因子可发挥多种生物学效应,因此肥大细胞与机体的很多生理学、免疫学和病理学过程有关。

肥大细胞是一类在形态功能方面有差异的细胞群。在形态学上因动物种类不同而异,如染色特性、颗粒结构及其释放方式等;在功能方面也因动物种类和细胞形成的部位有所区别。这种区别主要表现在调节分泌介质的物质不同。总的来讲,肥大细胞分为 2 种,一种是组织结合肥大细胞(connective tissue mast cell,CTMC),分布于多数器官的血管周围,其性质相似;另一种是黏膜肥大细胞(mucosa mast cell,MMC),分布于肠道和呼吸道(肺)黏膜。除了分布部位不同外,在染色特性和对药物的作用等方面这两种细胞也有不同(表 9-2)。此外,在肠道寄生虫感染时,肠道中 MMC 数量也会明显升高。

导致肥大细胞释放介质的活化机制是引发 Ca^{2+} 大量进入细胞。Ca^{2+} 进入细胞具有双重作用,一是使将已形成的含介质的颗粒释放到环境中;二是通过合成前列腺素和细胞因子等合成新的介质。还有一些因素是通过其他途径活化肥大细胞等。其中活性极强的是补体成分裂解产物 C3a 和 C5a,又被称为过敏毒素。此外,一些化学药物如钙离子载体、可卡因、吗啡也有这种活性。

表 9-2　**MMC 和 CTMC 的主要区别**

	MMC	CTMC
体内分布部位	肠和肺	广泛
存活期	<40 d	>40 d
IgE Fc 受体数量	2×10^5	3×10^4
组胺含量	+	++
细胞质 IgE	有	无
对组胺释放的作用	无	有

注:+——低;++——高。

(四)与 IgE 结合的 Fc 受体

IgE 抗体的反应活性取决于它与 FcεR 的结合能力。已鉴定出 2 类 FcεR,称为 FcεR Ⅰ 和 FcεR Ⅱ,它们表达于不同类型的细胞上,与 IgE 的亲和力可相差 1 000 倍。肥大细胞和嗜碱性粒细胞可表达高亲和力的 FcεR Ⅰ。

二　过敏反应的基本过程

过敏反应是一个复杂的过程,大致可分 3 个阶段(图 9-1)。

(1)IgE 抗体的产生　过敏原初次进入体内引起免疫应答,即在 APC 和 T_H2 细胞作用下,刺激分布于黏膜固有层或局部淋巴结中产生 IgE 的 B 细胞,后者经增殖分化,分泌 IgE 抗体。

(2)活性细胞的致敏　分泌的 IgE 与肥大细胞或嗜碱性粒细胞表面的 Fc 受体($Fc\varepsilon R$)结合,使之致敏,机体处于致敏状态。

(3)过敏反应　当过敏原再次进入机体时,即与肥大细胞和嗜碱性粒细胞表面的特异性 IgE 抗体结合。肥大细胞或嗜碱性粒细胞结合 IgE 后即被致敏,致敏后的细胞只要相邻的 2 个 IgE 分子,或者表面 IgE 受体分子被交联,细胞就被活化,进而脱颗粒,并释放出具有药理作用的活性介质(mediator),如组胺(histamine)、缓慢反应物质 A(slow reacting substance A,SRS-A)、5-羟色胺(5-hydroxytryptamine)、过敏毒素(anaphylatoxin)、白三烯(leukotriene)和前列腺素(prostaglandin)等。这些介质可作用于不同组织,引起毛细血管扩张和通透性增加、皮肤黏膜水肿、血压下降及呼吸道和消化道平滑肌痉挛等一系列临床反应,出现过敏反应症状。在临床上可表现为呼吸困难、腹泻和腹痛,以及全身性休克。

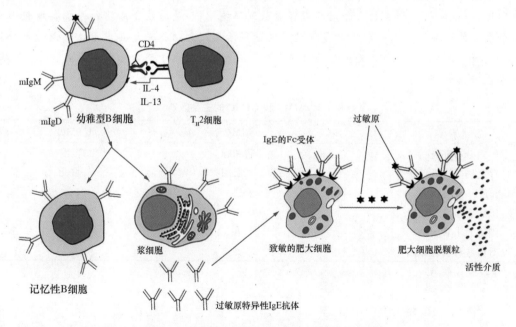

图 9-1　过敏反应(I 型超敏反应)的基本过程

同时上述活性介质又可产生反馈作用,如组胺能对免疫系统产生抑制,对外周血单核细胞释放溶酶体、肥大细胞或嗜碱性粒细胞的颗粒释放以及单核细胞产生补体等具有抑制作用。此外,组胺还可能促进非特异性 T_{REG} 细胞的活化。这些反馈作用将加剧变态反应。所以介质除了具有各种生理学功能外,在变态反应中是产生临床症状的起因。

三　产生过敏反应的条件和原因

(1)T 细胞缺陷　在 IgE 免疫应答中 T 细胞起着重要作用。所以,T 细胞功能缺陷,尤其是 T_{REG} 细胞缺陷,可促使过敏反应的形成。过敏性湿疹病人的 E-玫瑰花形成细胞和 T_{REG} 细胞的数量均大大减少。此外,离体的 T 细胞对有丝分裂原的免疫应答活性和皮肤试验中细胞介导免疫应答也均降低。

(2)介质的反馈机制紊乱　组胺是引起过敏反应的最重要介质,它能抑制 T 细胞对有丝分裂原(如美洲商陆、ConA 和 PHA)的应答。组胺对过敏者 T 细胞增殖的抑制比非过敏者的抑制更强烈。而过敏者的这种抑制在细胞培养中又可被加入茚甲新(一种抑制单核细胞产生前列腺素的物质)而恢复。由此说明组胺能刺激过敏者的单核细胞产生前列腺素;而前列腺素又能促进离体 T 细胞的反应和体内炎症的产生。

(3)其他因素　过敏反应的发生是由多种因素引发和控制的。有些现象在理论上无法解释,因为是否发生过敏反应除了取决于机体免疫反应性水平的亢进外,还与其他因素有关,包括:①过敏原的性质,即分子结构和大小;②机体的遗传性和形成 IgE 的各种因素;③机体被感染的状态,如在呼吸道表面发生病毒性感染时往往免疫抑制机能降低,尤其在 IgA 缺陷的动物,IgE 的应答亢进。此外,有的病毒(如单纯疱疹病毒)能使嗜碱性粒细胞释放组胺,加剧了过敏反应的程度;④由于病原微生物感染部位的损伤易于过敏原进入机体,从而使相应的器官组织对组胺的敏感性提高。

四　常见的过敏反应及其控制

临床上常见的过敏反应有 2 类,一类是因大量过敏原(如静脉注射)进入体内而引起的急性全身性过敏反应(systemic anaphylaxis),可导致过敏性休克(anaphylactic shock),如青霉素过敏反应;另一类是局部的过敏反应(localized hypersensitivity reaction),这类反应尽管较广泛但往往因为表现较温和而易被临床兽医忽视。局部的过敏反应主要是由食物、饲料引起的消化道和皮肤症状,由霉菌、花粉等引起的呼吸系统(支气管和肺)和皮肤症状以及由药物、疫苗和蠕虫感染引起的反应。

有些类型的过敏反应确诊比较困难,因为无论是确定过敏原还是检测特异性抗体 IgE 或总 IgE 水平,都不是一般实验室能做到的。所以使用非特异性的脱敏药物和避免动物接触可能的过敏原(如更换新的不同来源的铺草或饲料等)是控制过敏反应较易实行的措施。

第二节 细胞毒型(Ⅱ型)超敏反应

一 Ⅱ型超敏反应的形成和机理

Ⅱ型超敏反应又称为抗体依赖性细胞毒型超敏反应。在Ⅱ型超敏反应中,与细胞或器官表面抗原结合的抗体与补体及吞噬细胞等互相作用,导致这些细胞或组织器官损伤。在此过程中抗体的Fc端与补体系统的C1q或其他吞噬细胞的Fc受体结合,另一端则与抗原结合,启动激活补体系统或抗体依赖性细胞毒作用(图9-2)。这与机体在识别和清除病原微生物的过程是一致的。

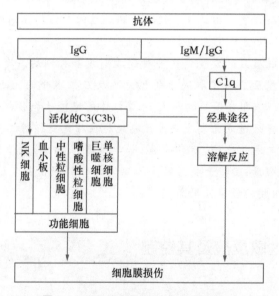

图 9-2 细胞毒型超敏反应的发生机制

补体系统在免疫反应中具有双重作用。一是通过激活途径溶解被抗体结合的靶细胞;二是补体系统的一些成分能调理抗体抗原复合物,促进巨噬细胞等吞噬细胞对病原微生物的吞噬。在Ⅱ型变态反应中,吞噬细胞溶解自身细胞同杀伤病原菌的作用是相同的。大多数病原微生物在被吞噬进入细胞后,在胞内溶酶体的酶、离子等因子的作用下致死并消化;但如果靶细胞过大,吞噬细胞不能将其吞入细胞内,则将释放胞内的活性颗粒和溶酶体,这些物质将使周围的宿主组织细胞受到损伤。这一过程在寄生虫感染(如嗜酸性粒细胞攻击血吸虫)中具有重要意义;但如果被抗体结合的靶细胞是自身组织细胞,吞噬细胞释放的这些活性物质就将造成这些组织损伤。

二 临床常见的Ⅱ型超敏反应

1.输血反应

人至少有15种血型系统,最常见和了解最多的是ABO系统。各种动物也有其血型系统。如果输入血液的血型不同,就会造成输血反应,严重的可导致死亡。这是因为在红细胞表面存在着各种抗原,而在不同血型的个体血清中有相应的抗体,被称为天然抗体,通常为IgM。当输血者的红细胞进入不同血型的受血者的血管,红细胞与抗体结合而凝集,激活补体系统,产生血管内溶血;并在局部则形成微循环障碍等。在输血反应中除了针对红细胞抗原的反应,还有针对血小板和淋巴细胞抗原的抗体反应,但因为它们数量较少,反应不明显。

2.新生畜溶血性贫血

新生畜溶血性贫血也是一种因血型不同而产生的溶血反应。以新生骡驹为例,有8%~10%的骡驹发生这种溶血反应。这是因为骡的亲代血型抗原差异较大,所以母马或母驴在妊娠期间或初次分娩时易被致敏而产生抗体。这种抗体通常经初乳进入新生驹的体内引起溶血反应。这与人因RhD血型而导致的溶血反应是类似的。所以在临床上初产母畜的幼驹发生的可能性较经产的要少。

3.自身免疫溶血性贫血

由抗自身细胞抗体或在红细胞表面沉积免疫复合物而导致的溶血性贫血。这类反应可分为下述3种类型。

(1)热反应型 在37℃发生的反应。典型的热反应抗原是RhD系统,它不引起输血反应,溶解红细胞是通过增强脾脏巨噬细胞的吞噬功能,而补体介导的溶解作用是次要的。

(2)冷反应型 在37℃以下发生的反应。其抗体滴度远高于热反应的抗体;溶解红细胞与补体的作用有关。

(3)药物引起的抗血细胞成分的反应 药物及其代谢产物可通过下述几种形式产生抗红细胞的(包括自身免疫病)反应(图9-3):①抗体与吸附于红细胞表面的药物结合并激活补体系统;②药物和相应抗体形成的免疫复合物通过C3b或Fc受体吸附于红细胞,激活补体而损伤红细胞;③在药物的作用下,使原来被"封闭"的自身抗原产生自身抗体。

4.其他

(1)由病原微生物感染引起的溶血反应 有些病原微生物(如沙门菌的脂多糖、马传性贫血病毒、阿留申病病毒和一些原虫)的抗原成分能吸附宿主红细胞,这些表面有微生物抗原的红细胞受到自身免疫系统的攻击而产生溶血反应。

(2)组织移植排斥反应 在器官或组织的受体已有相应抗体时,被移植的器官在几分钟或48 h后发生排斥反应。在移植中发生排斥的根本原因是受体与供体间MHCⅠ类抗原不一致。

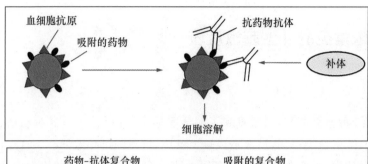

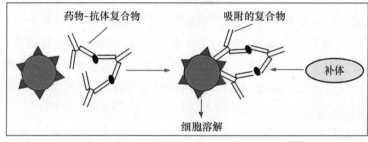

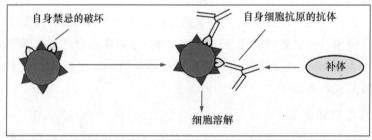

图 9-3　由药物引起的抗自身血细胞反应示意图

第三节　免疫复合物型(Ⅲ型)超敏反应

　　Ⅲ型超敏反应是由免疫复合物引起的。在抗原抗体反应中不可避免地产生免疫复合物。通常它们都被单核吞噬细胞系统及时清除而不影响机体的正常机能;但在某些情况下(如免疫复合物沉积于自身细胞或组织器官局部),可形成变态反应,造成细胞或组织的损伤。

一　Ⅲ型超敏反应的机理

　　免疫复合物可引起一系列炎症反应,刺激形成具有过敏毒性和促进细胞迁移的 C3a 和 C5a,使肥大细胞和嗜碱性粒细胞释放舒血管组胺,提高血管通透性和在局部聚集多种炎症细胞;其次,它们还能通过 Fc 受体而与血小板反应,形成微血凝,诱导血管通透性提高。

　　一旦免疫复合物在局部组织沉积,吞噬细胞将迁移而至。但吞噬细胞不能把沉积于组织的复合物与组织分开,也不能把复合物连同组织细胞一起吞噬到细胞内,结果只能释放胞内的溶解酶等活性物质。这些物质尽管溶解了复合物,但同时也损伤了周围的自身组织。在血液或组织液中,溶解酶类并不产生炎症刺激或组织损伤,因为在血清中存在着酶抑制物,能很快将其失活。但当巨噬细胞聚集在狭小的局部,并直接接触组织时,这些溶解酶类就能摆脱相应抑制物的作用而损伤自身组织。

由此可见,免疫复合物不断产生和持续存在是形成并加剧炎症反应的重要前提,而免疫复合物在组织的沉积则是导致组织损伤的关键原因(图 9-4)。

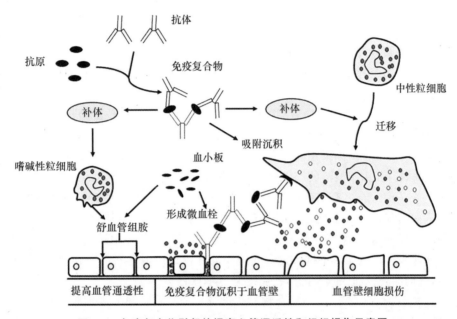

图 9-4　免疫复合物引起的提高血管通透性和组织损伤示意图

1.免疫复合物持续存在

免疫复合物通常由单核吞噬细胞系统在肝脏和脾脏被清除。复合物的大小是重要因素。大的复合物在肝脏内数分钟即可被清除。如颗粒性的复合物主要在肝脏被库普弗细胞吞噬,此过程由补体成分(C3b)和抗体共同参与完成,即靶细胞被结合的抗体和补体 C3b 包围,而吞噬细胞又通过相应受体与之结合并启动吞噬。如果只有 C3b 包围靶细胞而没有相应抗体,尽管它们仍在肝脏沉积,但可能很快在 C3b 灭活物的作用下离开肝脏;同样,只与抗体结合而没有补体 C3b 参与,也不能在肝脏被清除。小的复合物则进入循环系统而主要在肾脏被排出,这一过程与抗体补体无关;但其被排出的速度与其结构大小及在肾脏的透过程度有关,如亲和力高的多价抗原与抗体形成的复合物极易改变其大小,不能在肾脏被排出而持续滞留在循环系统中。

补体可明显提高吞噬细胞吸附免疫复合物的能力。但是如果复合物过多,就超过了单核吞噬细胞系统的能力。长期存在于循环系统中的免疫复合物,最后可在肾小球沉积。此外,某些遗传缺陷可促进产生低亲和力抗体,从而产生小的免疫复合物及导致相应的免疫复合物病。在"自身"抗原和抗体反应中的抗原分子一般只有极少的抗原决定簇,所以也易于形成小的抗原抗体复合物而摆脱吞噬细胞的摄取。

已有研究发现免疫球蛋白分子的糖基部分可能在库普弗细胞清除免疫复合物过程中具有重要作用,因为在一些免疫复合物疾病,如患类风湿性关节炎、全身性红斑狼疮(systemic lupus erythematosus,SLE)的病人,往往免疫球蛋白分子的糖基结构异常。

2. 免疫复合物吸附与沉积组织

正常情况下免疫复合物在血液循环中长期存在,并不产生组织损伤。但是如果在组织细胞表面吸附并沉积,就有可能导致Ⅲ型超敏反应。免疫复合物吸附和沉积的主要原因如下。

(1)血管通透性增高　尽管不同疾病和不同动物在改变血管通透性方面参与成分有所差异,但是补体和肥大细胞、嗜碱性粒细胞释放的舒血管组胺是最重要的成分。体内的试验表明,注入促肥大细胞释放组胺的药物,可使循环免疫复合沉积于组织,如同时注入抗组胺抗体则可封闭此过程。

(2)血液动力学　免疫复合物易于沉积在血压高和有漩流的部位。如肾小球毛细血管(其血压高于其他部位数倍),一些大分子物质容易在此滞留。试验表明如果降低这些部位的血压,则可减少它们的沉积。如果用人工方法提高患有血清病家兔的血压,则病症会加剧。在一些有分支的动脉管壁,由于漩流的产生也易沉积免疫复合物而导致严重的组织损伤。

(3)与组织抗原结合　有的免疫复合物可选择性地沉积于一些组织器官,如 SLE 的靶器官是肾脏,而类风湿性关节炎存在循环复合物,这种选择性可能与免疫复合物的抗原成分有关。DNA 与肾小球基底膜的胶原蛋白有极大的亲和力,而 SLE 产生抗 DNA 抗体。所以,肾小球基底膜就成为 DNA-抗体复合物沉积的部位。用内毒素注射小白鼠,使细胞损伤释放 DNA,并同时注入抗 DNA 抗体就能复制肾小球肾炎。

(4)免疫复合物的大小　小的复合物能透过肾小球基底膜和上皮细胞而被排出,而较大的复合物则不能穿过基底膜而滞留在内皮和基底膜之间。

(5)补体的作用　当补体成分 C3b 和 C3d 与免疫复合物结合时,可使沉积于组织和循环于血液的凝集复合物溶解。所以,在体内存在着沉积和溶解的动态平衡。但当补体缺陷时,就使沉积过程加剧。

二　临床常见的免疫复合物疾病

(1)血清病　血清病是因循环免疫复合物吸附并沉积于组织,导致血管通透性增高和形成炎症性病变,如肾炎和关节炎。如在使用异种抗血清治疗时,一方面抗血清具有中和毒素的作用,另一方面异源性蛋白质却诱导相应的免疫反应,当再次使用这种血清时就会容易产生免疫复合物。

(2)自身免疫复合物病　NZB/NZW 杂交鼠 F1 所表现的 SLE 属于这类疾病。这种小鼠在出生时并无特殊的临床症状,但 2～3 月龄后就会因产生各种抗自身红细胞的抗体而发生溶血性贫血。此外还有抗核酸抗体等,其病程相当严重(尤其雌性鼠),数月后死亡。

一些自身免疫病也常伴有Ⅲ型变态反应:由于自身抗体和抗原以及相应的免疫复合物

持续不断地生成,超过了单核吞噬细胞系统的清除能力,于是这些复合物也同样吸附并沉积在周围的组织器官。

(3)Arthus 反应　是由于皮下注射过多抗原,形成中等大小免疫复合物并沉积于注射局部的毛细血管壁上,激活补体系统,引起中性粒细胞积聚等,最后导致组织损伤,如局部出血和血栓,严重时可发生组织坏死。

(4)由感染病原微生物引起的免疫复合物　在慢性感染过程中,如 α-溶血性链球菌或葡萄球菌性心内膜炎,或病毒性肝炎、寄生虫感染等,病原体持续刺激机体产生弱的抗体反应,并与相应抗原结合形成免疫复合物,吸附并沉积在周围的组织器官。

此外,免疫复合物也能在机体器官表面产生,如在肺部因反复吸入来自动物、植物和霉菌等的抗原物质。外源性过敏性牙周炎就是因此而产生的。在这类反应中,首先产生 IgG,随后是 IgE。

第四节　迟发型(Ⅳ型)超敏反应

经典的Ⅳ型超敏反应是指所有在 12 h 或更长时间产生的超敏反应,故又称迟发型超敏反应。不同于前述的 3 型(Ⅰ、Ⅱ、Ⅲ)超敏反应,Ⅳ型超敏反应不能通过血清在动物个体之间转移,因为Ⅳ型超敏反应是由 T_H 细胞参与的。这些 T 细胞在被抗原活化后再次接触相同抗原时才引发迟发型超敏反应。参与Ⅳ型超敏反应的细胞主要是 T_H1 细胞,也有少数的 T_H17 细胞和 $CD8^+$ T 细胞。

一　迟发型超敏反应的细胞反应机理

迟发型超敏反应属于典型的细胞免疫反应。早在 1934 年 Simon 和 Rackerman 就发现,在结核菌素反应中,血清中没有相应抗体。1942 年 Landsteiner 和 Chase 又发现,这种反应不能通过细胞上清液而能通过 T 细胞在个体之间转移。在致敏阶段,T_H1 细胞被抗原提呈细胞活化,可产生多种可溶性细胞因子和趋化因子以及 IFN-γ。细胞因子除了具有调节各类免疫反应的功能外,还能活化巨噬细胞,使之迁移并滞留于抗原聚集部位,加剧局部免疫应答。如巨噬细胞移动抑制因子,当致敏 T 细胞与特异性抗原接触后可释放该细胞因子,使局部巨噬细胞数量增加;通过离体的 T 细胞转化试验表明,致敏的 T 细胞与抗原共同孵育后被活化并进行增殖。

二　临床常见的迟发型超敏反应

根据皮肤试验观察出现皮肤肿胀的时间和程度以及其他指标,可将迟发型超敏反应分为 4 种类型,包括 Jones-Mote 反应、接触性超敏反应、结核菌素反应和肉芽肿。前 3 种是在再次接触抗原后 72 h 内出现反应,第 4 种则在 14 d 后才出现。各种类型的迟发型超敏反应的机制有所不同(表 9-3)。Ⅳ型超敏反应的病程比较复杂,即在接触相应抗原后会同时或先后产生各种形式的反应,所以在临床上很难观察到上述单一类型的反应。

(1)Jones-Mote 反应　由嗜碱性粒细胞在皮下直接浸润为特点的反应。在再次接触抗原的大约 24 h 后在皮肤出现最大的肿胀,持续时间为 7～10 d。可溶性抗原也能引起这种反应。在 Jones-Mote 反应的细胞浸润过程中,有大量嗜碱性粒细胞,而这类细胞在结核菌素超敏反应中极少。

(2)接触性超敏反应　是指人和动物接触部位的皮肤湿疹,一般发生在再次接触抗原物质的 48 h 后,镍、丙烯酸盐和含树胶的药物等可成为抗原或半抗原。在正常情况下,这类物质并无抗原性,但它们进入皮肤并以共价键或其他方式与机体的蛋白质结合,即具有免疫原性,可刺激和活化 T 细胞。被活化的 T 细胞再次接触这些物质时,就产生一系列反应:在 6～8 h,出现单核细胞浸润,在 12～15 h 反应最强烈,伴有皮肤水肿和形成水疱。这类变态反应与化脓性感染的区别在于病变部位缺少中性粒细胞。

(3)结核菌素反应　首次由 Robert Koch 所描述。在患结核病有体温的病人皮下注射结核菌素 48 h 后,观察到该部位发生肿胀和硬变。后来发现,一些其他可溶性抗原,包括非微生物来源的物质也能引起这种反应。在接种抗原 24 h 后,局部大量单核吞噬细胞浸润,其中一半是淋巴细胞和单核细胞;48 h 后淋巴细胞从血管迁移并在皮肤胶原蛋白滞留。在其后的 48 h 反应最为剧烈,同时巨噬细胞减少。随着病变发展,出现以肉芽肿为特点的反应,其过程取决于抗原存在的时间。在此期间无嗜碱性粒细胞的出现。

(4)肉芽肿　在迟发型超敏反应中肉芽肿具有重要的临床意义。在许多细胞介导的免疫反应中都产生肉芽肿,其原因是微生物持续存在并刺激巨噬细胞,而后者不能溶解消除这些异物。由免疫复合物持续刺激也能形成上皮细胞的肉芽肿增生,其组织学不同于结核菌素反应,前者是抗原持续性刺激的结果,而后者是对抗原的局部限制性反应。不仅可由感染的微生物引起免疫病理肉芽肿,非抗原性的锆、滑石粉等也可引起,但无巨噬细胞参与。此外,迟发型超敏反应的肉芽肿的另一特征是上皮样细胞,它们可能源于活化的巨噬细胞。

表 9-3　4 种迟发型超敏反应的特征总结

反应种类	Jones-Mote 反应	接触性超敏反应	结核菌素反应	肉芽肿
反应时间	24 h	48 h	48 h	4 周
临床特征	皮肤肿胀	湿疹	局部硬变 肿胀发热	皮肤硬变
组织学特征	嗜碱性粒细胞 淋巴细胞 多核细胞	单核细胞 水肿 表皮脱落	单核细胞 淋巴细胞 巨噬细胞(减少)	上皮类细胞 巨噬细胞 纤维变性、坏死
抗原	皮内抗原 卵白蛋白	表皮	皮肤、结核菌素、结核杆菌、李氏杆菌抗原	持续 Ab、Ag 和 Ab＋Ag 在巨噬细胞内或非抗原物质

复习思考题

1. 什么是超敏反应？有哪些类型？划分的依据是什么？

2. 试述Ⅰ型超敏反应的发生机理。

3. Ⅱ型超敏反应的发生机理是什么？举例说明常见的Ⅱ型超敏反应。

4. 形成Ⅲ型超敏反应的基本条件是什么？

5. 试述Ⅳ型超敏反应的发生机理。

6. 与其他类型的超敏反应相比较，Ⅳ型超敏反应有哪些特点？

第十章
抗感染免疫

内容提要

　　抗感染免疫是动物机体抵抗病原体感染的能力，包括先天性免疫和适应性免疫。先天性免疫因素有皮肤与黏膜等屏障结构、补体与干扰素等组织和体液中的抗微生物物质以及吞噬细胞、NK细胞等固有免疫细胞。适应性免疫有体液免疫和细胞免疫。抗胞外菌感染以体液免疫为主，抗胞内菌感染以细胞免疫为主。特异性体液免疫和细胞免疫对抗病毒感染都重要，但主次因病毒种类而异。预防病毒病再感染，主要依靠体液免疫，而病毒病的恢复主要依靠细胞免疫。抗寄生虫感染也有体液免疫和细胞免疫因素。

　　抗感染免疫是指动物机体抵抗病原体感染的能力。根据不同的病原体可将其分为抗细菌免疫、抗病毒免疫、抗真菌免疫、抗寄生虫免疫等。抗感染免疫包括先天性免疫和适应(特异)性免疫两大类(图10-1)。

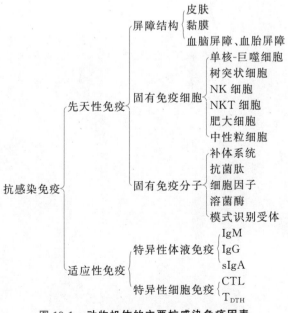

图 10-1　动物机体的主要抗感染免疫因素

在抗感染免疫过程中,先天性免疫与适应性免疫相互依赖相互协作,共同发挥消除病原体感染的作用。先天性免疫在机体早期抗感染免疫中发挥重要作用,可限制病原体在体内迅速扩散,并能启动适应性免疫应答。适应性免疫即特异性免疫,能特异地有效清除病原体,其作用的发挥也有赖于先天性免疫因素的参与,如树突状细胞、巨噬细胞、NK细胞等固有免疫细胞以及补体、抗菌肽等固有免疫分子。

抗感染免疫能力的强弱受动物的种属、年龄、营养状况以及内分泌等方面因素的影响,但最重要的是与体机的免疫功能有关。抗感染免疫能使机体抵御、清除病原体及其有害产物以维持机体内部环境的稳定和平衡。

第一节　抗感染免疫因素

一　先天性免疫因素

先天性免疫因素主要包括屏障结构(皮肤、黏膜、血脑屏障、血胎屏障等)、固有免疫细胞(树突状细胞、巨噬细胞、肥大细胞、NK细胞、中性粒细胞、NKT细胞、γδT细胞、B1细胞等)和固有免疫分子(补体、细胞因子、抗菌肽、溶菌酶等)。屏障结构是机体抵御病原体入侵的第一道防线,固有免疫分子是发挥抑菌、杀菌、启动和参与固有免疫应答的效应分子,固有免疫细胞是固有免疫应答的主要成分。

机体的早期抗感染免疫是在先天性免疫各因素共同参与下完成的,起到杀灭清除病原体、诱导炎症反应及启动适应性免疫应答的作用。在先天性抗感染免疫应答中,固有免疫细胞通过自身的模式识别受体(PRRs)来识别病原体特有的保守结构,即病原相关分子模式(PAMPs),介导非特异性免疫应答,参与免疫调节等,同时启动适应性免疫应答。炎症反应是固有免疫细胞的PRRs识别PAMPs后由多细胞多因子共同参与的非特异性免疫应答过程。炎症反应可增强抗感染免疫能力,促进对病原体的清除。IFN和NK细胞在机体早期抗病毒感染免疫中发挥主要作用。干扰素除具有抑制病毒作用外,还有免疫调节和抗肿瘤作用。

二　特异性免疫因素

特异性免疫是动物出生后经主动或被动免疫方式而获得的,是个体在生活过程中接触某种病原体及其产物而产生的特异性免疫力,具有严格的特异性,并且具有免疫记忆的特点。

特异性免疫在抗微生物感染中起关键作用,其效应比先天性免疫强,分为特异性体液免疫和特异性细胞免疫。在具体的抗感染中,以哪者为主或两者都很重要,因病原体不同而异。由于抗体难于进入细胞内对细胞内寄生的微生物发挥作用,故体液免疫主要对细胞外生长的细菌和未进入细胞或释放到细胞外的病毒起作用,而对细胞内寄生的病原微生物则主要靠细胞免疫发挥作用。

(1)特异性体液免疫的抗感染作用　体液免疫的抗感染作用主要是通过抗体来实现的,主要有IgM、IgG和分泌型IgA。抗体在动物体内可发挥中和作用,对病原体生长抑制作用,局部黏膜免疫作用,免疫溶解作用,免疫调理作用和抗体依赖性细胞介导的细胞毒作用(ADCC)。抗体的免疫学功能及其免疫应答参见第二章和第六章。

(2)特异性细胞免疫的抗感染作用　参与特异性细胞免疫的效应性T细胞主要是细胞毒性T细胞(CTL)和T_H1细胞。CTL可直接杀伤被微生物(病毒、胞内菌)感染的靶细胞,通过释放穿孔素/颗粒酶、TNF或表达FasL,导致靶细胞的溶解或凋亡。T_H1细胞可释放IFN-γ、TNF、IL-2等细胞因子,进一步引起巨噬细胞、中性粒细胞等的活化,介导抗胞内病原体感染,最终导致细胞内病原体的清除;同时还可引起迟发型超敏反应,在清除胞内菌和胞内病毒中发挥作用,也可造成免疫病理性损伤。特异性细胞免疫对慢性胞内细菌感染(如布鲁氏菌、结核分枝杆菌等)、病毒性感染及寄生虫病均有重要防御作用。有关特异性细胞免疫及其效应参见第四章和第六章。

第二节　抗细菌感染的免疫

由于细菌种类较多,生物学特性和致病特点各异,因此机体抵抗各类病原菌感染的免疫学机制虽有其共性,但亦各有其特点。动物机体抗细菌感染的主要免疫因素见图10-2。

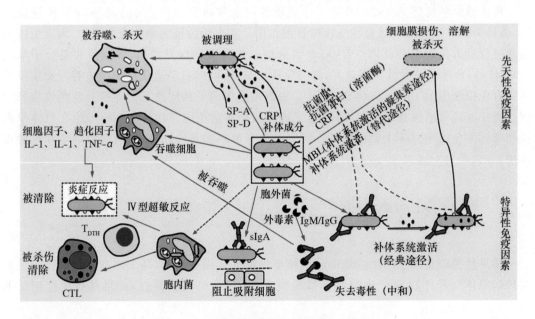

图10-2　动物机体抗细菌感染的主要免疫因素

一　细菌感染的致病机制

细菌一般以释放毒素，或借侵入和增殖引起宿主细胞的物理性破坏而致病。决定细菌致病力的主要因素是侵袭力和毒素。

1. 侵袭力

侵袭力是指病原菌突破机体的防御屏障，在体内定殖、繁殖和扩散的能力，与侵袭力有关的因素包括以下几个方面。

（1）定殖　细菌感染的首要条件是能在一定部位定殖，牢固黏附于黏膜上，以抵抗黏液的冲刷、呼吸道纤毛运动及肠蠕动等清除作用。革兰阴性菌的菌毛、革兰阳性菌的脂磷壁酸及某些细菌的外膜蛋白等均可发挥黏附作用。

（2）繁殖扩散　某些致病菌在体内产生一些具有侵袭性的酶，从而引起繁殖和扩散。如致病性链球菌和葡萄球菌产生的透明质酸酶，能分解结缔组织中的透明质酸，从而使细菌得以通过组织扩散；溶血性链球菌产生的链激酶可激活血浆纤溶酶原使其转变为纤溶酶，促进细菌和毒素扩散；某些细菌通过其分泌蛋白水解酶的作用而侵入细胞组织；一些细菌可分泌胶原酶和弹性蛋白酶，以破坏结缔组织中的胶原纤维和弹性纤维等。

2. 毒素

细菌毒素按其来源、性质和作用等的不同，可分为外毒素和内毒素。

（1）外毒素　是某些病原菌在生长繁殖过程中产生的对宿主细胞有毒性作用的可溶性蛋白质。许多革兰阳性菌如破伤风杆菌、炭疽杆菌、肉毒梭菌、葡萄球菌、链球菌等，以及部分革兰阴性菌如大肠杆菌、霍乱弧菌、铜绿假单胞菌、气单胞菌等均能产生外毒素。外毒素毒性甚强，只需极小量即可致动物死亡，同时具有高度的组织特异性。按其作用机理可分为细胞毒素、神经毒素和肠毒素三大类。多数外毒素由 A、B 两种亚单位组成，A 亚单位为毒性单位，B 亚单位为结合单位；A 亚单位需要 B 亚单位协助才能进入靶细胞内，继而发挥其毒性作用。外毒素具有良好的免疫原性，可刺激机体产生高滴度的抗体（抗毒素）。

（2）内毒素　是革兰阴性菌细胞壁的脂多糖（LPS）成分，细菌死亡破裂或用人工方法裂解菌体后才释放出来。其致病作用包括引起发热，降低吞噬细胞功能，激活补体、激肽、纤溶及凝血系统，导致弥散性血管内凝血和休克等。LPS 是引起炎症反应的主要细菌分子，在脓毒性休克的发病中起主要作用。LPS 通过 CD14 与单核吞噬细胞作用，刺激巨噬细胞分泌促炎细胞因子（IL-1、IL-6、IL-12、TNF-α）、活性氧及氮的代谢产物（如 O_2^-、H_2O_2、·OH、NO）及花生四烯酸代谢物（白三烯和前列腺素）等炎症因子，由这些活性因子参与脓毒性休克。内毒素的免疫原性弱，机体主要依靠菌体成分激发的抗菌性抗体作用于细菌。

二　细菌逃避宿主免疫防御的机制

（1）借助荚膜、类荚膜物质或细胞壁特殊结构抵抗吞噬细胞的吞噬杀伤。如肺炎球菌、流感嗜血杆菌、肺炎克雷伯菌等均可产生糖被膜（glycocalyx）荚膜以抵抗吞噬作用；结核分枝杆菌虽然能被巨噬细胞吞噬，但由于其细胞壁含有蜡质等特殊结构，能抵抗细胞内解降，进而在巨噬细胞中增殖并随这些细胞散布到全身各处；酿脓链球菌可通过其细胞壁 M 蛋白抵抗吞噬细胞的吞噬作用。

（2）通过分泌毒素或蛋白酶等物质，抑制吞噬细胞的吞噬作用，或诱导吞噬细胞凋亡，或直接杀伤吞噬细胞。如大肠杆菌、结核分枝杆菌、绿脓假单胞菌等均能分泌一种抑制中性粒细胞吞噬作用的因子；溶血性曼氏杆菌分泌的毒素能杀死反刍动物肺泡巨噬细胞和绵羊淋巴细胞；链球菌溶血素能裂解中性粒细胞等；炭疽杆菌、链球菌、志贺菌、产单核细胞李氏杆菌、金黄色葡萄球菌、耶尔森菌等可通过激活凋亡途径触发淋巴细胞死亡等。

（3）通过改变巨噬细胞的摄取方式，或抑制吞噬小体的酸化和吞噬溶酶体的形成等。如甘露糖受体（mannose receptor，MR）介导的吞噬途径，能够使结核分枝杆菌处于相对温和的初始内环境，进而增强其在巨噬细胞内的存活能力；结核分枝杆菌可通过抑制吞噬小体的酸化来阻止吞噬体的成熟，有利于其在细胞内的存活和增殖。

（4）通过细菌肽聚糖的结构性修饰、免疫抑制因子或细胞等。肽聚糖的结构性修饰是病原微生物逃避宿主固有免疫系统的机制之一。如肽聚糖脱乙酰基后能促进对溶菌酶的抗性，从而帮助幽门螺杆菌逃避免疫监视。幽门螺杆菌诱导的 T_{REG} 细胞能抑制 T_H17 细胞的免疫应答；幽门螺杆菌产物如 VacA 具有免疫抑制作用等。

（5）通过抗原伪装或抗原变异，或分泌蛋白酶降解免疫球蛋白，或通过 LPS、外膜蛋白、荚膜及 S 层的作用等方式逃避机体的免疫应答。如致病性金黄色葡萄球菌通过产生血浆凝固酶，使血浆纤维蛋白原转变为纤维蛋白，从而使凝固的血浆沉积于菌体表面或病灶周围，保护细菌不被吞杀或机体免疫机制所识别；金黄色葡萄球菌还可以通过 A 蛋白与 IgG 的 Fc 片段结合，阻止免疫球蛋白与巨噬细胞表面受体的结合，以抑制调理吞噬作用；伤寒沙门菌通过 Rck 基因阻止补体系统激活形成的攻膜复合体（MAC）插入细菌外膜，从而抵抗补体介导的溶菌作用；流感嗜血杆菌能产生水解 IgA 的蛋白酶，肺炎链球菌、绿脓假单胞菌能产生破坏 IL-2 的蛋白酶等。

（6）通过干扰细胞内信号传导途径，或拥有抵抗抗菌蛋白的能力等。如布鲁氏菌产生的 TcpB 蛋白，可导致衔接蛋白的加速降解并阻断 TLR 信号通路；结核分枝杆菌产生的蛋白质可以抑制 NF-κB 的活化；MAPK 途径可通过 MKK 的蛋白水解（炭疽）、MAPK 的消除（志贺菌属）或 MAPK 的乙酰化（耶尔森菌属）而被削弱；金黄色葡萄球菌产生的葡激酶可以结合并中和防御素；肺炎克雷伯氏菌荚膜多糖可阻止气道上皮细胞表达 β-防御素等。

三　抗菌抵抗力的机制

机体抗菌抵抗力主要与种属特异性和体内一些先天性免疫因素有关。先天性免疫因素主要包括中性粒细胞、单核-巨噬细胞、肥大细胞等固有免疫细胞的吞噬和杀灭作用，补体系统通过凝集素途径和替代途径激活而发挥对病原菌的溶解和损伤，溶菌酶和抗菌肽等的抗菌作用以及炎症反应等。

1. 遗传因素

不同种属动物对病原菌的易感性有明显差异,如鸡不感染流产布鲁氏菌;人和豚鼠对白喉毒素敏感,而大白鼠却高度抵抗。在同一动物种属中,易感性可能有明显的品系差异和遗传差异。在自然条件下,疾病只是作用于动物群体的一种选择压力。疾病在动物群体中的传播,可能一开始就消灭了所有的易感动物,而留下有抵抗力的动物进行繁殖,所以利用适当的育种方法,可以育成对特定疾病有高度抵抗力或有高度易感性的动物品系。

2. 激素

甲状腺素、低剂量的类固醇以及雌激素能刺激免疫应答,而大剂量的类固醇、睾酮和孕酮则抑制免疫应答。因此,通常雌性动物较雄性动物有更强的抗感染倾向。处于应激状态的动物,类固醇产生增多,使动物处于免疫抑制状态而易于患病。如在不适宜条件下进行长时间运输的牛,易患病毒性感染,并继发以巴氏杆菌感染为特征的肺炎,就是由于应激导致免疫抑制所致。

3. 营养因素

动物营养状况与机体抗菌抵抗力密切相关。饲喂动物以高于正常生长和繁殖推荐量的某些营养物质如矿物质、维生素等可增强机体的免疫力和抗病力,并可减少应激造成的免疫反应下降。蛋白质-能量营养不良可导致:①组织屏障萎缩,黏液分泌减少;②补体、转铁蛋白和干扰素产量降低;③细胞免疫功能受损。苏氨酸对猪IgG合成具有重要作用,精氨酸在活化巨噬细胞和抑制肿瘤细胞生长中有重要作用。蛋氨酸和半胱氨酸缺乏可抑制体液免疫功能,但过量的 L-苯丙氨酸和过量的其他必需氨基酸也会抑制抗体的合成。维生素A对维持上皮和黏膜表面功能完整性具有重要作用,对抗体合成、T细胞增殖及单核细胞的吞噬作用必不可少。维生素A缺乏可导致胸腺萎缩和鸡法氏囊过早消失。维生素E可促进巨噬细胞形成,具有抗应激及抗感染作用,增加剂量可显著提高血清免疫球蛋白含量。铁含量过高或过低均会影响机体抵抗力。缺铁会严重影响机体免疫力,使T细胞数量下降和抗体生成减少,并可影响淋巴细胞的反应能力;铁含量过高则会增加动物对细菌和寄生虫的易感性。

4. 化学因素

(1)溶菌酶　存在于动物机体的溶菌酶可通过水解细菌胞壁肽聚糖而使细菌溶解,同时还有激活补体和促进吞噬作用。

(2)游离脂肪酸　游离脂肪酸在某些条件下也可以抑制细菌生长。一般而言,不饱和脂肪酸(如油酸)往往是革兰阳性细菌的杀灭剂,而饱和脂肪酸则是杀真菌剂。

(3)抗菌物质　哺乳动物的细胞和组织具有一些抗菌活性的富含赖氨酸和精氨酸的肽和蛋白质,它们一般是中性粒细胞或血小板所释放蛋白水解酶消化蛋白质的产物,如β-溶素是一种抗炭疽杆菌和梭菌的有效多肽,它是由血小板与免疫复合物相互作用后释放出来的产物。

(4)铁结合蛋白　体液中铁的含量是影响细菌入侵成功与否的最重要的因素之一。大多数细菌如金黄色葡萄球菌、大肠杆菌、多杀性巴氏杆菌、结核分枝杆菌等,它们在生长过程中需要铁。但在动物体内,铁主要与铁结合蛋白相结合,以转铁蛋白、乳铁蛋白等形式存在。

随着细菌的入侵,肠道对铁的吸收停止,巨噬细胞所分泌的 IL-1 引起肝细胞分泌转铁蛋白,肝脏对铁的吸收增多,导致体液中可利用铁量减少,从而阻碍细菌的入侵。类似情况也发生于乳房中,当细菌入侵时,中性粒细胞释放它们储存的乳铁蛋白加以对抗。尽管如此,有些细菌(如大肠杆菌、结核分枝杆菌等)能够利用其获铁系统为其提供生长所需要的铁,因此能成功地侵入机体。

(5)活性氧和活性氮　活性氧和活性氮对中性粒细胞和巨噬细胞的杀菌作用非常重要。中性粒细胞在吞噬病原微生物时,氧的消耗骤增,瞬时生成大量的活性氧,对病原体进行迅速而有效的杀伤,继而协同溶酶体酶等因素杀灭和消化病原微生物。在抗感染过程中,IFN-α 及 IFN-γ 增强机体抗感染的能力是通过单核细胞产生活性氧,发挥对细胞内寄居病原菌的杀灭作用。试验表明,IFN-α 或 IFN-γ 本身无直接杀灭病原菌作用,病原体即便被吞噬后,若巨噬细胞不生成足够的活性氧,并不显示杀伤作用。产单核细胞李氏杆菌及鼠伤寒沙门菌之所以能在巨噬细胞中生长繁殖,与它们抑制巨噬细胞产生活性氧有关。IFN-α 及 IFN-γ 可去除抑制,促进活性氧产生,达到杀灭细菌作用。活性氮与活化的巨噬细胞杀伤肿瘤细胞密切相关。

5. 控制天然抵抗力的基因

对小鼠的研究表明,小鼠对鼠沙门菌的天然抗性由 *Nramp* 单一基因控制,该基因也存在于人、绵羊、野牛、红鹿和牛中。*Nramp* 基因编码一种疏水性很强的穿膜蛋白 Nramp1,但仅在巨噬细胞中表达。*Nramp* 基因似乎影响牛对流产布鲁氏菌感染的抗性。与易感牛相比,对流产布鲁氏菌有抗性的牛可表达较多的 Nramp1 和氧化氮合成酶,一氧化氮增多,同时出现较多的吞噬体-溶酶体融合,其原因与 *Nramp* 基因中单一核苷酸的替换有关。Nramp1 蛋白的功能尚不完全清楚,可能在激活巨噬细胞的早期过程中发挥作用。*Nramp* 基因缺失的小鼠比正常小鼠产生较少的一氧化氮,提示 Nramp1 蛋白参与一氧化氮合成信号的调节。

三　抗细菌感染的特异性免疫

病原菌感染有胞外菌感染和胞内菌感染 2 种方式。抗胞外菌感染和胞内菌感染的特异性免疫方式有所不同,抗胞外菌感染以体液免疫为主,而抗胞内菌感染则以细胞免疫为主。

1. 抗胞外菌感染免疫

胞外菌寄居于宿主细胞外的血液、淋巴液和组织液等体液中,主要通过产生外毒素、内毒素和/或侵袭性胞外酶而致病。感染动物的大多数病原为胞外菌,如葡萄球菌、链球菌、破伤风梭菌等。抗胞外菌感染以体液免疫为主(参见第六章)。

(1)抗毒素免疫　对以外毒素为主要致病因素的细菌感染,机体主要依靠抗毒素中和外毒素发挥保护作用。抗毒素能特异性地封闭外毒素的活性部分,或使毒素构型发生改变而失去毒性。抗毒素与外毒素形成的复合物易被吞噬细胞吞噬清除。当外毒素被中和后,病菌本身就易被体内的抗菌免疫因素杀灭而使感染终止。

（2）溶菌和杀菌作用　抗菌性抗体（IgM、IgG）与病原菌表面相应抗原结合后，通过经典途径激活补体系统，引起细菌的溶解和损伤。

（3）调理吞噬作用　躲过了补体系统经典途径与替代途径破坏的细菌可被特异性抗体IgG和/或补体片段 C3b、C4b 调理，促进吞噬细胞对这些胞外菌的吞噬杀伤作用。①通过 IgG Fc 片段结合吞噬细胞：IgG Fab 段与细菌表面抗原结合，其 Fc 段与吞噬细胞的 Fc 受体结合；②通过 C3b 结合吞噬细胞：IgG、IgM 与细菌抗原结合形成免疫复合物可激活补体，复合物上形成的 C3b 可与吞噬细胞上的 C3b 受体结合。抗体与相应细菌结合后，还可通过激活补体产生的趋化因子，吸引吞噬细胞聚集到细菌侵入与繁殖的部位，从而加强吞噬作用。此类抗感染免疫主要针对化脓性细菌感染。

（4）阻止细菌黏附　黏膜免疫系统分泌的 sIgA 和血液中 IgG 能阻断胞外菌黏附因子对宿主细胞的吸附，从而终止其感染。在抗呼吸道和消化道病原菌感染的免疫中，sIgA 在局部黏膜免疫中发挥重要作用。

对于以产生内毒素为主要致病物质的革兰阴性菌感染，因内毒素抗原性较弱，机体主要通过补体、吞噬细胞、抗体介导的免疫应答将其清除。

2. 抗胞内菌感染免疫

胞内菌主要寄居于细胞内生长繁殖。抗胞内菌感染以细胞免疫为主。细胞内细菌感染多为慢性细菌性感染，如结核分枝杆菌、布鲁氏菌、产单核细胞李氏杆菌等细胞内寄生菌所引起的感染。在这类感染中，细胞免疫起决定性作用，而体液免疫的作用不大。当这些病原菌侵入机体后，主要被单核-巨噬细胞吞噬，中性粒细胞在早期吞噬中也有一定作用。在特异性免疫应答产生之前，由于这类细菌的特殊结构成分，致使吞噬细胞虽能吞噬这些细菌，但不能杀灭消化，因而它们仍能在吞噬细胞内繁殖。直至机体产生了特异性免疫，巨噬细胞在其他因素协同作用下，才逐步将病菌杀死消灭。

抗胞内菌感染的细胞免疫主要依赖于 T_H1 细胞和 CTL 细胞的作用。致敏 T 细胞接触到含病原菌的巨噬细胞时，T_H1 细胞通过释放 IFN-γ、TNF-α、IL-2 等细胞因子活化巨噬细胞及 CTL 细胞，以增强对胞内菌的清除；同时使巨噬细胞集聚于炎区，促进和加速对胞内菌的杀灭清除。CTL 可通过释放穿孔素（perforin）和颗粒酶直接杀伤胞内菌和被胞内菌感染的靶细胞，使其释放出胞内细菌，再经抗体或补体的调理作用被吞噬细胞消灭。CTL 还可通过释放 IFN-γ 等活化巨噬细胞，增强其杀伤能力。T_H1 细胞可介导迟发型变态反应发挥杀灭和清除胞内菌的作用。

第三节　抗病毒感染的免疫

一　病毒感染的致病机制

病毒感染可对宿主组织和器官造成直接损伤从而致病，但也可能并无组织器官损伤，而导致病理变化或易发生继发感染,病毒致病机制因病毒种类不同而异。

1. 杀细胞效应

杀细胞效应即病毒在细胞内增殖引起细胞溶解死亡。病毒增殖时,其 mRNA 与细胞质核蛋白体结合,利用细胞内物质合成病毒蛋白质,从而干扰细胞蛋白质的合成,抑制核酸代谢,导致细胞死亡,也可引起细胞溶酶体膜功能改变,释放溶酶体酶,促进细胞溶解。

2. 细胞膜改变

非溶细胞性病毒在细胞内增殖后不引起细胞溶解死亡。病毒成熟后以出芽方式释出,再感染邻近细胞,引起宿主细胞膜改变:①引起感染细胞与未感染细胞融合,使病毒从感染细胞进入邻近正常细胞,形成多核巨细胞,此种变化有利于病毒扩散;②病毒在细胞内复制过程中,由病毒基因编码的抗原可出现在感染的细胞膜表面而侵害周围的细胞。

3. 细胞转化

病毒 DNA 或其片段整合到宿主细胞 DNA 中,使宿主细胞遗传性状改变,发生恶性转化而成为肿瘤细胞。如肿瘤病毒的某些基因或其产物可启动细胞原癌基因成为癌基因而致细胞癌变。

4. 持续性感染

有些病毒能长期持续存在于动物体内而不显示临床症状,同时机体免疫系统也不能将其清除。当这些被感染的动物被引入易感群,便会引起疫病的暴发。持续性感染可以再次激活,引起宿主疾病复发,并能引起免疫性疾病,还与肿瘤的形成有关。

5. 抗病毒免疫反应导致宿主细胞损伤

病毒具有较强的免疫原性,能诱导机体产生免疫应答,其后果既可表现为抗病毒的保护作用,也可导致对机体的免疫损伤。

(1)体液免疫的损伤作用 抗病毒抗体与细胞膜上的病毒抗原结合,激活补体可导致细胞溶解或损伤(Ⅱ型超敏反应),或介导 NK 细胞的 ADCC 作用。抗体与某些病毒结合后,可促进病毒在感染细胞中的复制,增强病毒的致病作用,称为病毒复制的抗体依赖性增强,可见于猪繁殖与呼吸综合征病毒、牛呼吸道合胞体病毒和日本脑炎病毒等的感染。

(2)循环免疫复合物的损伤作用 病毒抗原抗体复合物在一定条件下可沉积于某些组织的血管壁,激活补体,引起组织损害,可见于病毒感染导致的肾小球肾炎、类风湿性关节炎等(Ⅲ型超敏反应)。免疫复合物沉积于肾小球引起的肾小球肾炎是马传染性贫血病、水貂阿留申病、猫白血病、犬腺病毒感染等的常见并发症。

(3)细胞免疫的损伤作用 CTL 及 T_{DTH} 细胞与宿主细胞膜上病毒抗原结合,通过直接的细胞毒作用或通过释放细胞因子导致组织细胞损伤(Ⅳ型超敏反应)。

二 病毒逃避宿主免疫防御的机制

1. 抗原变异

一些病毒(如流感病毒、口蹄疫病毒、猪繁殖与呼吸综合征病毒等)的抗原表位尤其是中和抗原表位经常发生改变,使病毒突变株逃逸已建立的抗感染免疫抗体的中和与阻断作用,导致感染的存在。如流感病毒表面的血凝素和神经氨酸酶均为良好抗原,能刺激机体产生免疫保护作用。在与机体免疫系统的斗争过程中,流感病毒可能持续发生抗原变异,当发生抗原转换时,机体原已建立的抗流感病毒免疫力对变异病毒株无效,从而引起流感的周期性流行。

2.免疫抑制

免疫抑制性病毒(如马立克病病毒、禽白血病病毒、网状内皮增生症病毒、传染性法氏囊病病毒、猪圆环病毒-2型、猪繁殖与呼吸综合征病毒等)可直接感染并破坏淋巴细胞或巨噬细胞等免疫细胞,导致免疫功能受损,出现免疫抑制。一些病毒可通过编码某些蛋白质作用于抗原提呈过程,进而逃避免疫系统的识别和清除,主要机制包括:①病毒可通过编码某些蛋白质影响蛋白酶的酶解作用,阻碍抗原肽段的产生;②抑制转运蛋白 TAP 介导的肽转运;③抑制或破坏抗原多肽 MHC I 类分子复合体的形成等抗原提呈过程的各个环节,影响动物机体的特异性免疫应答,从而逃避免疫系统的清除,如高致病性猪繁殖与呼吸综合征病毒感染可下调肺泡巨噬细胞 MHC I 类分子的表达,主要机制是病毒的非结构蛋白 nsp1α 可经蛋白酶体降解细胞内合成的 MHC I 类分子。

3.干扰免疫效应功能

病毒感染可干扰机体的免疫效应功能。

(1)抑制或调节细胞因子　病毒可通过编码某些特异蛋白质干扰细胞因子的合成或延迟细胞因子成熟,抑制或改变细胞因子转导通路等,以阻断细胞因子的产生,从而干扰细胞因子的效应功能。如牛病毒性腹泻病毒可通过改变 TLR7 与 TLR3 的表达及其信号途径和 I 型干扰素的生成,逃避宿主天然免疫的杀伤作用。如猪繁殖与呼吸综合征病毒主要通过干扰 RIG-I 信号途径中 IPS-1 活化而抑制 IFN-β 产生,从而逃逸机体的免疫防御。

(2)干扰补体系统　一些病毒(如痘病毒、疱疹病毒)可编码的一些蛋白质,其氨基酸序列与补体系统的调控蛋白有相似性,通过结合补体调控因子来阻断补体激活,或直接或间接地结合到补体上,介导病毒进入宿主细胞。

(3)抑制靶细胞凋亡　在漫长的进化过程中,病毒发展了各种机制在感染时期延迟或抑制细胞的死亡,拮抗凋亡的发生,以便进行病毒蛋白质的合成、装配和复制。

(4)通过调节因子逃避免疫监视　病毒通过产生负性调节因子,调节宿主细胞膜表面受体和结合多种重要的信号转导分子,影响免疫细胞的活性和破坏机体的免疫功能,从而逃避免疫监视。

4.病毒 miRNA 参与免疫逃逸

病毒可通过自身 miRNA 干扰宿主细胞的病毒抗原提呈、免疫细胞活化、对感染细胞的识别等正常免疫应答过程,以及调控细胞因子表达、细胞周期、促进感染细胞增殖并抑制感染细胞凋亡等方式,帮助病毒实现免疫逃逸,形成潜伏感染。

三　抗病毒抵抗力的机制

在病毒感染初期,机体主要通过细胞因子(如 TNF-α、IL-12、IFN)和 NK 细胞行使抗病毒作用,其中干扰素是动物机体抗病毒抵抗力的主要因子。干扰素是一种天然的非特异性防御因素,具有广谱抗病毒作用,在入侵部位的细胞产生的干扰素可渗透到邻近细胞而限制病毒向四周扩散。病毒血症时,干扰素也可通过血流到达靶器官,抑制病毒增殖和控制病毒向全身扩散。机体感染病毒后在数小时内即可产生干扰素,几天内达到高峰,以行使早期抗感染作用。例如,给牛静脉注射牛疱疹病毒,血清中干扰素水平在 2 d 后即达到高峰,7 d 之后仍能检出,而抗体在病毒感染后 5～6 d 才能在血清中检出。干扰素具有种属特异性,即某一种属细胞产生的干扰素只作用于相同种属的其他细胞,如猪干扰素只对猪具有保护作用,对其他动物则无作用。

四　抗病毒的特异性免疫

抗病毒的特异性免疫包括以中和抗体为主的体液免疫和以 T 细胞为中心的细胞免疫。对于预防再感染来说,主要靠体液免疫作用,而疾病的恢复主要依靠细胞免疫作用。动物机体抗病毒感染的主要免疫因素见图 10-3。

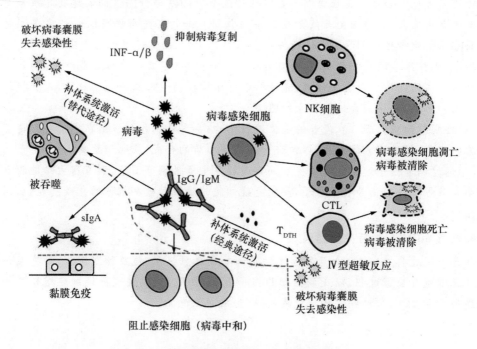

图 10-3　动物机体抗病毒感染的主要免疫因素

1. 体液免疫

抗体是病毒体液免疫的主要因素,在机体抗病毒感染免疫中起重要作用的是 IgG、IgM 和 IgA 抗体。分泌型 IgA 可防止病毒的局部入侵,IgG 和 IgM 可阻断已入侵的病毒通过血循环扩散。其抗病毒机制主要是中和病毒和调理作用。

病毒感染后,首先出现的是 IgM,经过数天或十余天之后,才为 IgG 所代替,IgM 的增高常常是短暂的(2 周以内)。当再感染时则通常只出现 IgG 而不出现 IgM,但 IgM 对病毒的中和能力不强,有补体参与时可增强其中和作用。

IgG 是病毒感染后的主要抗体,其水平在病毒感染后 2～3 周达到高峰,之后可持续相当长的时间。IgG 是抗病毒的主要抗体,在病毒的中和作用和 NK 细胞参与的 ADCC 反应中占主要地位。IgG 介导的中和反应不需补体的参与,当然有补体参与时,可加强其作用。而且 IgG 可通过调理作用使巨噬细胞发挥更大的作用。

分泌型 IgA 在病毒的体液免疫中有相当重要的地位,它的合成主要在局部组织细胞而不是在脾脏。消化道、呼吸道黏膜的免疫作用与分泌型 IgA 有重要关系。IgA 与抗原的复合物不结合补体。

(1)中和作用 一些病毒抗体与病毒结合后可阻断病毒感染的发生,此即抗体对病毒的中和作用。能与病毒结合并消除病毒感染能力的抗体称为中和抗体(neutralizing antibody);能刺激中和抗体产生的病毒表面抗原称为保护性抗原或中和抗原。中和抗体不能直接杀灭病毒,而是通过封闭病毒抗原表位或改变病毒表面构型而阻止病毒吸附或进入易感细胞。循环抗体(IgG、IgM)能有效地中和进入血液的病毒,但其作用受抗体所能达到部位的限制。对进入细胞内的病毒,抗体的中和作用则很难发挥。中和抗体在初次感染的恢复过程中起的作用不大,但在防止病毒的再感染过程中发挥很重要的作用。分泌型 IgA 在黏膜抗感染免疫中起主要作用。

(2)促进病毒被吞噬 抗体可与病毒结合而导致游离的病毒颗粒丛集、凝聚,从而易被巨噬细胞所吞噬,补体的参与可加强这种作用。

(3)抗体依赖性细胞介导的细胞毒作用和免疫溶解作用 抗体不仅能直接与游离病毒抗原结合,还能与表达于受感染细胞表面的病毒抗原结合,进而介导 ADCC 效应或通过激活补体导致靶细胞裂解。

2. 细胞免疫

因中和抗体不能进入受感染的细胞,细胞内病毒的消灭依靠细胞免疫,细胞免疫在病毒性疾病的康复中起着极为重要的作用,参与抗病毒感染的细胞免疫,主要依赖于 CTL 和 T_H1 细胞。

(1)CTL 的作用 CTL 能特异性地识别病毒感染细胞表面的病毒抗原或靶细胞改变的抗原,通过释放穿孔素和颗粒酶、TNF 或表达 FasL,引起靶细胞溶解或凋亡。靶细胞被破坏后释放出的病毒,在抗体配合下,可被吞噬细胞清除。

(2)T_H1 细胞的作用 在抗病毒免疫中,活化的 T_H1 细胞可释放 IFN-γ、TNF-α、IL-2 等细胞因子,活化巨噬细胞、NK 细胞,促进 CTL 增殖和分化,抑制病毒复制或杀伤病毒感染细胞,或增强巨噬细胞吞噬和破坏病毒的活力。T_H1 细胞可介导迟发型变态反应清除胞内病毒。

一些病毒能逃避宿主的免疫反应,呈现持续感染状态。如牛白血病病毒能持续存在于循环中的淋巴细胞内,这类病毒感染细胞的膜表面并不表达病毒抗原,病毒可存在于细胞膜的内侧面,因而能逃避识别。一些病毒可直接在淋巴细胞(如牛白血病病毒)或巨噬细胞(如马传染性贫血病毒、猪繁殖与呼吸综合征病毒)中生长繁殖,直接破坏机体的免疫功能而影响适应性免疫应答。

在大多数情况下,机体抗病毒感染免疫反应需要干扰素、体液免疫和细胞免疫的共同参与,以阻止病毒复制和消除病毒感染。

第四节　抗寄生虫感染的免疫

寄生虫的结构、组成和生活史较为复杂,其抗原来源(虫体、虫体表膜、虫体的排泄分泌物或虫体蜕皮液、囊液等)和组分(蛋白质或多肽、糖蛋白、糖脂、多糖等)也比其他病原微生物更具有多样性。因此,宿主对寄生虫感染的免疫反应也是多种多样,有多种表现形式。早期的研究认为寄生虫的免疫原性不良,抗原性很弱,其实不然,多数寄生虫对宿主免疫系统具有良好的抗原性,但在对寄生生活的适应过程中,它们进化出许多使其在免疫应答的存在下得以生存的机制,也就是大部分寄生虫在长期进化中,都获得了逃避宿主免疫应答的机制,如某些寄生虫产生免疫抑制作用或者改变自身抗原性或者自身吸附宿主的血清蛋白或红细胞抗原而呈抗原隐蔽状态等。所以,宿主对寄生虫感染的免疫和其他病原体一样,也表现为先天性免疫和适应性免疫。

通常寄生虫感染的适应性免疫(特异性体液免疫和细胞免疫)比较弱。少数寄生虫感染后宿主产生的适应性免疫能够完全消除体内寄生虫,并对再感染产生完全的抵抗力,称为清除性免疫(sterilizing immunity)。大多数寄生虫感染后可引起宿主对再感染产生一定程度的免疫力,但不能完全清除宿主体内原有的寄生虫,维持在一个低水平,临床表现为不完全免疫,称为非清除性免疫(non-sterilizing immunity)。非清除性免疫在寄生虫感染中较为常见,是寄生虫与宿主在漫长的共同进化中形成的一种平衡机制,与寄生虫的免疫逃避和免疫调节有关。

一　寄生虫逃避宿主免疫防御的机制

(1)抗原性的改变　寄生虫抗原复杂而易变异,如非洲锥虫在宿主血液内能够不断更换其表面糖蛋白,产生新的变异体,逃避宿主的特异性免疫效应。恶性疟原虫也有这种抗原变异现象。有些寄生虫体表结合有宿主的抗原,或者被宿主的抗原包被,出现抗原伪装,妨碍宿主免疫系统的识别,为逃避宿主的免疫攻击创造了条件。

（2）免疫抑制　一些寄生虫通过释放大量可溶性抗原,干扰宿主的免疫反应。某些抗原抗体复合物的形成可抑制宿主的免疫应答。如曼氏血吸虫感染后,在宿主体内形成的可溶性免疫复合物可抑制嗜酸性粒细胞介导的对童虫的杀伤作用及淋巴细胞转化等。有些寄生虫的分泌物或代谢产物可直接破坏免疫效应分子,如枯氏锥虫的锥鞭毛体的蛋白酶能分解附着于虫体上的抗体,使虫体上仅有Fab部分,而无Fc部分,因而不能激活补体介导的虫体溶解。少数寄生虫可分泌免疫抑制因子,抑制宿主的免疫应答。

（3）免疫隔离　有些寄生虫（如贾第鞭毛虫、旋毛虫、棘球蚴等）在宿主组织内形成包囊,形成逃避免疫反应的有效屏障。

二　抗原虫感染的免疫

原虫是单细胞动物,其免疫原性的强弱取决于入侵宿主组织的程度。如肠道的痢疾阿米巴原虫,只有当它们侵入肠壁组织后才激发抗体的产生;滋养体阶段的刚地弓形虫的寄生性几乎完全没有种的特异性,能感染所有哺乳动物和多种鸟类。

（1）非特异性免疫防御机制　抵抗原虫的非特异性免疫机制尚不十分清楚,但通常认为这种机制在性质上与细菌性和病毒性疾病中的机制相似。种的影响可能是最重的因素,例如:路氏锥虫仅见于大鼠,而肌肉锥虫仅见于小鼠,两者都不引起疾病;布氏锥虫、刚果锥虫和活泼锥虫对东非野生蹄兽不致病,但对家养牛毒力很强。这种种属的差异可能与长期选择有关,由动物的遗传性能决定对原虫病的抵抗力。

（2）特异性免疫防御机制　原虫多数寄生在细胞内或细胞外,虫体在宿主体内繁殖,因此激发宿主机体产生的免疫程度较强。原虫既能刺激机体产生体液免疫,又能刺激细胞免疫应答,体液免疫或细胞免疫所占的地位随不同的虫种而异。抗体通常作用于血液和组织液中游离生活的原虫,而细胞免疫则主要针对细胞内寄生的原虫。

抗体对原虫作用的机制与其他颗粒性抗原相类似,针对原虫表面抗原的血清抗体能调理、凝聚或使原虫不能活动;抗体和补体以及细胞毒性细胞一起杀死原虫。称为抑殖素（ablastin）的抗体能抑制原虫的酶,从而使其不能增殖。

刚地弓形虫和小泰勒焦虫的免疫应答主要为细胞免疫,它们属于专性细胞内寄生,所以抗体与补体联合作用能消灭体液中的游离原虫,但对细胞内的寄生虫则很少或没有影响。对细胞内的原虫是由细胞介导的免疫应答加以破坏,其机理与结核分枝杆菌的免疫应答类似。寄生在血液中的锥虫主要激发体液免疫,巴贝斯虫感染时以体液免疫为主,但锥虫和巴贝斯虫也都能激发细胞免疫。

某些原虫病（如球虫）的保护性免疫机制尚不十分清楚。感染肠道寄生的巨型艾美耳球虫的鸡可产生对感染有保护作用的免疫力,能抑制早侵袭期的滋养体在肠上皮细胞内的生长。免疫鸡血清中能检出巨型艾美耳球虫的抗体,免疫鸡的吞噬细胞对球虫孢子囊的吞噬能力增强。有研究表明,感染艾美耳球虫后,黏膜经常有大量淋巴细胞、粒细胞和巨噬细胞浸润,提示细胞免疫的重要性。

三 抗蠕虫感染的免疫

蠕虫是多细胞动物,同一蠕虫在不同的发育阶段,既可有共同的抗原,也可有某一阶段的特异性抗原。高度适应的寄生蠕虫很少引起宿主强烈的免疫应答,容易逃避宿主的免疫应答,所以,这类寄生虫引起的疾病是很轻微的或不显示临床症状。只有当它们侵入不能充分适应的宿主体内,或者有异常大量的蠕虫寄生时,才会引起急性病的发生。

1. 非特异性免疫防御机制

影响蠕虫感染的因素多而复杂,不仅包括宿主方面的因素,而且也包括宿主体内其他蠕虫产生的因素。蠕虫存在种类和种间的竞争作用,使蠕虫之间竞争寄生场所和营养,这对动物体内蠕虫群体的数量和组成起着调节作用。

影响蠕虫寄生的宿主因素包括年龄、品种和性别。性别和年龄对蠕虫寄生的影响与激素有很大关系。动物的性周期是有季节性的,寄生虫的繁殖周期往往与宿主的繁殖周期相一致。如母羊粪便中的线虫在春季明显增多,与母羊产羔和开始泌乳相一致。此外,遗传因素对蠕虫的抵抗力也有较大影响。

2. 特异性免疫防御机制

蠕虫在宿主体内以 2 种形式存在,一是以幼虫存在于组织中,另一是以成虫寄生于胃肠道或呼吸道。蠕虫感染时,主要以体液免疫为主,IgE 抗体的产生和嗜酸性粒细胞的动员对蠕虫的清除有重要作用。虽然针对蠕虫抗原的免疫应答机体能产生常规的 IgM、IgG 和 IgA 抗体,但主要是 IgE 参与抗蠕虫感染。中性粒白细胞、巨噬细胞、NK 细胞以及固有样淋巴细胞可能参与对蠕虫的免疫,但主要的机制似乎是由嗜碱性粒细胞和肥大细胞(表面均有与 IgE 结合的 Fc 受体)介导的。在许多蠕虫感染中,血液中 IgE 抗体显著增高,呈现 I 型超敏反应,出现嗜酸性粒细胞增多、水肿、哮喘和荨麻疹性皮炎等。由 IgE 引起的局部过敏反应可能有利于驱虫。蠕虫感染动物时,嗜碱性粒细胞和肥大细胞向感染部位聚集,当蠕虫抗原与吸附于嗜碱性粒细胞和肥大细胞表面的 IgE 抗体结合时,引发脱颗粒而释放出血管活性组胺,可导致肠管的强烈收缩,从而驱出虫体。除 IgE 外,其他类型抗体也起着重要的作用,如嗜酸性粒细胞也有 IgA 受体,当其受体交联时释放出颗粒内容物。嗜酸性粒细胞脱颗粒时可释放出效力强大的拮抗性化学物质和蛋白质,包括阳离子蛋白、神经毒素和主要碱性蛋白(major basic protein,MBP)等,可能也有助于造成蠕虫栖息的有害环境。蠕虫感染通常使免疫系统倾向于 T_H2 应答,产生 IgE、IgA 以及 T_H2 细胞因子和趋化因子 CCL11(eotaxin),细胞因子 IL-3、IL-4、IL-5、IL-13 以及嗜酸性粒细胞趋化因子(eotaxin)对嗜酸性粒细胞和肥大细胞有趋化性(图 10-4)。

细胞免疫通常对高度适应的寄生蠕虫不引起强烈的排斥反应,但其作用不可忽视。致敏 T 淋巴细胞以 2 种机制抑制蠕虫的活性:①通过迟发型超敏反应将单核细胞吸引到幼虫侵袭的部位,诱发局部炎症反应;②通过细胞毒性 T 淋巴细胞的作用杀伤幼虫,在组织切片中可以看到许多大淋巴细胞吸附在正在移行的线虫幼虫上。

　　总之,各种病原体进入动物机体后,机体将发动一切抗感染免疫机制,以抵抗病原的感染,最大限度地保护自身组织器官不受外来病原的损伤和破坏。

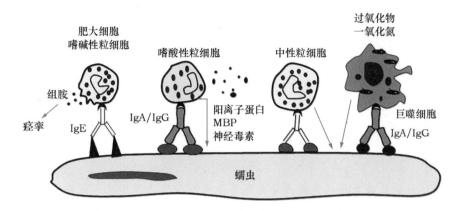

图 10-4　动物机体抗蠕虫感染的主要免疫因素

❓复习思考题

1. 动物体内的先天性免疫因素主要有哪些？在抗感染中各有何作用？
2. 试述参与机体抗菌感染的主要免疫因素。
3. 试述参与机体抗病毒感染的主要免疫因素。
4. 简述病原体免疫逃逸的主要方式。
5. 动物机体抗寄生虫感染的主要免疫因素有哪些？

第十一章
疫苗与免疫预防

内容提要

　　机体对病原微生物的免疫力分为先天性免疫和适应性免疫。免疫预防是疫病控制实践中面临的主要问题,主要通过人工被动及主动免疫方式为动物提供免疫保护。人工主动免疫通过接种疫苗来实现。疫苗免疫接种是防控动物疫病的主要手段之一,疫苗分活疫苗、灭活疫苗、亚单位疫苗及基因工程疫苗等,前两者最为常用,各有优缺点。一些基因工程疫苗已逐渐得到应用。疫苗的使用应采用适当的免疫途径及免疫程序。造成免疫失败的因素很多,应找出真正的原因,同时应避免或尽可能减少免疫接种的副反应,以提高免疫预防效果。

　　动物机体获得特异性免疫力的方式主要包括天然特异性免疫和人工特异性免疫,疫苗免疫接种属于后者。疫苗问世 200 多年来,在人类和动物传染病的防控中已发挥了重大作用。疫苗的发展经历了经典减毒疫苗到细胞疫苗再到分子水平疫苗的历程,目前的疫苗有活疫苗、灭活疫苗、亚单位疫苗和基因工程疫苗等几大类。同时,随着科学的发展,新型的疫苗不断出现,为动物疫病防控和公共卫生提供新制品。疫苗免疫接种已成为动物疫病预防和控制的主要措施之一,采用科学的免疫程序,经合适的免疫途径可以获得满意的免疫效果。同时,疫苗免疫接种有时亦会产生副反应,甚至会出现免疫失败现象。需要强调的是,疫苗免疫接种不是万能的,对其在疫病防控中的作用要有正确的认识和评价。

　　依据动物疫病防控的实际需要,疫苗还可制成多价疫苗或联合疫苗,以期提高免疫效率,实现"一针防多病(或多种血清型)"。多价疫苗(multi-valent vaccine)简称多价苗,是指将同一种细菌(或病毒)的不同血清型混合制成的疫苗,如巴氏杆菌多价疫苗、大肠杆菌多价疫苗、口蹄疫二价或三价疫苗等。联合疫苗(combined vaccine)简称联苗,是指由 2 种以上的细菌(或病毒)联合制成的疫苗,一次免疫可预防 2 种或以上疫病,如猪瘟-猪丹毒-猪肺疫三联疫苗,新城疫-减蛋综合征(EDS-76)-传染性法氏囊病三联疫苗。随着疫苗学(vaccinology)的发展,医学领域相继出现治疗性疫苗、负性疫苗、肿瘤疫苗以及非传染病疫苗等。

第一节　被动免疫与主动免疫

一　概述

机体获得特异性免疫力有多种途径，主要分两大类型（图 11-1），即被动免疫（passive immunity）和主动免疫（active immunity），它们又分为天然和人工两种方式。其中，最为重要的是人工主动免疫，即人为地对动物进行疫苗免疫接种，使动物具有对某种病原微生物的特异性免疫力。动物机体的特异性免疫能够防御再次入侵病原体造成的伤害和影响，即使不能阻止其进入机体，但也能快速地加以清除，使病原体不能形成感染，称为清除性免疫（sterilizing immunity）。

疫苗（vaccine）是一类接种动物后能产生主动免疫，建立预防疾病的特异性免疫力的生物制品。疫苗免疫接种（vaccination）是防控动物传染性疾病最重要的手段之一，尤其是在病毒性疾病的防治中，由于没有有效的药物进行治疗或预防，因而免疫预防显得更为重要。动物种系除了经长期进化形成了天然防御能力外，个体动物还受到外界因素（病原体及其产物）的影响获得了对某些疾病的特异性抵抗力。免疫预防就是通过应用疫苗免疫的方法使动物具有针对某种传染病的特异性抵抗力，以达到控制疾病的目的。

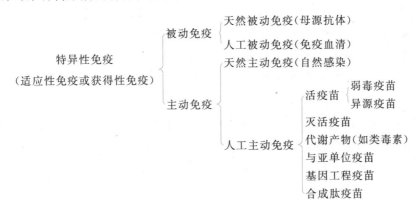

图 11-1　特异性免疫分类

二　被动免疫

被动免疫分为天然被动免疫和人工被动免疫。

1. 天然被动免疫

天然被动免疫是指新生动物通过母体胎盘、初乳或卵黄从母体获得某种特异性抗体，从而获得对某种病原体的免疫力。天然被动免疫是免疫防治中非常重要的内容之一，在临床上应用广泛。由于动物在生长发育的早期（如胎儿和幼龄动物），免疫系统还不够健全，对病原体感染的抵抗力较弱，然而可通过获取母源抗体增强免疫力，以保证早期的生长发育，这对生产实践具有指导意义。如用小鸭肝炎疫苗免疫母鸭以防雏鸭患小鸭肝炎，母猪产前免疫以保护仔猪等。天然被动免疫主要有两方面的意义：①保护胎儿免受病原体的感染；②抵御幼龄动物传染病。

初乳中的 IgG、IgM 抗体可抵抗败血性感染，分泌型 IgA 抗体可抵抗肠道病原体的感染。然而母源抗体的存在也有其不利的一面，它可干扰弱毒疫苗对幼龄动物的免疫效果，是导致免疫失败的原因之一。

2. 人工被动免疫

人工被动免疫是指将免疫血清或自然发病后康复动物的血清人工输入未免疫的动物，使其获得对某种病原的抵抗力。如抗犬瘟热病毒血清可防治犬瘟热，抗鸡巴氏杆菌血清可防治鸡巴氏杆菌病等，尤其是患病毒性疾病的珍贵动物，用抗血清防治更加重要。采用人工被动免疫注射免疫血清可使抗体立即发挥作用，无诱导期，免疫力出现快。然而根据半衰期的长短，虽然抗体水平下降的程度不同，但抗体在体内逐渐减少，免疫力维持时间短，一般维持 1～4 周（图 11-2）。

免疫血清可用同种动物或异种动物制备，用同种动物制备的血清称为同种血清，而用异种动物制备的血清称为异种血清。抗细菌血清和抗毒素通常用大动物（马、牛等）制备，如用马制备破伤风抗毒素，用牛制备猪丹毒血清，二者均为异种血清。抗病毒血清常用同种动物制备，如用猪制备猪瘟血清、用鸡制备新城疫血清等。同种动物血清被动免疫后总体上不引起受体动物产生针对抗血清的免疫应答反应，因而比异种血清免疫期长。

异种血清（如抗毒素）的制备一般需经一定的处理，例如，用类毒素（细菌的外毒素经甲醛或其他方法处理后，毒力减弱或丧失但仍保持免疫原性，称为类毒素）免疫动物，获取含高效价抗毒素的血清，用饱和硫酸铵（48%）处理，使抗毒素免疫球蛋白部分得到浓缩和提纯。抗毒素制品的效果检验需用国际生物制剂标准来衡量，如破伤风抗毒素在检测时用国际标准制剂相比较来确定其效力，通常有 2 种方法，一种是用破伤风毒素进行攻击豚鼠来测定抗毒素的保护剂量，并与国际标准制剂进行对照；另一种方法是测定抗毒素与毒素的结合能力，用絮状沉淀试验测定，同时与国际标准制剂相比较。一个破伤风抗毒素的国际单位（IU）是指 0.033 84 mg 国际标准的破伤风抗毒素所含的特异性中和活性。美国标准单位（AU）是国际单位的 2 倍。由于异种血清（抗毒素等）在接种后，虽然可立即产生免疫力，但也会被当作异物，引起免疫应答，甚至导致变态反应（尤其是重复多次注射异种血清），因此将异种血清进行处理后使用是十分必要的，如为减少抗毒素对异种动物的抗原性，常用胃蛋白酶将抗毒素进行处理，去除其 Fc 区，仅保留具有中和毒素作用的 Fab 片段。

除了用免疫血清进行人工被动免疫外，在家禽还常用卵黄抗体制剂进行某些疾病的防治，如鸡群暴发鸡传染性法氏囊病（IBD）时，用免疫后含有高效价 IBD 抗体的蛋，取其卵黄处理后,进行紧急注射,可起到良好的防治效果。在雏鸭肝炎的防治中也常用到卵黄抗体进行紧急防治。

三 主动免疫

主动免疫分为天然主动免疫和人工主动免疫。

1.天然主动免疫

天然主动免疫是指动物在生长过程中感染某种病原微生物耐过后产生的对该病原体再次侵入的不感染状态,或称为抵抗力。

自然环境中存在着多种致病微生物,可通过呼吸道、消化道、皮肤或黏膜侵入动物机体,在体内不断增殖,与此同时刺激动物机体的免疫系统产生免疫应答。如果机体的免疫系统不能将其识别和清除,病原体繁殖得越来越多,达到一定数量后就会给机体造成严重的损害,甚至导致死亡。如果机体免疫系统能将其彻底清除,动物即可耐过发病过程而康复,耐过的动物对该病原体的再次入侵具有坚强的特异性抵抗力,但对另一种病原体,甚至同种但不同血清型的病原体却没有抵抗力或仅有部分抵抗力。机体这种特异性免疫力是自身免疫系统对异物刺激产生的免疫应答(包括体液免疫与细胞免疫)的结果。

2.人工主动免疫

人工主动免疫是指给动物接种疫苗,刺激机体免疫系统发生应答反应而产生特异性免疫力。与人工被动免疫比较而言,所接种的物质不是现成的免疫血清或卵黄抗体,而是刺激产生免疫应答的各种疫苗制品,包括各种疫苗、类毒素等,因而有一定的诱导期或潜伏期,出现免疫力的时间与抗原种类有关,如病毒抗原需3~4 d,细菌抗原需5~7 d,毒素抗原需2~3周。然而人工主动免疫产生的免疫力持续时间长,免疫期可达数月甚至数年,而且有回忆反应,某些疫苗免疫后,可产生终身免疫。由于人工主动免疫不能立即产生免疫力,需要一定的诱导期,因而在免疫防治中应充分考虑到这一特点,动物机体对重复免疫接种可不断产生再次应答反应(包括体液免疫和细胞免疫,二者可同时发挥作用或偏重其一),主动免疫抗体产生情况见图11-2。

(1)群体免疫力 群体免疫力(herd immunity)是指在动物群体中,由于存在着一定比例的免疫动物,使整个动物群体具有对某种疾病的抵抗力。在畜禽传染病防治中,人工免疫接种是提高动物群体免疫力的关键所在,也是防止疫病流行的前提和基础,一切卫生防疫与保健工作都应围绕着这一中心进行。

(2)疫苗的种类 目前已知的疫苗概括起来分为活疫苗、灭活疫苗、代谢产物和亚单位疫苗以及基因工程疫苗等。其中基因工程疫苗包括基因工程重组亚单位疫苗、基因工程重组活载体疫苗、基因缺失疫苗、核酸疫苗等。此外,还有合成肽疫苗、表位疫苗以及抗独特型疫苗。

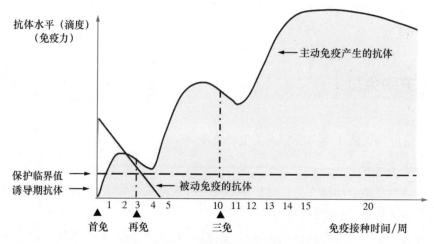

图 11-2　主动免疫与被动免疫血清抗体水平

第二节　全微生物疫苗

一　活疫苗

活疫苗(live vaccine)有弱毒疫苗和异源疫苗两种。其中,强毒疫苗是应用最早的活疫苗,如我国古代民间预防天花所使用的痂皮粉末就含有强毒。使用强毒进行免疫危险很大,免疫的过程也是散毒的过程,所以应摒弃,在生产实践中应严格禁止。

1. 弱毒疫苗(live attenuated/modified vaccine)

弱毒疫苗是目前生产中使用最广泛的疫苗,虽然其毒力已经致弱,但仍然保持着原有的抗原性,并能在体内繁殖,因而可用较少的免疫剂量诱导产生牢固的免疫力,而且无须使用佐剂,免疫期长,不影响动物产品(如肉类)的品质。有些弱毒疫苗可刺激机体细胞产生干扰素,对抵抗其他病毒感染也是有益的。虽然弱毒疫苗有上述优点,但也有储存与运输不便,而且保存期较短,将其制成冻干疫苗可延长保存期,但目前有些效果良好的疫苗(如细胞结合毒马立克病疫苗)需在液氮中保存,因此在一定程度上局限了应用范围。

大多数弱毒疫苗是通过人工致弱强毒而制成的,致弱方法是使强毒株在异常条件下生长繁殖,使其毒力减弱或丧失,如炭疽芽孢疫苗是通过高温(42℃)培养而制成的,禽霍乱疫苗最初是用多杀性巴氏杆菌在营养缺乏的条件下培养的。病毒疫苗弱毒株通常是用鸡胚、细胞培养或实验动物接种传代减毒制成的,如我国培育成功的猪瘟兔化弱毒疫苗、牛瘟山羊化或兔化疫苗。非洲马瘟病毒小鼠适应疫苗、犬瘟热病毒雪貂适应疫苗等都是使病毒在非自然适应动物中生长适应制备的。将哺乳动物的病毒接种于鸡胚也是毒力致弱的常用方法,将病毒在不适应的细胞中培养也可减弱病毒毒力。致弱后的疫苗株应毒力稳定、不返强,因此多用高代次的毒株制备疫苗,如牛瘟兔化疫苗是用 400 代以后的毒株,猪瘟兔化弱毒疫苗是用 370 代以后的毒株,而且在多次传代后仍维持原有的免疫原性。此外,其他理化方法也可用于筛选弱毒株,还有一些疫苗株为自然弱毒株。

2. 异源疫苗 (heterogenous vaccine)

异源疫苗是用具有共同保护性抗原的不同种类病毒制备成的疫苗。如用火鸡疱疹病毒(HVT)接种预防鸡马立克病,用鸽痘病毒预防鸡痘等。目前已知有交叉免疫保护作用的病毒有麻疹病毒、牛瘟病毒与犬瘟热病毒;牛病毒性腹泻病毒与猪瘟病毒;火鸡疱疹病毒与马立克病病毒;牛瘟病毒与鸡新城疫病毒等。

使用活疫苗应引起注意的问题是活疫苗会出现异种微生物或同种强毒污染的风险,经接种途径人为地传播疫病。如某国对暴发的禽网状内皮增生病的病原进行追查,发现病原是通过污染的马立克病疫苗带入的;猫的细小病毒也是通过污染的疫苗散播的。因此在禽类活疫苗的生产过程中,应使用 SPF 鸡胚(或细胞),杜绝一些蛋传性病原体对疫苗的污染。

二　灭活疫苗

病原微生物经理化方法灭活后,仍然保持免疫原性,接种后使动物产生特异性抵抗力,这种疫苗称为灭活疫苗(killed/inactivated vaccine)或死疫苗。灭活疫苗接种后不能在动物体内繁殖,因此使用接种剂量较大、免疫期较短,需加入适当的佐剂以增强免疫效果。灭活疫苗的优点是研制周期短、使用安全和易于保存;缺点是免疫效果不如活疫苗,注射次数多、接种量大,接种后有时副反应较大。目前所使用的灭活疫苗主要是油佐剂灭活疫苗和氢氧化铝胶灭活疫苗等。一些不能经细胞培养的病原可制成组织灭活疫苗,如兔病毒性出血症灭活疫苗。

油佐剂灭活疫苗是以矿物油为佐制与经灭活的抗原液混合乳化制成的,油佐剂灭活疫苗有单相苗和双相苗之分。单相苗是油相与水相(抗原液)按一定比例制成油包水乳剂(W/O),双相苗是在制成油包水乳剂的基础上,再与水相(加入吐温-80)进一步乳化而成的外层是水相、内层是油相、中心为水相(W/O/W)的剂型。油相中除矿物油外还需加入乳化剂(Span-80)和稳定剂(硬脂酸铝)。油佐剂灭活疫苗的免疫效果较好,免疫期较长,生产中应用广泛。双相油苗比单相苗的抗体上升快,但价格相对较高。

氢氧化铝胶灭活疫苗(铝胶苗)应用较为广泛,是将灭活后的抗原液加入氢氧化铝胶制成的。铝胶苗制备比较方便,价格较低,免疫效果良好,但其缺点是难以吸收,在体内形成结节,影响肉产品的质量。

组织灭活疫苗有病变组织灭活疫苗和鸡胚组织灭活疫苗 2 种。病变组织灭活疫苗是用患传染病的病死动物的典型病变组织,经研磨、过滤,按一定比例稀释并加入灭活剂灭活后制备而成的,多为自家疫苗,即用于发病养殖场。鸡胚组织灭活疫苗是用病原微生物接种鸡胚后,经一定孵育时间收获除卵黄外的所有胚组织,经研磨、过滤、灭活后制备而成。无论哪种组织灭活疫苗在使用前都应进行无菌检查,合格者方可使用。尽管组织灭活疫苗的制备简便,对病原不明确的传染病或目前尚无疫苗可用的疫病能起到较好的控制作用,但在实际生产中不提倡采用。

疫苗制备中灭活的方法很多,包括各种理化方法,最常用的灭活剂为甲醛溶液。烷化剂也是常用的灭活剂,如乙酰基乙烯亚胺(AEI)、二乙烯亚胺(BEI),其灭活过程中不改变微生物的表面蛋白质成分,所以微生物的抗原性不受到影响。此外,还有 β-丙酰内酯(BPL)、苯酚、结晶紫、过氧化氢等。

三　提纯的大分子疫苗

(1)多糖蛋白结合疫苗(polysaccharide-conjugated vaccine)　多糖蛋白结合疫苗是将多糖与蛋白质载体(如白喉、破伤风或霍乱类毒素等)结合制成的疫苗。采用这一方法,多糖抗原转变成为 T 细胞依赖性抗原,能诱导产生 IgG 和记忆淋巴细胞,如 20 世纪 80 年代以来已出现的 B 型流感嗜血杆菌(*Haemophilus influenzae* type B)荚膜多糖蛋白结合疫苗、伤寒沙门菌 Vi 多糖蛋白结合疫苗等。

(2)类毒素疫苗(toxoid vaccine)　类毒素疫苗是将细菌外毒素经甲醛脱毒,使其失去致病性而保留免疫原性的制剂,如破伤风类毒素、白喉类毒素、肉毒类毒素等。此外,致病性大肠杆菌肠毒素、多杀性巴氏杆菌的攻击素和链球菌的扩散因子等都可用作代谢产物疫苗。

(3)亚单位疫苗(subunit vaccine)　此类疫苗是从细菌或病毒粗抗原中分离提取某一种或几种具有免疫原性的生物学活性物质,除去免疫不必需的"杂质",从而使疫苗更为纯净。如将病毒的衣壳蛋白与核酸分开,除去核酸用提纯的蛋白质衣壳制成的疫苗。亚单位疫苗只含有病毒的抗原成分,无核酸,因而无不良反应,使用安全,免疫效果较好,曾报道猪口蹄疫、伪狂犬病、狂犬病、水疱性口炎、流感等亚单位疫苗。但由于亚单位疫苗制备困难、价格昂贵,生产中难以推广应用。

第三节　基因工程疫苗

一　基因工程重组亚单位疫苗

1.基因工程重组亚单位疫苗的概念

基因工程重组亚单位疫苗(recombinant subunit vaccine)是用 DNA 重组技术,将编码病原微生物保护性抗原的基因导入原核细胞(如大肠杆菌)或真核细胞(如鸡胚成纤维细胞、CHO 细胞),使其在受体细胞中高效表达,分泌保护性抗原蛋白。提取保护性抗原蛋白,加入佐剂即制成基因工程重组亚单位疫苗。基因工程重组亚单位疫苗只含有产生保护性免疫应答所必需的免疫原成分,不含免疫所不需要的成分,因此有很多优点:①安全性好,疫苗中不含传染性材料,接种后不会发生急性、持续或潜伏感染,可用于不宜使用活疫苗的一些情况,如妊娠动物;②减少或消除了常规活疫苗或死疫苗难以避免的致热原、变应原、免疫抑制原和其他有害的反应原;③疫苗稳定性好、便于保存和运输;④产生的免疫应答可以与感染产生的免疫应答相区别,因此更适合于疫病的净化与根除计划。

免疫原的性质复杂,用生物系统生产亚单位成分是有利的,因为生物系统不仅能有效地大量生产这些复杂的大分子物质,而且能对多肽进行复杂的修饰,以保证其免疫原性。用基因克隆技术生产免疫原作为疫苗还有2个优点:一是将高度危险和致病的病原体的免疫原性蛋白质编码基因转移到不致病而且无害的微生物,用于大量生产,更增加了安全性;二是可以用于外来病病原体和不能培养的病原体,扩大了用疫苗控制疫病的范围。但是,重组亚单位疫苗也不是没有缺点。价格昂贵仍是主要问题,不一定是产品生产本身的费用,因为产品研究和开发的费用通常都较高。其次,这种非传染性、非复制性免疫原,通常比复制性完整病原体的免疫原性差,需要多次免疫才能获得有效的保护。

2. 制备基因产物的表达系统

应用重组DNA技术研制重组亚单位疫苗,必须有合适的表达系统用于生产克隆基因产物。各种表达系统的建立通常具有下列共同点:编码所需多肽(保护性抗原)的基因通过重组DNA技术插入一表达载体;表达载体通常为质粒,插入外源基因的重组表达质粒然后被导入系统的宿主细胞;鉴定和选择表达所需多肽的细胞,并进行纯培养繁殖;每一系统的目标都是为了达到所需基因产物的高水平表达,因此研究和了解在各种表达系统中基因表达和产物稳定性的调节和控制参数是关键的工作。用于重组亚单位疫苗生产的表达系统主要有原核生物、真菌、昆虫细胞和哺乳类细胞。其中最常用的原核生物是大肠埃希氏菌(*E. coli*)和枯草芽孢杆菌(*Bacillus subtilis*)。

3. 基因工程重组亚单位疫苗的研究进展

首次报道成功的是口蹄疫基因工程亚单位疫苗。人类的乙型肝炎基因工程亚单位疫苗已被广泛应用。预防仔猪和犊牛下痢的大肠杆菌菌毛基因工程重组亚单位疫苗亦已发挥一定作用。近年来,我国审批的基因工程重组亚单位疫苗制品的数量不断增加,如传染性法氏囊病、猪圆环病毒2型、猪瘟等。此外,已取得较好进展的还有:①细菌性疾病中,炭疽保护性抗原(PA)、致死因子(LF)和水肿因子(EF)构成的三联毒素亚单位疫苗,绵羊腐蹄病节瘤拟杆菌柔毛亚单位疫苗,链球菌和牛布鲁菌亚单位疫苗等;②病毒性疾病中,疱疹病毒主要糖蛋白亚单位疫苗;③激素亚单位疫苗,如生长抑素(14肽)疫苗。

4. 转基因植物疫苗

转基因植物疫苗(transgenic plant vaccine)是把植物基因工程技术与机体免疫机理相结合,生产出能使机体获得特异抗病能力的疫苗。从某种意义上讲,它亦是一种基因工程重组亚单位疫苗。动物试验已证实,转基因植物表达的抗原蛋白经纯化后仍保留了免疫学活性,注射入动物体内能产生特异性抗体;用转基因植物组织饲喂动物,转基因植物表达的抗原提呈到动物的肠道相关淋巴组织(gut-associated lymphoid tissues,GALT),被M细胞所摄取,刺激产生黏膜免疫和体液免疫应答。

目前用转基因植物生产基因工程疫苗主要有2种表达系统:一是稳定的整合表达系统,把编码病原体保护性抗原基因导入植物细胞内,并整合到植物细胞染色体上,整合了外源基因的植物细胞在一定条件下生长成新的植株,这些植株在生长过程中可表达出疫苗抗原,并把这种性状遗传给子代,形成表达疫苗的植物品系;二是瞬时表达系统,主要是利用重组植物病毒为载体将编码疫苗抗原的基因插入植物病毒基因组中,再用此重组病毒感染植物,抗原基因随病毒在植物体内复制、装配而得以高效表达。由于每个寄主植株都要接种病毒载体,所以瞬时表达不易起始,但可获得高产量的外源蛋白质。

理想的情况下,儿童或畜禽可按剂量食用这些表达疫苗的水果、蔬菜或饲料,达到免疫接种的目的,因此这类疫苗又称为食用疫苗(edible vaccine)或可饲疫苗。目前,转基因植物疫苗主要集中在玉米、番茄、香蕉、马铃薯、烟草、拟南芥、水稻等作为生物反应器。研究报道,用转基因植物已成功表达的细菌抗原主要有大肠杆菌热不稳定毒素 B 亚单位(LTB)和霍乱弧菌肠毒素 B 亚单位(CTB)等。表达的病毒抗原有乙型肝炎表面抗原、巨细胞病毒糖蛋白 B、兔出血症病毒 VP60 蛋白、口蹄疫病毒 VP1 蛋白、传染性胃肠炎病毒 S 蛋白、狂犬病病毒 G 蛋白、诺沃克(Norwalk)病毒衣壳蛋白、呼吸道合胞体病毒 G 蛋白、F 蛋白等。此外,疟原虫抗原亦在转基因植物中得到表达。动物试验表明,表达的抗原均能刺激产生特异性抗体应答和一定的保护作用。

用植物作为生物反应器有很大的优势:①植物细胞具有全能性。植物的组织、细胞或原生质体在适当的条件下均能培养成完整的植株;②植物是一个能进行大规模生产的廉价生产系统,在获得稳定遗传的转基因植株后,扩大耕种面积就能提高疫苗的产量,它的上游生产成本较低,而能直接食用的植物疫苗不需特殊储存条件,同时还可省去下游的加工开支;③植物具有完整的真核细胞表达系统,表达的产物可进行糖基化、酰胺化、磷酸化、亚基正确装配等,由于具有这些转译后加工特点,使其表达产物与哺乳动物细胞表达的产物具有一致的免疫原性和生物学活性;④表达的产物无毒性、安全可靠,植物病毒不感染人类,无潜在的致癌性;⑤用转基因植物生产疫苗较简单、方便、易于推广。

尽管用转基因植物生产疫苗具有较多优点,但也存在一些尚待克服的缺点:①虽然用植物作为生物反应器其表达产物可进行糖基化,但其糖基化的方式和所涉及的碳水化合物有所不同。如动物多糖的末端残基主要是 N-乙酰神经氨酸,而植物则不含。在植物多糖中普遍存在木糖,而动物多糖中则不含;②如果转基因疫苗表达在植物的不能直接食用部位,若要从中提纯疫苗则困难较多,不如在细菌等表达系统中方便;③据文献报道小鼠通过食用表达有自身抗原的转基因植物能诱导免疫耐受的产生,可用于自身免疫病的防治。因此,在以直接食用转基因植物的方式进行预防接种时,要考虑植物中是否存在一些影响疫苗免疫效果的物质;④大多数转基因植物表达的蛋白质疫苗含量不高,因此提高表达效率是亟待解决的问题。

二 基因工程重组活载体疫苗

1.基因工程重组活载体疫苗的概念

基因工程重组活载体疫苗(live recombinant vector vaccine)是用基因工程技术将保护性抗原基因(目的基因)转移到载体中使之表达的活疫苗。目前有多种理想的病毒载体,如痘病毒、腺病毒和疱疹病毒等都可用于活载体疫苗的制备。痘病毒的 TK 基因可插入大量的外源基因,大约能容纳 25 kb,而多数目的基因都在 2 kb 左右,因此可在 TK 基因中插入多种病原的保护性抗原基因,制成多价苗或联苗,一次注射可产生针对多种病原的免疫力。国外已研制出以腺病毒为载体的乙肝疫苗,以疱疹病毒为载体的新城疫疫苗等。活载体疫苗具有传统疫苗的许多优点,而且又为多价苗和联苗的生产开辟了新路,是疫苗研制与开发的主要方向之一。

非复制性疫苗又称活-死疫苗,与重组活载体疫苗类似,但载体病毒接种后只产生顿挫感染,不能完成复制过程,无排毒的隐患,同时又可表达目的抗原,产生有效的免疫保护。如用金丝雀痘病毒为载体,表达新城疫病毒 HA 基因,用于预防鸡的新城疫。

2. 基因工程重组活载体疫苗的种类

重组活载体主要包括病毒和细菌的疫苗株或强毒的致弱株(表 11-1)。它们可用于表达外源保护性抗原基因,或者作为运载工具运送外源保护性抗原基因,或两者兼而有之。

表 11-1　重组活疫苗的可能载体

病毒	细菌	寄生虫
牛痘病毒	BCG	球虫
禽痘病毒	沙门菌	
金丝雀痘病毒	枯草芽孢杆菌	
腺病毒	李氏杆菌	
火鸡疱疹病毒	大肠杆菌	
水痘-带状疱疹病毒	乳酸杆菌	
微 RNA 病毒	志贺菌	
黄病毒		
脊髓灰质炎病毒		
伪狂犬病病毒		
新城疫病毒		
鸭瘟病毒		

依据不同的载体类型,重组活载体疫苗分为重组载体病毒活疫苗和重组载体细菌活疫苗。

(1)重组载体病毒活疫苗　病毒载体有 2 种:一种是复制缺陷性载体病毒,只有通过特定转化细胞的互补作用或通过辅助病毒叠加感染才能产生传染性后代;另一种是具有复制能力的病毒,如疱疹病毒、腺病毒和痘病毒都可作为外源基因的载体而保持其传染性。活疫苗载体带有一种或几种异源的免疫原性蛋白质基因,用来免疫动物,向宿主免疫系统提交免疫原性蛋白质的方式与自然感染时的真实情况很接近,可以避免重组亚单位疫苗的很多缺点。但是用痘病毒、疱疹病毒和腺病毒作为载体也带来一些问题,这些病毒对体内复制的复杂要求,毒力性质还不完美,宿主范围不如人意,都需进一步研究。如腺病毒在淋巴组织和疱疹病毒在神经组织的持续感染,疫苗病毒感染的进行性过程等都是必须认真对待的问题。我们必须更好地了解这些载体病毒发生具体缺失突变的后果,如在插入外源基因时所引起的突变,它们可能影响毒力、亲嗜性宿主范围以及免疫原性。

以鸡痘病毒载体为例,应用该载体国内外先后成功表达流感病毒、新城疫病毒、传染性法氏囊病病毒、马立克病病毒、禽网状内皮组织增生病病毒、狂犬病病毒、传染性支气管炎病毒、麻疹病毒、猿猴免疫缺陷病毒、艾美耳球虫等的保护性抗原基因,其中部分产品已正式注册。

(2)重组载体细菌活疫苗 以疫苗株沙门菌、李斯特菌、乳酸杆菌和卡介苗作为外源基因的载体已越来越引起研究者们的兴趣。细菌载体本身就起佐剂作用,刺激产生强的B细胞免疫应答和T细胞免疫应答。口服沙门菌疫苗还能刺激黏膜免疫,且不像其他疫苗需要注射,因此用它作为载体更具有吸引力。把外源基因插入合适的载体质粒,转化进细菌,或导入细菌染色体。以细菌为载体的疫苗比重组载体病毒活疫苗的研究难度更大,但近年来在构建多价疫苗方面已取得相当大的进展,如把志贺菌、霍乱弧菌和大肠埃希菌的抗原基因导入沙门菌表达。近年来,重组载体细菌在肿瘤疫苗研发方面显示出诱人的前景。

三　基因缺失疫苗

基因缺失疫苗(gene-deleted vaccine)是用基因工程技术将强毒株毒力相关基因切除构建的活疫苗。该类疫苗安全性好、不易返祖;其免疫接种与强毒感染相似,机体可对病毒的多种抗原产生免疫应答;免疫力牢固,免疫期长,尤其是适于局部接种,诱导产生黏膜免疫力,因而是较理想的疫苗。目前已有多种基因缺失疫苗问世,如霍乱弧菌A亚基基因中切除94%的A_1基因,保留A_2和全部B基因,再与野生菌株同源重组筛选出基因缺失变异株,获得无毒的活菌苗;将大肠杆菌LT基因的A亚基基因切除,将B亚基基因克隆到带有黏附素(K88、K99、987P等)大肠杆菌中,制成不产生肠毒素的活菌苗。

最成功的例子是伪狂犬病病毒TK基因缺失疫苗。通过研制TK⁻缺失突变体使病毒致弱,该疫苗是得到美国FDA批准从实验室到市场的第一个基因工程疫苗。在1986年1月注册之前即已证明该疫苗无论是在环境中还是对动物都比野生型病毒和常规疫苗弱毒更安全。后来的伪狂犬病基因缺失苗所使用的缺失突变体,同时缺失TK基因和gE、gG、gI3种糖蛋白基因中的一种或两种。新一代的基因缺失疫苗产生的免疫应答很容易与自然感染的抗体反应区别开来,又称为"标记"疫苗,它有利于疫病的控制和消灭计划。

由于基因打靶、基因编辑等多种基因突变操作新技术的问世,用基因突变、缺失和插入的方法使病原体致弱,研制新型基因工程疫苗的前景十分诱人。在微生物基因组插入或添加基因的方法制成的疫苗又称为基因添加疫苗,如在BCG中添加RD1区的重组菌。

四　核酸疫苗

1. 核酸疫苗的概念

核酸疫苗(nucleic acid vaccine)包括DNA疫苗和RNA疫苗,由编码能引起保护性免疫反应的病原体抗原的基因片段和载体构建而成。其被导入机体的方式主要是直接肌肉注射,或用基因枪将带有基因的金粒子注入。已有研究报道采用细菌载体等运送核酸疫苗。进入机体的核酸疫苗不与宿主染色体整合,目的基因可在动物体内表达,进而刺激机体产生体液免疫应答和细胞免疫应答。近年来研究较多的是 DNA 疫苗。

核酸疫苗是多年来受到人们关注的一种新型疫苗。核酸疫苗被注入机体并被宿主细胞吸收后,病原体抗原的基因片段在宿主细胞内得到表达并合成抗原,这种细胞内合成的抗原经过加工、处理、修饰提呈给免疫系统,激发免疫应答。其刺激机体产生免疫应答的过程类似于病原微生物感染或减毒活疫苗接种。但核酸疫苗克服了减毒活疫苗的可能返祖并导致人类和动物疾病,以及病毒发生变异而对新型的变异株不起作用的缺点。从这个意义上讲,核酸疫苗有望成为传染性疾病的新型疫苗。人类免疫缺陷病毒、结核分枝杆菌、疟原虫和流感病毒等的核酸疫苗研究备受关注。美国 FDA 已批准注册上市马西尼罗河病毒和鲑鱼传染性出血性坏死病毒等 2 种 DNA 疫苗。

RNA 复制子疫苗是一种基于 RNA 的复制子,能够进行自我复制的新型疫苗。RNA 复制子是衍生于 RNA 病毒基因组并能自主复制的 RNA,保留了病毒的复制酶基因,结构基因由外源基因所代替,复制酶可控制载体 RNA 在胞质中高水平复制和外源基因高水平的表达。这种疫苗在胞质中表达,不产生能复制的感染性病毒粒子,不会与细胞基因组发生整合,具有良好的生物安全性。RNA 复制子疫苗能够诱导全身免疫、黏膜免疫以及 MHC I 限制性 CTL 反应,具有高效性、用途广而且不受体内已有载体病毒抗体的干扰等优点。

表达免疫原的 RNA 复制子可由 3 种方式递送:①体外转录的裸 RNA;②构建成质粒 DNA 由细胞 RNA 聚合酶 II 体内转录成复制子 RNA(基于 DNA);③将复制子 RNA 包装入病毒样颗粒。最常用于开发复制子的 RNA 病毒是披膜病毒科中的甲病毒,如辛德比斯病毒、塞姆利基森林病毒以及委内瑞拉马脑炎病毒;除甲病毒外,用作 RNA 复制子载体的还有黄病毒(登革热病毒、昆津病毒),微 RNA 病毒(脊髓灰质炎病毒、人鼻病毒),副黏病毒(犬瘟热病毒),杯状病毒(猫杯状病毒)等。

2.核酸疫苗研制的基本步骤

DNA 疫苗研制的基本步骤如下。

(1)目的基因的分析 包括是否能在哺乳动物细胞中表达,是否含有稀有密码子,有无内含子以及能否在哺乳动物细胞中正确剪切。

(2)选择合适的表达载体 核酸疫苗选择的载体主要是质粒,因为质粒可以用大肠杆菌作为生物工厂大量生产,而不能在哺乳动物细胞中复制。常用的有 pSV2、pRSV、pcDNA3.1、pCI 和 pVAX1,这些载体一般都设计有真核基因表达调控序列,如 CMV(巨细胞病毒)早期启动子/增强子、BGH(牛生长因子)poly(A)尾,另外还有 MCS(多克隆位点),原核筛选标志氨苄青霉(ampicillin)抗性基因,真核筛选标志卡那霉素(kanamycin)或新霉素(neomycin)抗性基因,以及可使质粒在大肠杆菌中保持并多拷贝复制的序列 ColE1。新一代载体多设计有可供重组质粒体外转录/翻译试验的 T7 噬菌体 RNA 聚合酶结合的启动子序列。

(3)测序确认编码序列 避免突变尤其无义突变的发生。

(4)体外转录/翻译试验 利用兔网织红细胞裂解物等体系进行体外转录/翻译试验以

确保目的蛋白质能在哺乳动物细胞翻译机制合成,然后用 CHO、COS、HepG2 等哺乳动物细胞系做瞬时转染试验,确保载体能正确地指导目的蛋白质在哺乳动物细胞中合成;用免疫荧光、免疫印迹或免疫沉淀等方法检测。

(5)进行动物试验 多自小鼠开始,肌肉注射质粒或颗粒轰击,5～6 周后加强(2 周后有抗体出现,4～8 周趋于高峰,要避开反应高峰加强,否则抗原会被中和而起不到免疫刺激的作用),视情况再加强一次或不加强,检测抗体反应和 CTL 活性。动物品系的不同可能影响免疫反应的效果,应该多试几种品系。关于质粒用量,一般认为肌肉注射需约 100 μg/次,基因枪法要少得多。绝大多数试验肌肉注射之前要对肌肉进行预处理使肌纤维选择性破坏,成肌细胞再生,利于质粒的摄取。

(6)结果评价 注射法可将质粒直接注入肌肉、皮内、皮下、免疫器官以及血液。肌肉注射最原始,研究最充分,效果也好,T_H1 和 T_H2 辅助的免疫反应都能产生,尤其是 T_H1 辅助的 MHC I 类分子限制性的 CTL 细胞毒免疫反应更令人瞩目。金颗粒包被轰击法所需核酸量较前者少 1 000 倍,而且能诱发强烈的 T_H2 介导的 IFN-γ 释放型的 IgG 体液免疫反应,CTL 反应则常不显著。因此,目的蛋白质能诱发保护性抗体免疫反应的话,以高压氦气为推动力的基因枪轰击法不失为上策。但是像 HCV 核心蛋白产生的抗体没有保护作用,就必须着重基于 CTL 的特异性细胞免疫反应而多采取肌肉注射的途径。

3. 核酸疫苗的安全性与发展趋势

目前对基于 DNA 疫苗的基因免疫的顾虑和安全性考虑主要有以下几个方面。

(1)是否与细胞染色体组整合 这是最关键的。因为造成的插入突变可能导致癌基因活化或抑癌基因失活,如果基因疫苗散布到生殖细胞并发生整合则影响更为深远,但目前研究尚未发现整合的案例。

(2)抗 DNA 免疫反应 质粒 DNA 是否会诱发抗双链 DNA 的自身免疫反应而造成全身性红斑狼疮的后果也受到关注,特别是质粒 DNA 中含原核基因组中常见的 CpG 基序(motif),易形成抗原决定簇。但迄今为止,未见超过对照水平的报道,可能与质粒本身骨架小而且注射量不多,以及 DNA 本身抗原性不强有关。

(3)免疫耐受 已在疟疾基因免疫试验中观察到这一事实,说明可能在某些情况下会引发免疫耐受。

(4)免疫效果亟待提高 试验动物越大,基因免疫效果越差,小鼠抗体反应很高,猴子则可能不然。种与种之间免疫遗传差异也许是原因之一,其确切机制不清楚,这也是基因免疫真正应用迫切需要解决的问题,从而在整体上提高核酸疫苗的免疫效果。

(5)注射后抗原基因的表达调控 一旦将 DNA 输入机体,质粒及其抗原基因的命运不再受研究者控制,因此被输入的基因存在不可控性。

有研究曾试验口服的 DNA 疫苗(包括以减毒细菌作为运载工具),以期发挥其黏膜局部免疫效力。基因免疫给了我们一种了解自身和对付疾病的有效手段,相信随着研究的深化,会逐一解决核酸疫苗的全面保护作用、免疫效果增强以及细胞转染效率提升与目的性控制等问题。

第四节 合成肽疫苗与其他疫苗

一 合成肽疫苗

合成肽疫苗(peptide vaccine)是用化学合成法人工合成病原微生物的保护性多肽并将其连接到大分子载体上,再加入佐剂制成的疫苗。最早报道(1982)成功的是口蹄疫多肽疫苗。合成肽疫苗的优点是可在同一载体上连接多种保护性肽链或多个血清型的保护性抗原肽链,这样只要一次免疫就可预防几种传染病或一种病原的几个血清型。目前研制成功的合成肽疫苗还不多,美国UBI公司已研发成功口蹄疫的合成肽疫苗,显示出较好的免疫效果。合成肽疫苗虽有一些诱人的优点,但考虑到制造成本与免疫效果,要进入实际应用还有许多问题需要解决。

二 表位疫苗

表位疫苗(epitope vaccine)是通过确定抗原蛋白上的B细胞、T_H细胞以及CTL细胞识别的表位,经人工合成,并与大分子载体连接,加入佐剂制成;也可通过基因工程技术表达抗原蛋白表位多肽,或表达与大分子蛋白质的融合蛋白制成;可制成多表位疫苗。

三 抗独特型疫苗

抗独特型疫苗(anti-idiotype vaccine)是免疫调节网络学说发展到新阶段的产物。抗独特型抗体可以模拟抗原,刺激机体产生与抗原特异性抗体具有同等免疫效应的抗体,由此制成的疫苗称为抗独特型疫苗,又称内影像疫苗。

抗独特型疫苗不仅能诱导体液免疫,亦能诱导细胞免疫,并不受MHC的限制,而且具有广谱性,即对易发生抗原性漂变的病原能提供良好的保护力。因此,抗独特型疫苗可预防某些传染病、寄生虫病和肿瘤性疾病。某些自身免疫病的发生也与抗体独特型有关。如重症肌无力,是因为患者产生了抗乙酰胆碱受体的独特型的抗体,该抗体与上述受体结合,阻碍了乙酰胆碱的神经介质作用,因此出现重症肌无力的症状。又如类风湿性关节炎和全身性红斑狼疮分别是由类风湿因子和抗DNA抗体所致,它们在每一患者都表达一个共同的独特型,说明它们与单一的抗独特型作用有关,因此有可能制备相应抗独特型抗体以治疗此类疾病。

第五节　疫苗免疫接种

一　免疫途径

　　疫苗接种的方法有滴鼻、点眼、刺种、注射、饮水和气雾等，应根据疫苗的类型、疫病特点及免疫程序来选择每次免疫的接种途径。如灭活疫苗、类毒素疫苗和亚单位疫苗不能经消化道接种，一般用于肌肉或皮下注射。注射时应选择活动少的易于注射的部位，如颈部皮下、禽胸部肌肉等。以家禽免疫为例介绍如下。

　　(1)滴鼻与点眼　免疫效果较好，仅用于弱毒疫苗的接种，疫苗毒可直接刺激眼底哈氏腺和结膜下弥散淋巴组织，另外还可刺激鼻、咽、口腔黏膜和扁桃体等，这些部位又是许多病原微生物的感染部位，因而局部免疫很重要。据报道在新城疫免疫中，滴鼻和点眼产生的抗体效价比饮水接种高4倍，而且免疫期也长。但该方法比较麻烦，费劳力，因而对大群鸡免疫很困难。

　　(2)饮水免疫　是最方便的疫苗接种方法。适用于大型鸡群，饮水免疫只有当苗毒接触到鼻咽部黏膜时，才引起免疫反应，进入腺胃的疫苗毒在较酸的环境中很快死亡，失去作用。饮水免疫的免疫效果差，不适于初次免疫。

　　(3)刺种与注射　是常用的免疫方法，适于某些弱毒疫苗，如鸡痘和马立克病免疫。此外，灭活苗的免疫也必须用注射的方法进行。刺种与注射方法免疫确实，效果好。

　　(4)气雾免疫　分为喷雾(spray)免疫和气溶胶(aerosol)免疫2种方式。喷雾免疫的雾粒大小为10～100 μm，气溶胶为1～50 μm。在新城疫免疫中，气雾免疫效果较好，不仅可诱导产生循环抗体，而且也可产生局部免疫力，但气雾免疫会造成一定程度的应激反应，容易引起呼吸道感染。有试验表明气雾引起的应激反应程度与雾粒的大小成反比，因此在有呼吸道病史的鸡场，更适于采用较大雾滴的气雾免疫。

二　免疫程序

　　目前没有适用于各地区及所有养殖场的固定的免疫程序(vaccination schedule)，应根据当地的实际情况进行制定。制定免疫程序时，应考虑到所在地区的疫病流行情况、畜禽种类与年龄、饲养管理与生物安全水平、母源抗体、疫苗的性质与类型、免疫途径以及多次免疫的间隔时间等各方面的因素。而且制定的免疫程序也不能固定不变，应根据应用的实际效果随时进行合理调整，血清学抗体监测是重要的参考依据。

三 免疫效果评价

作为有效的理想疫苗,它必须具备下列基本特点。

(1)能够诱导产生适宜的免疫应答类型。抗体应答对毒素和胞外菌(如肺炎链球菌)有效,而细胞免疫则对胞内菌(如结核分枝杆菌)有效。多数病毒或细菌的有效免疫则需要体液免疫和细胞免疫的共同作用。目前仍有一些病原体的有效免疫保护类型及机制尚不清楚,因而研制这类疾病的疫苗则要困难得多。鉴于大多数病原体经黏膜侵入机体,研制适合于黏膜途径使用的疫苗(又称黏膜疫苗)尤为重要,表11-2概括了黏膜免疫的途径。

(2)疫苗在储存中必须稳定。这一点对活疫苗特别重要,它通常需要冷藏保存,因此需要建立从疫苗生产厂家到用户的完整冷链(cold chain)。冷链是保证生物制品质量的重要措施之一。所谓"冷链"就是指疫苗从生产单位发出,经冷藏保存并逐级冷藏运输到基层兽医卫生机构,直到进行接种,全部过程都按疫苗保存要求妥善冷藏,以保持疫苗的合理效价不受影响。

(3)具有足够的免疫原性。对于灭活疫苗、亚单位疫苗及其他新型疫苗通常需要使用合适佐剂,以增强其免疫原性,从而产生有效的保护性免疫应答。

(4)安全,毒副作用小或无。

(5)易于推广应用和成本低。

应结合流行病学对免疫接种的群体效应进行综合评价。免疫应答是一种生物学过程,受多种因素的影响。在接种疫苗的动物群体中,不同个体的免疫应答程度都有差异,免疫应答的强弱或水平高低呈正态分布(图11-3),因此绝大多数动物在接种疫苗后都能产生较强的免疫应答。但因个体差异,会有少数动物应答能力差,因而在有强毒感染时,不能抵抗攻击而发病。如果群体免疫力强,则不会发生疫病流行,如果群体抵抗力弱,则会发生较大范围的流行。

表11-2　黏膜免疫的途径

部位	接种方法	效应
口服、鼻内、眼内、直肠内、阴道内	直接滴注	刺激局部黏膜免疫应答和全身性免疫应答
	活疫苗载体运送(如沙门菌、志贺菌、BCG、腺病毒、痘病毒等)	
	无生命抗原包括微囊化抗原、灭活的微生物、细菌黏附素、转基因植物等	

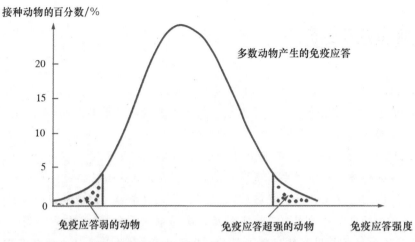

图 11-3　接种疫苗的动物群体免疫应答呈正态分布规律

四　疫苗接种的副反应

免疫接种的副反应会影响免疫效果。疫苗等生物制品对机体是一种异物,经接种后刺激机体产生一系列的生理、病理及免疫反应。预防接种的副反应极少见,且大多是轻微的。大体可分为两类。

(1)一般反应　是由疫苗本身固有的特性引起的,一般不会造成生理和功能的障碍。接种后 24 h 内接种部位有红、肿、热、痛等炎症反应,个别伴有体温升高、呕吐等全身反应。一般反应不需进行任何处理,持续 1~2 d 可自行消退。

(2)异常反应　是极少数动物在接种后发生的与疫苗接种有一定联系、程度比较严重需要诊治的综合征。大体可分为非特异性反应、精神性反应、变态反应及其他原因不明反应等。这类反应临床症状比较严重,应及时发现并进行对症治疗和抢救,否则会造成严重后果。

五　免疫失败

疫苗免疫失败的原因复杂,涉及多方面的因素,正确分析引发免疫失败的主要因素,对有效防控动物疫病具有重要意义。

1. 遗传因素

动物机体对接种抗原的免疫应答在一定程度上是受遗传控制的,因此不同品种,甚至同一品种不同个体的动物,对同一种抗原的免疫反应强弱也有差异。

2. 营养状况

动物的营养状况也是影响免疫应答的因素之一。维生素、微量元素及氨基酸的缺乏都会使机体的免疫功能下降,如维生素 A 缺乏会导致淋巴器官的萎缩,影响淋巴细胞的分化、增殖、受体表达与活化,导致体内的 T 淋巴细胞、NK 细胞数量减少,吞噬细胞的吞噬能力下降,B 淋巴细胞的抗体产生能力下降,因而营养状况是免疫防治中不可忽视的因素。

3. 环境因素

环境因素包括动物生长环境的温度、湿度、通风状况、环境卫生及消毒等。动物机体的免疫功能在一定程度上受到神经、体液和内分泌的调节。如果环境过冷、过热、湿度过大、通风不良都会使动物出现不同程度的应激反应,导致动物对抗原的免疫应答能力下降,接种疫苗后不能取得相应的免疫效果,表现为抗体水平低,细胞免疫应答减弱。环境卫生和消毒工作做得好可减少或杜绝强毒感染的机会,使动物安全度过接种疫苗后的诱导期。

只要环境卫生状况好与生物安全措施完善,就会大大减少病原微生物入侵造成动物发病的机会,即使抗体水平不高也无感染发病风险。如果环境差、环境中有大量的病原,抗体水平较高的动物群体也存在着感染发病的可能,而且多次免疫对动物来说也是一种应激反应,会使动物的生产能力下降。因此搞好环境卫生和完善养殖场的生物安全体系与接种疫苗同等重要。

4. 疫苗方面

疫苗是预防疫病的重要武器,动物的特异性免疫力与疫苗免疫直接相关。

(1)疫苗的质量   疫苗质量是免疫成败的关键因素。弱毒苗接种后在体内有个繁殖过程。因而接种的疫苗中必须含有足够量的有活力的病原,否则会影响免疫效果。病毒量可用空斑形成单位(PFU)、组织培养半数感染量($TCID_{50}$)、鸡胚半数感染量(EID_{50})等单位衡量。如马立克病疫苗的接种量为每羽份不少于 1 000 PFU。灭活苗接种后没有繁殖过程,因而必须有足够的抗原量作为保证,才能刺激机体产生牢固的免疫力。油佐剂灭活苗的性状必须稳定,良好的油佐剂灭活苗呈均匀的乳白色,黏稠度适中,若出现油水分层现象时,应废弃,否则会影响免疫效果。

(2)疫苗的保存与运输   疫苗的保存与运输是免疫防治工作中十分重要的环节。保存与运输不当会使疫苗质量下降、甚至失效。冻干的弱毒活疫苗应保存于 2~8℃,马立克病细胞结合毒疫苗应于液氮中保存。灭活苗应保存于 2~8℃,不能冻结,破乳或出现凝集块会影响免疫效果。近年来耐热保护剂在活疫苗制品中的使用可延长其保存时间。

(3)疫苗的使用   在疫苗的使用过程中,有很多因素影响免疫效果,如疫苗稀释方法、水质、气雾免疫的雾粒大小、接种途径、免疫程序等。

(4)疫苗的安全性   疫苗的安全性问题亦常会导致免疫失败。减毒疫苗可能会出现毒力返强、变异与演化以及与野毒的重组产生新毒株,或引发免疫缺陷个体严重疾病,或产生对病毒抗原或细胞培养基成分的超敏反应,有的减毒疫苗可导致持续感染或在生产过程中受到其他病原微生物的污染。而灭活疫苗则可能会出现灭活不彻底、支原体与酵母及其产物污染、病毒污染以及内毒素污染等。

(5)病原的血清型   有些疾病的病原有多个血清型,如传染性支气管炎病毒、大肠杆菌等,给免疫防控造成困难。如果疫苗毒株(或菌株)的血清型与引起疾病病原的血清型不同,则难以取得良好的免疫预防效果。因而针对多血清型的疾病应考虑研发和使用多价苗。

(6)疾病对免疫的影响　有些疾病可引起免疫抑制,从而严重影响疫苗的免疫效果,如鸡群感染马立克病病毒(MDV)、传染性法氏囊病病毒(IBDV)、鸡传染性贫血因子(CAA)等都会影响其他疫苗的免疫效果,甚至导致免疫失败。此外,免疫缺陷病、中毒病等对疫苗的免疫效果都有不同程度的影响。

(7)母源抗体　母源抗体的被动免疫对新生动物是十分重要的,然而对疫苗的接种也带来一定的影响,尤其是对弱毒疫苗,如果动物存在较高水平的母源抗体,会显著影响其免疫效果。如鸡新城疫、马立克病、传染性法氏囊病的免疫都存在母源抗体的干扰问题,需测定雏鸡的母源抗体水平来确定首免日龄。

(8)病原微生物之间的干扰　同时免疫两种或多种弱毒疫苗往往会产生干扰现象,如传染性支气管炎病毒(IBV)对新城疫疫苗免疫的干扰。干扰的原因可能有两个方面,一是两种病毒感染的受体相似或相同,产生竞争作用;二是一种疫苗病毒感染细胞后产生的干扰素影响另一种疫苗病毒的复制。

总之,造成免疫失败的原因是多方面的,出现问题时应全面考虑各种影响因素,找出真正的原因。

世界各国的生物制品生产都是由国家政府机构严格管理的,并对批准企业生产的产品进行经常性的抽样检查,以保证使用者的利益和畜牧业的健康发展。所有的疫苗都必须进行安全性和效力检验,因此严格加强疫苗生产管理和确保疫苗质量是动物疫病防控的根本保障。

习近平总书记在中国共产党第二十次全国代表大会上的报告中指出:人民健康是民族昌盛和国家强盛的重要标志。把保障人民健康放在优先发展的战略位置,完善人民健康促进政策。重大动物疫病,特别是人兽共患病(如狂犬病、布鲁氏菌病、结核病、动物流感、弓形虫病等)不仅影响动物健康,而且严重威胁着人类健康。重大动物疫病和人兽共患病防控工作事关畜牧业高质量发展和人民群众身体健康,事关公共卫生安全和国家生物安全,也是贯彻落实乡村振兴战略和健康中国战略的重要内容。因此,我们要落实"人病兽防、关口前移"的重要指示精神,提升重大动物疫病的防控水平,从动物源头加强人兽共患病的预防与控制,强化动物的疫苗免疫工作,并加强与医学等相关部门的协作与联合,共同担负人兽共患病的防治重任,切实保障动物健康和人类健康。围绕重大动物疫病、人兽共患病防治的需求,加强免疫学基础研究、疫苗研发等领域的持续创新,为重大动物疫病和人兽共患病防治提供理论与技术支撑。

❓复习思考题

1. 动物机体建立特异性免疫有哪些方式?
2. 疫苗有哪些种类? 各有何特点?
3. 免疫接种的意义何在?
4. 造成免疫失败的主要因素有哪些?

第十二章
免疫调节

内容提要

　　动物机体免疫应答受免疫细胞、免疫分子、免疫遗传和神经内分泌系统的调节。抗原是免疫调节的最根本因素。抗体、细胞因子、补体是参与免疫调节的重要分子,其中抗体具有多种方式的调节作用,独特型-抗独特型网络是重要的调节网络。参与免疫调节的细胞有 T 细胞、B 细胞、巨噬细胞和 NK 细胞等。免疫调节受遗传控制。神经内分泌系统与免疫系统相互作用,通过分泌的活性介质相互调节。

　　免疫调节(immunoregulation)是指免疫应答过程中免疫细胞、免疫分子间以及免疫系统与其他系统间相互作用,构成一个庞大的免疫调节网络,通过复杂而精细的作用方式,相互协调,相互制约,保证机体对抗原刺激产生最适宜的免疫应答,以维持机体内环境的相对稳定。免疫调节机制不仅决定了免疫应答的发生与否,而且也决定了免疫应答反应的强弱。免疫调节的本质是机体对免疫应答过程做出的一系列生理性反馈,通过影响免疫应答的类型、强度和持续时间来发挥作用。免疫调节贯穿于免疫应答过程的始终,包括正向调节(促进/增强)和负向调节(抑制),其中负向调节发挥主要作用。免疫调节机制精细复杂,涉及免疫细胞、免疫分子、神经内分泌免疫网络及遗传基因等多因素间的相互作用。免疫调节作用的正常发挥对维持机体内环境稳定具有十分重要的意义,一旦免疫调节机能失控,则可导致免疫应答异常,引起自身免疫病、超敏反应、持续性感染或肿瘤等疾病发生。

第一节　抗原的免疫调节作用

　　适应性免疫应答是机体免疫系统受抗原刺激后,引起抗原特异的免疫细胞克隆活化、增殖,最终由抗体和/或效应细胞将抗原清除的过程。抗原的存在是免疫应答的前提,是免疫调节的最根本因素。抗原的性质、剂量、进入途径等决定了免疫应答的类型和强度,结构相似的抗原之间能相互干扰特异性免疫应答。

　　通常情况下,蛋白质抗原可同时激发特异性体液免疫和细胞免疫应答,多糖及脂类抗原一般仅诱导体液免疫。在一定范围内,机体免疫应答随抗原剂量的增加而增强,但抗原剂量过高或过低均可引起免疫耐受。在免疫应答过程中,随着抗原在体内的降解和清除,相应免疫应答的强度也会随之降低或终止。抗原经皮内、皮下和肌肉接种较易诱导免疫应答,而口服或雾化吸入、静脉注射都有可能引起免疫耐受。此外,抗原竞争现象对免疫应答也有一定的调节作用。即先进入体内的抗原可抑制随后进入体内的另一种结构相似的抗原所诱导的免疫应答,可能与结构相似的抗原竞争抗原提呈细胞有关。

第二节　免疫分子的免疫调节作用

免疫细胞的调节作用除了通过细胞间的直接接触发生外,在许多情况下是由免疫分子介导的。具有免疫调节作用的免疫分子主要包括抗体、补体和细胞因子。

一　抗体的免疫调节作用

1.抗体的反馈调节

抗体既是免疫应答的产物,也是体液免疫应答中最强的调节成分之一,它既可发挥正向调节作用,也可发挥负向调节作用。

(1)抗体的正向调节　①通过 IgM 形成的免疫复合物发挥正向调节作用。抗原-IgM 复合物激活补体后产生的 C3d/C3dg 片段可与抗原分子共价结合,同时 C3d/C3dg 与 B 细胞表面的 C3dg 受体(CD21)结合,通过与 BCR 的交联,向 B 细胞传入增强信号,促进免疫应答的发生(图 12-1a)。②在反应初期,由于抗原量多,抗体量少,所形成的免疫复合物与 APC 表面的 FcR 结合,可增强 APC 的功能,促进 APC 对抗原的摄取和提呈,发挥抗体对免疫应答的正调节(图 12-1b)。后期由于抗体量增多可中和抗原而起抑制作用。

(2)抗体对免疫应答的反馈抑制　抗原刺激产生的相应抗体可以对特异性体液免疫应答产生抑制作用,称为抗体的反馈抑制(feedback inhibition)。抗体产生之后可以特异性地与抗原结合,使抗原被清除,不再继续刺激免疫应答发生。试验表明,将某种抗原的特异性抗体注入非免疫动物体内,可阻止其后注入的抗原引起的免疫应答。在免疫应答过程中用血浆交换法去除循环血液中的抗体,也就是不断降低血液中的抗体浓度,可使抗体形成速度迅速增加。但注射 IgG 抗体能促使抗体形成细胞数量下降。

抗体反馈抑制的可能机理:①通过竞争抗原,限制信息的传入,即通过已形成的游离抗体与 B 细胞上的 BCR 竞争抗原。这一作用只有当抗体的浓度及亲和力超过 B 细胞抗原受体时才发生,不依赖于 Fc 片段;②通过 IgG 形成的免疫复合物引起 BCR 交联,行使其抑制功能。当抗原与抗体(IgG)形成免疫复合物后,其中的抗原可与 B 细胞的 BCR 结合,而抗体(IgG)可与 B 细胞的 FcR 结合,结果使抗原受体和 Fc 受体发生交联,传入抑制信号,使 B 细胞活化受到抑制(图 12-1c)。此外,抗体的类别不同作用也有所不同,反应初期产生的 IgM 形成的免疫复合物有增强作用,而后期 IgG 则多起抑制作用。

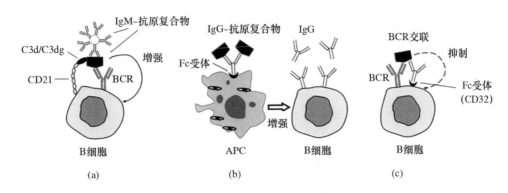

图 12-1　抗体的反馈调节

2.独特型-抗独特型网络调节

（1）独特型-抗独特型网络的概念　独特型（idiotype,Id）是指抗体分子可变区（V 区）及淋巴细胞抗原识别受体（BCR、TCR）上相应部位（V 区）所具有的抗原表位。体内存在识别独特型表位的抗独特型（anti-idiotype,AId）细胞克隆，它们受 Id 表位刺激而被活化，并产生抗独特型抗体。机体以 Id-AId 相互识别为基础，在免疫系统内部构成一个相互识别、相互刺激、相互制约的独特型-抗独特型网络，调节机体免疫应答。

抗原刺激相应 B 细胞克隆产生特异性抗体 Ab1，当 Ab1 达到一定数量时，其 Id 又可被另一 B 细胞克隆识别，产生抗独特型抗体，即 Ab2。Ab2 分为 2 种：一是 Ab2α，针对 Ab1V 区骨架部分，具有封闭 B 细胞克隆的抗原受体或 Ig 分子的抗原结合点，抑制相应 B 细胞、T 细胞克隆的活化；二是 Ab2β，针对 Ab1V 区 CDR 部分，具有类似相应抗原的分子构象，可模拟抗原与相应 B 细胞、T 细胞克隆受体结合并使之激活，故 Ab2β 被称为抗原的内影像（internal image）。

（2）独特型-抗独特型网络的免疫调节　抗原进入机体后，刺激相应 B 细胞/T 细胞克隆产生 Ab1，Ab1 在清除相应抗原的同时，其 V 区作为抗原（Id）又可刺激相应 B 细胞克隆产生 Ab2，Ab2α 可封闭抗原与相应 BCR/TCR 结合而抑制免疫应答；Ab2β 可模拟抗原刺激产生 Ab1 的 B 细胞克隆，增强免疫应答。同样，Ab2 的 Id 又可激活另一 B 细胞/T 细胞克隆产生 Ab3，依此类推，产生一系列连锁反应，在体内构成复杂的 Id-AId 网络以调节机体免疫应答（图 12-2）。事实上，这一网络在抗原进入机体前就已存在，只是针对某一特定抗原的 Ab1、Ab2、Ab3 等在数量上并未达到引起免疫应答连锁反应的阈值。抗原一旦出现，Ab1 的数量增加，突破原有的阈值和平衡，呈现特异性独特型-抗独特型网络应答。随着抗原的清除，Ab1 浓度降低，Ab2 的浓度亦随之降低，独特型-抗独特型网络又逐渐恢复原有的平衡状态。

在正常免疫应答中，Ab3 对 Ab1 的活化起重要协助作用。如果抗原量适当，Ab3 的浓度足以抑制 Ab2，但不足以刺激 Ab4，就可获得最佳免疫效果；如果抗原量非常小，只能刺激产生 Ab1，进而产生 Ab2，在此阶段若停止发展，则 Ab3 不能产生，免疫应答即处于低剂量免疫耐受；如果抗原浓度过高，则从产生 Ab3 进而产生 Ab4，此时 Ab3 的辅助作用被 Ab4 抑制，出现高剂量免疫耐受。随着反应加强，当 Ab4 被激活而发挥抑制效应时，免疫反应开始逆转，一旦抗原消失，抑制效应超过刺激效应，致使免疫反应逐渐消失，网络又恢复到原来的状态。

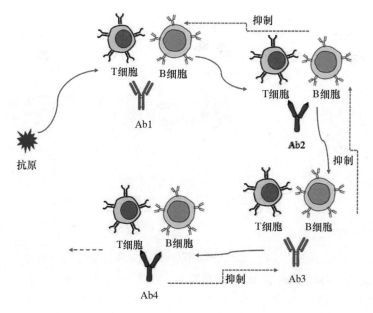

图 12-2 独特型-抗独特型网络示意图

抗 Id 抗体除了抑制免疫应答外,还可促进免疫应答。现已证明抗 Id 抗体有模拟抗原的作用,可用抗 Id 抗体代替抗原刺激抗体产生。已有一些研究用抗 Id 代替一些较难获得或有潜在致癌作用的抗原作为疫苗(称为抗独特型疫苗)用于疾病预防。

二 补体的免疫调节作用

抗原提呈细胞和 B 细胞等免疫细胞表面存在多种补体活化片段的受体,补体系统成分激活后产生的一些片段可以通过与其相应受体结合而发挥免疫调节作用。

(1)免疫调理作用 补体系统激活过程中产生的 C3b、C4b 和 iC3b 可结合中性粒细胞、巨噬细胞表面相应受体 CR1、CR3 或 CR4 而发挥免疫调理作用,促进吞噬细胞对黏附有 C3b、C4b 和 iC3b 的病原微生物的吞噬。

(2)促进 APC 提呈抗原 巨噬细胞可通过 CR1 摄取 C3b 结合的抗原或抗原抗体复合物,提高提呈抗原的效率。滤泡树突状细胞能借助 CR1 捕获 C3b-抗原抗体复合物而持续激活 B 细胞。

(3)促进 B 细胞的活化 B 细胞表面具有 CR2(CD21),可与 C3d、iC3b、C3dg 等形成的抗原-抗体-补体复合物结合,介导抗原-C3d/C3dg-CD21-BCR 交联,促进 B 细胞的活化。

此外,补体活化过程中产生的炎性介质 C3a、C5a 等可趋化、激活免疫细胞,介导炎症反应,发挥免疫调节作用。补体系统自身存在多种补体激活的负反馈调节机制,可调控补体系统的活化强度和持续时间。

三　细胞因子的免疫调节作用

除抗原刺激外,淋巴细胞的活化还需要有细胞因子的调节。几乎所有的细胞因子都不同程度地参与不同种类免疫活性细胞的生长、分化、活化、增殖以及发挥效应等过程。如 T 细胞在识别 APC(如巨噬细胞)提呈的抗原时,还必须接受 APC 分泌的 IL-1、IL-12 的刺激才能进一步激活、增殖与分化。T 细胞和 B 细胞的增殖、分化也依赖于 T_H 细胞和巨噬细胞提供的细胞因子才能实现,如果 IL-2 供给不足,免疫应答即下降或停止。具有免疫调节活性的细胞因子种类繁多,包括各种 IL、IFN、CSF、TNF、TGF-β 等,它们通过与免疫细胞上特异性细胞因子受体相互作用,正向或负向调节机体的免疫应答和炎症反应,影响反应强度和持续时间以及细胞代谢等。在细胞因子调节网络中,许多细胞因子的作用具有双向性,即适量时增强免疫效应,超量时则起抑制作用,其中 IL-2 的调节作用尤为重要,因此 IL-2 被视为细胞因子调节网络的中心。关于各种细胞因子的免疫调节作用参见第五章。

第三节　免疫细胞的免疫调节作用

参与免疫调节的细胞主要有 T 细胞、B 细胞、NK 细胞和巨噬细胞等,它们通过细胞之间的直接接触或释放可溶性辅助因子或抑制因子,并在遗传基因调控下对免疫应答进行调节。此外,T 细胞、B 细胞、NK 细胞、NKT 细胞等还可通过其表面活化性受体和抑制性受体调节自身的活化增殖,发挥免疫调节作用。活化的 T 细胞可表达 CTLA-4、PD-1,通过与抗原提呈细胞的相应分子作用,发挥负向调节作用。

一　T 细胞的免疫调节作用

1. T_H1 细胞和 T_H2 细胞的免疫调节

幼稚型 $T_H(T_H0)$细胞在 IL-12 或 IL-4 作用下,可分别分化为 T_H1 或 T_H2 细胞,分别参与细胞免疫和体液免疫。T_H1 和 T_H2 细胞分泌的细胞因子谱不同(参见第四章),这些细胞因子不仅决定了相应细胞亚群的功能,并可通过相关细胞因子,彼此抑制性调控对方的分化、增殖和功能。T_H1 细胞分泌的 IFN-γ、IL-2 可进一步促进 T_H1 亚群分化,介导细胞免疫应答和炎症反应,同时抑制 T_H0 细胞向 T_H2 细胞分化和 T_H2 型细胞因子的分泌,下调体液免疫应答。同样,T_H2 细胞分泌的 IL-4、IL-10 可促进 T_H2 细胞分化,介导体液免疫,同时抑制 T_H0 细胞向 T_H1 细胞分化和 T_H1 型细胞因子的分泌,下调细胞免疫应答。在适应性免疫应答中,T_H1 是 T_H2 细胞互为抑制性细胞,从而发挥对机体免疫应答的调节(图 12-3)。因此,T_H1/T_H2 细胞的相对平衡状态是维持机体生理稳定的重要机制。

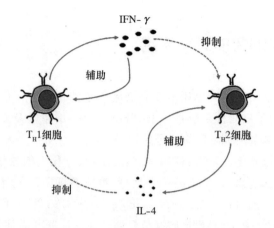

图 12-3　T_H1 和 T_H2 细胞的相互调节

2. 调节性 T 细胞的免疫调节

调节性 T 细胞（regulatory T cell，T_{REG}）是一类能抑制其他免疫细胞活化、增殖的 T 细胞亚群，对免疫应答起负向调节效应，主要包括天然调节性 T 细胞和适应性调节 T 细胞。根据 T_{REG} 细胞的表面标志、产生细胞因子及作用机制的不同，又可分为 $CD4^+CD25^+$ $FoxP3^+T_{REG}$ 细胞、T_R1 和 T_H3 等亚型。

（1）天然调节性 T 细胞（natural regulatory T cell，nT_{REG}）　表型特征为 $CD4^+CD25^+$ $FoxP3^+$，即 $CD4^+CD25^+FoxP3^+T_{REG}$ 细胞，缺乏增殖能力，但具有天然的免疫抑制作用，可通过直接与靶细胞接触而发挥抑制效应，也可通过分泌 IL-10、TGF-β、IL-35 等抑制性细胞因子而抑制免疫细胞（如 $CD4^+T$ 细胞和 $CD8^+T$ 细）的活化和增殖，在维持机体自身稳定中发挥重要作用。

（2）适应性调节 T 细胞　又称诱导型调节性 T 细胞（induced regulatory T cell，iT_{REG}），主要包括 T_R1 和 T_H3 细胞。T_R1 细胞能同时分泌 IL-10 和 TGF-β，通过直接或间接机制抑制抗原特异性 T 细胞增殖，也可抑制单核-巨噬细胞、中性粒细胞及嗜酸性粒细胞产生促炎性因子和趋化因子；T_H3 细胞主要分泌 TGF-β 抑制淋巴细胞增殖、分化和效应，还可抑制巨噬细胞活化。

二　其他细胞的免疫调节作用

1. B 细胞的调节作用

B 细胞除主要通过以下途径参与免疫调节。

（1）B 细胞除了参与体液免疫应答以外，还具有很强的抗原提呈能力，尤其在体内抗原浓度较低时，B 细胞可通过高亲和力的 BCR 直接识别和加工抗原，供 T_H 细胞识别，以补偿其他 APC 对低浓度抗原提呈能力的不足，从而发挥免疫调节作用。B 细胞将抗原提呈给活化 T_H 细胞后，此时的 B 细胞可与活化的 T_H 细胞直接接触，并接受其辅助作用。不同分化阶段的 B 细胞提呈抗原作用强度不同,激活的 B 细胞作用与巨噬细胞(Mφ)相当,静止的 B 细胞作用较弱。

(2)B 细胞除了产生抗体对免疫应答起反馈抑制作用外,还可通过具有调节作用的抑制性 B 细胞亚群(suppressor B cell,B$_S$)发挥抑制作用。B$_S$ 细胞带有 IgG 的 Fc 受体,受 LPS 和免疫复合物等刺激和结合后,会产生 IL-10、TGF-β 等抑制性细胞因子,抑制 T 细胞与 B 细胞的增殖和分化,从而对细胞免疫和体液免疫产生抑制作用。

(3)B 细胞还能通过分泌 IL-6、IL-10、IL-12 等细胞因子,参与对 Mφ、DC、NK 细胞、T 细胞等多种免疫细胞功能的调节。

2. 巨噬细胞的调节作用

巨噬细胞为异质性细胞群,根据其活化状态和功能的不同,可分为 M1 型(经典激活的 Mφ)和 M2 型(旁路激活的 Mφ)。M1 型主要功能为摄取、加工及提呈抗原和杀伤作用;通过分泌 IFN-γ 上调 APC 表达 MHC 分子,增强抗原提呈能力;分泌 IL-1、IL-12、IL-18 等细胞因子,促进 T 细胞、B 细胞的增殖分化,增强 NK 细胞活性等,发挥正向调节作用。M2 型又称调节性 Mφ,其抗原提呈和杀伤能力较弱,可通过分泌 IL-10、TGF-β 等抑制性细胞因子或前列腺素 E,抑制淋巴细胞的增殖,发挥负向调节作用。

Mφ 与淋巴细胞间通过释放的各种细胞因子形成一个调节环路,以调节免疫应答(图 12-4)。Mφ 受抗原刺激或经 T$_H$ 产生的细胞因子作用后,释放 IL-1,促进 T$_H$ 细胞活化,诱导 T$_H$ 产生 IL-2。IL-2 能促进 T 细胞增殖,促进 B 细胞产生抗体,增强 CTL、NK 细胞的杀伤功能。活化的 T 细胞还能产生 IL-4、IL-5、IL-6 等,促进 B 细胞增殖与分化。同时,Mφ 产生的 PGE 又能抑制 T 细胞产生淋巴因子,以及选择性地抑制 Mφ 合成 PGE,解除对 T 细胞的抑制作用,从而增强免疫应答。

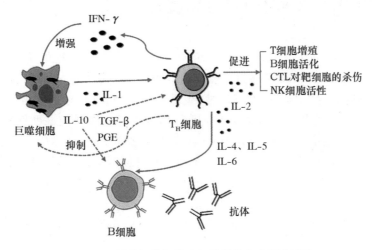

图 12-4 巨噬细胞与淋巴细胞间的免疫调节环路

3. NK 细胞的调节作用

NK 细胞是一群异质性多功能免疫细胞,除了具有杀伤肿瘤细胞和病毒感染细胞的功能外,还可通过分泌多种细胞因子参与免疫调节。NK 细胞可分泌 IFN-γ、IL-1、IL-2 等细胞因子,促进 T 细胞、B 细胞的增殖分化和成熟,增强 NK 细胞自身的活性。体内存在的调节性 NK 细胞可抑制 B 细胞增殖分化和抗体形成;对未成熟的胸腺细胞具有杀伤或抑制作用,抑制 T 细胞成熟;抑制正常骨髓干细胞的增殖分化。

第四节　免疫应答的遗传控制

针对某一特定抗原的刺激,不同种属或同一种属不同个体间是否产生免疫应答以及免疫应答的强弱各异,这一现象受遗传调控,其中主要与种属 MHC 等位基因多态性和 BCR、TCR 基因库多样性相关。

一　MHC 多态性与免疫应答

机体免疫应答受遗传基因调控,决定了个体间免疫应答的差异,与特定的 MHC 等位基因有关。在免疫应答中,T 细胞只能识别与 MHC I 类或 MHC II 类分子结合的抗原肽,而群体中 MHC 具有高度的多态性,不同个体所携带的 MHC 等位基因型别不同,所编码的 MHC 分子氨基酸序列也因此不同,导致不同 MHC 分子结合和提呈抗原肽的能力有所差异,从而使不同个体表现出不同的免疫应答效应。MHC 基因多态性在群体水平实现对免疫应答的遗传调控,并赋予物种极大的适应与应变能力。

二　BCR 及 TCR 库多样性与免疫调节

B 细胞和 T 细胞借助其表达的抗原识别受体识别特异性抗原表位,介导特异性免疫应答。一种特定的 B 细胞克隆或 T 细胞克隆表达一种特定抗原表位的 BCR 或 TCR,体内所有 B 细胞和 T 细胞表达的不同抗原特异性 BCR 和 TCR 的总和分别称为 BCR 库和 TCR 库。抗原进入机体后,可选择性地激活具有相应 BCR 和/或 TCR 的淋巴细胞克隆,产生特异性效应分子和效应细胞。由于 BCR 库和 TCR 库的多样性,使机体免疫系统可针对自然界数量巨大的抗原(表位)产生免疫应答,并使不同种群或群体对不同抗原刺激产生的免疫应答类型及强度各异,这既是免疫应答特异性的分子基础,也是特异性免疫调节发生的条件。

近年来的研究发现,微小 RNA(microRNA,miRNA)在免疫应答中也发挥着重要的调节作用。

第五节　神经内分泌免疫网络调节

免疫系统在执行免疫功能的过程中,不仅存在内部的自我调控,还受到神经内分泌系统的调控,免疫系统对神经内分泌系统也有调控作用,从而构成了一个复杂的神经内分泌免疫网络,三者之间相互作用,共同组成反馈环路,使机体处于内环境的平衡中。

一　神经内分泌系统对免疫系统的调节作用

1. 神经内分泌系统与免疫系统的关系

大量研究资料表明,脑皮质和下丘脑是调节免疫应答的场所。完整的中枢神经系统是保障免疫系统功能正常的重要条件。所有的免疫器官都受到神经系统的支配。交感和副交感神经可通过对中枢免疫器官和外周免疫器官的支配,分别发挥增强或抑制免疫细胞分化、发育、成熟及效应。如交感神经可通过 β-肾上腺素受体改变 T_H1/T_H2 平衡;刺激交感神经可增强 T_H2 细胞因子的产生,同时抑制 T_H1 细胞因子的产生。

中枢神经系统本身也存在免疫应答效应。如星形胶质细胞可分泌 IL-1、IL-3、IL-6、TNF 等多种细胞因子,表达 MHC I 类分子及 II 类分子,具有抗原提呈、参与 T 细胞激活等功能。脑内小胶质细胞与外周组织中的巨噬细胞类似,可视为脑内的免疫辅佐细胞。小胶质细胞表面有补体 C3 受体和 F_c 受体,具有多方面的免疫相关功能。星形胶质细胞和小胶质细胞介导中枢神经系统内部的神经免疫内分泌的相互联系。

免疫系统与内分泌系统之间也存在着紧密的联系,并相互影响,如果一方受到损伤或功能异常也会引起另一方的发育障碍或功能失调。如垂体机能低下的动物常常伴有胸腺和外周淋巴组织的异常萎缩及细胞免疫功能缺陷。而新生小鼠切除胸腺后,除了 T 细胞缺乏外,还可导致许多内分泌器官的功能紊乱。

2. 神经内分泌因子对免疫应答的影响

神经内分泌系统通过释放神经递质和内分泌激素,在相应受体介导下调节免疫应答。已证明几乎所有的免疫细胞上都有不同的神经递质及内分泌激素的受体,如促肾上腺皮质激素(ACTH)受体、β-内啡肽受体、脑啡肽受体、β-肾上腺素能受体、糖皮质激素受体等。神经内分泌系统释放的神经递质和内分泌激素都具有免疫调节功能,如肾上腺皮质激素几乎对所有的免疫细胞都有抑制作用,包括淋巴细胞、Mφ、中性粒细胞和肥大细胞等;而甲状腺素、生长激素等则增强免疫应答。前列腺素对免疫细胞与抗体应答均呈现抑制作用。阿片肽,包括脑啡肽、内啡肽和强啡肽,可促进 T 细胞、NK 细胞和单核细胞活性,但对抗体应答出现抑制作用,也有结果不一致的报道(表 12-1)。此外,神经细胞和内分泌细胞还可合成多种细胞因子,如 IL-1、IL-2、IL-6、IL-10、TNF-α、IFN-α、IFN-β、IFN-γ、TGF-β 等,神经内分泌系统可通过其产生的细胞因子对免疫系统发挥调节作用。

表 12-1　神经内分泌激素对免疫功能的调节

激素	作用	效应
糖皮质激素	－	T 细胞、B 细胞发育;NK 活性;APC 抗原提呈
儿茶酚碱	－	淋巴细胞转化
乙酰胆碱	＋	骨髓中淋巴细胞和 Mφ 数量
雌激素	＋/－	抗体合成(＋);细胞免疫(－)
雄激素	－	体液免疫和细胞免疫
α-内啡肽	－	抗体合成
β-内啡肽	＋	抗体和 IFN-γ 合成;Mφ、NK 细胞、T 细胞活化
甲硫脑啡肽	＋	T 细胞活化(低浓度)
强啡肽	＋	植物凝集素刺激 T 细胞转化
甲状腺素	＋	空斑形成(PFC)、T 细胞活化
生乳素	＋	Mφ 活化、IL-2 产生
生长激素	＋	抗体合成;Mφ 活化、IL-2 调节
加压素	＋	T 细胞转化;IL-2、IFN-γ 产生
催产素	＋	T 细胞转化;IL-2、IFN-γ 产生
血管活性肠肽	－/＋	细胞因子产生
褪黑激素	＋	混合淋巴细胞培养反应;抗体产生
ACTH	＋/－	细胞因子产生;NK 活性;抗体合成;Mφ 活化
生长抑素	－/＋	PFC;淋巴细胞对丝裂原反应
促肾上腺皮质激素释放因子	＋/－	抑制生长激素分泌
去甲肾上腺素	－	IL-6、TNF-α 的产生
前列腺素	－	抗体合成;T 细胞活化
促甲状腺素(TSH)	＋	抗体合成
人绒毛膜促性腺素(hCG)	－	CTL 及 NK 活性;T 细胞增殖;混合淋巴细胞反应;IL-2 产生

注:＋——增强;－——抑制。

二　免疫系统对神经内分泌系统的调节作用

免疫系统可通过免疫细胞本身产生和释放的神经内分泌激素,也可通过它们所产生的细胞因子作用于神经内分泌系统及全身各器官系统。

1. 免疫细胞产生的神经内分泌激素

免疫细胞可产生 ACTH 和内啡肽等多种神经内分泌激素(表 12-2),进一步说明免疫系统与神经内分泌系统之间具有密切关系。

表 12-2 　免疫细胞产生的神经内分泌激素

名称	产生细胞
ACTH	淋巴细胞、Mφ
脑啡肽	T_H 细胞
内啡肽	淋巴细胞、Mφ
生长激素	淋巴细胞
TSH	T 细胞
生乳素	淋巴细胞
绒毛膜促性腺素	T 细胞
血管活性肠肽	单核细胞、肥大细胞等
生长抑制素	单核细胞、肥大细胞等
精氨酸升压素	胸腺
催产素	胸腺
神经垂体激素运载蛋白	胸腺

2. 免疫细胞产生的细胞因子对神经内分泌系统的调节作用

越来越多的证据表明,免疫细胞产生的淋巴因子和单核因子除了对自身活动进行调节外,还可直接或间接地作用于神经内分泌系统,从而影响全身各系统的功能活动。如 IL-1、IL-2、IL-6、TNF、IFN-α 等都对神经内分泌系统具有调节作用。

无论是 Mφ 还是胶质细胞来源的 IL-1 以及重组的 IL-1 均可促进星形胶质细胞增殖,而 IL-2 则可促进少突胶质细胞生长,这可能在神经系统的损伤修复中有一定意义。IL-1 诱导下丘脑前部前列腺素,特别是 PGE2 的合成,从而介导发热反应,故又称为内源性致热源。IL-1 还可引导慢性睡眠。IL-1 还能通过神经内分泌系统促进 ACTH 及糖皮激素释放。IL-1 还可抑制动物食欲。

IL-6 可诱导神经细胞分化。此外还发现,IL-1 可诱导星形细胞和胶质细胞转录 IL-6 mRNA,并引起 IL-6 分泌增加,进一步提示 IL-6 对神经细胞具有某些效应。

干扰素能模拟 ACTH 的作用,促进肾上腺皮质产生类固醇激素;能模拟甲状腺刺激因子,促进甲状腺细胞对碘的摄取;能模拟胰高血糖素作用,拮抗胰岛素的活性等。IL-2、IL-1、IFN 等可介导镇痛作用。

总之,神经内分泌系统与免疫系统具有密切的不可分割的内在联系,它们在体内构成一个复杂而精细的调节网络——神经内分泌免疫网络,通过分泌的活性物质相互调节,共同参与维持机体内环境的相对稳定。在这一调节网络中,免疫系统产生的激素和细胞因子可对下丘脑和垂体功能活性进行调节。反过来,下丘脑激素、垂体激素等也能对免疫系统产生作用,另外,免疫系统还受自身产生的激素和细胞因子的反馈调节(图 12-5)。

综上所述,免疫调节是一种涉及多种细胞、分子、基因及神经内分泌的复杂生理过程。免疫系统本身具有调节能力,各种细胞、分子直接或借助 MHC 分子的指引,在体内构成不同的调节环路或网络,产生促进或抑制免疫应答效应,通过二者的互相制约,以调节机体免疫应答。从整体来看,神经内分泌系统和免疫系统共同构成一个庞大的调节网络,通过它们之间的相互作用,相互调节,共同参与维持机体内环境的相对稳定。

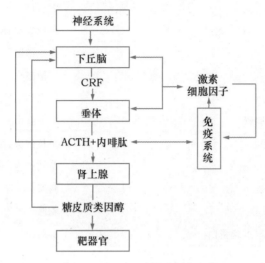

图 12-5　神经内分泌免疫网络示意图

❓复习思考题

1. 抗原在免疫调节中有何作用?
2. 各种免疫细胞是如何参与免疫调节的?
3. 何为独特型-抗独特型网络调节? 试述独特型-抗独特型网络对免疫的调节作用。
4. 补体成分有何免疫调节作用?
5. 什么是神经内分泌免疫调节网络?
6. 简述免疫调节的生物学意义。

第十三章
免疫球蛋白与T细胞
受体的基因控制

内容提要

　　编码免疫球蛋白的基因为常染色体上彼此不相连锁的三大基因群（κ 轻链、λ 轻链和重链多基因家族），有胚系型和重排型。可变区基因重排是抗体多样性的遗传学基础，B 细胞在分化过程中发生类转换，分泌不同种类的免疫球蛋白。T 细胞受体（TCR）同样受基因控制，重排机制与免疫球蛋白相似。

　　遗传对免疫的控制及其关系是现代免疫学研究的重要领域，免疫学与遗传学的结合形成了免疫遗传学（immunogenetics）这一分支学科。其中，抗体、T 细胞抗原受体（TCR）的遗传控制以及 MHC 对免疫应答的调控及其机制等是免疫遗传研究的主要内容。

　　抗体呈现多样性（diversity），即动物机体针对不同的抗原（抗原表位）均可产生相应特异性的抗体，表现出多种多样互不相同的特异性。B 细胞基因组中编码抗体分子的基因结构以及相关遗传机制是产生抗体多样性的基础。T 细胞的 TCR 同样具有多样性，其遗传控制与机制与抗体极为相似。

第一节　免疫球蛋白的基因控制

　　免疫球蛋白多样性的遗传机制一直是遗传学和免疫学争议迭起的研究课题。早期有胚系细胞说和体细胞突变说两种对立的假说对免疫球蛋白的多样性进行了解释。胚系细胞学说（germline cell theory）认为编码所有免疫球蛋白的基因全部存在于生殖细胞的基因组内，抗体分子的多样性是在种系发育过程中产生，而保存在胚系内。体细胞突变学说（somatic mutation theory）则认为在个体生长发育过程中，伴随着淋巴细胞持续、旺盛的分裂活动，通过体细胞突变机制而导致免疫球蛋白的多样化。1965 年 Dreyer 和 Bennett 提出 2 个基因编码一条免疫球蛋白肽链假说，认为免疫球蛋白的可变区和恒定区分别由 V 基因和 C 基因编码。1976 年 Susumu Tonegawa（利根川进）应用重组 DNA 技术证实了这一假说。此后，随着分子生物学及其技术的不断发展,免疫球蛋白肽链的基因编码方式及其表达机制已在分子水平上得到阐明。

一 编码免疫球蛋白的基因

编码免疫球蛋白重链和轻链的基因位于常染色体上彼此不相连锁的三大基因群(重链、λ轻链与κ轻链基因群或基因库)中,而重链的类和亚类又是由彼此连锁的不同结构基因决定的。κ轻链、λ轻链和重链是由位于不同染色体上的多基因家族编码的(表13-1)。人类的κ轻链、λ轻链和重链基因群分别位于2、22和14号染色体上,小鼠相应的基因群则位于6、16和12号染色体上,鸡仅有一个轻链基因,位于15号染色体上。免疫球蛋白的基因有2种构型,即胚系型和重排型。在胚系DNA中,每个多基因家族含几个编码序列,即基因片段,这些基因片段由非编码区隔开。在B细胞成熟过程中,基因片段发生重排,结合在一起形成功能性免疫球蛋白基因,即重排型。

κ轻链和λ轻链基因家族含V、J、C基因片段,重排的VJ片段编码轻链的可变区。重链家族含V、D、J和C基因片段,重排的VDJ基因片段编码重链的可变区。C基因片段编码恒定区。每个V基因的5′端有一小的外显子,编码短的信号肽(或称引导肽),该肽引导重链或轻链通过细胞内质网。在最终免疫球蛋白装配之前,信号肽从新生轻链和重链上被切除。因此,由信号肽序列编码的氨基酸不出现于免疫球蛋白分子上。

表 13-1　人、小鼠和鸡免疫球蛋白基因的染色体位置

基因	染色体		
	人	小鼠	鸡
λ轻链	22	16	15
κ轻链	2	6	
重链	14	12	

(1)λ轻链的多基因家族　功能性的λ轻链的V区由两个基因片段编码,5′端的97个氨基酸是由V基因编码,其余的13个氨基酸(3′端)由J(Joining)基因编码。在未重排的胚系DNA中,两个基因之间由非编码DNA序列分隔开来(图13-1a)。

小鼠的λ轻链多基因家族含2个V_λ基因片段($V_\lambda 1$、$V_\lambda 2$),4个J_λ基因片段($J_\lambda 1$、$J_\lambda 2$、$J_\lambda 3$、$J_\lambda 4$)和4个C_λ基因片段($C_\lambda 1$、$C_\lambda 2$、$C_\lambda 3$、$C_\lambda 4$)。其中,$J_\lambda 4$和$C_\lambda 4$是缺陷性基因,称为假基因(pseudogene),以ψ表示。V_λ基因片段的5′端有一个编码信号肽的基因序列(leader sequence,L),V_λ和J_λ基因片段编码轻链的可变区,3个功能性C_λ基因片段编码3个λ轻链亚型(λ1、λ2、λ3)的恒定区。

据估计,人有100个V_λ基因片段,6个J_λ基因片段和6个C_λ基因片段。

鸡仅有1个轻链基因,位于15号染色体上。鸡轻链基因只有1个恒定区片段(C_L)、

1个连接片段(J_L)、1个可变片段(V_L)。鸡 V_L 上游有大约 25 个假基因(ψV_L),这些假基因 $5'$、$3'$ 端侧翼缺失,缺少翻译所需要的启动子结构,不带有重组信号序列(RSS)。完整鸡轻链基因全长为 25 kb。

(2)κ 轻链多基因家族 小鼠的 κ 轻链由大约 300 个 V_κ 基因片段组成,每一基因片段的 $5'$ 端均有一个编码信号肽的基因序列。有 5 个 J_κ 基因片段,其中有一个为非功能性假基因。κ 轻链的恒定区基因片段只有 1 个(C_κ)。与 λ 轻链的多基因家族一样,V_κ 和 J_κ 基因片段编码 κ 轻链的可变区(图 13-1b)。由于 κ 轻链的恒定区基因片段只有 1 个,因此 κ 轻链没有亚型。

编码人 κ 轻链的基因与小鼠相似,含有大约 100 个 V_κ 基因片段,编码可变区 N 端的第 $1\sim95$ 位氨基酸。研究发现,在胚系 DNA 水平,V_κ 基因片段呈分散分布,长度大约 2 000 kb。人的基因组含有 5 个 J_κ 基因片段,编码第 $96\sim108$ 位氨基酸。J_κ 与最后一个 V_κ 基因片段的 $3'$ 端相距为 23 kb。人有 1 个 C_κ 基因片段,编码恒定区第 $109\sim214$ 位氨基酸,所有 κ 轻链具有同一结构的 C 区。C_κ 距最后一个 J_κ 基因片段约 2.5 kb。V_κ 与 C_κ 之间以随机的方式发生重组连接。

(3)重链的多基因家族 重链恒定区基因由多个外显子组成,位于 J 基因片段的下游,至少相隔 1.3 kb。每 1 个外显子编码 1 个结构域(domain),铰链区(hinge region)由单独的外显子所编码,但 α 重链的铰链区是由 C_H2 外显子的 $5'$ 端所编码。大多分泌的 Ig 重链羧基端片段或称尾端(tail piece)是由最后一个 C_H 外显子的 $3'$ 端所编码,而 δ 链的尾端是由一个单独的外显子所编码。

小鼠免疫球蛋白重链基因的结构与 κ 链和 λ 链相似,在编码可变区基因中还有 D(diversity)基因,该基因赋予了抗体的多样性。因此,免疫球蛋白的重链可变区是由 3 个基因编码的。重链可变区的第 $1\sim94$ 位氨基酸由 V_H 基因编码,第 $98\sim113$ 位氨基酸由 J_H 基因编码,第 $95\sim97$ 位氨基酸由 D 基因编码。

小鼠 12 号染色体重链多基因家族有 13 个 D_H 基因片段($D_H1\sim D_H13$),其下游为 J_H 基因,分别是 J_H1、J_H2、J_H3、J_H4,接着是含有 $300\sim1\,000$ 个 V_H 基因片段及一系列编码恒定区的 C_H 基因片段。与轻链一样,每个 V_H 基因片段上游都有编码信号肽的基因序列。重链的每个 C_H 基因片段编码不同种类免疫球蛋白的恒定区,由编码外显子和非编码内含子组成。外显子编码重链恒定区的功能区。人的重链基因结构与小鼠相似,据统计大约有 100 个 V_H 基因片段,30 个 D_H 基因片段,6 个功能性 J_H 基因片段和一系列编码恒定区的基因片段。

小鼠重链的基因片段按以下顺序排列:C_μ-C_δ-$C_\gamma3$-$C_\gamma1$-$C_\gamma2b$-$C_\gamma2a$-C_ε-C_α(图 13-1c),人重链的顺序是 C_μ-C_δ-$C_\gamma3$-$C_\gamma1$-假 C_ε-$C_{\alpha1}$-假 C_γ-$C_\gamma2$-假 $C_\gamma4$-C_ε-$C_{\alpha2}$。在 B 细胞的分化过程中,随表达的免疫球蛋白种类不同,基因顺序会发生变化,但抗体的特异性仍然是相同的。通过 DNA 重排介导类转换(class switching)而实现这种变化。

犬的 IgM 重链(μ 链)恒定区序列分为 $C_H1\sim C_H4$ 及 $3'$ 末端共 5 个基因区段,4 个结构域的氨基酸数量分别为 106 个($C_\mu1$)、113 个($C_\mu2$)、106 个($C_\mu3$)、112 个($C_\mu4$)。μ 链分泌型尾共编码 19 个氨基酸残基,μ 链膜结合型尾具有 2 个跨膜外显子,共编码 40 个氨基酸残基。在整个犬 IgM 重链恒定区氨基酸序列中,共有 12 个半胱氨酸。包括链内

$(C_H1\colon Cys172\sim Cys234\ ;C_H2\colon Cys281\sim Cys344\ ;C_H3\colon Cys391\sim Cys450\ ;C_H4\colon Cys498\sim$
$Cys560)$和链间$(L\colon Cys158\text{、}H\colon Cys361\text{、}H\colon Cys438\text{、}J\colon Cys599)$二硫键。在犬 IgM 重链恒定
区序列中共有 6 个 N-糖基化位点,在 C_H1(Asn190)中有 1 个,C_H2(Asn258、Asn356)和
C_H3(Asn419、Asn426)中各有 2 个,在 C_H4 分泌尾末端(Asn587)有 1 个。

在基因组中,犬分泌 IgM 重链恒定区基因跨越了大约 1 809 bp 的核苷酸(从 C_H1 到
C_H4 的终止密码子 TGA),编码约为 456 个氨基酸。犬 IgM 重链基因结构与其他物种 IgM
重链基因结构相同,包含由 3 个内含子相隔的 4 个外显子(相当于蛋白质序列中的 IgM 重链
恒定区的 4 个结构域)。其 4 个外显子的核苷酸数量比较平均,分别为 318 bp(C_H1)、339 bp
(C_H2)、318 bp(C_H3)、395 bp(C_H4)。而其相隔的内含子序列的长度则差异很大,分别为
79 bp($IVS1$)、257 bp($IVS2$)、103 bp($IVS3$)。在 C_H4 终止密码子之前有 1 个由 19 个氨基
酸组成的分泌尾部。与 C_H4 的终止密码子相隔 120 bp 为一个典型的 polyA 尾。在分泌尾
下游约 2.5 kb 的位置,有 1 个 114 bp 的外显子核苷酸序列,编码 38 个氨基酸的跨膜区第一
结构域(TM1)。在该外显子的下游约 104 bp 的位置是另外一个外显子序列,编码跨膜区胞
质部分(TM2)的 2 个氨基酸(Val-Lys)以及终止密码子(TGA)。

鸡抗体重链基因结构与轻链相似,只有 1 个功能性 V_H 和 J_H,2 个基因中间有近 15 个
D_H 片段。鸡 D_H 片段彼此间极为相似,有些片段甚至编码完全相同的氨基酸序列。在活
性 V_H 上游也有假基因序列(ψV_H)。ψV_H 包含有与 V_H、D_H 结合后相同的序列,重链 ψV_H
可以称之为 $\psi V D_H$。

(a) λ 轻链DNA

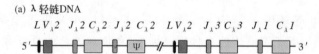

(b) κ 轻链DNA

(c) 重链DNA

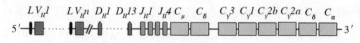

图 13-1　胚系中小鼠 λ 轻链(a)、κ 轻链(b)和重链(c)的基因结构

二　免疫球蛋白基因重排

免疫球蛋白基因重排(rearrangement)是指 B 细胞发育、分化过程中免疫球蛋白基因的
转位。重排有 2 种形式:一种发生于前 B 细胞或未受刺激的 B 细胞上,与编码免疫球蛋白重
链和轻链可变区部分的基因片段有关,这些片段在胚系中是分离的,因重排而连接起来;第
二种发生于 B 细胞活化后的分化过程,仅与重链基因有关。

（1）可变区基因的重排　　编码重链可变区的基因片段首先被重排，最初是 D 基因片段转位到 J 基因片段，伴随间隔DNA缺失（小鼠），这通常发生在2号染色体上。接着，在其中一条染色体上，V 基因片段和 D-J 片段并置，在位于 J_H 和 C_μ 基因片段间的内含子（intron）中的转录增强子（enhancer）的影响下，在 V_H 5′端产生启动子（promotor）。如果重排是非生产性的，第二条染色体的 V_H 被转位。随后，轻链可变区基因片段发生一次或多次重排，在每次重排中，一个 V 基因片段并置到一个 J 基因片段。κ 轻链基因片段的重排首先发生（图13-2），只有两染色体上 V_κ 到 J_κ 发生的重排是非生产性时（重排失败），才发生 λ 的重排。因此，λ 链基因重排仅是替补，免疫球蛋白的 κ 型轻链多于 λ 型。此外，V_H 片段可发生第二次重排，以致重排的 V_H 片段被胚系 V_H 片段取代。

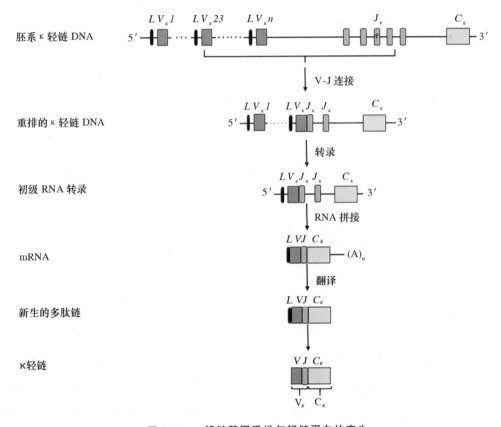

图 13-2　**κ 轻链基因重排与轻链蛋白的产生**

与 Ig 基因片段重排有关的特殊序列称为识别序列（recognition sequence），位于 V 基因片段的 3′端与 J 基因片段的 5′端之间以及 D 基因片段的两侧。V 基因片段 3′端、J 基因片段 5′端以及 D 基因片段的两侧也是 DNA 重排识别信号所在区域，这些识别信号包括 3 部分：①高度保守的回文结构的七聚体（palindromic heptamer）；②较少保守、富含 A/T 的九聚体（nonamer）；③七聚体和九聚体之间不保守的间隔序列（spacer sequence），含有（12±1）个碱基对或（23±1）个碱基对。根据 12/23 碱基对间隔规则（或称 1 圈/2 圈定律），两个基因片段的重组仅发生在两个基因片段之间：各有一个 12 个碱基对片段和一个 23 个碱基对片段的结构。

（2）重链恒定区基因的重排　已知一个淋巴细胞只产生一种免疫球蛋白，但在整个细胞世代中，免疫球蛋白的类型却会产生变化，这种变化主要发生在 C 区，被称为类型转换。类型转换过程与 V_H 基因无关，因此在细胞世代中，类型转换机制会使 C_H 基因原效应器发生改变，而保持抗原识机制 V 区基因不变。

人的 IgH 恒定区基因位点在 14q32 上的一段 300 kb 序列内，位于 J 片段的 3′ 端。有两个重复序列：$\gamma3$-$\gamma1$-ψ_ε-$\alpha1$ 和 $\gamma2$-$\gamma4$-ε-$\alpha2$，位于 μ、δ 恒定区的下游，有 2 个假基因（ψ_ε、ψ_γ），其外显子已被删除。在 μ、$\gamma3$、$\gamma1$、$\alpha1$、$\gamma2$、$\gamma4$、ε、$\alpha2$ 上游分别有一个被称为转换基因或区（S）的序列，类型转换重组在其附近进行或就在其中进行。S 基因是非编码序列，长 1～3 kb，由多个五聚体重复子组成，富含 GC（如 GAGCT、GGGGT），它们能形成如茎环的次级结构。

此外，在 S_μ 的上游和 $\alpha1$、$\alpha2$ 的下游各有一个增强子，S_μ 上游的增强子（E_μ）在外生序列插入这一区域时常保留下来，因此它可能具有特别的意义。

类型转换发生后，两转换区之间形成一混合转换区。上游的 S_μ 和下游的 S 区（此处为 $S_\gamma2$）之间通过重组，常形成一个"转换圈"，干涉 DNA 删除，结果是在 B 细胞正常发育过程中已重排的具有编码功能的不同 VDJ 区和"新"的 C 区组合在一起。因此，从重链基因的 5′ 端开始到表达的基因前止之间的序列被切除。如此，发生基因重组后的 B 细胞将产生 IgG2。

三　免疫球蛋白可变区基因的重排机制

（1）重组信号序列（recombination signal sequence，RSS）　胚系 DNA 的每一 V、D、J 基因片段都有独特的重组信号序列（RSS）存在。RSS 的功能是在重组过程中起信号的作用，每一 RSS 由 3 部分组成：高度保守的重复/回复七聚体（CACAGTG）、轻度保守的富含 AT 的九聚体（ACAAAAACC）和位于两者之间非保守间隔序列，后者由 12 bp（约 1 个 DNA 螺旋）或 23bp（约 2 个 DNA 螺旋）核苷酸组成（图 13-3a）。在 V 基因片段的 3′ 端、J 基因片段的 5′ 和 D 基因片段的两侧都有 1 个 RSS（图 13-3b）。根据"12/23 规律"，重组仅发生于两个基因片段（一个片段具有 12 bp 的间隔区，另一个片段具有 23bp 的间隔区）之间，七聚体和九聚体可形成将两个重组序列并置的颠倒茎环（inverted stem loop）结构（图 13-4）。

在重链 V_H 片段 3′ 端的 RSS 和 J_H 片段 5′ 端的 RSS 序列有 23bp 间隔序列，而 D 片段在 5′ 和 3′ 端的 RSS 有 12 bp 间隔序列，因而 D 只能和 J_H 以及 V_H 相连，而 V_H 片段不能和 J_H 片段相连，因为不符合 12-23 规则，其顺序先为 D-J_H 相连，然后是 V-DJ_H 相连。对轻链来说，其 V_H 片段的 3′ 端和 J 片段的 5′ 端的 RSS 序列反向互补，分别带有 12 bp 或 23 bp 间隔序列，从而能造成 V-J 连接。连接方式可以是环化（looping out）或是倒转（inversion）。

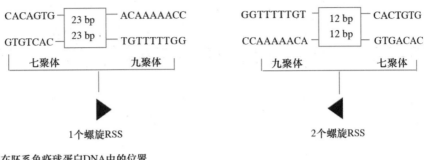

(a) RSS的核苷酸序列

(b) RSS在胚系免疫球蛋白DNA中的位置

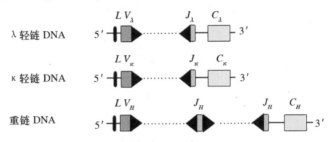

图 13-3　重组信号序列

（2）基因片段的酶连接　V-(D)-J 重组发生于 RSS 与编码序列之间的连接处，由 $V(D)J$ 重组酶(recombinase)催化。前 B 细胞中已鉴定 2 种刺激免疫球蛋白基因重排的基因，称为重组激活基因 1(recombination activating gene 1，RAG-1)和重组激活基因 2(RAG-2)，它们编码蛋白质协同作用介导 V-(D)-J 连接。七聚体和九聚体形成的颠倒茎环(inverted stem loop)结构容易被酶切割。外切酶降解游离端，末端转移酶可加上单核苷酸，多聚酶补平断面，连接酶封口，两个距离较远的片段就重新组合。因此，在基因重排中，位于 V_κ 和 J_κ（或 $V_H DJ_H$）之间的 DNA 序列被删除。

四　免疫疫球蛋白基因的类转换

　　B 细胞中控制免疫疫球蛋白重链恒定区的基因是按顺序排列的（图 13-5），类转换是一种可以使得 B 细胞所生产的抗体从一种类型转变成另一种类型（如从 IgM 转换成 IgG）的生物学机制。此过程是在 B 细胞分化成浆细胞的过程中发生的，因此一个浆细胞只能分泌一种类型的抗体，但不同类型抗体的特异性均相同。

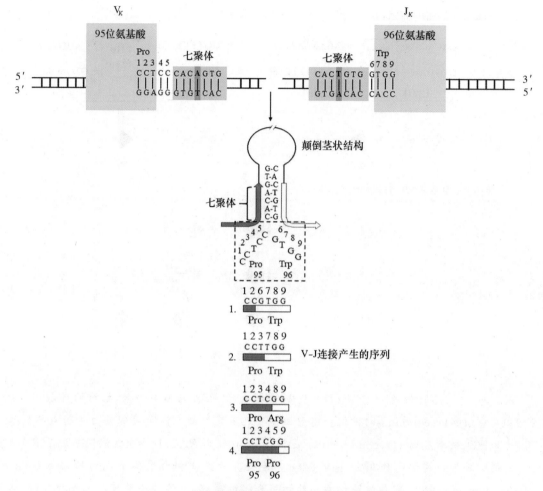

图 13-4　免疫球蛋白的基因的茎状结构及重排机制

在类转换过程中,抗体重链中的恒定区发生改变,而重链的可变区保持不变。免疫球蛋白基因的胚系形式没有编码免疫球蛋白分子的活性,只有在 B 细胞分化过程中,相应的染色体活化,基因发生重排后才能被转录和翻译。免疫球蛋白基因座的前两个重链片段(成熟 B 细胞)仅表达 IgM 和 IgD 两种抗体。经过抗原激活后,B 细胞会发生增殖,可发生类转换而重构成 IgG 或亚类、IgA 或者 IgE 抗体当中的一种。免疫球蛋白重链的表达需 2 个步骤:第一步是 V_H 基因的 $V_H D J_H$ 重排,第二步是 C_H 基因的重排和 S-S 重组。在小鼠,C_H 分布于近 200 kb 内,重链各恒定区基因上游有一段所含同源重复顺序的 S 基因与免疫球蛋白类转换有关。此外,一些细胞因子在诱导类转换过程中发挥重要作用,如 IL-4 可诱导从 C_μ 向 $C_\gamma 1$ 转换并连续转换为 C_ε,IL-5 可促进向 C_α 转换而产生 IgA 抗体,IFN-γ 可促进向 $C_\gamma 2a$ 和 $C_\gamma 3$ 的转换而产生 IgG2a 和 IgG3 抗体。

免疫球蛋白类转换的机制主要有以下几种。

(1)缺失模型(deletion model)　表达某一种型免疫球蛋白的 DNA 上的 V_H 和 C_H 之间的间隔顺序(intervening sequence)可发生缺失,用 DNA 印迹法分析分泌 IgG2a 的 DNA,未

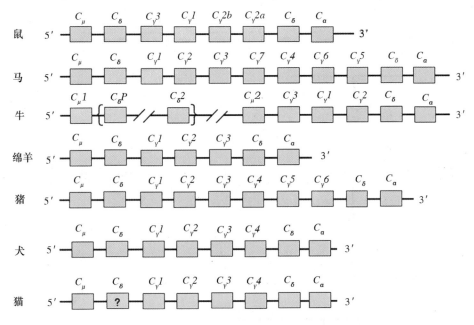

图 13-5　主要动物的免疫球蛋白重链(恒定区)基因排列顺序

能检测到 $C_\gamma 1$ 基因,分泌 IgG1 的 DNA 缺乏 $C_\gamma 1$ 和 $C_\gamma 2b$ 基因,而分泌 IgA 的 DNA 则没有整个 C_γ 基因片段。据推测,免疫球蛋白类转换特异性的调节可能受控于某些 DNA 重组酶,类似于 V-(D)-J 连接重组酶,而在各自免疫球蛋白 C_H 基因上游的 S 基因(区)内存在重组酶的识别位点。在 DNA 重组酶的特异识别下,原来彼此间隔的基因发生连接,而表达基因间的 DNA 间隔顺序被环化(looping out),环化部分或者被酶切除(图 13-6),或者不被复制。

有人认为在各个免疫球蛋白 C_H 基因前的 S 区有同源重复单位,因此,可能是同源重组(homologous recombination)。S-S 重组是免疫球蛋白类转换的主要形式,可以发生在 B 细胞分化的任何阶段,其基本特点是:①球蛋白类转换前后 V_H 不变,即 B 淋巴细胞产生的抗体与抗原结合的特异性不变;②无论哪一类 S-S 重组都保留了 S_μ 顺序及上游的增强子顺序,这对免疫球蛋白重链表达是必要的。

(2)染色体间交换　Obata 等在研究 S_α DNA 片段时意外地发现,S_α 片段位于 S_μ 和 $S_\gamma 1$ 之间,显然,这与免疫球蛋白基因的胚系排列顺序是截然不同的,并且不能用缺失模型来解释。在研究骨髓瘤免疫球蛋白类转换时也发现有所谓的"回复"(reverse)表达,即向上游方向转换($3'\to 5'$)。Radbruch 报道,在骨髓瘤细胞 X63.5.3.1 中有 $C_\gamma 2b$ 向 $C_\gamma 1$ 的转换,在骨髓瘤 MC101 也发现有 $C_\mu\to C_\delta\to C_\gamma 1$ 的类转换。因此,推测有染色体间的 DNA 片段交换,包括同源染色体交换(homologous chromosome exchange)和姐妹染色体交换(sister chromosome exchange)。染色体间的交换主要发生在细胞的有丝分裂阶段,染色体间的不等交换(unequal cross over exchange)的结果使子代细胞中表达免疫球蛋白重链的活化染色体丢失某些 DNA 片段,继而重新出现某些原先已经丢失的片段或出现与胚系免疫球蛋白

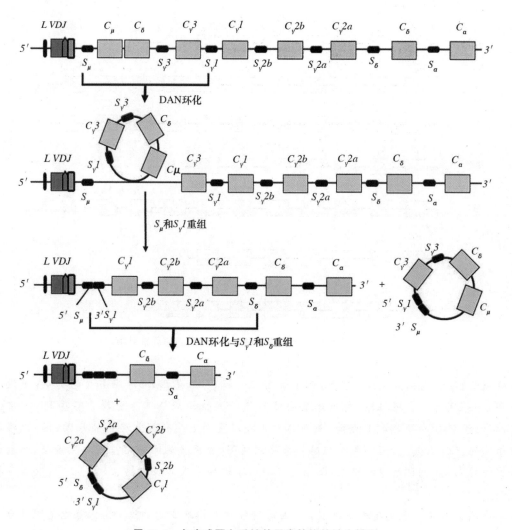

图 13-6　免疫球蛋白重链基因类转换的缺失模型

C_H 基因排列的不同形式。

（3）RNA 剪接（splicing）　除了上述 DNA 水平上免疫球蛋白类转换形式外，RNA 水平的剪接也可导致免疫球蛋白类转换。已知 C_δ 和 C_μ 基因之间没有 S 区，这就不可能以环化的方式进行类转换。Liu 等发现，C_δ 基因是通过共转录（cotranscription）的方式在 RNA 水平进行类转换的。对能进行 IgM 和 IgD 共表达的 B 淋巴细胞系的 DNA 分析表明，C_δ 和 C_μ 基因没有发生重排，相同 V_H 出现在 μ 链和 δ 链 mRNA 上，因此，推测它们有一共同的 mRNA 前体，通过不同形式的剪接而成。Perlmutter 等提供了共转录的更直接的证据，他们用 RNA 夹心杂交的方法证明，在表达 $Sm\mu^+$、$Sm\gamma 1^+$ 和 $Sm\mu^-$、$Sm\gamma 1^+$ 细胞的 RNA 上同时存在 C_μ 和 $C_\gamma 1$ 基因，而在 $Sm\mu^+$、$Sm\alpha^+$ 的细胞 RNA 上存在 C_μ、$C_\gamma 1$ 和 C_α 基因。因此，认为不同的表型是转录后加工的结果。

五　抗体多样性发生的机制

由于胚系 V-D-J 基因片段重排、V-D-J 连接多样性、体细胞高频突变、N 区插入以及轻链和重链相互随机配对等机制，体内可产生数目众多且具有不同特异性的抗体。抗体多样性发生的机制主要涉及 5 个方面：①编码免疫球蛋白基因的多样性；②随机重排产生的多样性；③H、L 链的随机组合；④P-区、N-区核苷酸插入；⑤体细胞的高频突变。估计不同抗体特异性的数量介于 $10^8 \sim 10^{11}$。

第二节　T 细胞受体的基因控制

一　T 细胞受体基因

T 细胞受体（TCR）有 2 种类型，即由 α、β 链组成的 TCR 和由 γ、δ 链组成的 TCR，大约 95% 的 T 细胞为 αβTCR，5% 的为 γδTCR。TCR 基因是一个多基因家族，编码 T 细胞受体 α、β、γ、δ 链的基因定位于不同的染色体上（表 13-2）。人和小鼠的 δ 基因位于 α 基因的复合体中，均位于 14 号染色体；人的 TCR β 和 γ 链基因分别位于第 7 号染色体的长臂和短臂，小鼠的 β 和 γ 链基因分别位于 6 号和 13 号染色体。

表 13-2　T 细胞受体基因在染色体定位

TCR 基因	人	小鼠
α 链	14q11～12	14
β 链	7q32～35	6
γ 链	7p15	13
δ 链	14q11～12	14

TCR 基因的结构和重排与免疫球蛋白基因有许多相似之处。TCR 基因也有 2 种构型：即胚系型和重排型。在胚系中，编码 TCR 的多肽链的 DNA 是由几个分隔开的 DNA 片段组成（图 13-7），在胸腺细胞重排后，形成编码一条完整多肽的基因。TCR 多肽链可变区基因是由 2～4 个基因片段通过重排连接在一起。V 基因片段编码信号肽序列和可变区氨基端 95～100 个氨基酸残基；J 基因片段编码可变区羧基端 13～23 个氨基酸残基。TCR V 基因片段的结构类似于免疫球蛋白基因的结构，其 5′端的一个外显子编码大部分信号序列和一个不翻译区，3′端的一个外显子编码信号肽序列的其余部分和大部分可变区；两个编码区由一个 100～400 bp 的内含子隔开。TCR β 链和 δ 链 V 区除 V、J 基因片段而外，还有 1～2

个 D 基因片段,编码 V 与 J 之间数个氨基酸残基。TCR 不同多肽链可变区基因的重排有 V-J、V-D-J 或 V-D-D-J 几种方式。TCR 多肽链恒定区基因(C)片段通常由 3～4 个外显子所组成,位于一个或多个 J 基因片段的下游。与 IgG 基因片段不同,TCR C 基因片段是由数个外显子编码一个结构域,这些外显子不与 TCR 恒定区的假定功能性结构域准确对应,如小鼠和人的 β 链的连接肽是由 3 个分隔的外显子所编码的。

(1)TCR α 链基因的结构   TCR α 链和 TCR β 链基因与免疫球蛋白基因结构差别较大。小鼠 α 链 V 基因约有 100 个,至少可分为 12 个家族。人 V_α 大约为 100 个,长数百 kb。TCR α 链基因没有 D_α 基因片段。人和小鼠 α 链基因都含有 J 基因(J_α),小鼠约有 60 个,相互间隔至少 500 bp。V_α-J_α 连接具有多样性。TCR α 链只有 1 个 C_α 基因片段,含有 4 个外显子。在 TCR α 链基因座中有编码 TCR δ 链的基因。α 链基因重组信号中长的间隔序列(23 bp)3′端靠近 V_α,短的间隔序列(12 bp)的 5′端靠近 J_α,重组信号的这种排列方式与 Ig 轻链的 V 区基因相似,允许 V_α 基因直接与 J_α 基因重排,而不需要 D 基因片段。

(2)TCR β 链基因的结构   小鼠胚系的 TCR β 链基因长数百 kb,V_β 基因片段的数量约 30 个,大多数 V_β 基因片段位于 $C_\beta 1$ 的上游,其中有 20 个最近已定位于距 2 个 $D_\beta J_\beta C_\beta$ 群的 5′端 250 kb 的 DNA 跨度区域内。从该群的 3′端到 $D_\beta J_\beta C_\beta$ 距离约为 320 kb,一个 V_β 片段($V_\beta 14$)位于距 $D_\beta J_\beta C_\beta$ 群 3′端 10 kb 处,尽管是在反转录方向,据了解它被一个功能性 T 细胞克隆利用。人的 V_β 族的数量与小鼠类似,但第一族只有一个成员的很少,因此 V_β 的总数比小鼠多。小鼠有 2 个 D_β 基因片段,长 12～14 bp,分别位于 $J_\beta 1$ 和 $J_\beta 2$ 基因片段组上游 500～600 bp 处。小鼠和人都有 2 组 J_β 基因片段($J_\beta 1$ 和 $J_\beta 2$),与相应的 $C_\beta 1$ 和 $C_\beta 2$ 基因片段间隔 2～3 kb。小鼠 $J_\beta 1$ 和 $J_\beta 2$ 各含 7 个 J_β 基因片段,其中 6 个有功能,J_β 基因片段相互间隔 36～421 bp。人的 $J_\beta 1$ 和 $J_\beta 2$ 各含 7 个有功能的 J_β 基因片段。小鼠和人都有 2 个 C_β 基因片段($C_\beta 1$ 和 $C_\beta 2$),高度同源,分别相隔约 6 kb 和 8 kb,每个基因片段含 4 个外显子。两个恒定区的氨基酸序列有 4 个(小鼠)或 5 个(人)氨基酸残基不同。

(3)TCR γ 链基因的结构   小鼠有 4 个 C_γ 基因片段,其中一个片段在一些 DNA 链中为假基因,另一些链中缺失。人有 2 个 C_γ 基因片段,间隔约 10 kb。在小鼠的 C_γ 中有 3 个片段含有 3 个外显子(第 4 个 C_γ 片段的详细结构尚未确定)。人的 C_γ 基因片中有一个片段含 3 个外显子,其余的含 4 个或 5 个外显子。小鼠 2 个有功能的 C_γ 和人的 2 个 C_γ 都含有 N-寡糖附着位点。人的一个 C_γ 基因片段不编码半胱氨酸残基,由于该残基通常参与链间二硫键的形成,估计这就是一些含 γ 链的 TCR 异二聚体非共价结合的原因。小鼠的 4 个 C_γ 片段,每个片段的上游都有一个 J 片段;在人,两个 C_γ 中有一个具在有 2 个上游 J_γ 片段,另一个 C_γ 有 3 个这种上游片段。但在小鼠和人的座位中均未发现 D 片段。V_γ 基因片段的数量似乎较有限,小鼠有 7 个 V_γ,分为 5 族,其中 4 个只有 1 个成员,1 个有 3 个成员。有 6 个配对相连,其中 1 对以头方向相连。在人,已发现有 14 个 V_γ,但并非全部都有功能。小鼠的 $V_\gamma C_\gamma$ 散在,人的则不然。γ 链基因族的一个不寻常的特点是经常发生基因重排和 mRNA 的表达,但在细胞表面没有蛋白质产物表达。人的 TCR γ 链座位可能跨距约 150 kb,小鼠的至少为 200 kb。

(4)TCR δ 链基因的结构   人和小鼠 TCR δ 链基因结构很相似,编码 δ 链的基因片段位于 α 链基因座位内。小鼠的 1 个 C_δ 基因片段位于距 J_α 群 5′端 10 kb 处。2 个 J_α 和 2 个

D_δ 基因片段位于上游。在胸腺细胞分化过程中，δ 链先于 α 链表达。V_α 与 J_α 的重排导致 δ 链基因复合体中 D、J 和 C 基因片段的缺失。

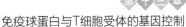

图 13-7　小鼠 TCR α、β、γ、δ 链基因片段的结构

二　T 细胞受体多样性的发生

在 T 细胞胸腺发育成熟过程中，TCR 基因按照一定的顺序发生重排，其重排顺序和表达与免疫球蛋白基因很相似。TCR β 链基因的重排要早于 α 链。在 TCR 多样性的产生主要有以下 2 种机制。

(1) 复合基因重排　在 T 细胞的成熟过程中，胚系状态的 V 区基因由分隔的、无转录活性的基因片段在特异性重组酶的作用下连接成一个完整的、有转录功能的活性基因的过程。重排时，V_β 基因先进行 D、J 连接，再进行 V、DJ 连接，形成 VDJ 片段。由此产生一个有转录活性的 V_β 基因，再与 C 区基因相连，形成一个完整的 β 链功能基因。V_β 基因的成功重排，可诱导 V_α 基因的重排。V_α 基因无 D 片段，直接进行 V、J 连接形成 VJ 片段。重排后有转录活性的 V_α 基因再与 C 区基因相连，形成一个完整的 α 链功能基因。

TCR 的 V、D、J 基因重组可产生各种组合数等于每个座位上基因数的乘积。目前已证实 42 个具有功能的 TCR V_α 基因，乘以 60 个 TCR J_α 基因，可将产生 2 520 种 TCR α 链。TCR V_β 基因使用 TCR $D_\beta 1$ 时，可以与 6 种 TCR $J_\beta 1$ 或与 7 种 TCR $J_\beta 2$ 组合；使用 TCR $D_\beta 2$ 时，可以与 7 种 TCR $J_\beta 2$ 组合。又因为 D 片段一般有 3 个可阅读框，所以 TCR β 链基因组合数至少为 $(47 \times 13 \times 3) + (47 \times 7 \times 3) = 2\,820$。据此估计 TCR αβ 分子数为 $2\,520 \times 2\,820 = 7 \times 10^6$。αβTCR 基因重排见图 13-8。

(2) 核苷酸多样性　所有 4 种 TCR 基因的 V-D、D-D、D-J 或 V-J 连接区被若干个核苷酸间隔开，而产生 TCR 连接区多样性。被加入的核苷酸是否受种系基因组所控制，是由末端核苷酸转移酶所决定的。新生小鼠出生一周后，此酶才达到成年水平，故认为胎儿不具有此连接区多样性。因为 V-J 或 V-D-J 的连接区编码 CDR3 域，所以连接区多样性对决定 TCR 分子特异性很重要。

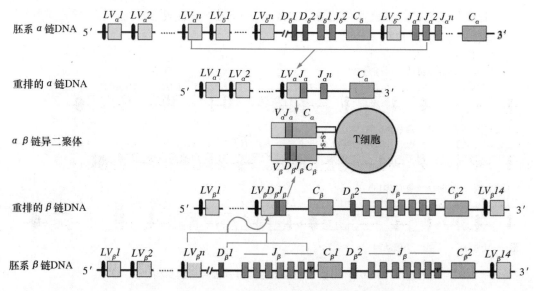

图13-8 产生编码 αβTCR 功能性基因的重排

各种 T 细胞受体的表达都依靠 3 个因素：①互有联系的 V_α 和 V_β（或 V_γ 和 V_δ）重排；②和自身 MHC 有一定的亲和力，以便协同反应；③有对自身 MHC 有过高亲和力的受体被选择性排斥掉。第二和第三点意味着，有一个胸腺细胞亲和力选择的关口决定限制性的耐受性。有太低或太高的自身 MHC 亲和力的 T 细胞受体的细胞将不扩增或被克隆性删除。

另一个有关 TCR 的问题是，TCR 识别抗原与 MHC 复合物的途径。大量证据证实，TCR 连接在 I 类或 II 类 MHC 结合的处理过的外来抗原的肽段上。很多学者努力确定是否识别 MHC 主要由某一个或几个 V 区调节，结论是 V_α 和 V_β 的功能很难清楚分开。鼠 V 基因片段与 II 类分子反应性研究发现，胚系的 TCR 对于 MHC 分子的识别存在一种倾向性。胸腺产生的识别某些 MHC 的 T 细胞是所谓的幼稚型 T 细胞。

虽然 TCR 基因产生多样性的方式与免疫球蛋白基因相似，但也有一些区别。胚系多样化的相对作用可能比基因重排引起的小。通过组合连接（V、J 和 D 片段的不同组合）、连接多样性（两个基因片段间重组位点位置的变化）以及加入 N-核苷酸这种情况在所有 4 种 T 细胞受体多样肽链都可出现（但免疫球蛋白仅在重链发生类似情况），由胚系中有限数量的基因片段，能够产生不同的可变区序列。因此，很多可能的变异性，尤其是 γ 和 δ 链的变异性，集中于 V-(D)-J 连接处附近。与免疫球蛋白相比，TCR 似乎不发生体细胞高突变。

三 TCR 库

克隆选择学说的中心思想是 T 细胞具有极大的抗原受体多样性。具有各种不同 TCR 分子的 T 细胞，组成了 TCR 库。虽然从遗传学看，HLA 多态性远胜于 TCR，但从分子水平上看，TCR 多样性相当于 MHC 多态性。由于 TCR 多样性，在一个体的 T 细胞群体中，很少有 2 个 T 细胞带有相同的 TCR。如果说针对 MHC，主要研究在群体中 MHC 的等位基因变异,那么针对 TCR,则致力于研究每个淋巴细胞的多样性。TCR 库的研究主要包括:①采用针对 TCR 可变区 V_a 和 V_β 的单克隆抗体,测定 TCR 的表达;②采用分子生物学技术,定量检测 TCR 的 cDNA。

❓ 复习思考题

1. 编码免疫球蛋白的基因有哪些? 有何特点?
2. 免疫球蛋白可变区基因如何进行重排?
3. 免疫球蛋白可变区基因重排的机制有哪些?
4. 免疫球蛋白的基因如何发生类转换?
5. 试从基因水平理解抗体的多样性。
6. 编码 T 细胞 TCR 的基因有哪些?

第十四章
主要组织相容性复合体

内容提要

主要组织相容性复合体(MHC)是一种复杂的基因复合体,多种动物均有自身的 MHC。MHC Ⅰ、Ⅱ、Ⅲ类分子分别由Ⅰ类基因、Ⅱ类基因和Ⅲ类基因编码,其结构与功能各不相同,它们参与免疫应答和免疫调节,也与组织移植排斥反应有关。

第一节 概 述

组织相容性(histocompatibility)概念源于对组织、器官和细胞移植排斥现象的研究。人们发现用同种异体细胞或组织器官进行移植时,可引起排斥反应。只有遗传性完全相同的纯系动物或同卵双生的动物可以相互移植而不引起排斥反应。进一步的研究表明移植排斥具有和经典的适应性免疫应答相同的两个重要特征,即特异性和记忆现象。

移植排斥反应中所针对的抗原是一种存在于所有有核细胞表面的糖蛋白,称为组织相容性抗原(histocompatibility antigen)。因这类抗原在白细胞上最易查出,又称白细胞抗原(leucocyte antigen)。其中,一些抗原可引起强烈的排斥反应,称为主要组织相容性抗原(major histocompatibility antigen),而引起慢而弱的排斥反应的组织相容性抗原称为次要组织相容性抗原(minor histocompatibility antigen)。二者均受遗传支配。

控制组织相容性抗原结构的基因称为组织相容性基因。1956 年 Snell 等在研究小鼠的移植排斥反应时,首先引入这一概念。他们发现编码主要组织相容性抗原的基因不是一个,而是含有若干位点的染色体区段组成的一组连锁群,称为主要组织相容性系统(major histocompatibility system,MHS),后来发现与免疫应答相关基因也在该系统中(现已明确 MHC 基因即为免疫应答基因),该区基因不仅能编码组织相容性抗原,还能控制和调节免疫应答和支配免疫细胞各亚群的协同作用,故称为主要组织相容性复合体(major histocompatibility complex,MHC)。因为这些位点紧密连锁,常作为一个整体单位而遗传,故又有超基因(supergene)之称。所有的哺乳动物,甚至可能所有的脊椎动物都有 MHC。用动物种英文开头字母加上 L(白细胞)、A(抗原),常常用来代表不同种类动物的 MHC 系统,如

HLA（人）、SLA（猪）、BoLA（牛）、OLA（绵羊）、GLA（山羊）、ELA（马）等，因小鼠和鸡的MHC 系统最早作为血型系统被认识的，因而仍然习惯于用 H-2 和 B 来代表。在动物中，H-2 系统和 SLA 系统研究得较为充分，已成为认识 MHC 的一个重要基础，有许多的概念和结构均来源于对二者的研究。

MHC 有 3 类基因：Ⅰ类基因编码移植反应靶抗原分子，即组织相容性抗原的基因；Ⅱ类基因编码包括调节淋巴细胞增殖和相互作用以及控制免疫反应强度的基因；Ⅲ类基因编码控制某些补体成分和其受体产生的基因。每类基因有很多基因位点，而每个基因位点存在着大量的等位基因，具有多态性（polymorphism），因此 MHC 是迄今为止所发现的结构最为复杂的遗传多态性系统。同时，由于 MHC 在遗传上表现为单倍型遗传、连锁不平衡、共显性等特点，使得各种 MHC 单倍型的个数均十分庞大，可以说除了同卵双生，几乎找不到MHC 完全相同的个体。

MHC 最初是因研究移植排斥反应而提出，随着研究工作的深入，MHC 早已超越了器官移植的范畴，涉及免疫应答调节及其分子机制、某些疾病的易感性以及经济性状关联等。

第二节　MHC 分子的结构、分布和功能

不同种类动物的 MHC 编码产物在化学结构、分布及功能方面均有显著的相似性。MHC Ⅰ类和 MHC Ⅱ类分子都是膜结合的异二聚体（图 14-1a）。

一　MHCⅠ类分子

MHC Ⅰ类分子由 2 条肽链组成（图 14-1a）。一条为重链，称为 α 链，分子质量为 45 ku，含有 345 个氨基酸残基，1～2 个多糖侧链；另一条为轻链，是 β_2 微球蛋白（β_2 microglobulin，β_2m），分子质量为 12 ku，两条链以非共价结合的形式连接在一起。α 链镶嵌在细胞表面的质脂双层中，可分为 5 个功能区，即 1 个跨膜区、1 个胞内区和 3 个胞外功能区。细胞外的 3个功能区为 α1、α2 和 α3，每个功能区由大约 90 个氨基酸组成，α2 和 α3 功能区内各有一个链内二硫键，使之折叠成约 60 个氨基酸残基的肽环；跨膜区大约为 40 个氨基酸；细胞质尾大约为 30 个氨基酸，可被磷酸化后有利于细胞外信息向细胞内传递。α1 的第 60～80 位氨基酸和 α2 的第 95～120 位氨基酸顺序变化最大，是Ⅰ类分子多态性的分子基础。X 射线结晶衍射测定人的Ⅰ类分子的三维结构显示，Ⅰ类分子的顶部为 α1 和 α2 功能区，其连接处呈一深槽，槽底呈 β 折叠片层，两个 α 螺旋构成槽壁，称为肽结合槽（peptide-binding groove），大小为 2.5 nm×1 nm×1.1 nm（图 14-1b），可结合 8～10 个氨基酸的抗原肽，是Ⅰ类分子的多态区和抗原肽结合部位。α3 功能区与 β_2m 相连接，位于分子底部。β_2m 由第 15 对染色体编码（小鼠Ⅰ类分子的 β_2m 由第 2 对染色体编码），约含 100 个氨基酸，只有一个胞外功能区，其大小和组成与 α 链的 α3 功能区相似，它不插入细胞膜而游离于细胞膜外，通过非共价键与 α3 结合，其功能有助于Ⅰ类分子的表达和稳定。β_2m 不具有同种异体特异性，但有种

属特异性。

哺乳动物有 2～3 个编码 MHC Ⅰ 类分子 α 链的基因座,在人类,它们称为 A、B 和 C;在小鼠,为 K、D/L 区。每个基因座均有多个基因,但基因的数量因动物的品种不同而有差异。大鼠超过 60 个,小鼠有 30 个左右,人有 20 个,牛 13～15 个,猪至少有 6 个基因或基因片段。尽管基因座有如此多的基因,但真正有功能的却很少。在小鼠,仅 2～3 个 α 链有功能,部分基因是假基因。

MHC Ⅰ 类分子广泛分布于大部分有核细胞的表面,包括血小板和网织红细胞,以淋巴细胞表面最丰富(1 000～100 000 分子/细胞),肝、肺、肾相对较少,脑、肌肉则更少。在猪的组织中能检测到 Ⅰ 类分子的细胞有淋巴细胞、血小板、粒细胞、肝细胞、肾细胞和精子,Ⅰ 类分子在淋巴细胞和巨噬细胞中的表达很高。人的红细胞表面并没发现 MHC Ⅰ 类分子,但在鼠的红细胞中却有该类分子。

MHC Ⅰ 类分子的主要功能有:①在移植排斥反应中,Ⅰ 类分子是诱导免疫应答的主要抗原;②Ⅰ 类分子是靶细胞提呈内源性抗原的物质基础和 CTL 识别靶细胞的标志之一,诱导 CTL 直接杀伤靶细胞。当外来病毒侵入机体细胞时,CTL 必须同时识别体细胞上具有与其相同的 Ⅰ 类分子和病毒抗原,才能对受病毒感染的靶细胞发动攻击而杀伤。对带有相同病毒抗原而 Ⅰ 类分子不同的靶细胞,或虽有相同的 Ⅰ 类分子但带有不同病毒抗原的靶细胞,CTL 皆不能杀伤。

二 MHC Ⅱ 类分子

MHC Ⅱ 类分子是由 α 链和 β 链以非共价键结合组成的异二聚体(图 14-1a)。两条多肽链均为膜结合糖蛋白,跨越细胞膜伸入细胞内。α 链的分子质量为 33 ku,β 链为 28 ku。它们各由 4 个功能区组成,即 2 个胞外功能区(α1 和 α2、β1 和 β2)、一个含 30 个氨基酸的跨膜区和一个 10～15 个氨基酸的胞内区。胞外区域呈球形结构,除 α1 外,其他功能区(α2、β1、β2)均有二硫键使该区域折叠成环状。在不同的 MHC Ⅱ 类分子,其 α 链极为相似,但 β 链内的氨基酸差别较大,故 Ⅱ 类分子的特异性抗原决定簇可能在 β 链上。两条多肽链都含有糖基侧链,但糖基的变化与 Ⅱ 类分子的抗原性无关。

由 MHC Ⅱ 类分子的 α1 和 β1 两个功能区构成肽结合槽(图 14-1b),两个平行的 α 螺旋组成了槽壁,槽底是 β 折叠片层,该部位可与经加工处理后的 13～18 个氨基酸的抗原肽结合,形成抗原肽-MHC Ⅱ 类分子复合物。

编码人的 MHC Ⅱ 类分子的基因有 5 个基因座,它们依次为 DP、DN、DO、DQ 和 DR。每个基因座中,编码 α 链的基因命名为 A,编码 β 链的基因命名为 B。并不是所有的基因座均包含编码 α 链和 β 链的基因,部分基因座存在假基因,假基因可能是 MHC Ⅱ 类分子发生多态性变化的核苷酸序列供体。

MHC Ⅱ 类分子分布较窄,仅表达于树突状细胞、巨噬细胞(M φ)、B 细胞以及其他抗原提呈细胞、胸腺上皮细胞及血管内皮细胞等。被活化的调节性 T 细胞及精子细胞也可表达 Ⅱ 类分子。有些组织在病理情况下才表达 Ⅱ 类分子,如胰岛素依赖型糖尿病时,胰岛的 β 细胞有Ⅱ类分子存在。但在 IFN-γ 的作用下,可诱导多种类型的细胞表达Ⅱ类分子。表达Ⅱ类分子的所有细胞同时表达Ⅰ类分子。MHCⅡ类分子在不同种间的分布有所不同,在啮齿动物中,表达于专职的抗原提呈细胞(树突细胞、巨噬细胞和 B 细胞),而 T 细胞、角质形成细胞、血管内皮细胞经诱导后也能产生 MHCⅡ类分子。在小鼠,静止 T 细胞并不产生MHCⅡ类分子,但在犬、猫和马,几乎所有的静止 T 细胞均能产生 MHCⅡ类分子。在牛,B细胞和活化 T 细胞均可表达 MHCⅡ类分子,在胸腺上皮细胞和专职抗原提呈细胞(巨噬细胞、树突细胞和 B 细胞)中发现一种非常独特的 BoLAⅡ类分子(H42A)。在猪,静止 T 细胞的 MHCⅡ类分子的表达水平与巨噬细胞大致相同,可能具有抗原提呈作用。

　　MHCⅡ类分子的主要功能是参与免疫应答与免疫调节。Ⅱ类分子是专职抗原提呈细胞提呈抗原,T_H 细胞识别抗原以及活化的物质基础。T 细胞、B 细胞和 Mφ细胞的相互作用,均需识别相同的Ⅱ类分子,即所谓 MHC 限制性。Ⅱ类分子也是引起移植排斥反应的重要靶抗原,并在移植物抗宿主反应(graft versus host reaction,GVHR)和混合淋巴细胞培养(mixed leukocyte culture,MLC)中作为刺激抗原,使免疫活性细胞增殖与分化。

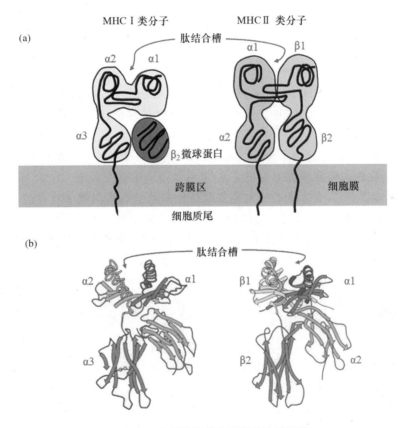

图 14-1　**MHCⅠ类和Ⅱ类分子的结构示意图**

(引自 Punt 等,2018)

三 MHC Ⅲ类分子

MHC 区域内的另外一些基因可编码Ⅲ类分子,编码蛋白的功能相差较大,如编码补体蛋白(C4、B 因子、C2)的基因;编码 21-羟化酶 A 和 B,肿瘤坏死因子(TNF-α 和 TNF-β)和热休克蛋白 70(HSP70)的基因。MHC Ⅲ类分子不同于Ⅰ、Ⅱ类分子,它们不是膜结合蛋白,不参与抗原提呈。

第三节 主要动物的 MHC

一 H-2

小鼠的 MHC 称为 H-2 复合体,位于第 17 对染色体的一个狭窄的区段内,由 K、I、S(C′)和 D 4 个区组成(图 14-2),其长度为 0.5 分摩(centimorgan,cM 是基因交换率在基因图上的图距单位),分为Ⅰ、Ⅱ、Ⅲ类基因位点,编码相应的 MHC Ⅰ、Ⅱ和Ⅲ类分子。

K、D 区为Ⅰ类基因位点,分别编码结构相似但特异性不同的 MHC Ⅰ类分子 α 链。I 区为Ⅱ类基因位点所在,可分为 I-A 和 I-E 亚区,均有数个基因,分别编码Ⅱ类分子的 α 和 β链,MHC Ⅱ类抗原与免疫应答密切相关,故又称免疫应答相关抗原。S(C′)区为Ⅲ类基因所在,有编码补体成分 C4 的基因位点和编码与雄性激素结合蛋白水平有关的 SLP(sex limit-ed protien)基因位点,以及编码肿瘤坏死因子(TNF)的 α 和 β 基因位点。H-2 复合体右侧还有 Q、T、M 等基因位点,编码的分子与Ⅰ类分子的结构十分相似。此外,在 I 区中还有一些编码称为非经典 MHC 分子的位点,如 *LMP*1、*LMP*2、*LMP*7 基因等。

二 HLA

人类的 MHC 称为 HLA 复合体,位于第 6 对染色体短臂上大约 4 000 kb 范围内,长度为 4 cM,由一群密切连锁的基因组成(图 14-3)。HLA 复合体是已知的人体最复杂的基因系统,从着丝点一侧起,可分为 D 区、C′区、B 区、C 区和 A 区,其中 D 区又可分为 DP、DQ 和 DR 等亚区。A、C、B 区为Ⅰ类基因位点所在,分别编码 HLA-A、HLA-B 和 HLA-C 抗原,统称为Ⅰ类分子,其结构和功能与小鼠 K、D 区编码的Ⅰ类分子相似。还有 3 种 HLA 也属Ⅰ类分子,在 A 区与 C 区间有 HLA-E 区,A 区外侧 540 kb 范围内,为 HLA-A 区的亚区,包括 *HLA-G*、*HLA-F* 基因,为非典型 HLA Ⅰ类基因,可能与小鼠 *Q*、*T*、*M* 基因位点类同。

D 区为Ⅱ类基因位点所在区,包括 DR、DQ 和 DP 3 个亚区和若干个基因位点,构成极

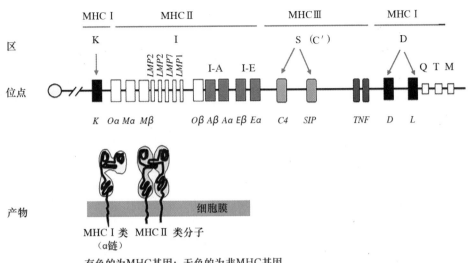

有色的为MHC基因；无色的为非MHC基因

图 14-2 小鼠 H-2 的基因结构与部分基因位点示意图

为复杂的基因系列。D 区相当于小鼠 H-2 的 I 区，其中，DR 位点基因编码的 DR 抗原与小鼠的 I-E 亚区基因编码的抗原相当，DQ 位点基因编码的 DQ 抗原则与小鼠 I-A 亚区基因编码的抗原相当。DP 抗原是 DP 位点基因编码产物。DP 抗原并非独立的单一基因位点产物，而是与 DR、DQ 等抗原有广泛相关的抗原。在 D 区还有一些非经典 MHC 分子的基因位点，如 LMP1、LMP2、LMP7 基因以及编码 HLA-DM 分子的基因。

C′区相当于小鼠 H-2 的 S 区，为Ⅲ类基因位点所在，包括 21B、C4B、21A、C4A、Bf 和 C2 等基因位点，分别编码 21-羟化酶、C4、C2 和 B 因子等Ⅲ类分子。21-羟化酶是肾上腺皮质醇和醛固酮必不可少的酶之一，如缺乏此酶，可导致先天性肾上腺皮质增生症，C4、C2 和 B 因子为补体成分。Ⅲ类基因产物与Ⅰ类、Ⅱ类基因产物不同，不是镶嵌在细胞膜上的分子而是合成后分泌到体液中。C′区还有编码肿瘤坏死因子(TNF)的结构基因 α 和 β 位点。

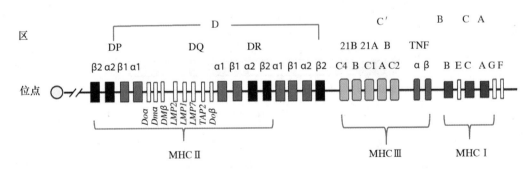

有色的为MHC基因；无色的为非MHC基因

图 14-3 人类 HLA 部分基因位点示意图

目前已发现人的 MHC 区域至少与人类的 100 多种疾病相关，包括甲状腺癌、瘢痕瘤、开角型青光眼、自闭症、贫血症、风湿性关节炎、小儿哮喘、男性不育等各类癌症及复杂疾病。携带某一特定 HLA 型别的个体会对特定疾病表现为易感性或抗性，如 HLA-A1-B8-Cw7-

DR3 与 I 型糖尿病、重症肌无力及全身性红斑狼疮相关；A26-B18-Cw5-DR3-DQ2 与 I 型糖尿病及格氏病相关。

三 SLA

猪的 MHC 称为 SLA（swine leucocyte antigen），是由 Viza Vaiman 等于 1970 年发现的。SLA 基因位于第 7 号染色体着丝粒的两端，Hradecky 等认为 SLA 与 J、C 两个红细胞血型系统连锁在一起，先后排列顺序为 SLA-J-C。微型猪的 SLA 全长约 0.8 cM，1 000～2 000 kb。据估计家猪的 SLA 长度约为 1 cM。与 H-2 系统相比，SLA 的结构更接近于人的 HLA。SLA 可分为 I 类基因群、II 类基因群和 III 类基因群（图 14-4a）。SLA I 类基因有 3 类，I a 基因含有 SLA-11、SLA-4、SLA-2、SLA-3、SLA-9、SLA-5、SLA-1。其中 SLA-1、SLA-2 和 SLA-3 是功能基因，分别对应血清型 SLA-C、SLA-B 和 SLA-A。I b 基因含有 SLA-6、SLA-7 和 SLA-8。I c 基因含有 MIC1 和 MIC2，对应人类的 MIC A 和 MIC B。I 类基因的主要产物为 SLA-A、SLA-C、SLA-B 抗原，即主要组织相容性抗原，它是跨细胞膜的糖蛋白，该蛋白由 2 条链组成，一条分子质量为 44 ku，具有多态性的重链；另一条为没有多态性、分子质量为 12 ku 的轻链，即 β_2 微球蛋白。两条肽链以非共价键的形式在细胞表面结合。虽然对每一位点的精确位置及每一位点所具有的等位基因数还不完全清楚，但已有的研究认为 SLA-A 位点与 SLA-B 位点之间的距离约为 0.05 cM。SLA-A 位点的等位基因数为 17 个，SLA-B 位点的等位基因数为 9 个，SLA-C 位点的等位基因数为 10 个。

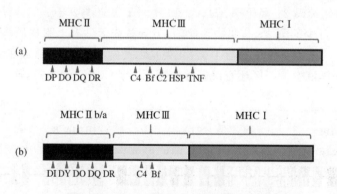

图 14-4　猪和牛的 MHC 基因结构示意图

猪的基因组中有多个 II 类基因，但仅仅 SLA-DR 和 SLA-DQ 两个基因能获得表达，表达蛋白由 33～35 ku 的 α 链和 27～28 ku 的 β 链组成。SLA II 类基因家族由如下基因组成：1 个 SLA-DRA，2 个 SLA-DRB，1～2 个 SLA-DQA，2～3 个 SLA-DQB，1 个 SLA-DPA 和 1 个 SLA-DPB。还有 1 个 DOB 和 1 个 DZA。

III 类基因被认为位于 I 类和 II 类之间，肿瘤坏死因子（TNF）、补体 C4、C2、Bf 基因和一个 21-羟化酶（CYP21）基因位于该区。反股基因（DSG）、3 个热休克蛋白基因（HSP70）和 BAT1 等几个基因也定位于该区。

四 BoLA

牛的 MHC 称为 BoLA,它可能由第 23 对染色体的基因编码,由 4 部分组成,分别是Ⅰ类基因、Ⅱa 类基因、Ⅱb 类基因和Ⅲ类基因。Ⅱa 类基因编码有功能的Ⅱ类分子,而Ⅱb 类基因的功能尚不清楚。Ⅰ类基因座至少包含 15 个基因,其中 A 基因座有 32 个血清学完全确定的等位基因和至少 4 个待定等位基因。2 个等位基因(BoLA-w25 和 BoLA-w32)可能来自 BoLA-B 基因座。

牛的Ⅱ类分子与其他动物的Ⅱ类分子相似,由分子质量为 33 ku 的 α 链和分子质量为 28 ku 的 β 链构成。牛Ⅱ类基因区的特点是Ⅱb 基因与Ⅱa 基因之间被 17 cM 长的其他基因隔开(图 14-4b)。结构上,这类复合体含有不等数量的 DQ 基因,有的动物具有单个 DQA 和 DQB 基因,有的动物有 2 个 DQA 和 1 个 DQB 基因,有的动物同时具有 2 个 DQA 和 DQB 基因。至少有 3 个 DRB 基因,其中 DRB1 是假基因,DRB3 是主要的表达基因,DRB2 的表达水平相对较低。复合体还包含 1 个 DOA、1 个 DNA 基因和 1 个 HSP70 基因。Ⅱb 基因区包括 DOB、DYA、DYB、DIB 和 LMP2 基因。外周淋巴细胞既不表达 DIB,也不表达 DOB。牛没有 DP 基因。牛的 MHC 基因区包含有编码补体 C4 和 B 因子的基因,位于Ⅰ类基因区的 3′ 端。

五 ELA

马有 2 个Ⅰ类基因座,分别是 ELA-A 和 ELA-B。ELA-A 至少有 22 个等位基因,ELA-B 有 3 个等位基因。2 个Ⅱ类基因座 DR 和 DQ 已确定含有 DRB 和 DQA 基因。Ⅲ类基因区包含编码补体 C4 和 21-羟化酶的基因。

六 OLA

绵羊的 MHC 包含 3 个具有表达功能的Ⅰ类基因,它们分别是 OLA-A、OLA-B 和 OLA-C,至少有 16 个等位基因,6 个属于 OLA-A、5 个属于 OLA-B、3 个属于 OLA-C。绵羊的Ⅱ类基因具有 DRA、DNA 和 DOB 基因和与之配对的 DRB、DQA、DQB 基因座。因此,DQ 亚区由 DQ1 和 DQ2 2 个基因座组成,每个又包括多态性 A 和多态性 B 基因。每个基因座的基因均能转录,但只有 DQ1 基因可产生能检测到的基因产物。绵羊也有 1 个 DY 基因座,它包含 A 基因和 B 基因。绵羊没有 DP 基因座。

七 CLA

山羊的 2 个连锁基因座至少有 10～13 个Ⅰ类基因,单基因座有 3 个Ⅲ基因。某些 CLA Ⅰ类基因与公羊关节炎-脑炎敏感的基因有关。

八 DLA

犬有 A、B、C 3 个Ⅰ类基因座,基因座 A(DLA-A)有 8 个等位基因,基因座 B(DLA-B) 有 5 个等位基因,基因座 C(DLA-C)有 4 个独特的等位基因。犬有 3～4 个 DRB 基因、6～9 个 DQB 基因、5～7 个 DPB 基因。1 个Ⅲ类基因座,编码补体成分 C4。

九 B

鸡的 MHC 称为 B,有 3 个基因功能区,分别称为 B-F 区基因、B-L 区基因和 B-G 区基因。B-F 区基因类似于小鼠 H-2 的 K 区和 D 区的基因,编码与哺乳动物有同源性的Ⅰ类抗原。B-L 区基因类似于小鼠 H-2 的Ⅰ区基因,编码Ⅱ类抗原。B-G 区基因为鸡 MHC 所特有,编码红细胞表面抗原。

第四节　MHC 的分型方法

一 传统分型方法

(1)血清学方法　用血清学鉴定的抗原称为血清学鉴定抗原(serologically defined antigen,SD 抗原),MHCⅠ类抗原即为 SD 抗原。微量淋巴细胞毒试验是使用最多又最成功的方法,其基本原理是抗体与细胞膜上的相应抗原结合后,能激活血清中的补体,使其活化,造成细胞膜穿孔,导致细胞质渗出和细胞死亡。用生物染料进行染色,死细胞能被着色而活细胞不被着色,基于死细胞与活细胞的比例即可判断抗原抗体之间的反应强弱。

(2)混合淋巴细胞培养(mixed lymphocyte culture,MLC)　用这种方法鉴定的抗原称为淋巴细胞鉴定抗原(lymphocyte defined antigen,LD 抗原),常用于鉴定 MHCⅡ类抗原。其基本原理是通过两个同种异体淋巴细胞混合培养,若彼此的Ⅱ类抗原不同,即可引起白细胞相互转化,表现为白细胞内 DNA 和蛋白质的合成增加、细胞增殖和母细胞化。可以用细胞形态的变化或用^{3}H标记的DNA的前体物-胸腺嘧啶核苷被细胞摄取量的多少进行定量检测。

二　分子生物学分型方法

由于传统分型方法的分型血清和标准淋巴细胞难以获得,且存在标准化的问题。分子生物学分型方法适用于任何有核细胞,除了具有与血清学分型和细胞学分型结果高度对应的特点外,还能检出血清学或细胞学方法不能检出的多态性。

(1)PCR-RFLP　PCR-RFLP技术是较常用的HLA基因分型技术之一。其原理是通过PCR扩增目的基因,再经限制性内切酶切,电泳后产生不同的电泳图谱,通过对电泳图谱分析,得出HLA基因多态性结果。但PCR-RFLP方法也有局限性,其检测的多态性位点,必须正好处在酶切位点上才可分辨,否则无法检出;对高度多态性等位基因,如DRB1及杂合体分型时,酶切图谱复杂,需多种内切酶才可分辨,且不能提供高分辨的分型结果。

(2)PCR-SSO　SSO技术是核酸杂交的代表性技术,其原理是PCR基因片段扩增后利用序列特异性寡核苷酸探针,通过杂交的方法进行扩增片段的分析鉴定。探针与PCR产物在一定条件下杂交具有高度的特异性,严格遵循碱基互补的原则;探针可用放射性同位素标记,通过放射自显影的方法检测,也可用非放射性标记如地高辛、生物素、过氧化物酶等进行相应的标记物检测。SSO技术分辨率高,特异性强,其检出范围宽。但该方法也存在固有的缺点:①分析过程长、不适用于快速分型;②针对不同的等位基因,一次试验需较多的探针,特别是对复杂的DRB;③不同的探针需不同的杂交和洗涤条件,杂交后的严格洗涤是PCR-SSO高分辨、高特异性的必要条件,操作烦锁,限制了PCR-SSO技术在临床实验室的常规使用。

(3)PCR-SSCP　SSCP是指单链DNA分子在中性PAGE中电泳,由于DNA构象的不同其迁移率也随之改变。先选择性扩增第二外显区,用变性剂解开DNA双链,由于各等位基因间的核苷酸序列不同导致二级结构产生差异,在分子筛凝胶中,这种差异呈现出不同的电泳迁移率。经染色后,表现为不同的泳动区带,由此可区别等位基因型别。

PCR-RFLP、PCR-SSO、PCR-SSCP等技术均要求各等位基因间的差异正好处在与探针杂交的序列中或限制酶的识别位点处,而PCR-SSCP只需各等位基因的扩增产物中有一个碱基的差别,就能通过聚丙烯酰胺凝胶电泳识别出,特别是对于分析小于400 bp的PCR扩增产物十分有效。但此法仅能探知基因变异的存在,而不能确定变异的部位和内容,另外由于操作复杂,需要对PCR产物进行标记等缺点,而在实际的HLA分型中较少使用,但此法可用于基因突变的分析。

(4)PCR-SSP　是一种新的HLA基因分型技术,也是唯一针对临床急诊和尸体器官移植而设计的HLA基因分型方法。其原理是通过序列特异性引物,特异性扩增目的DNA序列,通过凝胶电泳等手段判定被扩增序列的存在。此法可在2~4 h内得出分型结果,特别适用于实体器官移植配型。

第五节　MHC 与免疫应答

MHC 与免疫应答的关系十分密切,通过其编码产物参与免疫应答,并对免疫应答具有遗传调控作用。只有细胞表面经加工处理的抗原与 MHC 分子形成复合物后才能被 T 细胞(T_H、T_C)所识别,活化的细胞毒性 T 细胞(CTL)杀伤病毒感染细胞时,靶细胞和效应 T 细胞必须具有一致的 MHCⅠ类抗原,即 CTL 杀伤靶细胞是受 MHC 限制的。

CTL 通过直接杀死受感染的细胞,控制炎症应答和辅助 B 淋巴细胞产生抗体,在免疫应答中起重要作用。与抗体识别抗原的方式不同,T 细胞以其 TCR 识别抗原提呈细胞(APC)提呈并与 MHCⅠ或Ⅱ类分子相结合的抗原肽段。因而 T 细胞与 APC 之间形成的 TCR-MHC-抗原肽复合物成了启动特异性免疫应答和发挥效应功能的关键结构。

一些病毒感染可导致专职的抗原提呈细胞 MHCⅡ类分子和机体组织细胞的 MHCⅠ类分子表达的下调,从而影响抗原提呈和机体的免疫应答,诱导免疫抑制或免疫逃逸。已有的研究表明,猪繁殖与呼吸综合征病毒(PRRSV)感染可致其靶细胞(猪肺泡巨噬细胞)表面的 MHCⅠ类分子下调,其机制是通过 PRRSV 的 nsp1α 介导蛋白酶体途径降解 MHCⅠ类分子。

❓ 复习思考题

1. 什么是主要组织相容性复合体(MHC)?
2. MHCⅠ类和Ⅱ类分子的结构特点是什么? 在免疫应答中有何功能?
3. 简述小鼠 MHC(H-2)的结构特点。
4. 简述猪 MHC(SLA)的结构特点。

第十五章
临床免疫

内容提要

　　动物机体免疫系统具有抵抗感染、自身稳定、免疫监视的功能,这三大功能一旦异常,机体都会发生疾病。如果免疫功能低下,机体在各种外因和内因的作用下发生异常突变的细胞即可逃避机体的免疫监视得以大量增殖而形成肿瘤。肿瘤抗原是指细胞恶性变过程中出现的新抗原的总称,包括肿瘤特异性抗原、肿瘤相关抗原、胚胎抗原等。抗肿瘤免疫涉及体液免疫和细胞免疫两个方面,肿瘤免疫治疗有多种途径和方法。机体对移植物的排斥反应属于免疫反应,主要针对主要组织相容性抗原,移植排斥反应包括宿主抗移植物反应和移植物抗宿主反应。机体对自身组织细胞的免疫反应可造成自身免疫病,其发生机理主要是自身潜能细胞的激活,有几个要素与此有关,临床上有多种自身免疫病。免疫器官、免疫细胞、免疫分子的失常和缺乏可引起免疫缺陷,分原发性和继发性两类,有些病毒感染亦可引起机体的免疫抑制。

第一节　肿瘤免疫

　　肿瘤(tumor,neoplasia)是人和动物的常见病、多发病,按其性质和对机体的危害,可以分为两大类:一类是良性肿瘤,另一类是恶性肿瘤。恶性肿瘤为致命性疾病,目前尚无有效的预防和治疗手段。

　　肿瘤免疫学(tumor immunology)是研究肿瘤抗原的种类和性质、机体对肿瘤的免疫监视、肿瘤逃避免疫的机制、肿瘤的免疫诊断和免疫防治的科学。早在 20 世纪初就曾有人设想肿瘤细胞可能存在着与正常组织不同的抗原成分,通过检测这种抗原成分或用这种抗原成分诱导机体的抗肿瘤免疫应答,可以达到诊断和治疗肿瘤的目的,随后的大量研究表明这种设想是正确的。

一　肿瘤发生的机制

肿瘤是机体在各种外因（化学、物理和生物等因素）和内因（内分泌失调和机体防御功能减弱）的互作下，组织细胞的某些生长调控基因（regulatory gene）发生突变或者异常表达的结果。一般而言，动物机体具有严密的监视功能，一旦体内出现肿瘤细胞，免疫系统可立即加以识别，在其未大量增殖前将其清除和消灭。但当机体免疫功能低下时，发生异常突变的细胞可逃避机体的免疫监视得以大量增殖，则形成异常组织，常表现为肿块，这种异常组织或肿块就是肿瘤。恶性肿瘤细胞生长旺盛，能够转移并浸润机体的正常组织或器官，严重干扰其生理功能。

与肿瘤发生发展关系密切的基因有原癌基因（proto-oncogene）和抑癌基因（suppressor gene）。直接或间接控制细胞增殖与分化的基因称为原癌基因。在正常情况下，原癌基因的活化与表达的时间、强度和顺序都受到严格控制。当机体在各种致癌因素如化学物质、放射线和病毒的作用下，原癌基因或者其调控子可发生突变，突变可能导致 3 种后果：①对基因的功能无重要影响；②使基因失活，导致细胞无法继续增殖与分化；③使基因失去控制而成为致癌基因（oncogene），细胞进入非正常增生状态，甚至转化为癌细胞。

抑癌基因是"基因组卫士"，具有"监视"其他基因突变的功能。p53 就是一个典型的抑癌基因。如果一个基因组有少数基因发生突变，p53 将减慢该细胞的生长速度，直至突变的基因被修复。如果细胞内的突变基因累积到了一定数量，p53 将使该细胞凋亡。如果将小鼠的 p53 基因敲除（gene knockout），小鼠患各种恶性肿瘤的概率明显增高，多在 7 个月内死于各种肿瘤。

充足的血液供应是维持恶性肿瘤迅速扩增的必要条件。新生肿瘤通常会因血液供应不足而停留在良性阶段。如果新的基因突变使其获得了分泌血管生成因子（angiogenesis factor）的功能，则可在瘤组织周围诱生新的毛细血管（neovascularization），为肿瘤细胞的进一步生长提供必要条件。晚期肿瘤细胞大多开始分泌胶原蛋白水解酶（collagenase），获得向其他组织或器官转移的能力。

二　肿瘤抗原

肿瘤抗原是指细胞恶性变过程中出现的新抗原（neoantigen）、肿瘤细胞异常或过度表达的抗原物质的总称。肿瘤抗原能诱导机体产生细胞免疫应答和体液免疫应答，这也是肿瘤免疫诊断和免疫防治的分子基础。

一般认为肿瘤抗原产生的分子机制主要有以下几个方面：①细胞恶性变过程中合成的新蛋白质分子；②糖基化等原因所导致的异常细胞蛋白质独特降解产物；③由于基因突变或基因重排等，导致正常蛋白质分子的结构改变，如野生型 P53 蛋白的突变等；④正常情况下处于隐蔽状态的抗原决定簇暴露出来，成为肿瘤相关抗原；⑤膜蛋白分子的异常聚集；⑥胚胎抗原或分化抗原的异常表达;⑦某些蛋白质的翻译后修饰障碍。

目前在动物自发性肿瘤、实验性肿瘤和人类肿瘤细胞表面发现了多种肿瘤抗原。下面介绍对肿瘤抗原的2种分类方法。

1.根据肿瘤抗原特异性的分类

(1)肿瘤特异性抗原(tumor-specific antigen,TSA) 是肿瘤细胞特有的或存在于某种肿瘤细胞而不存在于正常细胞的肿瘤抗原。这类抗原是通过近交系小鼠间进行肿瘤移植的方法证明的,先用化学致癌剂甲基胆蒽(methylcholanthrene,MCA)诱发小鼠皮肤发生肉瘤,当肉瘤生长至一定大小时,予以手术切除。将此切除的肿瘤移植给正常同系小鼠后可生长出肿瘤,但是,将此肿瘤植回原来经手术切除肿瘤的小鼠,会产生肿瘤的特异性排斥反应,小鼠表现为不发生肿瘤,表明该肿瘤具有可诱导机体产生免疫排斥反应的抗原。鉴于此类抗原一般是通过动物肿瘤移植排斥试验所证实,故又称为肿瘤特异性移植抗原(tumor-specific transplantation antigen,TSTA)或肿瘤排斥抗原(tumor rejection antigen,TRA)。TSA 只能被 CD8$^+$CTL 所识别,而不能被 B 细胞识别,因此是诱发 T 细胞免疫应答的主要肿瘤抗原。由于移植排斥试验的敏感性较低,尚不能测出一些可以诱导机体抗肿瘤免疫应答、但又不足以引起肿瘤排斥的弱肿瘤抗原。

(2)肿瘤相关抗原(tumor-associated antigen,TAA) 是指既存在肿瘤组织或细胞,也存在于正常组织或细胞的抗原物质,只是其在肿瘤细胞的表达量远超正常细胞,是一些肿瘤细胞表面糖蛋白或糖脂成分。由于 TAA 多为正常细胞的一部分,故其抗原性较弱,难以激发机体产生抗肿瘤免疫应答。目前在肿瘤研究中涉及的抗原多为 TAA,胚胎性抗原及分化抗原等均属此类抗原。

2.根据肿瘤发生的分类

(1)理化因素诱发的肿瘤抗原 机体受到物理辐射或化学致癌剂的作用,细胞 DNA 受到损伤,导致某些基因发生突变、染色体断裂和异常重排,结果导致细胞表达新的抗原。实验动物的研究证明,某些化学致癌剂或物理因素可诱发肿瘤,这些肿瘤抗原的特点是抗原性较弱,且常表现出明显的个体特异性,即用同一化学致癌剂或同一物理方法如紫外线、X 射线等诱发的肿瘤,在不同宿主体内,甚至在同一宿主不同部位诱发的肿瘤都具有互不相同的抗原特异性。

(2)病毒诱发的肿瘤抗原 实验动物及人肿瘤的研究证明,肿瘤可由病毒引起,如 EB 病毒(EBV)与 B 淋巴细胞瘤和鼻咽癌的发生有关,鸡的马立克病(MD)是由马立克病病毒(MDV)引起的肿瘤性疾病。同一种病毒诱发的不同类型肿瘤均可表达相同的抗原且具有较强的抗原性。动物试验研究已发现了几种病毒基因编码的抗原,如 SV40 病毒转化细胞表达的 T 抗原和人腺病毒诱发肿瘤表达的 ELA 抗原。由于此类抗原是由病毒基因编码又不同于病毒本身的抗原,因此又称为病毒肿瘤相关抗原。

(3)自发肿瘤抗原 自发性肿瘤是指一些无明确诱发因素的肿瘤。大多数人类肿瘤属于这一类。自发肿瘤的抗原有2种:一种是 TAA;另一种是 TSA。TAA 可被 B 细胞识别,诱发体液免疫应答;而 TSA 可被 CD8$^+$CTL 识别,诱发细胞免疫应答。

(4)胚胎抗原 胚胎抗原是在胚胎发育阶段由胚胎组织产生的正常成分,在胚胎后期减少,出生后逐渐消失,或仅存留极微量。当细胞恶性变时,此类抗原可重新合成。胚胎抗原可分为 2 种:一种是分泌性抗原,由肿瘤细胞产生和释放,如肝细胞癌变时产生的甲胎蛋白(alpha-fetoprotein,AFP);另一种是与肿瘤细胞膜有关的抗原,疏松地结合在细胞膜表面,容易脱落,如结肠癌细胞产生的癌胚抗原(carcinoembryonic antigen,CEA)。AFP 和 CEA 是人类肿瘤中研究得最为深入的 2 种胚胎抗原,其抗原性均很弱,由于曾在胚胎期出现过,宿主对其已形成免疫耐受性,因此不能引起宿主免疫系统对这种抗原的免疫应答。但作为一种肿瘤标志,通过检测肿瘤患者血清中 AFP 和 CEA 的水平,分别有助于肝癌和结肠癌的诊断。

三 抗肿瘤免疫的机理

免疫系统抗肿瘤的功能称为免疫监视。免疫监视与抗感染免疫及自身稳定的免疫机理既有相同之处,也有其独特之处。抗肿瘤免疫的靶抗原,也是"非自身物质",只不过这种"非自身物质"是抗原性改变了的"自身物质",是机体自身正常细胞突变基因或静止基因激活后的表达产物。抗肿瘤免疫的独特之处在于肿瘤细胞的特点:肿瘤细胞的基因突变频率高,从而肿瘤细胞的表型变化多端,肿瘤抗原不断发生变异,而且肿瘤细胞表面的抗原易于脱落,形成"抗原烟幕",肿瘤细胞可借此等逃避免疫系统的攻击;或者是肿瘤细胞处于免疫监视的"盲点",使免疫系统对其处于"免疫忽视"(immunological ignorance)状态,肿瘤细胞成为漏网之鱼,后患无穷。

正常机体每天有许多细胞(如人为 10^5 个)可能发生突变,并产生有恶性表型的瘤细胞,但一般都不会发生肿瘤。Burnet 提出的免疫监视学说认为机体免疫系统通过细胞免疫机制能识别并特异地杀伤突变细胞,使突变细胞在未形成肿瘤之前即被清除。

当机体免疫监视功能不能清除突变细胞时,则可形成肿瘤。肿瘤发生后,机体可继续发挥抗肿瘤作用,在此阶段抗肿瘤的免疫力量不仅有细胞免疫,也涉及体液免疫,它们相互协作共同杀伤肿瘤细胞。但一般认为,细胞免疫在抗肿瘤免疫中起主要作用,体液免疫仅起协同作用,甚至在某些情况下起副作用,反而促进肿瘤的生长。对于大多数免疫原性强的肿瘤,特异性免疫应答可有效发挥作用,而对于免疫原性弱的肿瘤,非特异性免疫应答可能起主要作用。最后的结局决定于抗肿瘤免疫与肿瘤增殖两种力量的对比。

1.体液免疫的抗肿瘤效应

抗肿瘤抗体可通过以下几种方式发挥作用(图 15-1),肿瘤特异性抗体在免疫治疗和免疫诊断中具有重要意义。

(1)ADCC 效应　IgG 抗体能使多种具有 Fc 受体的细胞如 NK 细胞、巨噬细胞、中性粒

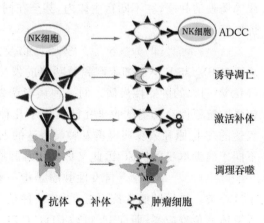

图 15-1　抗体的抗肿瘤机制

细胞等发挥 ADCC 效应,使肿瘤细胞溶解。该类细胞介导型抗体比补体依赖的细胞毒抗体产生快,在肿瘤形成早期即可在血清中检出。

(2)抗体诱导肿瘤细胞凋亡 有些抗体分子还能够直接诱导肿瘤细胞的凋亡。

(3)激活补体系统溶解肿瘤细胞 细胞毒性抗体(IgM)和某些 IgG 亚类(IgG1、IgG3)与肿瘤细胞结合后,可在补体参与下,溶解肿瘤细胞。

(4)抗体的调理作用 吞噬细胞可通过其表面 Fc 受体而增强吞噬结合了抗体的肿瘤细胞,具有这种调理作用的抗体是 IgG。

2.细胞免疫的抗肿瘤效应

现已证明参与抗肿瘤免疫的效应细胞有以下 5 种。

(1)细胞毒性 T 细胞(cytotoxic T lymphocyte,CTL) CTL 对瘤细胞的杀伤作用需要特异性抗原预先活化,且抗原活化的 CTL 只能特异性地溶解带有相应抗原的肿瘤细胞(图 15-2),并受 MHC Ⅰ类抗原限制。若要诱导、激活 T 细胞介导的抗肿瘤免疫反应,肿瘤抗原需在肿瘤细胞内加工成肿瘤抗原肽,然后与 MHC Ⅰ类分子结合并展示于肿瘤细胞表面,被 CD8$^+$ CTL 识别。肿瘤抗原也有可能从肿瘤细胞上脱落而被抗原提呈细胞摄取,加工成多肽分子,再由 MHC Ⅱ类分子提呈给 CD4$^+$ T$_H$ 细胞,激活 T$_H$ 细胞,T$_H$ 细胞可产生 IL-2;CD8$^+$ CTL 溶解肿瘤细胞的活性可因 IL-2 的存在而加强。CTL 的抗肿瘤活性一般是在抗原刺激后 5～6 d 出现,因此作用较晚。CD8$^+$ CTL 对肿瘤细胞直接杀伤作用方式主要有 2 种:①CTL 与靶细胞接触产生脱颗粒作用,排出穿孔素(perforin)插入靶细胞膜上,并使其形成通

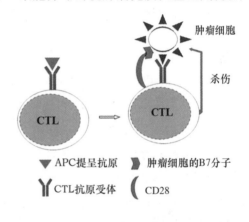

图 15-2 CTL 的抗肿瘤机制

道,而颗粒酶(granzyme)、TNF 等效应分子进入靶细胞,导致其死亡;②CD8$^+$ CTL 激活后表达 FasL,与靶细胞表面的 Fas 分子结合而引起靶细胞凋亡。

激活 CTL 细胞的抗肿瘤活性也需要双重信号刺激,第一信号是 CTL 细胞抗原受体与肿瘤抗原结合的信息,第二信号主要是 CTL 细胞上 CD28 分子与肿瘤细胞上的 B7(CD80/CD86)分子结合的信息。肿瘤细胞的 MHC Ⅰ类分子和 B7 分子中的任何一种的表达水平下调,都不能有效地激活 CTL 细胞介导的抗肿瘤免疫。

(2)NKT 细胞 NKT 细胞最早是从 C57BL/6 小鼠胸腺中检出的一种特殊类型 T 淋巴细胞,不仅表达 TCR 和 CD3 等 T 淋巴细胞特有标记,而且可表达 NK 细胞系所特有的抗原受体 NK1.1、CD56 和抑制性受体 Ly49。NKT 细胞具有 CD1 限制性,通常与 T 淋巴细胞的 MHC 限制性不同。CD1 是哺乳动物的一种保守蛋白质,是非 MHC 编码的 MHC Ⅰ类分子样蛋白家族成员。NKT 细胞可识别 CD1 分子而活化,在短时间内产生大量细胞因子,在免疫效应细胞早期活化中发挥促进作用。NKT 细胞在肿瘤免疫中发挥重要的作用,在没有预先活化的情况下,IL-12 活化的 NKT 细胞对多种肿瘤细胞系和自体肿瘤组织均具有明显的

细胞毒活性。

（3）NK 细胞　NK 细胞是先天性免疫的重要细胞,它不需预先活化即能杀伤肿瘤细胞,其杀伤作用无肿瘤特异性和 MHC 限制性。NK 细胞与肿瘤细胞接触后,释放穿孔素,最后导致靶细胞溶解。NK 细胞是一类在肿瘤早期起作用的效应细胞,是机体抗肿瘤的前哨。

（4）巨噬细胞　未活化的巨噬细胞对肿瘤细胞无杀伤活性,活化后作为效应细胞具有非特异性杀伤和抑制肿瘤作用,能选择性地吞噬、杀伤肿瘤细胞,还能导致肿瘤细胞凋亡。巨噬细胞抗肿瘤细胞的机制有以下几个方面:①肿瘤抗原激活 T 细胞释放特异性巨噬细胞武装因子(SMAF)激活巨噬细胞,活化的巨噬细胞与肿瘤细胞结合后,通过释放溶细胞酶直接溶解肿瘤细胞;②巨噬细胞表面上有 Fc 受体,可通过特异性抗体介导 ADCC 效应杀伤肿瘤细胞;③活化的巨噬细胞(activated macrophage)表达分泌型和膜型肿瘤坏死因子(TNF-α),与肿瘤细胞表面的 TNF 受体结合后可导致肿瘤细胞凋亡。

（5）淋巴因子激活的杀伤细胞（lymphokine-activated killer cell,LAK）　1982 年,Rosenberg 实验室在研究人类 T_C 细胞时首次发现新鲜的外周血淋巴细胞或 NK 细胞,在高剂量 IL-2 存在下,经 4～6 d 培养后,能够被诱导成为一种新的杀伤性 T 细胞,称之为淋巴因子激活杀伤细胞(LAK)。与 CTL 不同,它可非特异地杀伤 CTL 和 NK 细胞不敏感的多种肿瘤细胞,而对正常的淋巴细胞或转化的淋巴母细胞则无杀伤效应。LAK 最突出的特征是广谱的抗肿瘤作用,可对 CTL 和 NK 细胞的抗肿瘤遗漏进行必要补充。

3. 肿瘤的免疫逃逸

机体虽然具有免疫监视功能,但肿瘤仍广泛出现,且常呈进行性发展。这是因为在体内存在肿瘤的免疫逃逸机制,阻碍和抑制了免疫系统对肿瘤的杀伤作用。肿瘤细胞免疫逃逸的机制十分复杂,在肿瘤发生、发展的不同阶段,发挥作用的主要机制可能不同。目前其机制尚未完全阐明,一般认为主要有以下几个方面。

（1）抗原调变　肿瘤细胞表达的 TAS 抗原与正常蛋白质的差别小,故免疫原性弱,无法诱发机体产生中等强度的抗肿瘤免疫应答清除肿瘤细胞。加之在增殖过程中肿瘤细胞往往发生抗原调变,致使 TSA 隐蔽或消失,导致肿瘤细胞逃逸免疫监视而快速增殖。抗原调变(antigenic modulation)指在机体抗肿瘤免疫的压力下,肿瘤细胞表达 TSA 抗原减少或丢失,从而使肿瘤细胞逃避免疫细胞的识别和杀伤。

（2）免疫激活信号弱化或缺失　肿瘤细胞大多 MHC Ⅰ 类分子表达缺陷或低下,使其不能提呈肿瘤抗原或提呈肿瘤抗原能力弱,无法有效诱导 CTL 活化;另外,肿瘤细胞很少表达 B7 分子(CD80 和 CD86)等正共刺激分子,却表达 PD-L1 等负共刺激分子,因而不能为 CTL 活化提供有力的第二信号,不能有效激活 CTL。

（3）诱导免疫耐受　瘤细胞的可溶性抗原与血清中的抗体形成的免疫复合物,能作为一种耐受原信号,诱导免疫耐受性。少量的瘤细胞能刺激产生调节性 T 细胞,诱导低剂量免疫耐受;当肿瘤细胞大量增殖、抗原过多时,则引起免疫麻痹。在癌症晚期,免疫功能衰竭即是例证。

（4）产生免疫抑制物质　肿瘤患者血清中含有抑制淋巴细胞转化的物质,如酸性蛋白质等。肿瘤细胞还能产生趋化因子,使巨噬细胞不能在瘤区聚集,降低局部的抗瘤效应。肿瘤细胞可分泌 IL-10、TGF-β 和 PEG2,这些抑制物累积在肿瘤局部,形成一个较强的免疫抑制区,抑制免疫细胞的活性。

(5)T 细胞信号传导缺陷　肿瘤患者 T 细胞 CD3 分子的 ζ 链常常表达下调,信号传导中涉及的 p56lck 和 p59fyn 等分子的表达也会出现异常,这些都会导致 T 细胞的信号传导障碍、T 细胞活化障碍,而活化失败的 T 细胞易发生凋亡,从而导致机体抗肿瘤功能弱化。

四　肿瘤的免疫诊断

肿瘤的免疫学检测的主要目的是对肿瘤进行免疫学诊断和评估宿主的免疫功能状态。目前免疫学诊断方法尚处于摸索阶段,临床应用的一些方法多属于非特异性的范畴。

(1)肿瘤相关抗原的检测　目前最常用的肿瘤免疫学诊断方法是检测肿瘤相关抗原(TAA)。检测甲胎蛋白(AFP)能诊断原发性肝癌。患者血清中的 AFP 的浓度一般都超过 300 ng/mL。其他癌症,如恶性胚胎瘤、胃癌肝转移、某些肝硬化、急性传染性肝炎和孕妇后期的血清中 AFP 量均不超过 300 ng/mL。常用的检测方法有双向琼脂扩散法、对流免疫电泳法、火箭电泳放射自显影法、反向间接血凝及放射免疫测定法等。其中以放射免疫法敏感。原发性肝癌的 AFP 检出率可达 90% 以上。

诊断癌胚抗原(CEA)有助于诊断消化道肿瘤如结肠癌等。但由于 CEA 的特异性不高,非消化道肿瘤和非癌患者血清都有事实上的阳性率,故目前 CEA 的检测仅作为判定结肠癌的预后、癌症复发或转移、探测手术后有无残留癌组织的存在,以及观察放射治疗和化疗的疗效等。

(2)肿瘤病毒抗原及抗体的检测　肿瘤病毒,如马立克病病毒、鸡白血病病毒、猫白血病病毒、牛白血病病毒、兔黏液瘤病毒以及人的 EB 病毒、乳头状瘤病毒等,均能产生特异性病毒抗原,并刺激产生相应抗体。不仅可检出肿瘤细胞上的病毒抗原,还可检出游离的抗原及其抗体。通常用琼脂扩散检测马立克病病鸡羽囊中的游离抗原,也可用已知的抗原检测相应抗体。主要用琼脂双扩散检测牛白血病病毒 gP 和 P24 抗体,隐性感染的牛通常只能检出 gP 抗体;出现淋巴细胞增多症或淋巴肉瘤时,gP 和 P24 抗体双阳性的概率显著增高,可以作为预示是否发病的辅助诊断。

(3)肿瘤的放射免疫显像诊断　近年来,肿瘤的单克隆抗体研究发展较快,据报道现已研制出黑色素瘤、直肠癌、乳腺癌、卵巢癌、胃癌、神经母细胞瘤及 CEA 等的单克隆抗体。将放射性同位素如[131]I 与抗肿瘤单抗结合后,从静脉注入或腔内注入均可将放射性同位素导向肿瘤的所在部位,用 γ 照相机可以显示清晰的肿瘤影像,目前已用于临床诊断。遗憾的是其中多数单抗特异性不强,但仍不失为一种肿瘤诊断新技术。

(4)细胞免疫功能的检测　检测患者细胞免疫功能,有助于临床判断各种治疗肿瘤药物的疗效和转归。在肿瘤晚期,细胞免疫功能一般会降低。如果细胞免疫功能升高,说明治疗方法适宜、肿瘤预后良好。

五　肿瘤的免疫治疗

肿瘤免疫治疗是指通过调动宿主的防御机制或给予某些生物物质以取得抗肿瘤效应的治疗方法的总称。肿瘤免疫治疗是备受关注的研究领域，其基本思路是通过激发和增强机体的免疫功能，启动和促进宿主免疫系统的抗肿瘤免疫应答，消灭已经形成的肿瘤细胞或者抑制其进一步发展。肿瘤免疫治疗的关键是克服宿主对肿瘤细胞的免疫忽视状态。

免疫疗法只能清除少量的散在的肿瘤细胞，对于晚期的实体肿瘤疗效有限。故常将其作为一种辅助疗法与手术、化疗、放疗等常规疗法联合应用。先用常规疗法清扫大量的肿瘤细胞后，再用免疫疗法清除残存的肿瘤细胞，可提高肿瘤治疗的效果。虽然目前已经建立了多种免疫方法，并在动物试验中取得了良好疗效，但临床应用受到的影响因素很多，其临床治疗的效果尚需进一步提高。

目前，肿瘤免疫治疗的方法有以下几种。

1. 非特异性免疫治疗

非特异性免疫治疗是指应用一些免疫调节剂通过非特异性地增强机体的免疫功能，激活机体的抗肿瘤免疫应答，以达到治疗肿瘤的目的。卡介苗、短小棒状杆菌、酵母多糖、香菇多糖、OK432 以及一些细胞因子（如 IL-2）等均属于此类。

2. 主动免疫治疗

肿瘤的主动免疫治疗是指给机体输入具有抗原性的肿瘤疫苗，刺激机体免疫系统产生抗肿瘤免疫以治疗肿瘤的方法。该法应用的前提是肿瘤抗原能刺激机体产生免疫反应。目前治疗用肿瘤疫苗有以下几类，其中只有致瘤病毒疫苗取得成功。

（1）肿瘤活疫苗　由自体或同种肿瘤细胞制成，使用时有一定的危险性，较少应用。

（2）减毒或灭活的肿瘤疫苗　自体或同种肿瘤细胞经过射线照射、丝裂霉素 C、高低温等处理可消除其致瘤性，保留其免疫原性，与佐剂合用，对肿瘤的治疗有一定的疗效。

（3）异构的肿瘤疫苗　自体或同种肿瘤细胞经过碘乙酸盐、神经氨酸酶等修饰处理增强了其免疫原性，可作疫苗应用。

（4）基因修饰的肿瘤疫苗　将某些细胞因子的基因或 MHC I 类分子的基因，黏附分子如 B7 分子的基因等导入肿瘤细胞，可降低其致瘤性，增强其免疫原性，这种基因工程化的肿瘤疫苗在实验动物研究中取得了肯定的效果。

（5）抗独特型抗体　抗独特型抗体可作为抗原的内影像（internal image），可以代替肿瘤抗原进行主动免疫。目前已用于治疗 B 淋巴细胞瘤。

（6）致瘤病毒疫苗　作为预防肿瘤的特异性疫苗，目前只有病毒引起的肿瘤已获成功。鸡的马立克病疫苗是最早研究的肿瘤疫苗，也是最为成功的。此外，如用兔纤维瘤病毒疫苗可以预防兔传染性黏液瘤。这是因为兔纤维瘤病毒和兔黏液瘤病毒均为兔痘病毒属成员，其抗原性有交叉，因此可用不引起肿瘤的兔纤维瘤病毒变异株制成异源苗。人乳头状瘤病毒可引起宫颈癌,在乳头状瘤病毒流行并引起宫颈癌的高发地区,可给儿童注射病毒疫苗以预防本病。

（7）DC 提呈的肿瘤抗原多肽疫苗　肿瘤抗原多肽与 DC 共育后,多肽片段富集在 DC 上,DC 上 MHC 分子表达明显上调,抗原提呈能力明显增强。这种富集肿瘤多肽抗原的 DC 具有抗肿瘤免疫作用。

3. 被动免疫治疗

肿瘤的被动免疫治疗是指给机体输注外源的免疫效应物质,由这些外源性效应物质在机体内发挥治疗肿瘤作用。治疗方法目前主要有以下两大类。

（1）抗肿瘤导向治疗　将对肿瘤细胞有毒的分子与单克隆抗体偶联,利用单克隆抗体将毒性分子带到肿瘤病灶处,特异地杀伤肿瘤细胞。目前根据所用的杀伤分子的性质不同,肿瘤的导向治疗可分为 3 种：①放射免疫治疗(radioimmunotherapy),将高能放射性同位素与肿瘤特异性单克隆抗体连接,可将放射性同位素带至瘤灶杀死肿瘤细胞；②抗体导向化学疗法(antibody-mediated chemotherapy),抗肿瘤药物与单抗通过化学交联组成的免疫偶联物,可以将药物导向肿瘤部位,杀伤肿瘤细胞,常用的有氨甲蝶呤(MTX)、阿霉素等；③免疫毒素疗法(immunotoxin therapy),将毒素与单克隆抗体相连,制备的免疫毒素对肿瘤细胞有特异性的强杀伤活性。常用的毒素有 2 类：一类是植物毒素,包括蓖麻毒素(RT)、相思子毒素(abrin)等；另一类是细胞毒素,包括白喉毒素(DT)、绿脓杆菌外毒素(PE)等。在临床应用中单克隆抗体导向疗法取得了一定的治疗效果,但目前所用的单克隆抗体多为鼠源单克隆抗体,应用于人体后会产生抗抗体,影响疗效。

（2）过继免疫疗法(adoptive immunotherapy)　是取对肿瘤有免疫力的供者淋巴细胞转输给肿瘤患者,或取患者自身的免疫细胞在体外活化、增殖后,再转输入患者本人,使其在患者体内发挥抗肿瘤作用。过继免疫疗法的效应细胞具有异质性,如 CTL、NK 细胞、巨噬细胞、淋巴因子激活的杀伤细胞(lymphokine-activated killer cell,LAK)和肿瘤浸润性淋巴细胞(tumor-infiltrating lymphocyte,TIL)等都在杀伤肿瘤细胞中起作用。LAK 细胞是外周血淋巴细胞在体外经过 IL-2 培养后诱导产生的一类新型杀伤细胞,其杀伤肿瘤细胞不需抗原致敏且无 MHC 限制性,有人认为 LAK 细胞主要成分是 NK 细胞。TIL 是从实体肿瘤组织中分离得到的,经体外 IL-2 培养后可获得比 LAK 细胞更强的杀伤活性。CTL 是 TIL 细胞的主要成分。目前已将 LAK 细胞、TIL 与 IL-2 合用,治疗晚期肿瘤、黑色素瘤、肾细胞癌,效果较好。

4. 负性免疫调节治疗

利用抑制免疫细胞(活化 T 细胞)表面的免疫负调节因子如 CTLA-4、PD-1(被称为免疫系统"分子刹车")的抗体、药物等,增强自身免疫,提高免疫系统对肿瘤细胞的攻击性,从而抑制肿瘤的发生发展。

第二节　移植免疫

应用自体或异体的正常细胞、组织、器官，置换病变的或功能缺损的细胞、组织或器官，以维持和重建机体的生理功能，这种治疗方法称为细胞移植、组织移植或器官移植（transplantation）。被移植的细胞、组织或器官称为移植物（graft），提供移植物的个体为供体（donor），接受移植物者为受体（recipient）或宿主（host）。移植后，移植物抗原既可刺激受体的免疫系统，受体组织抗原也可能刺激移植物中的免疫细胞，从而诱发免疫应答，此为移植排斥反应（graft rejection）。移植免疫就是研究移植排斥反应发生的机理，以及如何预防和控制排斥反应发生，以维持移植物长期存活的科学。

移植排斥反应的本质是受体免疫系统对移植物的免疫反应，具有4个方面的免疫学特点：①一定的潜伏期。移植排斥反应的发生需经历一定的潜伏期，即初次移植的皮片能在宿主身上生长约1周时间，以后逐渐被宿主反应所破坏，此称初次排斥现象（first-set rejection phenomenon）；②特异性。即受体对供体皮片经第一次排斥后，当进行再次移植时，如用另一供体的皮片，仍表现为初次强度的排斥反应，若用第一次被排斥过的供体皮片，则表现为加速排斥反应，皮片在1周左右脱落，称再次排斥现象（second-set rejection phenomenon）；③记忆性。即受体对移植物的排斥表现出回忆反应，即第一次被排斥后，即使间隔60 d或更长时间，再次移植时，仍能对原供体的皮片发生加速排斥反应；④细胞介导的过继免疫。这种特异的排斥反应，可以通过淋巴细胞而不是血清被动转移给另一个体。

随着外科手术和免疫学基础研究的进展，器官移植取得了长足的进步。1954年美国医生Murray首次在同卵双生姐妹之间成功地施行了肾脏移植手术，移植肾脏获得长期存活。此后许多同种异基因肾移植也获得成功，现在肾移植已是临床治疗晚期肾功能衰竭的主要手段。1956年，美国医生Thomas第一次给一位白血病患者进行骨髓移植获得成功，目前异基因骨髓移植已成为临床许多疾病、包括遗传病、血液系统疾病的重要治疗方法。Murray和Thomas的工作标志着器官移植已成为临床疾病治疗的手段，对医学的发展贡献巨大，1990年被授予诺贝尔生理学或医学奖。

在兽医领域，除犬、猫外，其他动物器官移植的临床意义不大。但是，动物异体移植作为人类异体移植的动物模型，以及作为免疫学研究和纯系动物的遗传监测手段，仍具有相当重要的意义。

一　主要组织相容性抗原

(1)主要组织相容性抗原　不同种属或同种不同系别的个体间进行正常组织移植会出现排斥反应，这种组织不相容现象的本质是一种免疫反应，它是由细胞表面的同种异型抗原诱导的。代表个体特异性的同种异体抗原称为移植抗原（transplantation antigen）或组织相容性抗原（histocompatibility antigen），它存在于机体所有细胞的细胞膜表面。机体内与排斥反应有关的抗原系统多达 20 个以上,其中凡能引起强烈而又迅速排斥反应的抗原称为主要组织相容抗原(major histocompatibility antigen),引起较弱排斥反应的抗原称为次要组织相容性抗原,它们都是体细胞的基因产物。主要组织相容性抗原是由主要组织相容性复合体(major histocompatibility complex,MHC)编码的。MHC 不仅与移植排斥反应有关,而且也与免疫应答和免疫调节有关。

(2)主要组织相容性抗原与移植排斥反应的关系 主要组织相容性抗原是移植排斥反应的主要免疫对象,也就是移植免疫所主要针对的抗原异物。众所周知,αβT 细胞在免疫应答的过程中具有 MHC 限制性,即它们只识别自身(而不是同种异型)MHC 分子的多肽稳定区及其所提呈的抗原肽。来自其他个体的同种异型 MHC 分子与宿主的 MHC 分子并不一致,为什么移植排斥反应能跨越 MHC 约束而得以实现呢?

现代免疫学理论认为,胸腺中的阴性选择过程只能剔除那些对自身 MHC 分子亲和力过高的 αβT 细胞,而不能剔除对自身 MHC 分子亲和力较低的 αβT 细胞和对同种异型 MHC 分子有亲和力的 αβT 细胞,因此宿主体内不仅存在许多识别自身 MHC 的 αβT 细胞,而且存在许多能够直接识别同种异型 MHC 分子的 αβT 细胞。供体与受体的 MHC 基因位点相差越多,受体的 αβT 细胞对供体的 MHC 分子亲和力越强,引发的免疫反应越强烈,受体对供体组织的排斥反应越快。同种异型 MHC 分子引发排斥反应的本质是:宿主 αβT 细胞的 TCR 与供体 MHC-抗原肽之间的交叉反应,即 TCR 没有完全按照常规主要与抗原肽识别,而是以相当高的亲和力直接识别同种异型 MHC 分子或者是将同种异型 MHC 分子与抗原肽的复合物作为一个整体来识别,并因此对表达这些分子的移植组织发生强烈的免疫应答。次要组织相容性抗原引起的排斥反应的过程是一种间接的过程,必须经过受体体内的抗原提呈细胞的吞噬、处理和提呈,以同种异型抗原肽的形式引起 T 细胞的免疫应答,包括特异性体液免疫应答和细胞免疫应答,这种方式引起的排斥反应一般进程较慢。宿主体内能直接识别同种异型 MHC 分子的 T 细胞数量是间接识别者的 1 000~10 000 倍。

二 移植的类型

就供体和受体的关系而言,组织和器官移植可以分为自体移植、同系移植、同种异体移植和异种移植 4 种类型。自体移植是在同一个体的不同部位之间进行的移植,移植后不发生免疫排斥反应。同系移植是纯系动物或同卵双生动物之间的移植,因为遗传基因型完全相同,也不会发生移植排斥反应。同种异体移植是同种不同个体间进行的移植,大部分器官移植属于此类。同种异体移植又分为两类,一类为支架组织移植,如骨骼、软骨和血管等不活泼组织的移植。此类组织移植后,其中活细胞逐渐死亡,留下大部分无生命力的不活泼组织,仅起支架作用,不引起排斥反应;另一类为生命组织的移植,如皮肤和脏器的移植,此类组织移植后仍能生长繁殖,保持其生命功能,但由于异体之间组织相容性抗原不同,移植物只能生长较短时间,即遭排斥。异种移植是不同种动物之间进行的移植,由于供体和受体的基因型和组织相容性抗原差异很大,故引起的排斥反应比同种异体移植更为强烈。在医学及研究工作中,最有意义的是同种异体移植。

三 移植排斥反应的类型

1. 宿主抗移植物反应（host versus graft reaction，HVGR）

受体对供体组织器官产生的排斥反应称为宿主抗移植物反应。根据移植物与宿主的组织相容程度，以及受体的免疫状态，移植排斥反应主要表现为 4 种类型，即超急排斥反应（hyperacute rejection，HAR）、加急排斥反应（accelerated acute rejection）、急性排斥反应（acute rejection）、慢性排斥反应（chronic rejection）。移植排斥反应涉及 T 细胞、单核-巨噬细胞、NK 细胞、抗体和补体等免疫细胞和免疫分子。

（1）超急排斥反应　超急排斥反应一般在移植后 24 h 发生。目前认为，此种排斥主要由体内事先存在的抗体引起，如 ABO 血型抗体或抗 MHC Ⅰ 类主要组织相容性抗原的抗体与被移植物的血管内皮表面抗原结合后激活补体，引起血管栓塞和组织坏死。受体反复多次接受输血，妊娠或既往曾做过某种同种移植，其体内就有可能存在这类抗体。超急排斥一旦发生，无有效方法治疗，终将导致移植失败。

（2）急性和加急排斥反应　急性排斥是排斥反应中最常见的一种类型，一般于移植后数天到几个月内发生，进行迅速，主要由 T 细胞介导，$CD4^+T_H1$ 细胞和 $CD8^+T$ 细胞是主要的效应细胞。有时在术后 1～5 d 之内出现 T 细胞介导的加急排斥反应，其原因多是宿主事先被供体细胞致敏，手术后发生对供体主要组织相容性抗原的回忆反应。大多数急性排斥可通过增加免疫抑制剂的用量而得到缓解。

（3）慢性排斥反应　慢性排斥一般在器官移植后数月至数年发生，是临床实践中器官移植失败的主要原因之一，但其机制尚不完全清楚。主要病理特征是移植器官的毛细血管内皮细胞增生，使动脉腔狭窄，并逐渐纤维化。一般认为慢性免疫性炎症是导致上述组织病理变化的主要原因。目前对慢性排斥尚无理想的治疗措施。

2. 移植物抗宿主反应（graft versus host reaction，GVHR）

有些植移物如骨髓、脾脏中含有较多的淋巴干细胞或成熟的淋巴细胞，在某种情况下，移植物反客为主，对宿主的组织抗原发动免疫应答，并引起宿主组织损伤，这种排斥反应称为移植物抗宿主反应。GVHR 的发生需要一些特定的条件：①宿主与移植物之间的组织相容性不合；②移植物中必须含有足够数量的免疫细胞；③宿主处于免疫无能或免疫功能严重缺损状态。GVHR 主要见于骨髓移植后的患者。此外，脾、胸腺移植时，以及免疫缺陷的新生儿接受输血时，均可发生不同程度的 GVHR。

四 移植排斥反应的防止

移植排斥反应是一种受体免疫系统针对移植物的免疫反应（GVHR 除外），要防止这种免疫反应的发生，就要从两方面考虑：一是降低受体的免疫反应性；二是尽可能地选择 MHC

分子相近者的组织器官,并对供体组织器官进行预处理,尽量降低其免疫原性和反应原性。目前临床上采取的主要措施包括如下几个方面。

(1)选择适宜供体 器官移植的供、受体之间组织相容性程度越高,器官存活的概率就越大。因此,在器官移植前,慎重选择供体至关重要。一般供体的ABO血型必须与受体一致,这点比较容易做到。此外,供体MHC表型也应尽可能与受体相近。采用同卵双胞胎或者其他直系亲属供体来源的移植物效果最佳。选择时,除做血型配合试验、混合淋巴细胞培养外,还可将供体和受体淋巴细胞分别与已知标准单价抗MHC分子抗体和补体一起孵育,精确测定供体和受体的组织相容性抗原。

(2)移植物和受体预处理 如果受体体内存在针对供体细胞的抗体而又不得不接受移植物,可在术前通过血浆置换法去除体内的抗体。此外,对受体进行脾脏切除和免疫抑制也有作用,如骨髓移植前常需给受体作不同强度的放射线照射,目的就是使受体免疫功能降低。另处,在移植前尽量去除移植物中的过路淋巴细胞(passenger lymphocytes)是防止GVHR的有效方法。

(3)手术后免疫抑制状态的维持 为了保证移植组织和器官的长期存活,必须在术后很长时间内维持受体一定程度的免疫抑制状态。常用的药物包括糖皮质激素、环孢菌素A和FK506等细胞毒性药物。

(4)移植耐受的诱导 由于免疫抑制药物本身的毒性,以及应用免疫抑制药物后患者免疫功能长期低下,容易导致感染,所以长期使用免疫抑制剂来防止移植排斥反应会产生许多严重的副作用。解决移植排斥的根本方法是诱导供、受体间的免疫耐受。因此,如何诱导成年个体间的免疫耐受具有重要的实际意义。移植耐受的研究已经取得了许多重要进展。越来越多的证据表明,不但未成熟的T细胞在胸腺内可经程序性死亡途径导致克隆排除,成熟的T细胞也可经此途径导致克隆排除,因此,移植耐受的研究将对器官移植排斥的最终解决具有十分重要的意义。

第三节 自身免疫与自身免疫病

自身耐受(self tolerance)是指机体免疫系统对自身抗原不产生免疫应答,无免疫排斥的现象。自身免疫(autoimmunity)是指机体免疫系统产生针对自身抗原产生免疫应答的能力,存在于所有的个体。短时间的自身免疫应答是普遍存在的,通常不引起病理损伤。只有当自身抗体或自身致敏淋巴细胞攻击自身靶抗原(可溶性抗原、细胞、组织),使其产生病理改变和功能障碍时,才形成自身免疫病。自身免疫与自身免疫病是两个紧密相关而又完全不同的概念,须严格区分。

多年来一直认为,正常的健康动物免疫系统具有区分"自身"和"非自身"的能力,对侵入机体的病原微生物及其他外来抗原能够发起多层次的免疫应答,而对自身抗原却处于无反应状态,即自身免疫耐受(immunologic tolerance)。但是,现有研究已表明,对自身成分有某种程度的免疫反应是生理性的,自身免疫在正常动物体内可起自身稳定的作用。正常人血清可以测得多种天然自身抗体,诸如抗肌动蛋白、角蛋白、DNA、细胞色素C、胶原蛋白、髓鞘碱性蛋白、白蛋白、铁蛋白、IgG、细胞因子、激素等抗体,这些抗体有助于机体及时清除衰老、受损组织及其分解产物。这些天然自身抗体和病理性自身抗体在许多方面不同,其产生不依赖于外源性抗原的刺激,多为 IgM,偶见 IgG、IgA,具有广泛的交叉反应性,与自身抗原的亲和力低;而病理性抗体是受抗原刺激产生的,多为 IgG,特异性强,与某些自身抗原的亲和力高,可引起自身免疫病(autoimmune disease)。

不同淋巴细胞克隆间的相互识别,在体内构成的独特型免疫网络,亦属于自身免疫现象,它在通常情况下起生理性免疫调节作用,使机体对外来抗原的应答有一定的自限性。

一　自身免疫的发生机理

1945 年,英国学者 Owen 观察到遗传基因不同的异卵双生胎牛,由于胎盘血管融合而发生血液相互交流,呈天然联体共生。出生后,每一孪生个体均含有对方不同血型的血细胞却不对其发生排斥,成为血型嵌合体(chimeras),而且两者之间相互进行植皮也不发生排斥反应。1959 年 Burnet 提出了机体在正常情况下对自身抗原处于无应答状态,即呈自身耐受的经典概念,并应用克隆选择学说解释了自身免疫耐受现象。

现代免疫学认为发生于骨髓和胸腺中的阴性选择并未将所有自身反应性 T 细胞、B 细胞克隆清除,正常人或动物体内仍然存在着大量自身反应性 T 细胞、B 细胞克隆。另外,许多自身抗原(如肌红蛋白和神经髓鞘蛋白)在骨髓或胸腺中没有表达,故不能诱导未成熟淋巴细胞的免疫耐受。所有这些表达自身抗原特异性受体的细胞能够在中枢免疫器官中发育成熟,进入外周免疫器官后成为自身免疫潜能细胞(potentially autoreactive lymphocytes,PAL)。这些 PAL 进入外周后,对自身成分的免疫应答,还至少受如下几种因素的控制。

(1)PAL 的活动范围的限制(homing restriction)　活化淋巴细胞表达较高水平的LFA-1 和 VLA-4 等黏附分子,能够穿过血管壁进入各种组织,与各种组织细胞充分接触。而未活化的 PAL 只能在淋巴管和血管中循环,得不到与自身抗原充分接触的机会,因而自身免疫应答较难启动。

(2)活性封闭　B7 分子是 T 细胞活化必不可少的第二信号,而体内绝大多数组织细胞不表达 B7 分子,在这种情况下,未活化 T 细胞的 TCR 在没有共刺激分子参与时与 MHC-抗原肽结合,既不能被激活,又由于 TCR 已被结合,丧失了再次被抗原激活的机会,即所谓失能或活性封闭(anergy)。TD 抗原诱导 B 细胞活化离不开 T_H 细胞的辅助,在 T 细胞被活性封闭的情况下,即使有些 B 细胞得到与自身抗原结合的机会,识别并提呈自身抗原,也会因为得不到 T_H 细胞的辅助而无法激活,最后也是被活性封闭。

(3)抑制性 T 细胞调节和控制　研究表明,在胸腺内发育成熟的部分 T 细胞(如小鼠 $CD25^+CD4^+$ T 细胞)对 PAL 的活化具有重要的调控功能。

总之,体内的 PAL 大多处于未活化或者活性封闭状态。如果在一定条件下被激活,成为自身反应性淋巴细胞,使自身正常组织损伤,影响正常的生理活动,就会导致自身免疫病。

自身免疫的发生是一个极其复杂的过程,涉及的面较广,与遗传、微生物感染、免疫功能状态等密切相关。自身免疫发生的机理至少涉及以下要素。

（1）PAL 活动区域限制被解除　体内某些组织成分，如睾丸组织、眼球晶状体、眼色素层、脑等，在正常情况下不能进入淋巴器官，因此未能形成免疫耐受。在某种情况下，如遇外伤或感染，使这些抗原外溢至血流或淋巴管，与免疫系统相接触，即可导致自身免疫反应。同样，某些抗原只存在于细胞内，故未能建立免疫耐受，如心肌梗死时，心肌细胞坏死，释放出细胞内的线粒体，即刺激机体产生抗心肌细胞线粒体的自身抗体。

（2）微生物感染引发交叉免疫　如果微生物抗原与机体自身抗原的部分氨基酸序列或局部构象相同或相似，针对该表位的淋巴细胞由于微生物感染而被激活之后就有可能识别相应的自身成分，引起自身免疫应答。外来抗原特异的效应细胞在抗原被清除之后通常会很快从体内消失，而能够交叉识别自身成分的淋巴细胞则不同，在外来抗原被清除之后，自身抗原成了维持它们在体内不断增殖，从而介导自身免疫应答的动力。

（3）T_H 细胞旁路活化　所有自身免疫应答都是 T 细胞依赖的。通常 T 细胞较 B 细胞易于被小量自身抗原作用而快速出现长时间的耐受状态，使相应有免疫应答潜能的 B 细胞因失去 T_H 细胞的辅助而无法活化。而修饰的自身抗原、交叉抗原可能提供激活新的 T_H 细胞克隆的活化信号，从而产生有效自身免疫应答。

（4）多克隆淋巴细胞的非特异性活化　EB 病毒、细菌产物（如内毒素）等可绕过特异性 T_H 细胞，直接非特异性地激活多个 T 细胞、B 细胞克隆。

（5）抑制性 T 细胞减少与功能降低　由于体内抑制性 T 细胞减少与功能的降低，使 B 细胞功能亢进，从而生成大量自身抗体而导致自身免疫病。

二　自身免疫病

PAL 被激活后在自身抗原的刺激下不断地增殖，在体内的调节性免疫应答不能对其加以有效控制的情况下造成器官或者组织的炎症损伤，引起自身免疫病。兽医上常见的自身免疫病有乳汁过敏反应、初生幼畜溶血症、传染病引起的自身免疫性贫血、自身免疫性肾炎、全身性红斑狼疮（SLE）等。

（1）乳汁过敏反应　某些品种的牛可对自己乳中的 α-酪蛋白产生过敏反应。在正常情况下酪蛋白在乳腺中合成，不进入血流，但当推迟挤乳，乳房内压力上升，可使乳蛋白回流到血液，产生抗体，引起自身免疫性过敏反应。轻者表现皮肤荨麻疹和轻度不适；重者致全身过敏反应，以致死亡。出现这种情况时应挤尽乳房内乳汁，并注射肾上腺素脱敏。某些母马也可发生此病。

（2）初生幼畜溶血症　常见于骡、马和猪，犬亦有发生。当胎儿红细胞经胎盘向母体血流渗漏时，如血型不合，即可使母畜产生抗胎儿红细胞抗体。初生幼畜可通过初乳摄入母源抗体，此抗体与幼畜红细胞结合，在补体作用下迅速溶解幼畜红细胞，引起幼畜自身免疫性溶血性贫血；胎儿红细胞的严重渗漏主要发生在分娩过程中，故本病多发生于经产母畜所产幼畜。症状最初表现为虚弱与委顿，随之则出现黄疸和血红蛋白尿，严重者可致死亡。

（3）传染病引起的自身免疫性贫血　某些传染性病原体的抗原成分有吸附红细胞的特性，如沙门菌的脂多糖、马传染性贫血病病毒和阿留申病病毒、边虫、梨形虫和巴贝西虫等的某些抗原成分都有这种作用。吸附有异物的红细胞可被免疫系统当作异物清除,从而引起自身免疫性溶血性贫血。这就是临诊病例严重贫血的原因。

(4)自身免疫繁殖障碍 经产母牛在配种时,可通过阴道、子宫和输卵管吸收精子,产生抗精子抗体,此抗体达高水平时即可引起不孕。公畜因睾丸损伤或输精管阻塞,或因患布鲁氏菌病引起睾丸炎,均可导致精子进入血流,刺激产生抗精子抗体,使精子活性降低,造成雄性不育。

(5)自身免疫性肾炎 A 型溶血性链球菌与肾小球基底膜有共同抗原,感染后可产生抗肾小球基底膜自身抗体,此抗体吸附于基底膜上,激活补体,导致自身免疫性肾小球肾炎。

(6)自身免疫性皮肤病 猫、犬的天疱疮是一种自身免疫性皮肤病。其症状为在皮肤黏膜结合处,特别是鼻、唇、眼、包皮和肛门的周围,还有舌及耳的内侧出现水疱,破溃后,常引起继发感染。该病是由于在体内产生了针对皮肤细胞间介质的自身抗体所致。这种自身抗体与细胞间介质结合,使附近细胞释放出蛋白酶,破坏细胞间的黏附,引起棘皮层溶解并出现水疱。

(7)全身性红斑狼疮(SLE) 犬、猫、小鼠和水貂等均有此病,多发生于母畜,也是人重要的自身免疫病。主要由于禁忌细胞活化、B 细胞系统失控,常伴有抑制性 T 细胞功能缺陷,患畜产生抗核(DNA)抗体和针对多种病变器官的自身抗体。SLE 发生与遗传素质有关,如新西兰小鼠即为易发品系;在人的发病家系调查中,发现 SLE 与补体 C2 缺乏有关。病毒感染则为 SLE 的启动因子;犬发生 SLE 与感染 C 型反转录病毒有关,患犬可检出抗DNA 抗体和吞噬细胞吞噬自身细胞核的 LE 细胞,以其脾无菌滤液人工感染健康犬和小鼠,可诱导产生抗 DNA 抗体。人的 SLE 则与麻疹病毒、副流感病毒 1 型、单纯疱疹病毒和EB 病毒感染有关。

(8)风湿性关节炎(RA) 家畜中以犬为最常见,其特征为产生一种称为类风湿因子的自身抗体,是一种免疫复合型超敏反应性疾病。

虽然各种自身免疫病均是自身免疫应答的结果,但其表现形式各不相同,且机制复杂,但自身免疫病具有如下一些共同特点:①常自然发病,原因不明或无明显的外因和诱因;②多是慢性进行性疾病;③有明显的遗传倾向和家族发病史;④可检出自身抗体和致敏淋巴细胞,并可被动转移,引起相应器官的损伤;⑤病变的严重程度与免疫反应强度平行;⑥病理损伤以免疫反应所介导的炎症为主;⑦血清球蛋白高于正常水平。

三 自身免疫病的诊断与防治

除结合自身免疫病的共同特点综合诊断外,主要依靠自身抗体的检出。如自身免疫溶血病可用 Coombs 试验检测抗红细胞抗体;自身免疫繁殖障碍可用间接免疫荧光或精子凝集试验检出抗精子抗体等。

在理论上推断,治疗自身免疫病的最佳方案自然是帮助机体恢复原有的自身免疫耐受状态,但是,晚期自身免疫病涉及多种自身抗原,而且人工诱导免疫耐受的方法尚不成熟,所以这种方案目前尚不宜实施。目前总的治疗方法有如下几种:①对症治疗和控制并发症,如贫血时及时补血;②病因治疗,如由感染引起者控制感染,由药物引起者立即停药;③应用肾上腺皮质激素进行免疫抑制治疗;④手术治疗或 X 射线照射异常的免疫器官;⑤去除血清中的自身抗体或者免疫复合物;⑥抑制激活 IL-2 基因的信号转导通路,进而抑制 T 细胞的分化和增殖。如利用环孢素 A 和 FK506 对多种自身免疫病进行治疗有明显效果。

第四节　免疫缺陷病

免疫缺陷病(immunodeficiency disease,IDD)是由于免疫系统生天发育障碍或后天损伤而致的一种综合征。一般分为原发性免疫缺陷病(primary immunodeficiency disease,PIDD)和继发性免疫缺陷病(acquired immunodeficiency disease,AIDD)2 类。免疫缺陷疾病在临床上表现十分多样,但其共同的特点是对感染的易感性增加,易并发各种自身免疫病和淋巴网状系统的恶性肿瘤,具有遗传倾向。75％以上的免疫缺陷病已可进行确诊,但有些免疫缺陷病的发病机制仍不甚清楚。治疗手段除抗感染等常规方法外,补充酶或免疫球蛋白、骨髓移植、基因治疗等新技术正在应用和完善中。

一　原发性免疫缺陷病

原发性免疫缺陷系免疫系统先天性发育不全所致,根据所涉及的免疫细胞或组分可分为特异性免疫缺陷和非特异性免疫缺陷 2 大类,其中特异性免疫缺陷又可分为体液免疫缺陷、细胞免疫缺陷和联合免疫缺陷等,非特异性免疫缺陷包括补体免疫缺陷、吞噬细胞免疫缺陷等。

(1)抗体缺陷　抗体缺陷是 B 细胞发育和/或功能异常所致。包括无 γ 球蛋白血症(agammaglobulinemia)和缺少某一类型免疫球蛋白的 γ 球蛋白异常(dysgammaglobuline-mia)。马患无 γ 球蛋白症时无 B 细胞,也完全没有 Ig;其淋巴组织无初级滤泡、生发中心和浆细胞,但 T 细胞正常。此外,马还有选择性的 IgM、IgG 缺乏,以及暂时性低 γ 球蛋白血症等体液免疫缺陷。丹麦红牛有选择性 IgG2 缺乏症,有 1％～2％ 的牛患有此病,患牛易患肺炎和乳房炎。甲状腺功能低下的 OS 品系鸡伴有选择性 IgM 缺乏症。发现有些品系的犬有选择性 IgM 缺乏症。

(2)T 细胞免疫缺陷　因胚胎期胸腺发育不全使 T 细胞数目减少或功能障碍所致。如发生于 Rriesian 后裔黑花丹麦乳牛和缺角牛的遗传性胸腺发育不全。该病又称为致死基因特性 A$_{46}$、遗传性锌缺乏症、多汗综合征,是由致死基因 A$_{46}$ 决定的一种常染色体隐性遗传类型的原发性细胞免疫缺陷病。患畜锌吸收功能障碍、胸腺发育不全、T 细胞免疫功能缺陷。临床表现为角化不全、脱毛、腹泻等缺锌症状,患畜有易感染、迟发型过敏反应低下、体外 T 淋巴细胞转化率低下等细胞免疫缺陷表现。

(3)T 和 B 细胞联合免疫缺陷　因 T 和 B 淋巴细胞发育异常引起体液和细胞免疫均缺陷。其中因骨髓造血干细胞缺损所致的严重联合免疫缺陷病最为典型和严重。本病只报道发生于马,如阿拉伯纯种及杂种马驹。受患马驹的脾脏没有生发中心和血管周围淋巴鞘;淋巴结缺乏滤泡和生发中心,没有副皮质区;胸腺发育不全,不能产生功能性 T 细胞和 B 细胞。幼驹初生时,循环中淋巴细胞很少,母源抗体消失后,不能自己产生抗体,最终出现无 γ 球蛋白血症。一般在出生后 2 月龄时发病,于 4~6 月龄时全部死于致病性低的病原体感染。该病受常染色体隐性基因控制,只有父母双方都带有致病基因时,马驹才发病。该病的确诊至少应符合后述 3 条中的 2 条:①循环淋巴细胞低于 1 000/mm³,或缺如;②组织学变化具本病典型特征,初级和次级淋巴器官严重发育不全;③缺乏血清 IgM。

(4)吞噬细胞缺陷 因中性粒细胞或巨噬细胞(Mφ)吞噬功能障碍引起。吞噬过程至少包括吞噬细胞黏附于血管内皮、通过组织移行至炎症部位、吞噬已调理的颗粒和在胞内杀死摄入的微生物 4 个步骤。粒细胞病综合征是粒细胞尤其是中性粒细胞杀菌作用先天缺陷所致的一种遗传性吞噬细胞功能紊乱病。病畜中性粒细胞黏附、移行、吞噬功能相对完好,但细胞内杀菌反应明显低下,由此导致中性粒细胞数量代偿性急剧增多。

(5)补体系统缺陷 临床上可见与各种单一补体组分缺陷、补体抑制物缺陷、补体活化中某些因子缺陷及补体受体缺陷有关的病征。如遗传性补体 C3 缺乏症,是由于决定 C3 合成的基因发生突变,不能合成 C3 蛋白所致的一种原发性补体缺陷病。

动物的遗传性补体系统缺陷病,已发现有 3 种类型:一是犬和豚鼠 C3 缺乏;二是 C3 转化酶形成缺陷,如豚鼠 C2 缺乏以及豚鼠和大鼠 C4 缺乏;三是小鼠 C5 缺乏和兔 C6 缺乏所致的顺序溶解相(C5~C9)缺陷。

二　继发性免疫缺陷

继发性免疫缺陷是由生物或理化因素损害免疫系统所致的免疫缺陷病,其中最主要的致病因子是病毒感染,亦称获得性免疫缺陷。

(1)由淋巴细胞瘤引起的免疫缺陷 在 T 细胞和 B 细胞的成熟过程中,均可发生瘤变。一些病毒感染可引起淋巴细胞瘤,从而导致免疫抑制,如鸡马立克病、猫白血病、犬肉瘤病都是 T 细胞肿瘤;牛白血病为 B 细胞肿瘤。

(2)由微生物感染引起的免疫缺陷 很多病毒感染均可引起免疫抑制,主要涉及对机体 T 细胞、B 细胞、巨噬细胞等的损害,从而对机体的细胞免疫和体液免疫产生抑制。如人的免疫缺陷病毒(HIV)感染可引起获得性免疫缺陷综合征(AIDS),即艾滋病,鸡传染性法氏囊病病毒(IBDV)、禽网状内皮组织增殖病病毒(REV)、禽白血病病毒(ALV)、鸡传染性贫血病毒(CIAV)、禽腺病毒、禽呼肠孤病毒、猪繁殖与呼吸综合征病毒(PRRSV)、猪圆环病毒 2 型(PCV2)、绵羊梅迪-维斯那病毒(MVV)、马传染性贫血病毒(EIAV)、牛免疫缺陷病毒(BIV)等均可引起动物的免疫抑制。

此外,免疫抑制剂如环磷酰胺、6-巯基嘌呤、皮质内固醇等在临床使用时可引起机体的细胞免疫与体液免疫的免疫缺陷。射线照射动物也可致免疫缺陷。

复习思考题

1. 什么是肿瘤特异性抗原和肿瘤相关抗原？

2. 抗体发挥抗肿瘤免疫的方式有哪些？

3. 哪些细胞参与抗肿瘤免疫应答？其主要作用机理是什么？

4. 肿瘤的免疫疗法有哪些方法？

5. 什么是主要组织相容性抗原？其与移植排斥反应有何关系？

6. 移植排斥反应的类型有哪些？

7. 避免移植排斥反应发生的主要措施有哪些？

8. 为什么宿主的免疫系统对自身抗原处于天然耐受状态？

9. 什么是自身免疫病？常见的自身免疫病有哪些？其共同点有哪些？

10. 试述原发性免疫缺陷的种类及其特点是什么。

11. 引起继发性免疫缺陷的主要因素是什么？

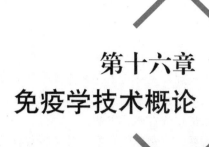

第十六章
免疫学技术概论

内容提要

　　免疫学技术是利用抗原抗体结合的特异性以及相关免疫反应的原理建立的各种检测与分析技术，包括建立免疫学技术的各种制备方法。免疫血清学技术是体外进行的抗原抗体反应，是免疫学技术的核心，应用十分广泛；类型、方法以及用途多样，有其反应特点，也受一些因素的影响。细胞免疫技术有不同的种类和用途。抗原、抗体及其标记等属于免疫制备技术。免疫学技术的应用涉及多个方面。

　　免疫学技术是指利用抗原抗体结合的特异性以及相关免疫反应的原理建立的各种检测与分析技术以及相应的制备方法。免疫学技术包括：①用于抗原或抗体检测与分析的体外免疫反应技术，或称免疫检测技术，这类技术一般都需要用血清进行试验，故又称为免疫血清学反应或免疫血清学技术；②用于研究与分析机体细胞免疫功能与状态的细胞免疫技术；③用于建立免疫学技术的免疫制备技术，如抗体或抗原的制备与纯化技术、抗体或抗原的标记技术。

第一节　免疫血清学技术概述

　　抗原与相应抗体在体内和体外均能发生特异性结合反应，因抗体主要来自血清，因此在体外进行的抗原抗体反应称为血清学反应或免疫血清学技术，是建立在抗原抗体特异性反应基础上的检测与分析技术。免疫血清学技术自19世纪建立最经典和最简单的凝集试验开始，不断发展与创新，尤其是近30年来与生物化学、物理学相关技术的结合，各种新技术和新方法层出不穷，应用极其广泛，已深入到生物学科的各个研究领域。

一 免疫血清学技术的类型

依据抗原抗体反应性质不同,免疫血清学技术可分为凝聚性反应(包括凝集试验和沉淀试验)、标记抗体技术(包括荧光抗体、酶标抗体、放射性同位素标记抗体、胶体金标记抗体技术、化学发光标记抗体等)、有补体参与的反应(补体结合试验、免疫黏附血凝试验等)、中和反应(病毒中和试验等)等已普遍应用的技术,以及免疫复合物散射反应(激光散射免疫测定)、电免疫反应(免疫传感器技术)、免疫转印、免疫(共)沉淀、激光共聚集以及免疫蛋白芯片等新技术(表16-1)。

表 16-1 各类免疫血清学技术的敏感性和用途

反应类型及试验名称		敏感性/ (μg/mL)	用途			
			定性	定量	定位	分析
凝集试验	直接凝集试验	0.01～	＋	＋	－	－
	间接血凝试验	0.005～	＋	＋	－	
	乳胶凝集试验	1.0～	＋	＋	－	
沉淀试验	Ascoli 试验	5～	＋	＋		
	絮状沉淀试验	3～	＋	＋		
	琼脂免疫扩散试验	0.2～	＋	＋		
	免疫电泳	3～	＋	＋		
	对流免疫电泳	3～	＋	＋		
	火箭免疫电泳	0.5～	＋	＋		
补体参与的试验	补体结合试验	0.01～	＋	＋		
标记抗体技术	免疫荧光抗体技术	－	＋	＋	＋	
	免疫酶标记技术	0.0001～	＋	＋	＋	
	放射免疫测定	0.0001～	＋	＋	＋	
	胶体金标记技术	－	＋	＋	＋	
	化学发光标记技术	0.0001～	＋	＋	＋	
	免疫转印技术	－	＋	＋	－	＋
	免疫(共)沉淀技术	－	＋	＋	－	＋
	激光共聚焦技术	－	＋	＋	－	＋
中和试验	病毒中和试验	0.01～	＋	＋	－	＋
免疫复合物散射反应	激光散射免疫测定	0.005～	＋	＋		
电免疫反应	免疫传感器技术	0.01～	＋	＋	－	－

注:＋——能;－——不能。

二　血清学反应的一般特点

1. 特异性与交叉性

血清学反应具有高度特异性,如抗猪瘟病毒的抗体只能与猪瘟病毒结合,而不能与口蹄疫病毒结合。这是免疫血清学技术用于检测各种抗原物质和进行传染病及其他疾病诊断的基础。

然而,如果两种天然抗原物质之间含有部分共同抗原成分或相同的抗原表位时,则发生血清学交叉反应。如鼠伤寒沙门菌的血清能凝集肠炎沙门菌,反之亦然。一般而言,亲缘关系越近,越容易发生交叉反应,且交叉反应的程度也越高。除抗原物质相互交叉反应外,也有表现为单向交叉的情况,这在选择疫苗用菌(毒)株时有重要意义。

抗原抗体的特异性反应是区别与鉴定不同抗原(细菌、病毒)的基础,而交叉反应是区分与鉴定抗原物质(病原微生物)血清型和亚型的重要依据。两个菌(毒)株间交叉反应程度通常以相关系数(R)表示,$R=\sqrt{r_1 \times r_2} \times 100\%$。其中,$r_1=$异源血清效价1/同源血清效价1,$r_2=$异源血清效价2/同源血清效价2。

通常以 R 值的大小判定病原微生物的型和亚型,$R>80\%$时为同一亚型,R 介于 25% 和 80% 间为同型的不同亚型,$R<25\%$时为不同的型。但这一标准视具体对象不同有差异。

在鉴定病原微生物的亚型时,不仅要注意 R 值,还应重视 r_1 和 r_2 的值,如 r_1 显著高于 r_2 时则为单向交叉,若用于疫苗菌(毒)株筛选,应选用 r_1 的毒株作为疫苗株,以扩大应用范围。

抗体效价(titer)是采用免疫血清学技术对血清中的抗体进行定量的单位,是指能与一定量的抗原结合发生可见反应的血清的最大稀释度(即血清中的最小抗体量),又称滴度。效价一般是以稀释度来表示,反映血清中的抗体水平。由于各类免疫血清学技术的敏感性不同,对同一份血清而言,用不同的方法测定出的抗体效价是不同的。

2. 抗原与抗体结合机理

抗原和抗体的结合为弱能量的非共价键结合,具有可逆性,其结合力决定于抗体的抗原结合位点与抗原表位之间形成的非共价键的数量、性质和距离。抗原与抗体之间的结合力主要涉及静电引力、范德华引力、氢键、疏水作用力等。依据与抗原的结合能力,可将抗体分为高亲和力、中亲和力和低亲和力。亲和力和亲合力是反映抗体与抗原结合力的指标,亲和力(affinity)是指抗体的抗原结合位点(单个)与相应抗原单个表位之间的结合强度,它是抗原抗体间固有的结合力;而亲合力(avidity)是指一个抗体分子与整个抗原表位之间结合的强度,表现为多价优势。平衡透析法(equilibrium dialysis)是测定抗原-抗体反应亲和力的经典方法,目前可用表面等离激元共振(surface plasmon resonance,SPR)这一现代技术取而代之。

抗原与抗体的结合是分子表面的结合,这一过程受物理、化学、热力学的法则所制约,结合的温度应在 0~40℃,pH 在 4~9。如温度超过 60℃或 pH 降到 3 以下时,则抗原抗体复合物又重新解离。利用抗原抗体既能特异性地结合,又能在一定条件下重新分离这一特性,可进行免疫亲和层析,以制备免疫纯的抗原或抗体。

抗原与抗体在适宜的条件下就能发生结合反应。但对于经典的血清学反应，如凝集反应、沉淀反应、补体结合反应等，只有在抗原与抗体呈适当比例时，结合反应才出现凝集、沉淀等可见反应结果，在最适比例时，反应最明显（图16-1）。因抗原过剩（多）或抗体过剩（多）而出现抑制可见反应的现象，称为带现象（zone）。凝集反应时，因抗原为大的颗粒性抗原，容易因抗体过多而出现前带现象，因而需将抗体进行递进稀释，而固定抗原浓度。相反，沉淀反应的抗原为可溶性抗原，因抗原过量而出现后带现象，通过稀释抗原，以避免抗原过剩。通常以格子学说（lattice theory）解释带现象，即大多数抗体为二价（IgG）或二价以上（IgM），而大多数抗原则为多价，只有二者比例适当时，才能形成彼此连接的大的复合物，而抗原过多或抗体过多时，形成的单个复合物不能连接成肉眼可见的复合物。为了克服带现象，在进行一些经典的血清学反应时，需将抗原和抗体进行适当稀释，通常是固定一种成分而稀释另一种成分。为了选择抗原和抗体的最适用量，也可同时递进稀释抗原和抗体，用综合变量法进行方阵测定。

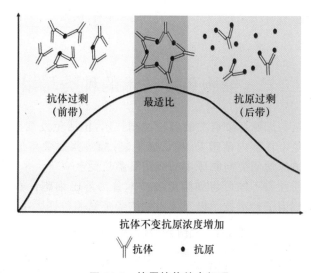

图 16-1　抗原抗体结合机理

一些免疫检测技术（如标记抗体技术）通常用于检测微量的抗原或抗体，反应中也会出现抗体或抗原过量，但因其检测的灵敏度高，只要有小的抗原抗体复合物存在即可被检测出来，因此不受带现象的限制。但在这些试验中，为了获得更好的特异性和敏感性，也需要用综合方阵变量法滴定抗原和抗体的最适用量。

血清学反应存在二阶段性，但其间无严格的界限。第一阶段为抗原与抗体的特异性结合阶段，反应快，数秒钟至数分钟即可，但无可见反应。第二阶段为抗原与抗体反应的可见阶段，表现为凝集、沉淀、补体结合等反应，反应进行较慢，需数分钟、数十分钟或更长，实际上是单一复合物凝聚形成大复合物的过程。第二阶段反应受电解质、温度、pH等的影响。如果参加反应的抗原是简单半抗原，或抗原抗体比例不合适，则不会出现可见反应。标记抗体技术中由于检测的不是抗原抗体的可见反应，而是检测标记分子，因此严格地说不存在第二阶段反应，试验通常所用30 min至1 h，主要是使第一阶段反应更充分。

3.血清学反应的影响因素

影响血清学反应的因素主要有电解质、温度、pH等。

（1）电解质　特异性的抗原和抗体具有对应的极性基（羧基、氨基等），它们互相吸附后，其电荷和极性被中和因而失去亲水性，变为憎水系统。此时易受电解质的作用失去电荷而互相凝聚而发生凝集或沉淀反应。因此，需在适当浓度的电解质参与下，才出现可见反应。故血清学反应一般用生理盐水作为稀释液，标记抗体技术中，用磷酸盐缓冲生理盐水（PBS）作为稀释液。但用禽类血清时，需用8%～10%的高渗氯化钠溶液，否则不出现反应，或反应微弱。

（2）温度　在一定温度下，将抗原抗体保温一定时间，可促进两个阶段的反应。较高的温度可以增加抗原和抗体接触的机会，从而加速反应的出现。抗原、抗体反应通常在37℃（培养箱或水浴）下进行，也可在室温；亦可用56℃水浴，反应更快。有的抗原或抗体系统在低温长时间结合反应更充分，如有的补体结合反应在冰箱（低温）中结合效果更好。

（3）pH　血清学反应常用pH为6～8，过高或过低的pH可使抗原抗体复合物重新离解。如pH降至抗原或抗体的等电点时，则可引起非特异性的酸凝集，造成抗原抗体反应假象，出现假阳性。

第二节　细胞免疫技术的种类与用途

细胞免疫技术是指与细胞免疫有关的各种检测技术，包括免疫细胞、细胞因子的检测及功能分析技术。细胞免疫在胞内菌感染、病毒感染、肿瘤等疾病免疫中越来越重要，因此细胞免疫技术在医学和兽医学研究与临床中的应用日益广泛。

根据被检测的物质性质不同可将细胞免疫技术分为淋巴细胞计数及分类技术、淋巴细胞功能测定技术和细胞因子检测技术以及体内细胞免疫试验等四大类（表16-2）。

表 16-2　细胞免疫技术类型与用途

类型	试验名称	用途				
		免疫机理	诊断	治疗	药物选择	抗原分析
淋巴细胞计数与分类	E玫瑰花环试验	＋	＋	－	＋	－
	T细胞亚群检测技术	＋	－	－	＋	－
淋巴细胞功能测定	淋巴细胞转化试验	＋	＋	－	＋	－
	细胞毒性T细胞试验	＋	＋	－	＋	＋
	巨噬细胞移动抑制试验	＋	＋	－	＋	－
细胞因子测定	白细胞介素测定	＋	－	＋	＋	－
	干扰素测定	＋	－	＋	＋	－
体内细胞免疫试验	皮肤试验	＋	＋	－	－	－

注：＋——能；－——不能。

细胞免疫技术的特点之一就是方法复杂，根据不同检测对象需采用不同的方法，这也是细胞免疫技术发展比较缓慢的原因。特点之二是，逐渐发展用血清学方法检测细胞免疫，如用单克隆抗体检测CD抗原进行T细胞亚群分析，血清学反应（如ELISA）测定白细胞介素和干扰素等，即细胞免疫技术与血清学技术融为一体。此外，各种先进的检测仪器应用于细胞免疫技术,如流式细胞仪(flow cytometer)、共聚焦荧光显微镜(confocal fluorescence microscopy)等,使免疫细胞表面分子的检测、定位及其功能的研究取得快速发展。

第三节　免疫制备技术的种类

免疫制备技术是指制备与免疫检测有关制剂的各种技术,包括抗原制备、抗体制备、抗体纯化及抗体标记等技术(表 16-3)。免疫制备技术是免疫检测技术的第一步,正由于免疫制备技术的进展,才使免疫检测技术日新月异、层出不穷。因此,免疫制备技术是免疫技术不可缺少的一部分。

在免疫制备技术中,最为主要的是单克隆抗体制备技术,它大大提高了免疫检测技术的特异性和敏感性,推动了免疫检测试剂的标准化,使免疫检测技术进入了一个新的时代。

表 16-3　免疫制备技术类型与用途

类型	技术	主要用途
抗原制备	完全抗原制备	用于免疫动物、检测抗体
	人工抗原制备	用于免疫动物、检测抗体
抗体制备	抗血清(多克隆抗体)制备	用于检测抗原
	单克隆抗体制备	用于检测抗原
抗体和细胞因子纯化	硫酸铵盐析	初步提纯
	凝胶过滤层析	进一步纯化
	离子交换层析	进一步纯化
	免疫亲和层析	高度纯化
淋巴细胞制备	淋巴细胞分离技术	用于淋巴细胞免疫分析
抗体标记或致敏	酶标记抗体或抗原	酶标抗体检测技术
	荧光素标记抗体	免疫荧光抗体技术
	放射性同位素标记抗体或抗原	放射免疫测定
	胶体金标记抗原或抗原	胶体金标记技术
	红细胞致敏、乳胶致敏	间接凝集试验

第四节　免疫学技术的应用

免疫技术已广泛应用于医学、兽医学以及动物、植物和微生物等生物科学的各个领域,成为生物科学研究所不可缺少的工具与手段。其应用涉及以下几个方面。

一　动物疫病诊断

用免疫血清学方法对动物传染病、寄生虫病等进行诊断,是免疫学技术最突出的应用。应用免疫血清学技术可以检测病原微生物抗原或抗体,其中酶标抗体技术,已成为动物多种传染病的常规诊断方法,其简便、快速,又具有高度的敏感性、特异性和可重复性,已有一大批商品化的酶联免疫吸附试验(ELISA)诊断试剂盒。基于胶体金标记技术的试纸条作为一种简便、快速、易于操作和适合于现场使用的检测方法,已较为广泛地应用于多种动物疫病的诊断与检测。

二　动植物生理活动研究

动物、植物体中存在一些活性物质,如激素、维生素等,它们在体内含量极微少,但在调节机体的生理活动中起重要作用,因此可通过分析测定其含量及变化来研究机体的各种生理功能(如生长、生殖等)。由于这些物质含量极低,用常规检测方法难以准确检测。目前放射免疫测定和酶免疫技术已能精确测出 $ng(10^{-9}g)$ 及 $pg(10^{-12}g)$ 级水平的物质,它们已成为测定动物、植物以及昆虫体内微量激素及其他活性物质的重要技术手段。

三　物种及微生物鉴定

各种生物之间的差异都可表现在抗原性的不同,物种种源越远,抗原性差异越大,因此可用区分抗原性的血清学反应进行物种鉴定与物种的分类等工作。血清学反应在细菌、病毒等微生物鉴定和血清型及亚型的分析方面已得到广泛应用,但在动物种源、植物和昆虫分类方面还仍是一个新领域。

四　动植物性状的免疫标记

通过分析动物、植物一些优良性状(如高产、优质、抗逆性等)的特异性抗原或分子,进一步运用血清学方法进行标记选择育种,具有比分子遗传标记选择育种更为简便的优点。

五　生物制品研究

免疫学技术是生物制品(如疫苗、诊断制品、免疫增强剂等)的研究与开发必不可少的支撑技术。运用血清学技术和细胞免疫技术可以评价疫苗的免疫效力;运用一些经典的血清学技术,评价建立的新技术的特异性与敏感性;在研究一些免疫增强药物,尤其是抗肿瘤药物时,可用细胞免疫技术分析其对机体细胞免疫功能的增强作用。

六　动物疫病致病机理研究

动物传染病的病原从机体特定部位感染,并在特定组织细胞内增殖,引起致病。采用免疫荧光抗体染色或免疫酶组化染色技术,可在细胞水平上确定病毒等病原微生物的感染细胞,还可用荧光共聚焦成像技术、免疫电镜技术等在亚细胞水平上进行抗原的定位以及动态分析。免疫学技术还可用于研究自身免疫病、超敏反应以及免疫抑制性疾病的发病机理。

七 分子生物学研究

免疫学技术也是分子生物学研究必不可少的工具。基因工程研究中的目的基因分离、基因克隆筛选、表达产物的特异性检测与定量分析,以及表达产物的纯化与免疫原性分析等均涉及免疫学技术。

免疫血清学技术一直是以高特异性和高敏感性、精细定位和高分辨能力、反应微量化和固相化、操作自动化、方法标准化和试剂商品化以及简便快速为发展方向,一些经典的传统免疫血清学技术逐渐被新的检测技术所取代。免疫学技术的发展主要体现在:①用单克隆抗体替代多克隆血清抗体提高方法的特异性;②利用各种标记技术提高方法的敏感性和分析的精确性;③结合激光共聚焦显微镜、电子显微镜等,提高方法在亚细胞水平、染色体,甚至分子水平对抗原的精细定位和高分辨能力;④专门仪器并配备电脑和分析软件,实现方法操作、结果处理和记录自动化(如放射免疫分析、ELISA);⑤微量化、高通量化(如免疫芯片),实现大批样本的检测与分析;⑥轻简化、标准化和商品化,实现免疫检测技术的现场应用;⑦以基因工程重组抗原取代全微生物抗原,提高检测的针对性和诊断的准确性;⑧细胞免疫检测技术与流式细胞仪、激光共聚焦显微镜结合,与血清学技术融合为一体(如细胞因子检测的 ELISA 和 ELISPOT 技术),方法进一步完善和成熟。

免疫学检测技术在保障畜牧业发展、动物源性食品安全方面举足轻重。因此,我们必须坚持面向世界科技前沿、面向经济主战场、面向国家重大需求、面向人民生命健康,聚焦动物疫病预防与控制和动物源性食品安全监管的技术需求,开展原创性和引领性科技创新,着眼于高特异性和高灵敏性的新型免疫检测技术及其制剂的研发,为重大动物疫病和人兽共患病的预防与控制以及动物源性食品安全检测提供新的技术手段。

❓复习思考题

1. 免疫学技术有哪些?
2. 免疫血清学技术有哪些基本类型?
3. 如何理解血清学反应的特异性和交叉性?有何实际意义?
4. 试述抗体效价的概念。
5. 什么是带现象?前带和后带各多发生于哪些血清学反应中?
6. 影响血清学反应的因素有哪些?
7. 免疫学技术可应用于哪些领域?

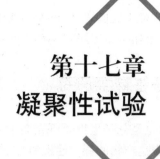

第十七章
凝聚性试验

内容提要

　　凝聚性试验是免疫血清学技术中最简单和方便的检测技术,凝集试验用颗粒性抗原,有直接凝集试验和间接凝集试验之分,后者依据载体的不同有间接血凝试验、乳胶凝集试验等方法。沉淀试验用可溶性抗原,有环状沉淀试验、琼脂凝胶扩散试验和免疫电泳技术等方法,其中环状沉淀试验、琼脂双向双扩散、双向单扩散和对流免疫电泳等方法最常用。掌握各类试验的原理、用途及基本过程是必要的。

　　抗原与相应抗体结合形成复合物,在有电解质存在下,复合物相互凝聚形成肉眼可见的凝聚团块或沉淀物,根据是否产生凝聚现象来判定相应抗体或抗原,称为凝聚性试验。凝聚性试验是最简单的一类血清学试验。根据参与反应的抗原性质不同,分为由颗粒性抗原参与的凝集试验和由可溶性抗原参与的沉淀试验两大类。

第一节　凝集试验

　　细菌、红细胞等颗粒性抗原,或吸附在红细胞、乳胶颗粒性载体表面的可溶性抗原,与相应抗体结合,在有适当电解质存在下,经过一定时间,形成肉眼可见的凝集团块,称为凝集试验(agglutination test)。参与凝集试验的抗体主要为 IgG 和 IgM。凝集试验可用于检测抗体或抗原,最突出的优点是操作简便,便于基层诊断工作应用。

　　凝集试验可根据抗原的性质、反应的方式分为直接凝集试验(简称凝集试验)和间接凝集试验。

一 直接凝集试验

　　颗粒性抗原与相应抗体直接结合并出现凝集现象的试验称为直接凝集试验（direct agglutination test）（图 17-1a）。参与反应的抗体称为凝集素。细菌、螺旋体、立克次体等微生物与其相应的抗体、红细胞与其抗体发生反应均可形成凝集。按操作方法可分玻片法和试管法两种。

　　（1）玻片法　为一种定性试验。将含有已知抗体的诊断血清（适当稀释）与待检菌悬液各 1 滴在玻片上混匀，数分钟后，如出现颗粒状或絮状凝集，即为阳性反应。此法简便快速，适用于新分离细菌的鉴定或分型。如沙门菌的鉴定、血型的鉴定也多采用此法。也可用已知的诊断抗原悬液，检测待检血清中是否存在相应抗体，如布鲁氏菌的玻板凝集反应和鸡白痢全血平板凝集试验等。

　　（2）试管法　为一种定量试验，用于检测待测血清中是否存在相应抗体和测定抗体的效价（滴度），可作为临床诊断或流行病学调查。操作时，将待检血清用生理盐水进行倍比稀释，然后加入等量抗原，置于 37℃ 水浴数小时观察。视不同凝集程度记录为＋＋＋＋（100％凝集）、＋＋＋（75％凝集）、＋＋（50％凝集）、＋（25％凝集）和－（不凝集）。以出现 50％ 凝集（＋＋）以上的血清最大稀释度为该血清的凝集效价。

　　细菌凝集视参与反应的细菌结构不同而有菌体（O）凝集、鞭毛（H）凝集和 Vi 凝集之分，O 凝集时菌体彼此吸着，形成致密的颗粒状凝集。H 凝集通常用活菌或经福尔马林处理后的菌体进行，呈疏松的絮状凝集。Vi 凝集需在冰箱中放置 20 h 才能进行完全，凝集亦较致密。

　　反应条件视抗原种类不同略有差异，肠道细菌的 H 抗原通常用 52℃ 水浴 2 h，布鲁氏菌凝集反应有时用 37℃，24 h 断定结果。为了避免在高温中放置过久而招致杂菌生长，可在稀释液中加适量防腐剂，如在生理盐水中加 0.5％ 石炭酸。

　　某些细菌（如 R 型细菌）在制成细菌悬液时很不稳定，在没有特异性抗体存在的条件下，亦可发生凝集，谓之自家凝集。此外，某些理化因素亦可引起非特异性凝集。pH 降至 3.0 以下时，即可引起抗原悬液的自凝，称为酸凝集。因此，试验时必须设置阳性血清、阴性血清和生理盐水等对照。

　　含有共同抗原的细菌相互之间可以发生交叉凝集，又称类属凝集。但交叉凝集的凝集价一般比特异性凝集低，不难区别。可用凝集素吸收的方法除去抗血清中的类属凝集素。如甲、乙两种细菌，甲细菌含有 A、B 两种抗原，乙细菌含有 B、C 抗原。因含有共同抗原 B，故二者能发生交叉凝集。如在抗甲细菌的抗血清中加入乙细菌悬液，则血清中 B 凝集素被吸收，吸收后的血清仍能与甲细菌凝集，但不能凝集乙细菌。此法不仅可用以鉴别特异性凝集和类属凝集，也可用以提取含单一凝集素的因子血清。

　　（3）生长凝集试验　抗体与活的细菌结合，如果没有补体存在，就不能杀死或抑制细菌生长，但能使细菌呈凝集状生长，可借显微镜检查观察培养物是否凝集成团，以检测加入培养基中的血清是否含有相应抗体。猪气喘病的微粒凝集试验就是利用了这一原理：将待检血清加入接种有猪肺炎支原体的培养基中,培养 24～48 h,离心沉淀,取沉淀物做涂片,染色镜检。如发现支原体聚集成团即为阳性,可用于带菌猪的检测。

　　免疫荧光菌球试验是一种玻板快速生长凝集试验,可用于某些肠道传染病的快速检测,如霍乱弧菌的检测是将相应荧光抗体用选择培养液稀释至事先确定的工作浓度,取 1 滴置于清洁玻片上。再以铂耳取患者粪便少许接种于上述液滴中,置于密闭湿盒内,37℃培养 6～8 h,在荧光显微镜下低倍镜检,如见成团的荧光团,即可判为阳性。

　　此外,猪丹毒的悬浮凝集试验是将可疑病料直接接种于含抗血清及少量琼脂的选择培养基中,培养数小时后,病料中的猪丹毒丝菌与抗血清结合,呈现凝集状生长,并形成肉眼可见的细小菌落,悬浮于培养基上部。此法不仅可用于快速诊断猪丹毒,还可用于从扁桃体中检出健康带菌猪和其他带菌动物。

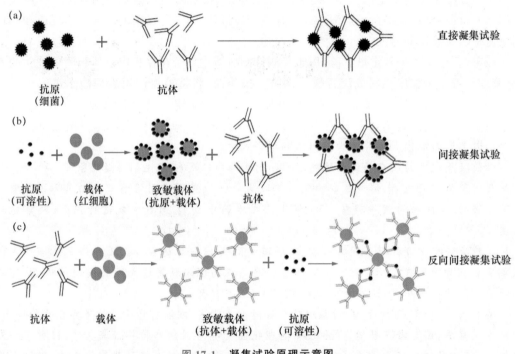

图 17-1　凝集试验原理示意图

二　间接凝集试验

　　将可溶性抗原(或抗体)先吸附于一种与免疫无关的、一定大小的不溶性颗粒(统称为载体颗粒)的表面,然后与相应抗体(或抗原)作用,在有电解质存在的适宜条件下,所出现的特异性凝集反应称为间接凝集反应或间接凝集试验(indirect agglutination test)(图 17-1b)。间接凝集试验由于载体颗粒增大了可溶性抗原的反应面积,因此当颗粒上的抗原与微量抗体结合后,就足以出现肉眼可见的凝集反应。间接凝集反应的优点是敏感性高,一般要比直接凝集反应敏感 2～8 倍。但特异性较差。常用的载体有红细胞(O 型人红细胞、绵羊红细胞)、聚苯乙烯乳胶颗粒,其次为活性炭、白陶土、离子交换树脂、火棉胶等。抗原多为可溶性蛋白质,如细菌裂解物或浸出液、病毒、寄生虫分泌物、裂解物或浸出液以及各种蛋白质抗原。某些细菌的可溶性多糖也可吸附于载体上。将可溶性抗原吸附到载体颗粒表面的过程称为致敏。

将抗原吸附于载体颗粒,然后与相应的抗体反应产生的凝集现象,称为正向间接凝集反应。将特异性抗体吸附于载体颗粒表面,再与相应的可溶性抗原结合产生凝集现象,称为反向间接凝集反应(图17-1c)。

先用可溶性抗原(未吸附于载体的可溶性抗原)与相应的抗体作用,使该抗体与可溶性抗原结合,再加入抗原致敏颗粒,则抗体不凝集致敏颗粒,此反应为间接凝集抑制试验(图17-2)。

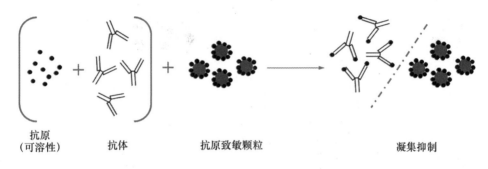

| 抗原
(可溶性) | 抗体 | 抗原致敏颗粒 | 凝集抑制 |

图 17-2　间接凝集抑制试验示意图

1. 间接血凝试验(indirect hemagglutination test, IHAT)

间接血凝试验又称被动血凝试验(passive hemagglutination assay, PHA),是将可溶性抗原致敏于红细胞表面,用于检测相应抗体,在与相应抗体反应时出现肉眼可见凝集。如将抗体致敏于红细胞表面,用于检测样本中相应抗原,致敏红细胞在与相应抗原反应时发生凝集,称为反向间接血凝试验(reverse passive hemagglutination assay, RPHA)。

(1)红细胞　常用绵羊红细胞(sheep red blood cell, SRBC)及 O 型人红细胞。SRBC 较易大量获取,血凝图谱清晰,制剂稳定,但绵羊可能有个体差异,以固定一头羊采血为宜。更换羊时应预先进行比较和选择。此外,待测血清中如有异嗜性抗体时易出现非特异性凝集,需事先以 SRBC 进行吸收。O 型人红细胞很少出现非特异性凝集。采血后可立即使用,也可 4 份血加 1 份 Alsever's 液(含 8.0 g/L 枸橼酸三钠、19.0 g/L 葡萄糖、4.2 g/L NaCl)混匀后置于 4℃,1 周内使用。

(2)抗原与抗体　间接血凝试验时,致敏用的抗原(如细菌或病毒)应纯化,以保证所测抗体的特异性。细菌应进行裂解或制备浸提物,某些抗原物质性质不明或提纯不易时,也可用粗制的器官或组织浸出液。反向间接血凝试验致敏用的抗体应具备高效价、高特异性和高亲和力,一般情况下可用 50%、33%饱和硫酸铵盐析法提取抗血清的 γ 球蛋白组分(IgG)用于致敏。为提高敏感性,可进一步经离子交换层析技术提取 IgG,甚至再经抗原免疫亲和层析纯化,提取有抗体活性的 IgG 组分。将 IgG 用胃蛋白酶消化,制成 F(ab)$_2$ 片段用于致敏可消除一些非特异性因素。

（3）致敏方法

①鞣酸法。高浓度鞣酸使红细胞自凝,低浓度鞣酸处理红细胞后,红细胞易于吸附蛋白质抗原。鞣酸可使红细胞对阴离子的通透性降低,使细胞耐受氯化铵的溶解作用,红细胞由圆盘状变为球形,因此认为鞣酸的作用部位为红细胞表面,可能是使后者的理化性质或电势发生改变。

②双偶氮联苯胺(BDB)法。BDB以其两端的两个偶氮基分别连接蛋白质抗原(或抗体)与红细胞。这是一种化学结合,较鞣酸处理红细胞对蛋白质的吸附要牢固和稳定得多。与BDB法类似的还有碳化二亚胺(carbodiimide)、二氟二硝基苯(difluorodinitrobenzene)等方法。

③戊二醛法。戊二醛(glutaraldehyde,GA)是一种双功能试剂,其两个醛基可与蛋白质抗原(或抗体)和红细胞表面的自由氨基或胍基结合,从而使抗原或抗体与红细胞联结。

④金属离子法。铬、铝、铁、铍等多价金属阳离子,在一定pH条件下既与红细胞表面的羧基,又与蛋白质(抗原或抗体)的羧基结合,从而将抗原或抗体连接到红细胞。金属离子中以铬离子($CrCl_3$)最常用。

⑤醛化红细胞法。可用丙酮醛、甲醛双醛化固定红细胞。醛化后的红细胞可直接吸附抗原或抗体。其原理可能是丙酮醛的醛基先与红细胞膜蛋白的氨基或胍基结合,剩下的酮基与甲醛发生醇醛缩合反应而形成β-羟基酮,后者易失水生成α、β-不饱和酮,其碳碳双键可与蛋白质(抗原或抗体)中的亲核基团(氨基、胍基)发生1,4-加成反应,从而使红细胞与抗原或抗体共价偶联。

（4）血凝反应

①反应板。血凝反应均在96孔微量血凝反应板上进行。反应板有U形孔和V形孔2种。一般认为V形孔凝集图谱清晰,易于区别阳性与阴性。V形孔的角度应<90°。反应板用前应冲洗干净,使用一段时间后应以7 mol/L尿素溶液浸泡,以消除非特异性凝集(也可用50～100 g/L次氯酸钠、含40 g/L胃蛋白酶的4% HCl或10～20 g/L加酶洗衣粉溶液)。

②操作步骤。将96孔反应板横置,每孔用25 μL移液器(单道或多道)滴加稀释液25 μL,加25 μL检样于第1孔中,吸吹混匀,取25 μL于第2孔中,如此连续稀释至第11孔,最后1孔留作红细胞对照。各孔补加稀释液25 μL后将反应板置于微型振荡器上,边混匀边滴加致敏红细胞,每孔25 μL。将反应板置于湿盒内,于37℃(或室温)放置2 h后观察结果。

③结果判定。红细胞集聚于孔中央,周围光滑为阴性;红细胞平铺孔底或周边稍有皱褶者为100%凝集(＋＋＋＋);平铺孔底但孔中心稍有红细胞集聚者为75%凝集(＋＋＋);孔周边有凝集,孔中央红细胞集聚相当于阴性对照孔红细胞圆点1/2左右者为50%凝集(＋＋)。以50%凝集为终点。出现50%凝集的最高稀释度为效价。如效价＞1 024(第11孔),必要时可再进行连续稀释以测出最终效价。

2.乳胶凝集试验(latex agglutination test,LAT)

乳胶凝集试验是一种用乳胶作为载体吸附抗原或抗体,用于检测相应的抗体或抗原的凝集试验。乳胶又称胶乳,是聚苯乙烯聚合的高分子乳状液,乳胶微球直径约0.8 μm,对蛋白质、核酸等大分子物质具有良好的吸附性能。此法具有快速简便、保存方便、比较准确等优点。

（1）乳胶颗粒致敏　聚苯乙烯乳胶已有商品化产品，也可自行合成，用时以 pH 8.2 的甘氨酸缓冲液 10 倍稀释（1％乳胶液），逐滴加入适当稀释的抗原液（抗原浓度和加入的量需预先测定），充分混合后，置于 37℃ 30 min，离心洗涤，恢复至原来 1％乳胶体积。有的抗原（如人绒毛膜促性腺激素）在吸附后需用胰蛋白酶水解，以破坏未吸附的游离抗原，并使吸附在乳胶上的抗原活性基团充分暴露，可提高反应的敏感性。

聚苯乙烯乳胶亦可用于吸附抗体。可在 25 mL 的 0.4％乳胶液中，逐滴加入 1:(10~20) 的抗血清 1~7 mL，边加边摇，当出现微颗粒时继续滴加，直至颗粒消失即成。此法可用于沙门菌的快速诊断。

致敏后的乳胶液加入 0.01％硫柳汞作为防腐剂，置于 4℃ 冰箱可保存数月至 1 年。乳胶液切忌冻结，一经冻结就易自凝。

在微球上引入官能团，使其能与抗原或抗体分子上的某些特定基团共价结合，则此种化学结合较单纯物理吸附更为稳定而牢固。在制备聚苯乙烯乳胶微球时，添加丙烯酸，即可制成羧化聚苯乙烯乳胶。此带有羧基的乳胶微球可借水溶性碳化二亚胺与带氨基的抗原或抗体缩合。缩合条件温和，在室温、接近中性（pH 5.4~6.4）的条件下即可完成。但蛋白质分子上既带氨基，又带羧基，因此，在与微球缩合的同时，难免也发生蛋白质分子间的交联，这有可能导致聚集及免疫活性下降。

（2）凝集反应　乳胶凝集反应常采用玻板法，因乳胶系乳白色，故最好用黑色玻板。取待检血清（或抗原）和致敏乳胶各 1 滴在玻板上混匀，阳性者在 5 min 内即出现明显凝集，但在 20 min 时需再观察一次，以免遗漏弱阳性。乳胶凝集亦可用试管法，在递进稀释的待检血清管内加等量致敏乳胶，振摇后置于 56℃水浴 2 h，然后用 1 000g 的离心力，低速离心 3 min（或室温放置 24 h）即可判读，根据上清液的澄清程度和沉淀颗粒的多少，判定凝集程度。

乳胶凝集亦可进行凝集抑制试验，如人的妊娠诊断：先将绒毛膜促性腺激素致敏乳胶，此乳胶能与相应血清发生凝集。操作时，取孕妇尿一滴，加抗血清一滴，充分混匀后，再加乳胶抗原一滴，不发生凝集者为阳性。

吸附抗原（或抗体）后的乳胶可以加入适当赋形保护剂后，滴于涂有黑色塑料薄膜的卡纸上，真空干燥，制成可以长期保存的"诊断卡"。用时加生理盐水 1 滴于干点上，然后加待检液 1 滴，混匀后连续摇动 2~3 min，即可在强光下目视观察结果。此法亦可用于抑制试验，如妊娠诊断用的检孕卡，即用乳胶抗原和抗血清分别滴于卡纸上干燥，同时取澄清尿液 1 滴于抗血清干点上，生理盐水 1 滴于乳胶抗原干点上在，用牙签混合，摇 2~3 min 观察结果，不凝集为阳性，凝集为阴性。

抗体致敏的乳胶加入少量抗原时，乳胶浊度显著降低，利用这一特性可用免疫浊度法对抗原进行超微定量测定，其敏感性很高，几乎可与放射免疫相比，但致敏乳胶不能有丝毫自凝，必须用交联法致敏。乳胶颗粒应细而均匀，大小以 0.3 μm 为宜，乳胶的最佳浓度为 1~2 mg/mL。使用此法时应注意，当抗原浓度递增至一定程度时，乳胶浊度又可增高。故试验时，需有已知浓度的抗原作为对照，并绘制标准曲线。待检抗原用递增浓度试验，根据反应曲线计算含量。

三 其他凝集试验

（1）协同凝集试验　葡萄球菌蛋白 A（staphylococcal protein A，SPA）是金黄色葡萄球菌的特异性表面抗原，能与多种哺乳动物 IgG 分子的 Fc 片段结合。SPA 与 IgG 结合后，后者的 Fab 片段暴露于外，并保持其抗体活性。覆盖有特异性抗体的金黄色葡萄球菌与相应的抗原结合时，就可产生凝集反应，称为协同凝集试验（co-agglutination test，COAG）。此法可用于多种细菌和某些病毒的快速检测。

（2）桥梁凝集反应　又称 Coombs 抗球蛋白试验，用于检测不完全抗体。一些病原微生物感染晚期可产生不完全抗体，又称为单价抗体或非沉淀性或非凝集性抗体。单价抗体只有一个抗原结合部位，可与细菌结合，但不会产生凝集反应。当加入抗球蛋白抗体（二抗）后，可以出现凝集。

（3）病毒的血凝和血凝抑制试验　有些病毒（如新城疫病毒、禽流感病毒等）具有能凝集某种哺乳类和禽类的红细胞的特性，称为病毒血凝反应。血凝反应是病毒的一种生物学特性，而非特异性的血清学反应。但特异性抗体可以抑制这种反应，称之为病毒的血凝抑制反应（试验），此过程是抗原抗体的特异性反应。可用血凝试验和血凝抑制试验检测和鉴定病毒，血凝抑制试验也可用于检测具有血凝特性病毒的特异性抗体。

第二节　沉淀试验

可溶性抗原（如细菌的外毒素、内毒素、菌体裂解液；病毒的可溶性抗原、血清、组织浸出液等）与相应抗体结合，在适量电解质存在下，形成肉眼可见的白色沉淀，称为沉淀试验（precipitation test）。

沉淀试验的抗原可以是多糖、蛋白质、类脂等，抗原分子较小，单位体积内所含的量多，与抗体结合的总面积大，故在做定量试验时，通常稀释抗原不使其过剩，并以抗原稀释度作为沉淀试验效价。参与沉淀试验的抗原称沉淀原，抗体称为沉淀素。沉淀试验可分为液相沉淀试验和固相沉淀试验。液相沉淀试验主要有环状沉淀试验和絮状沉淀试验等（图 17-3），以前者应用较多；固相沉淀试验有琼脂凝胶扩散试验和免疫电泳技术。

一 环状沉淀试验

环状沉淀试验（ring precipitation test）是最简单、最经典的一种沉淀试验。方法为在小口径试管内先加入已知抗血清，然后小心沿管壁加入待检抗原于血清表面，使之成为分界清晰的两层。数分钟后，两层液面交界处出现白色环状沉淀，即为阳性反应（图 17-3a）。此法

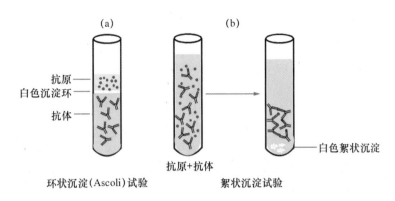

图 17-3　液相沉淀试验原理示意图

主要用于抗原的定性试验,如诊断炭疽的 Ascoli 试验、链球菌血清型鉴定、血迹鉴定和沉淀素的效价滴定等。试验时出现白色沉淀带的最高抗原稀释倍数,即为血清的沉淀价。

　　絮状沉淀试验可用于毒素抗体及其效价的检测,外毒素与抗毒素结合后可形成絮状沉淀(图 17-3b)。

二　琼脂凝胶扩散试验

　　利用可溶性抗原和抗体在半固体凝胶中进行反应,当抗原抗体分子相遇并达到适当比例时,就会互相结合、凝聚,出现白色的沉淀线,从而判定相应的抗体或抗原。常用的凝胶有琼脂(agar)和琼脂糖(agarose)等。琼脂是一种含有硫酸基的多糖体,高温时能溶于水,冷却后凝固,形成凝胶。琼脂凝胶呈多孔结构,孔内充满水分,1%琼脂凝胶的孔径约为 85 nm,可允许各种抗原抗体在琼脂凝胶中自由扩散。因此这种反应称为琼脂免疫扩散(简称琼脂扩散和免疫扩散)。琼脂免疫扩散试验有多种类型,如单向单扩散(图 17-4a)、单向双扩散(图 17-4b)、双向单扩散(图 17-5)、双向双扩散(图 17-6),以后两种较为常用。

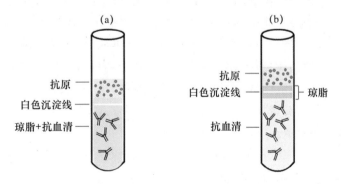

图 17-4　琼脂单向单扩散和单向双扩散试验示意图

1. 双向单扩散（simple diffusion in two dimension）

双向单扩散又称辐射扩散（radial immunodiffusion）。试验在玻璃板或平皿上进行，用 1.6%～2.0% 琼脂加一定浓度的等量抗血清浇成凝胶板，厚度为 2～3 mm，在其上打直径为 2 mm 的小孔，孔内滴加抗原液。抗原在孔内依浓度梯度向四周辐射扩散，与凝胶中的抗体接触形成白色沉淀环。此白色沉淀环随扩散时间而增大，直至平衡为止（图 17-5）。沉淀环面积与抗原浓度成正比，因此可用已知浓度的抗原制成标准曲线，即可用以测定抗原的量。

此法在兽医临床可用于传染病的诊断，如鸡马立克病的诊断，可将鸡马立克病病毒高免血清浇成血清琼脂平板，拔取病鸡新换的羽毛数根，将毛根剪下，插于此血清平板上，阳性者毛囊中病毒抗原向四周扩散，形成白色沉淀环。

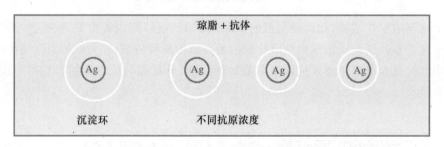

图 17-5　琼脂双向单扩散试验示意图

2. 双向双扩散（double diffusion in two dimension）

双向双扩散试验即 Ouchterlony 法，简称双扩散。此法系用 1% 琼脂浇成厚 2～3 mm 的凝胶板，在其上按 1/2 图形打圆孔或长方形槽，于相邻孔（槽）内滴加抗原和抗体，在饱和湿度下，扩散 24 h 或数日，观察沉淀带。

抗原抗体在琼脂凝胶内相向扩散，在两孔之间比例最合适的位置上出现沉淀带，如抗原抗体的浓度基本平衡时，沉淀带的位置主要取决于二者的扩散系数。但如抗原过多，则沉淀带向抗体孔增厚或偏移，反之亦然。

双扩散主要用于抗体的检测（图 17-6a）。测抗体时，加待检血清的相邻孔应加入标准阳性血清作为对照进行比较。测定抗体效价时可倍比稀释血清，以出现沉淀带的血清最大稀释度为抗体效价。

双扩散可用于抗原的比较和鉴定（图 17-6b）。相邻的抗原孔与其相对的抗体孔之间，各自形成自己的沉淀带。此沉淀带一经形成，就像一道特异性的屏障一样，继续扩散而来的相同的抗原抗体，只能使沉淀带加浓加厚，而不能再向外扩散，但对其他抗原抗体系统则无屏障作用，它们可以继续扩散。沉淀带的基本形式有以下 3 种：①相邻孔为同一抗原时，两条沉淀带完全融合；②两种完全不同的抗原，则形成两条交叉的沉淀带；③如二者有相同的抗原成分或在分子结构上有部分相同抗原表位，则两条沉淀带不完全融合并出现一个叉角。不同分子的抗原抗体系统可各自形成两条或更多的沉淀带。

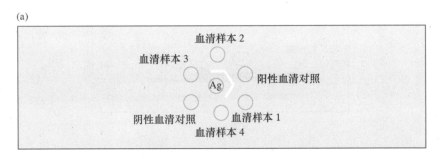

琼脂双向双扩散用于检测抗体

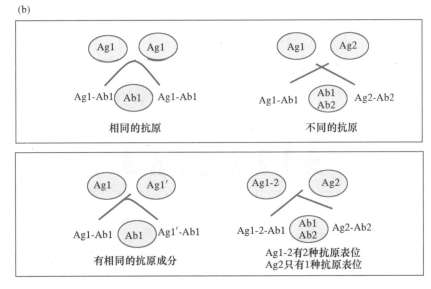

琼脂双向双扩散的4种基本类型

图 17-6 琼脂双向双扩散试验示意图

三 免疫电泳技术

　　免疫电泳技术是凝胶扩散试验与电泳技术相结合的免疫检测技术,在抗原抗体凝胶扩散的同时,加入电泳的电场作用,使抗体或抗原在凝胶中的扩散移动速度加快,缩短了试验时间;同时限制了扩散移动的方向,使集中朝电泳的方向扩散移动,增加了试验的敏感性,因此,此方法比一般的凝胶扩散试验更快速和灵敏。根据试验的用途和操作不同可分为免疫电泳、对流免疫电泳、火箭免疫电泳等技术(图 17-7)。

1. 免疫电泳(immunoelectrophoresis)

　　由琼脂双扩散与琼脂电泳技术结合而成。不同带电颗粒在同一电场中,其泳动的速度不同,通常用迁移率表示,如其他因素恒定,则迁移率主要决定于分子的大小和所带净电荷

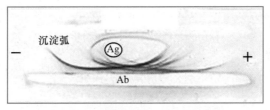

免疫电泳

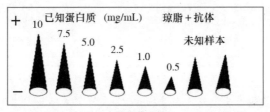

对流免疫电泳

Ag   Ab   Ag   Ab

已知蛋白质 (mg/mL)   琼脂＋抗体

10   7.5   5.0   2.5   1.0   0.5   未知样本

火箭免疫电泳

图 17-7　免疫电泳技术示意图

的多少。蛋白质为两性电解质,每种蛋白质都有它自己的等电点,在 pH 大于其等电点的溶液中,羧基离解多,此时蛋白质带负电,向正极泳动;反之,在 pH 小于其等电点的溶液中,氨基离解多,此时蛋白质带正电,向负极泳动。pH 离等电点越远,所带净电荷越多,泳动速度也越快。因此可以通过电泳将复合的蛋白质分开。检样先在琼脂凝胶板上电泳,将抗原的各个组分在板上初步分开。然后再在点样孔一侧或两侧打槽,加入抗血清,进行双向扩散。电泳迁移率相近而不能分开的抗原物质,又可按扩散系数不同形成不同的沉淀带,进一步加强了对复合抗原组成的分辨能力。

免疫电泳需选用优质琼脂,亦可用琼脂糖。琼脂浓度为 1‰～2‰,pH 应以能扩大所检复合抗原的各种蛋白质所带电荷量的差异为准,通常 pH 为 6～9。血清蛋白电泳则常用 pH 8.2～8.6 的巴比妥缓冲液,离子强度为 0.025～0.075 mol/L,并加 0.01‰硫柳汞作为防腐剂。

各种抗原根据所带电荷性质和净电荷多少,按各自的迁移率向两极分开,扩散与相应抗体形成沉淀带。沉淀带一般呈弧形。抗原量过多者,则沉淀弧顶点靠近抗血清槽,带宽而色深,如血清白蛋白所形成的带。抗原分子均一者,呈对称的弧形,分子不均一,而电泳迁移率又不一致者,则形成长的平坦的不对称弧,如球蛋白所形成的带。电泳迁移率相同而抗原性不同者,则在同一位置上可出现数条沉淀弧。相邻的不同抗原所形成的沉淀可互相交叉。

2. 对流免疫电泳(counter immunoelectrophoresis)

大部分抗原在碱性溶液(pH>8.2)中带负电荷,在电场中向正极移动,而抗体球蛋白带电荷弱,在琼脂电泳时,由于电渗作用,向相反的负极泳动。如将抗体置于正极端,抗原置于负极端,则电泳时抗原抗体相向泳动,在两孔之间形成沉淀带。

试验时,首先制备琼脂凝胶板,凝固后在其上打孔,挑去孔内琼脂后,将抗原置于负极一侧孔内,抗血清置于正极侧孔。加样后电泳30~90 min观察结果。此法较双扩散敏感10~16倍,并大大缩短了沉淀带出现的时间,简易快速,适用于快速诊断,如人的甲胎蛋白、乙型肝炎抗原的快速诊断。此法可用于猪传染性水疱病和口蹄疫等病毒性传染病的快速确诊。

并不是所有抗原分子都向正极泳动,抗体球蛋白由于分子的不均一性,在电渗作用较小的琼脂糖凝胶上电泳时,往往向点样孔两侧展开,因此对未知电泳特性的抗原进行探索性试验时,可用琼脂糖制板,并在板上打3列孔,将抗原置于中心孔,抗血清置于两侧孔。这样,如果抗原向负极泳动时,就可在负极一侧与抗血清相遇而出现沉淀带。

3. 火箭免疫电泳(rocket immunoelectrophoresis)

火箭免疫电泳系将辐射扩散与电泳技术相结合,简称火箭电泳。将巴比妥缓冲液琼脂融化后,冷至56℃左右,加入一定量的已知抗血清,浇成含有抗体的琼脂凝胶板。在板的负极端打一列孔,滴加待检抗原和已知抗原,以电位降10 V/cm、每厘米宽度3 mA的电场下,电泳2~10 h。电泳时,抗原在琼脂中向正极迁移,其前锋与抗体接触,形成火箭状沉淀弧,随抗原继续向前移动,此火箭状峰亦不断向前推移,原来的沉淀弧由于抗原过量而重新溶解。最后抗原抗体达到平衡时,即形成稳定的火箭状沉淀弧。当抗体浓度一定时,峰高与抗原浓度成正比。此法主要用于测定抗原的量(用已知浓度抗原作为对比)。

抗原抗体比例不适当时,常不能形成火箭状沉淀峰;抗原过剩时或不形成沉淀线,或沉淀线不闭合;抗原中等过剩时,沉淀峰前端不是尖窄而是呈圆形或鞋底状,只有二者比例合适时才形成完全闭合的火箭状沉淀峰。如将抗原混入琼脂凝胶中,孔内滴加抗体,电泳时,抗体向负极移动,也可形成火箭状沉淀弧,此为反向火箭免疫电泳。

将火箭电泳与放射免疫相结合,谓之放射火箭电泳。此法系将已知抗原用放射性同位素(如^{125}I)标记。试验时将待检抗原与标记抗原混合置于检样孔,电泳后生理盐水漂洗1~2 h,盖上湿滤纸,置于温箱烘干或电吹风吹干。取X射线胶片或普通照相底片切成凝胶板一样大小,将药面密接凝胶面,然后再压一块玻板,用黑纸包严。底片可在放射作用下感光,其曝光时间与同位素及保存期有关。将底片冲出,即可见清晰的火箭状沉淀带。可根据峰的高低测定抗原的量。

❓ 复习思考题

1. 何谓凝聚性反应、凝集反应和沉淀反应?

2. 凝集试验和沉淀试验各有哪些类型?其基本原理与用途是什么?

3. 琼脂凝胶免疫扩散试验有哪些?各有何用途?

4. 免疫电泳技术的种类有哪些?试述其原理、方法和用途。

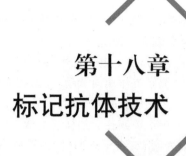

第十八章
标记抗体技术

内容提要

　　标记抗体技术是应用最为广泛的免疫血清学技术,主要有免疫荧光抗体技术、免疫酶标记技术和放射免疫分析三大类。免疫荧光抗体技术主要有直接法和间接法。常用的免疫酶标记技术有免疫酶组化染色法和酶联免疫吸附测定(ELISA)两类。放射免疫分析有液相法和固相法。应注重掌握各种标记技术的原理、方法、试验的基本步骤以及用途。

　　抗原与抗体能特异性结合,但抗体、抗原分子小,在含量低时形成的抗原抗体复合物是不可见的。有一些物质即使在超微量时也能通过特殊的方法将其检测出来,如果将这些物质标记在抗体分子上,可以通过检测标记分子来显示抗原抗体复合物的存在。基于抗原抗体结合的特异性和标记分子的敏感性建立的技术总称为标记抗体技术(labelled antibody technique)。

　　高敏感性的标记分子主要有荧光素、酶、放射性同位素 3 种,由此建立免疫荧光抗体技术、免疫酶标记技术和放射免疫分析。此外,胶体金标记技术也已成为普遍应用的标记抗体技术。标记抗体技术的特异性和敏感性远远超过常规血清学方法,已被广泛应用于病原微生物鉴定、传染病的诊断、生物学研究等各个领域。

第一节　免疫荧光抗体技术

　　免疫荧光抗体技术(immunofluorescence antibody technique)是指用荧光素对抗体或抗原进行标记,然后用荧光显微镜观察荧光以分析示踪相应的抗原或抗体的方法。其中,最常用的是以荧光素标记抗体或抗抗体(二抗),用于检测相应的抗原或抗体。Coons 等于 1941 年最早建立免疫荧光抗体标记技术,当时是用异氰酸荧光素(fluorescein isocyanate,FIC)标记抗体以检测小白鼠组织切片中可溶性肺炎球菌多糖。因 FIC 难以标记到抗体分子上而制约了该技术的推广和应用。直到后来发现异硫氰酸荧光素(fluorescein isothiocyanate,FITC)和其他荧光素分子,以及荧光抗体纯化技术的发展,使荧光抗体标记技术的敏感性和特异性显著提高,方法逐渐成熟与完善,并涌现出一些相关的新技术(如共聚焦荧光显微技术)。免疫荧光抗体技术已在病原微生物的检测、传染病的诊断、肿瘤抗原研究等方面得到了广泛应用。

一　原理

荧光素在 10^{-6} 的超低浓度时,仍可被专门的短波光源激发,在荧光显微镜下可观察到荧光。荧光抗体标记技术就是将抗原抗体反应的特异性、荧光检测的高敏感性以及显微镜技术的精确性和分辨力相结合的一种免疫检测技术。

荧光是一类电磁波。分子是由原子组成,原子是由原子核和核外电子组成。每一个核外电子都沿着自己固有的轨道围绕核旋转,根据电子轨道离核的距离和能量级的不同,电子分布在不同的层上,每一层所容纳的电子数是一定的,外层电子的能量较内层的大。当一个电子被诱发、吸收一个能量相当的光量子后,它就可以跳到外层上去,或跳到同层的高能带上去,此过程称为电子跃迁。电子在高能状态是不稳定的,经 10^{-8} s后,它又可以跳回原来的位置,并以光量子形式释放出所吸收的能量,这种激发而发射出来的光称为荧光。

在荧光发射过程中,一部分能量被消耗,辐射出的光量子能量通常小于激发光的光量子,所以荧光的波长几乎总是大于激发光波长。将吸收的光量子转化为荧光的百分数,即发射量子数与吸收量子数的比率,称为荧光效率。其关系式为:$荧光效率 = \dfrac{发射光量子数}{吸收光量子数} \times 100\%$。

物质激发荧光的效率是常数,即激发的荧光波长是一定的,不因激发光强度而变化;但发射光强度则与激发光强度呈正相关,在一定范围内,激发光越强,荧光也越强。其关系式为:荧光强度=吸收光量子数×荧光效率。因此,选用适当的强光源和吸收量最多的波长作为激发光是提高荧光强度的根本方法。但过强则易引起光分解,破坏被检标本,大大降低荧光淬灭的速度。

产生荧光的最重要条件是分子必须在激发态有一定稳定性,能够持续约 10^{-3} s的时间。荧光色素具备这样的稳定性,但很容易受到环境变化的影响。溶液pH、分子的电离状态、溶剂的性质、黏稠度、温度以及化学基团的加入等都会影响荧光的特征。其中,溶剂pH的影响最大,与蛋白质结合的荧光素的荧光在pH 6.0时比其在pH 8.0时可降低50%。

二　荧光素

荧光素(fluorescein)又称为荧光色素,是一类能够产生明显荧光并能作为染料使用的有机化合物。只有具备共轭键系统,即单键、双键交替的分子,才有可能使激发态保持相对稳定而发射荧光,具有此类结构的主要是以苯环为基础的芳香族化合物和一些杂环化合物。

虽然此类物质很多,但作为蛋白质标记用的荧光素尚需具备:①有与蛋白质分子形成稳定共价键的化学基团,而不形成有害产物;②荧光效率高,与蛋白质结合的需要量很小;③结合物在一般储存条件下稳定,结合后不影响抗体的免疫活性;④作为组织学标记,结合物的荧光必须与组织的自发荧光(背景颜色)有良好的反衬,以便能清晰地判断结果;⑤结合程序简单,能制成直接应用的商品,可长期保存。

可用于标记的荧光素有异硫氰酸荧光素(FITC)、四乙基罗丹明(ethylrhodamine B200, RB200)和四甲基异硫氰酸罗丹明(tetramethylrhodamine isothiocyanate, TMRITC)(图18-1)。其中,应用最广的是FITC,罗丹明只是作为前者的补充,用于对比染色、共聚焦荧光成像时的标记(表18-1)。

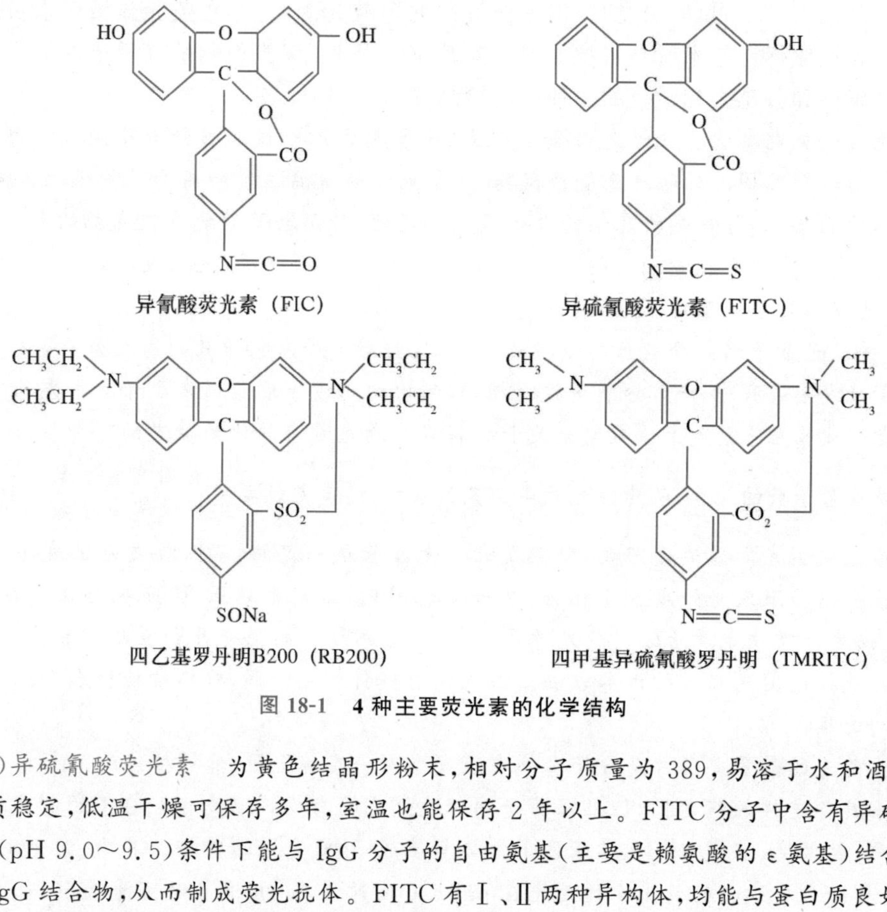

异氰酸荧光素 (FIC)　　　　　　异硫氰酸荧光素 (FITC)

四乙基罗丹明B200 (RB200)　　　四甲基异硫氰酸罗丹明 (TMRITC)

图 18-1　4 种主要荧光素的化学结构

(1)异硫氰酸荧光素　为黄色结晶形粉末,相对分子质量为389,易溶于水和酒精等溶剂,性质稳定,低温干燥可保存多年,室温也能保存 2 年以上。FITC 分子中含有异硫氰基,在碱性(pH 9.0～9.5)条件下能与 IgG 分子的自由氨基(主要是赖氨酸的 ε 氨基)结合,形成FITC-IgG 结合物,从而制成荧光抗体。FITC 有Ⅰ、Ⅱ两种异构体,均能与蛋白质良好结合。异构体Ⅰ的荧光效率更高,与蛋白质结合更稳定。FITC 的最大吸收光谱为 490～495 nm,最大发射光谱为 520～530 nm,呈明亮的黄绿色荧光。

(2)四乙基罗丹明　为褐红色粉末,不溶于水,易溶于酒精和丙酮,性质稳定,可长期保存。分子质量为580,最大吸收光谱为 570 nm,最大发射光谱为 595～600 nm,呈明亮的橙色荧光。四乙基罗丹明为磺酸钠盐($-SO_3Na$),不能直接与蛋白质结合,需在五氯化磷作用下转化为磺酰氯($-SO_2Cl$)才能与蛋白质结合。

(3)四甲基异硫氰酸罗丹明　为紫红色粉末,较稳定,分子质量为443,其最大吸收光谱为 550 nm,最大发射波长为 620 nm,荧光呈橙红色,与 FITC 的荧光对比清晰,且其含有异硫氰基(NCS),易与蛋白质结合,比 RB200 使用更为方便,主要用于双标记染色。

表 18-1　3 种荧光素特性的比较

荧光素	最大吸收光谱	最大发射光谱	荧光颜色
FITC	490～495 nm	520～530 nm	黄绿色
RB200	570 nm	595～600 nm	橙色
TMRITC	550 nm	620 nm	橙红色

三　荧光素标记

荧光素标记抗体简称荧光抗体,一般可直接从生物制品公司购买(如商品化的荧光素标记的抗抗体),也可自己标记。经过荧光色素标记的抗体结合抗原的能力和特异性不受到影响,因此当荧光抗体与相应的抗原结合时,就形成带有荧光性的抗原抗体复合物,从而可在荧光显微镜下检出抗原的存在。

1.标记

用于标记的抗体要求特异性强、效价和纯度高,通常可用免疫亲和层析法从抗血清中提纯 IgG。荧光素标记的主要是 IgG 类抗体。FITC 标记的方法有透析法和直接标记法等,以直接法应用最广。

(1)直接法　以 0.5 mol/L pH 9.5 碳酸盐缓冲液稀释 IgG 浓度至 2%,取相当于抗体蛋白量 1/(100～150)的 FITC 溶于相当于 IgG 溶液量 1/10 的 pH 9.5 碳酸盐缓冲液中。将 FITC 溶液在磁力搅拌下,缓慢加入抗体溶液。不同温度条件下,反应时间有所不同,一般为 2～4℃ 6 h;7～9℃ 4 h;20～25℃ 1～2 h。

(2)透析法　有袋内标记和袋外标记两种。袋内标记是将抗体蛋白以 0.025 mol/L pH 9.0 的碳酸盐缓冲液调整其蛋白浓度至 1%(w/V),装透析袋内。称取蛋白量 1/20 的 FITC 溶于 10 倍抗体溶液量的 0.025 mol/L 碳酸盐缓冲液中,将装好的透析袋浸没于 FITC 溶液中,置于 4℃ 16～18 h,其间定期以磁力搅拌器搅拌,每次 1～2 h。将透析袋取出,置于 0.01 mol/L pH 7.1 的 PBS 中透析 4 h,留待过滤。反之,将荧光素装于透析袋内,浸于抗体蛋白溶液中的方法为袋外标记。

2.标记抗体的提纯

抗体标记后应立即进行纯化处理,主要目的是除去游离的荧光素和未标记或过度标记的抗体蛋白分子,以除去结合物中的非特异因素。

(1)除去游离荧光素　这是纯化标记抗体最基本的要求,常用透析法和葡聚糖凝胶过滤法。透析法是将结合物置透析袋内,先用自来水透析 5 min,再转入 0.01 mol/L pH 7.1 的 PBS 或生理盐水中置于 4℃冰箱继续透析。每天换水 3～4 次,透析 4～5 d,如用玻璃纸口袋需透析 7 d,直到外液无荧光为止。

葡聚糖凝胶过滤法系利用荧光素分子与结合物分子大小差异悬殊,通过分子筛使二者分离。常用的是 Sephadex G25 或 G50。凝胶装柱后,以洗脱液(0.01 mol/L pH 7.1 PBS)平衡,然后加入结合物,2 cm×15 cm 柱子一次可过滤约 20 mL 样品。根据颜色收集第一带洗脱液,即标记抗体,样品大约稀释 2 倍左右。此法约 1 h 内即可完成,有条件者应首选此法。但最好与透析法结合,先透析 4 h 除去大部分游离荧光素和小分子物质,再进行凝胶过滤,以保护凝胶柱,延长使用时间。

(2)除去未标记和过度标记的抗体蛋白分子 结合物中存在的未标记和过度标记的蛋白质是降低荧光抗体染色效价和出现非特异性染色的主要因素。除去这些不需要的部分,最常用的方法是 DEAE 纤维素或 DEAE 葡聚糖凝胶层析。离子交换剂可将过度标记部分吸住,使过低或未标记的部分自由流出,从而收集荧光素和抗体蛋白结合比最适的部分。

3. 荧光抗体染色滴度测定

荧光抗体染色滴度包括特异性和非特异性染色滴度。以倍比稀释的荧光抗体与相应抗原标本片进行染色,出现荧光强度的最大稀释度即为荧光抗体的特异性染色滴度;同样,用不含抗原的组织染色以测定非特异性染色滴度。实际应用时,应取低于特异性染色滴度而高于非特异性染色滴度的稀释度,如特异性滴度为 1:64,非特异性滴度为 1:8,则可用 1:32稀释作为使用浓度。

此外,如有必要,还需进行荧光抗体的化学鉴定和特异性鉴定。

四　荧光抗体染色方法

1. 样本制备

样本制作的要求首先是保持抗原的完整性,并尽可能减少形态变化,抗原位置保持不变。同时还必须使抗原-标记抗体复合物易于接受激发光源,以便更好地观察和记录。因此,要求样本要相当薄,并要有适宜的固定处理方法。

细菌培养物、感染动物的组织或血液、脓汁、粪便、尿沉渣等,可作成涂片或压印片。组织学、细胞学和感染组织主要采用冰冻切片或低温石蜡切片。也可用生长在盖玻片上的单层细胞培养作为样本。细胞培养可用胰酶消化后制成涂片。细胞或原虫悬液可直接用荧光抗体染色后,再转移至玻片上直接观察。

样本的固定有两个目的,一是防止被检材料从玻片上脱落,二是消除抑制抗原抗体反应的因素(如脂肪)。检测细胞内的抗原,用有机溶剂固定可增加细胞膜的通透性而有利于荧光抗体渗入。最常用的固定剂为丙酮和 95%乙醇。固定后应随即用 PBS 反复冲洗,干后即可用于染色。

2. 染色方法

荧光抗体染色法有多种,常用的有直接法和间接法(图 18-2)。

(1)直接法 直接滴加 2～4 个单位的标记抗体于样本区,置于湿盒中,于 37℃ 染色30 min 左右,然后置于大量 pH 7.0～7.2 PBS 中漂洗 15 min,干燥、封载即可镜检。直接法应设以下对照：样本自发荧光对照、阳性样本对照和阴性样本对照。直接法用于检测抗原，每检测一种抗原均需制备相应的荧光抗体。

（2）间接法　将样本先滴加特异性的抗血清，置于湿盒中，于 37℃ 作用 30 min，漂洗后，再用标记的抗抗体（二抗）染色，漂洗、干燥、封载。对照除自发荧光、阳性和阴性对照外，间接法首次试验时应设无中间层对照（样本＋标记抗抗体）和阴性血清对照（中间层用阴性血清代替特异性抗血清）。间接法既可用于检测抗原，又可用于检测抗体，而且制备一种荧光抗抗体即可用于同种属动物的多种抗原抗体系统的检测。如将 SPA 标记上 FITC 制成 FITC-SPA，可代替标记的抗抗体，用于多种动物的抗原抗体系统的检测。

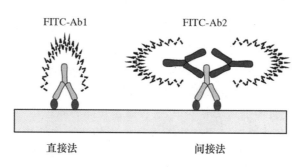

图 18-2　免疫荧光抗体染色直接法与间接法

五　荧光显微镜观察

样本滴加缓冲甘油（分析纯甘油 9 份加 PBS 1 份）后用盖玻片封载，即可在荧光显微镜下观察。荧光显微镜与光学显微镜的不同在于其光源是高压汞灯或溴钨灯，并有一套位于集光器与光源之间的激发滤光片，它只让一定波长的紫外光及少量可见光（蓝紫光）通过；此外还有一套位于目镜内的屏障滤光片，只让激发的荧光通过，而不让紫外光通过，以保护眼睛并能增加反差。为了直接观察微量培养板中的抗原抗体反应（如感染细胞中的病毒检测），可使用倒置荧光显微镜。

六　荧光激发细胞分选仪

荧光激发细胞分选仪（fluorescein activated cell sorter，FACS）能快速、准确测定各荧光抗体标记的淋巴细胞亚群的数量、比例、细胞大小等，并将其分选收集，是免疫学研究极为重要的仪器之一，又称流式细胞仪（flow cytometer），该技术称为流式细胞术（flow cytometry）（见第二十二章）。通过喷嘴形成连续的线状细胞液流，并以每秒 1 000～5 000 个细胞的速度通过激光束。结合有荧光抗体的细胞发出荧光，荧光色泽、亮度等信号由光电倍增管接收和控制，再结合细胞的形态、大小，产生光散射信号，其数据立即输入微电脑处理。根据细胞的荧光强度及大小的不同，细胞流在电场中发生偏离，最后分别收集于不同容器中。这种分离程序并不损害细胞活力,且可在无菌条件下进行,细胞纯度可达 $90\% \sim 99\%$。分出的淋巴细胞亚群也可进一步用于功能分析;淋巴细胞杂交瘤的细胞克隆也可用流式细胞仪分选,方法简便而灵敏。

七 免疫荧光抗体技术的应用

(1)细菌学诊断　利用免疫荧光抗体技术可直接检出或鉴定新分离的细菌,具有较高的敏感性和特异性,已广泛用于链球菌、致病性大肠杆菌、沙门菌、痢疾杆菌、李氏杆菌、巴氏杆菌、布鲁氏菌、炭疽杆菌、马鼻疽杆菌、猪丹毒丝菌和钩端螺旋体等的检测和鉴定。动物的粪便、黏膜拭子涂片、病变组织的触片或切片以及尿沉渣等均可作为检测样本,经直接法检测目的菌,具有很高的诊断价值。针对含菌量少的样本,可采用滤膜集菌法,然后直接在滤膜上进行免疫荧光染色,如水的卫生细菌学调查、海水细菌动力学研究。

以较低浓度的荧光抗体加入培养基中,进行微量短期的玻片培养,于荧光显微镜下直接观察荧光集落的"荧光菌球法",可用于腹泻粪便样中的病原体检测。尤其对于已用药物治疗的患畜,在病因学诊断上有较大价值,因为在这种情况下难以培养出病原微生物。

免疫荧光抗体间接染色法可用于细菌抗体的检测,用于流行病学调查、早期诊断和现症诊断。如钩端螺旋体 IgM 抗体的检测,可作为早期诊断或近期感染的指征。用间接法检测结核分枝杆菌的抗体可以作为对结核病的活动性和化疗监控的重要手段。

(2)病毒病诊断　用免疫荧光抗体技术直接检测患畜病变组织中的病毒,已成为病毒感染快速诊断的重要手段。如猪瘟、鸡新城疫等,可取感染组织作成冰冻切片或触片,经直接法或间接法可检出病毒抗原,一般可在 2 h 内作出诊断报告。猪流行性腹泻在临床上与猪传染性胃肠炎十分相似,将患病仔猪小肠冰冻切片用猪流行性腹泻病毒的特异性荧光抗体作直接免疫荧光检查,即可对猪流行性腹泻进行确诊。

对含病毒较低的病理组织,需先在细胞培养上短期培养增殖后,再用荧光抗体检测病毒抗原,可以提高检出率。一些病毒(如猪瘟病毒、猪圆环病毒 2 型)在细胞培养上不出现细胞病变,可应用免疫荧光作为病毒增殖的指征。应用间接免疫荧光染色法以检测血清中的病毒抗体,常用于诊断和流行病学调查,检测 IgM 抗体可作为早期诊断和近期感染的指征。

(3)其他方面的应用　免疫荧光抗体技术用于淋巴细胞 CD 分子和膜表面免疫球蛋白(mIg)的检测,可以为淋巴细胞的分类和亚群(型)鉴定提供手段。荧光素标记用于激光共聚焦荧光显微分析或成像技术,已普遍用于蛋白质分子在细胞中的定位以及动态研究。

第二节　免疫酶标记技术

免疫酶标记技术是继免疫荧光抗体技术和放射免疫分析之后发展起来的一大免疫血清学技术。1966 年 Nakane 和 Avrameas 等分别报道用酶代替荧光素标记抗体,建立了酶标抗体技术(enzyme-labelled antibody technique),用于生物组织中抗原的定位和鉴定。1971 年

Engvall 和 van Weemen 等报道了酶联免疫吸附测定（试验），从而建立了免疫酶标记的定量检测技术。20 世纪 80 年代，基于酶标抗体检测和鉴定蛋白质分子的免疫转印技术问世，随后其他相关的检测技术也应运而生。免疫酶标记技术已成为免疫诊断、检测和生物学研究中应用最广泛的免疫学方法之一。

一 原理

免疫酶标记技术是根据抗原抗体反应的特异性和酶催化反应的高敏感性而建立起来的免疫检测技术。酶是一种有机催化剂，催化反应过程中酶不被消耗，能反复作用，微量的酶即可导致大量的催化过程，如果产物为有色可见产物，则极为敏感。

酶（E）催化底物（S）水解形成产物（P），或在酶催化过程中使无色的还原型供氢体（D_1）变为有色的氧化型供氢体（D_2），呈现颜色反应（图 18-3a）。将酶标记到抗体分子上，与抗原结合后，利用酶的催化特性产生有色反应（图 18-3b）。

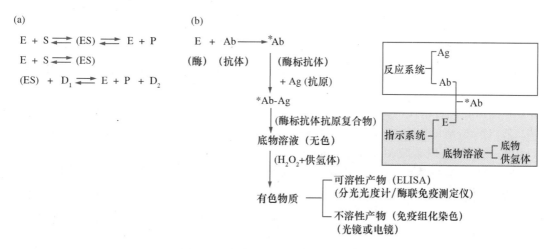

图 18-3　免疫酶标记技术的基本原理

酶标抗体技术的基本程序：①将酶分子与抗原或抗体分子共价结合，此种结合既不改变抗体的免疫活性，也不影响酶的催化活性。②将酶标抗体（抗抗体）与存在于组织细胞或吸附于固相载体上的抗原（抗体）发生特异性结合，并洗下未结合的物质。③滴加底物溶液后，底物在酶作用下水解呈色；或者底物不呈色，但在底物水解过程中由另外的供氢体提供氢离子，使供氢体由无色的还原型变为有色的氧化型，呈现颜色反应。因而可根据底物溶液的颜色反应来判定有无相应的抗原抗体反应。颜色反应的深浅与样本中相应抗原（抗体）的量成正比。经肉眼或在光学显微镜或电子显微镜下可看到有色产物，或用分光光度计或酶联免疫测定仪加以测定。因此，这就将酶化学反应的敏感性和抗原抗体反应的特异性结合起来，用于在细胞或亚细胞水平上示踪抗原或抗体的所在部位，或在微克、纳克水平上测定其含量。

二　用于标记的酶

用于标记的酶应具有如下一些特点：①高度的特异活性和敏感性；②在室温下稳定；③易于获得并能商品化生产；④与底物反应后的产物易于显现。常用的有辣根过氧化物酶、碱性磷酸酶、葡萄糖氧化酶等。以辣根过氧化物酶应用最广，其次为碱性磷酸酶。

（1）辣根过氧化物酶（horseradish peroxidase，HRP）　过氧化物酶广泛分布于植物中，辣根中含量最高，从辣根中提取的称为辣根过氧化物酶。HRP 是由无色的酶蛋白和深棕色的铁卟啉构成的一种糖蛋白（含糖 18%），分子质量约为 40 ku。HRP 的作用底物为过氧化氢，催化时需要供氢体。以联苯胺为供氢体，反应式如下。

$$HRP + H_2O_2 \rightleftharpoons (HRP \cdot H_2O_2)$$

$$(HRP \cdot H_2O_2) + 供氢体-H_2 \rightleftharpoons HRP + 供氢体 + 2H_2O$$

$$H_2N\!-\!\!\bigcirc\!\!-\!\!\bigcirc\!\!-NH_2 + 2H_2O_2 \xrightarrow{HRP} HN\!-\!\!\bigcirc\!\!-\!\!\bigcirc\!\!-NH + 4H_2O$$

（联苯胺，无色）　　　　　　　　　　　（氧化型联苯胺，黄褐色）

凡能在 HRP 催化 H_2O_2 生成 H_2O 过程中提供氢，而后自己生成有色产物的化合物（供氢体）都可用作显色剂。HRP 的供氢体很多，根据供氢体的产物可分为 2 类：①可溶性供氢体。产生有色的可溶性产物，可用比色法测定，如酶联免疫吸附试验中的显色剂。常用的邻苯二胺（O-phenylenediamine，OPD），显色呈橙色，最大吸收波长为 490 nm，可用肉眼判定；$3,3',5,5'$-四甲基联苯胺（$3,3',5,5'$-tetramethylbenzidine，TMB），显色呈蓝色，加氢氟酸终止，在 650 nm 波长下测定，若用硫酸终止（变为黄色）则在 450 nm 波长下测定。此外，还有邻联茴香胺（O-dianisidine，OD）、5-氨基水杨酸（5-amino salicylic acid，5As）、邻联甲苯胺（O-toluidine，OT）。②不溶性供氢体。产生不溶性的产物，最常用的是 $3,3'$-二氨基联苯胺（$3,3'$-diaminobenzidine，DAB），反应后的氧化型中间体迅速聚合，形成不溶性棕色吩嗪衍生物，可用光学显微镜和肉眼观察，用于各种免疫酶组化染色法、斑点-酶联免疫吸附试验和免疫转印。此外，还有 4-氯-1-萘酚、饱和联苯胺溶液，分别形成蓝色和黄褐色产物。

可用戊二醛法或过碘酸钠氧化法将 HRP 标记于抗体分子上制成酶标抗体。

（2）碱性磷酸酶（alkaline phosphatase，AKP）　系从小牛肠黏膜和大肠杆菌中提取的。AKP 的底物种类很多，常用对硝基苯磷酸盐，酶解产物呈黄色，可溶性，最大吸收波长为 400 nm。

（3）葡萄糖氧化酶（glucose oxidase，GO）　系从曲霉中提取，对底物葡萄糖的作用常借过氧化物酶及其显色底物来加以显现。如显色底物为邻苯二胺，则反应后呈棕色，阴性者为淡黄色，极易用目视法判别，其灵敏度高于过氧化物酶。

三 抗体的酶标记

酶标记体可直接购自生物试剂公司或自行标记。抗体的酶标记中,酶的活性和纯度至关重要。用于标记的抗体一般需采用离子交换层析从抗血清中纯化 IgG,经亲和层析纯化的抗体最好。用于标记的单克隆抗体也可直接用小鼠的腹水。理想的酶标记结合物应产率高、稳定,且不影响酶的活性和抗体的活性,不产生干扰物质、操作简便。目前主要采用戊二醛法和过碘酸钠氧化法。

1. 戊二醛法

戊二醛标记方法的原理是通过它的醛基和酶与免疫球蛋白上的氨基共价结合,即戊二醛上的两个活性醛基,一个与酶分子上的氨基结合,另一个与免疫球蛋白上氨基结合,形成酶-戊二醛-免疫球蛋白结合物(图 18-4)。

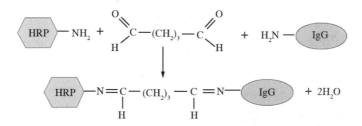

图 18-4 **HRP 标记抗体的原理**

将酶先与戊二醛作用,然后洗去过量未结合的戊二醛,再加入抗体进行结合。因为 HRP 的 —NH_2 基团较少,酶分子与过量的戊二醛反应,酶分子游离的氨基仅与戊二醛上的醛基(—CHO)结合,形成酶-戊二醛结合物。戊二醛的另一个醛基与随后加入抗体分子上的氨基结合,形成标记抗体。反应后加入赖氨酸,将过剩的醛基封闭。戊二醛法形成的酶标抗体均一性好、活性高和产率高。

(1)标记过程 将 10 mg HRP 溶解在 0.2 mL 含 1.25％戊二醛的 PB(0.1 mol/L,pH 6.8)中,室温静置 18 h。然后通过 Sephadex G25 柱过滤,柱预先用 0.15 mol/L NaCl 平衡。收集含棕色的洗脱液,并用超滤膜浓缩到 1 mL。加入等量的抗体(5 mL,0.15 mol/L 生理盐水中),再加入 0.1 mL 碳酸盐缓冲液(1.0 mol/L,pH 9.5),4℃放置过夜。加入 0.1 mL 甘氨酸溶液(0.2 mol/L),2 h 后置 PB 中 4℃透析过夜,透析物用 Sephadex-G200 柱分离结合物。柱用乙基汞化硫代水杨酸钠缓冲液平衡,透析,20 mL/h,分步收集,分别测定每份在 280 nm(蛋白质)和 403 nm(酶)的 OD 值,收集 OD 高峰重叠管,加入纯甘油至终浓度为 33％,—20℃长期保存。

(2)酶结合的纯化 酶结合物中不同程度地存在游离酶与游离抗体,可影响试验的敏感性和特异性。因此,还需用 50％饱和硫酸铵盐析法纯化酶结合物,或者进一步用 Sephadex G200 层析进行纯化。

(3)酶结合物的鉴定 包括结合物中酶和抗体活性鉴定、酶含量和 IgG 含量、酶与 IgG

分子比值以及结合率的测定等。但一般只进行酶活性和抗体活性鉴定,方法是用系列稀释的结合物直接以 ELISA 法进行滴定,不仅可以测定标记效果,还可以确定结合物的使用浓度。

2. 过碘酸钠氧化法

用于 HRP 的标记。在反应的第一阶段用 2,4-二硝基氟苯(DNFB)封闭酶蛋白上残存的 α 和 ε 氨基,以避免酶的自身交联,然后用过碘酸钠将 HRP 中的低聚糖基氧化为醛基。反应的第二阶段是使已活化的 HRP 与抗体蛋白的自由氨基结合,形成席夫碱。最后用硼氢酸钠还原,形成稳定的结合物。

过碘酸钠氧化法的优点是标记率高和未标记的抗体量少,但结合物分子质量较大,穿透细胞的能力不如用戊二醛法标记的抗体,故不适用于免疫酶组化染色法和免疫电镜。

标记过程为:将 5 mg HRP 溶于 0.5 mL 蒸馏水中,加入新配制的 0.06 mol/L $NaIO_4$ 水溶液 0.5 mL,混匀置于冰箱 30 min,取出加入 0.16 mol/L 乙烯甘醇水溶液 0.5 mL。室温放置 30 min 后加入含 5 mg 纯化抗体的水溶液(或 PBS)1 mL,混匀并装透析袋,以 0.05 mol/L pH 9.5 碳酸盐缓冲液缓慢搅拌透析 6 h(或过夜)使之结合,然后吸出加 $NaBH_4$ 溶液(5 mg/mL)0.2 mL,置于冰箱 2 h,将上述结合物混合液加入等体积饱和硫酸铵,冰箱放置 30 min 后离心,将所得沉淀物溶于少许 0.02 mol/L,pH 7.4 PBS 中,并对其透析过夜,次日再离心除去不溶物,即为酶标抗体结合物。

四　免疫酶组化染色技术

1. 样本制备和处理

用于免疫酶染色的样本有组织切片(冷冻切片和低温石蜡切片)、组织压印片、涂片以及细胞培养的单层细胞盖片等。样本的制作和固定与荧光抗体技术相同,但尚要进行一些特殊处理。

用酶结合物进行细胞内抗原定位时,由于组织和细胞内含有内源性过氧化酶,可与标记的过氧化物酶在显色反应上发生混淆。因此,在滴加酶结合物之前通常将制片浸于 0.3% H_2O_2 中室温处理 15~30 min,以消除内源酶。用 1%~3% H_2O_2 甲醇溶液处理单层细胞培养标本或组织涂片时,低温条件下作用 10~15 min,可同时起到固定和消除内源酶的作用。

组织成分对球蛋白的非特异性吸附所致的非特异性背景染色,可用 10% 卵蛋白作用 30 min 进行处理。用 0.05% 吐温-20 和含 1% 牛血清白蛋白(BSA)的 PBS 对细胞培养样本进行预处理,同时可起到消除背景染色的效果。

2. 染色方法

可采用直接法、间接法、抗抗体搭桥法、杂交抗体法、酶抗酶复合物法等各种染色方法(图 18-5)。其中,以直接法和间接法最常用。反应中每加一种反应试剂,均需于 37℃ 作用 30 min,然后以 PBS 反复洗涤 3 次,以除去未结合物。

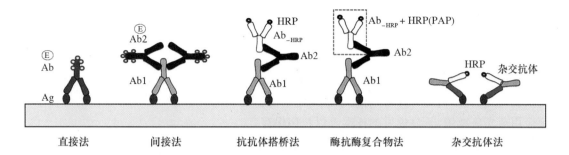

图 18-5　免疫酶组化染色方法

（1）直接法　以酶标抗体处理样本,然后浸于含有相应底物和显色剂的反应液中,通过显色反应检测抗原抗体复合物的存在。

（2）间接法　用相应的特异性抗体处理样本后,再加酶标记的抗抗体,然后经显色揭示抗原-抗体-抗抗体复合物的存在。

（3）抗抗体搭桥法　此法不需要事先制备标记抗体,是利用抗抗体既能与反应系统的抗体结合,又能与抗酶抗体结合(抗酶抗体与针对抗原的抗体必须是同源的,即用一种属动物制备的)的特性,以抗抗体作为桥连接检测抗原的抗体和抗酶抗体。先加抗体(如兔抗血清)与样本上的抗原发生特异性结合,然后加抗抗体(羊抗兔血清)与抗体结合,再加既能与抗抗体结合又能与酶结合的兔抗酶抗体,最后用底物显色。此法的优点在于克服了因酶与抗体交联引起的抗体失活和标记抗体与非标记抗体对抗原的竞争,从而提高了敏感性;但抗酶抗体与酶之间的结合多为低亲和性,冲洗样本时易被洗脱,方法的敏感性会降低。

（4）酶抗酶复合物法(peroxidase anti-peroxidase,PAP)　简称 PAP 法。此法是将 HRP 和抗 HRP 抗体结合形成酶抗酶抗体复合物(PAP),用 PAP 来代替抗抗体搭桥法中的抗酶抗体和酶。制备 PAP 时,需将 HRP 和抗 HRP 形成的复合物离心沉淀和洗涤。然后在沉淀物中再加 HRP,调 pH 至 2.3 使其溶解,离心后将上清 pH 调回至 7.5,离心收集上清液;沉淀再加 HRP 继续提取,直至调回 pH 时不再有沉淀产生。合并各次上清液,即为可溶性 PAP。PAP 为一环状分子,电镜下呈五边形,直径约 20.5 nm,十分稳定,冲洗时不易丢失,故其敏感性较抗抗体搭桥法高。此法亦可用于 ELISA。

（5）杂交抗体法　将特异性抗体分子与抗酶抗体分子经胰酶消化成双价 F(ab)$_2$ 片段,将两种抗体的 F(ab)$_2$ 片段按适当的比例混合,在低浓度的乙酰乙胺和充氮条件下,使之进一步裂解为单价 Fab 片段,再在含氮条件下使其还原复合。经分子筛层析后,即可获得 25%～50% 的杂交抗体。这种杂交抗体分子中的 2 个抗原结合部位,其一能与抗原特异性结合,其二能与酶结合。因此,不必事先制备标记抗体。直接用杂交抗体和酶处理检测样本,即可浸入底物溶液中进行显色反应。可采用杂交瘤技术和基因工程抗体技术制备杂交抗体。

3.显色反应

免疫酶组化染色中的最后一个环节是用相应的底物使反应显色。不同的酶所用底物和供氢体不同。针对同一种酶和底物,如用不同的供氢体,则其反应物的颜色也不同。如辣根过氧化物酶,在组化染色中最常用 DAB,用前以 0.05 mol/L pH 7.4～7.6 的 Tris-HCl 缓冲液配成 50～75 mg/100 mL 溶液,并加少量(0.01%～0.03%)H$_2$O$_2$ 混匀后加于反应物中置于室温 10～30 min,反应产物呈深棕色;如用甲萘酚,则反应产物呈红色;用 4-氯-1-萘酚,则呈浅蓝色或蓝色。

4. 样本观察

显色后的样本可置于普通显微镜下观察,抗原所在部位呈色。也可用常规染料作为反衬染色,使细胞结构更为清晰,有利于抗原的定位。此法优于免疫荧光抗体技术之处在于无须应用荧光显微镜,且显色后的样本可以长期保存。

五　酶联免疫吸附测定

酶联免疫吸附测定(enzyme-linked immunosorbent assay,ELISA)是应用最广、发展最快的一项免疫血清学技术,又称酶联免疫吸附试验。基本过程是将抗原(或抗体)吸附于固相载体,在载体上进行免疫酶反应,底物显色后用肉眼或分光光度计判定结果。

1. 固相载体

ELISA 的固相载体有聚苯乙烯微量滴定板、聚苯乙烯球珠等。聚苯乙烯微量滴定板(40 孔或 96 孔板)是最常用的载体,板的小孔呈凹形,操作简便,有利于大批样品的检测。无须对新板进行特殊处理,可直接使用或用蒸馏水冲洗干净并自然干燥后备用,一般均一次性使用。

用于 ELISA 的另一种载体是聚苯乙烯珠,以此建立的方法又称微球 ELISA。珠的直径约 0.5～0.6 cm,表面经过处理以增强其吸附性能,并可做成不同的颜色。小珠可事先吸附或交联上抗原或抗体制成商品试剂。使用时将小球放入特制的凹孔板或小管中,加入待检样本将小珠浸没进行反应,底物显色后可比色测定。

2. 包被

将抗原或抗体吸附于固相表面的过程称为载体的致敏或包被(coating)。用于包被的抗原或抗体必须能牢固地吸附于固相载体的表面,并保持其免疫活性。各种蛋白质在固相载体表面的吸附能力有所不同,但大多数均能良好吸附。可溶性物质或蛋白质抗原(如病毒蛋白、细菌脂多糖、脂蛋白、变性的 DNA 等)均较易包被上去。较大的病毒、细菌或寄生虫等难以吸附,需要将它们用超声波裂解或用化学方法提取抗原成分才能供试验用。

用于包被的抗原或抗体需要进行纯化,这是提高 ELISA 敏感性与特异性的关键。最好用亲和层析和 DEAE 纤维素离子交换层析方法提纯的抗体。如果抗原含有多种杂蛋白,须用密度梯度离心等方法除去,否则易出现非特异性反应。

包被的蛋白质浓度通常为 1～10 μg/mL。高 pH 和低离子强度缓冲液一般有利于蛋白质包被,通常用 0.1 mol/L pH 9.6 碳酸盐缓冲液作为包被液。一般包被过程均于 4℃过夜,也可经 37℃ 2～3 h。包被后的滴定板可置于 4℃冰箱,可储存 3 周。如真空塑料封口,于 −20℃ 冰箱可储存更长时间,用时应充分洗涤。

3. 洗涤

在 ELISA 的整个过程中,需进行多次洗涤,目的是防止重叠反应,避免引起非特异吸附现象。因此,必须充分洗涤 ELISA 反应板。通常采用含助溶剂吐温-20(终浓度为 0.05%)的 PBS 作为洗涤液。洗涤时,先将前次加入的溶液倒空、吸干,然后加入洗涤液洗涤 3 次,每次 3 min,倒空后用滤纸吸干。

4.试验方法

ELISA 的核心是利用抗原抗体的特异性结合,在固相载体上一层层地叠加,可以是两层、三层甚至多层,犹如搭积木一样。整个反应都必须在抗原抗体结合的最适条件下进行。每层试剂均稀释于最适于抗原抗体反应的稀释液(0.01～0.05 mol/L pH 7.4 PBS 中加吐温-20 至 0.05%、10% 犊牛血清或 1% BSA)中,加入后置于 37℃ 反应一定时间(一般 30 min～2 h)。每加一层反应后均需充分洗涤。试验应设阳性、阴性对照。ELISA 试验方法主要有以下几种类型。

(1)间接 ELISA(indirect ELISA)　用于测定抗体。用抗原包被固相载体,然后加入待检血清样品,经孵育一定时间后,若待检血清中含有特异性抗体,即与固相载体表面的抗原结合形成抗原抗体复合物。洗涤后再加入酶标记的二抗(抗抗体),反应后洗涤,加入底物,在酶的催化作用下底物发生反应,产生有色物质(图 18-6)。样品中含抗体愈多,出现颜色愈快愈深。

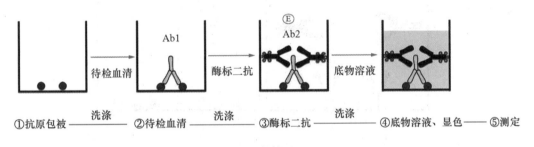

①抗原包被 —— 洗涤 —— ②待检血清 —— 洗涤 —— ③酶标二抗 —— 洗涤 —— ④底物溶液、显色 —— ⑤测定

图 18-6　间接 ELISA

(2)夹心法(sandwich ELISA)　又称双抗体法,用于测定大分子抗原和一些细胞因子。将纯化的特异性抗体包被于固相载体,加入待检抗原样品,孵育后洗涤,再加入酶标记的特异性抗体,洗涤除去未结合的酶标抗体结合物,最后加入酶的底物显色(图 18-7)。颜色的深浅与样品中的抗原含量成正比。用于包被的抗体可以使用单克隆抗体。

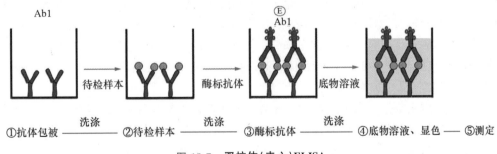

①抗体包被 —— 洗涤 —— ②待检样本 —— 洗涤 —— ③酶标抗体 —— 洗涤 —— ④底物溶液、显色 —— ⑤测定

图 18-7　双抗体(夹心)ELISA

(3)双夹心法(double sandwich ELISA)　用于测定大分子抗原。此法是采用酶标抗抗体检测多种大分子抗原,它不仅不必标记每种抗体,还可提高试验的敏感性。将抗体(如豚

鼠免疫血清 Ab1)吸附在固相载体上,洗涤除去未吸附的抗体,加入待测抗原(Ag)样品,使之与固相载体上的抗体结合,洗涤除去未结合的抗原,加入不同种动物制备的特异性相同的抗体(如兔免疫血清 Ab2),使之与固相载体上的抗原结合,洗涤后加入酶标记的抗 Ab2 抗体(如羊抗兔 IgG)(Ab3),使之结合于 Ab2 上,结果形成 Ab1-Ag-Ab2-Ab3-HRP 复合物(图18-8)。洗涤后加底物显色,呈色反应的深浅与样品中的抗原量成正比。

(4)阻断 ELISA(blocking ELISA) 用于测定抗体。用抗原包被固相载体,然后加入待检血清样品,经孵育一定时间后,洗涤后再加入酶标记的单克隆抗体(酶标单抗)。若待检血清中含有特异性抗体,即与固相载体表面的抗原结合形成抗原抗体复合物,而酶标单抗不能与抗原结合(阻断),反应后洗涤,加入底物溶液显色(图18-8)。与间接 ELISA 相反,显色反应的深浅与血清样本中抗体含量成反比,样品中含抗体愈多,颜色反应愈浅。目前,一些商业化的 ELISA 抗体检测试剂盒均是基于阻断 ELISA,单克隆抗体的应用提高了 ELISA 的特异性。

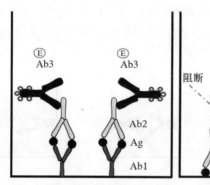

Ab2—用另一种动物制备的针对检测抗原的抗体

Ab3—针对制备Ab2动物IgG的二抗

双夹心ELISA　　　　　　　　　阻断ELISA

图 18-8 双夹心 ELISA 与阻断 ELISA

(5)竞争 ELISA(competitive ELISA) 包括酶标抗原竞争法、酶标抗体竞争法(图18-9),用于测定小分子抗原及半抗原。

①酶标抗原竞争法。用特异性抗体包被固相载体,加入含待测抗原的溶液和一定量的酶标记抗原共同孵育,对照仅加酶标抗原,洗涤后加入酶底物。被结合的酶标记抗原的量由酶催化底物反应产生有色产物的量来确定。如待检样本中抗原越多,被结合的酶标记抗原的量越少,显色就越浅。可用不同浓度的标准抗原进行反应绘制出标准曲线,根据样品的OD 值求出检测样品中抗原的含量。

②酶标抗体竞争法。又分为酶标抗体直接竞争法和酶标抗体间接竞争法。前者是利用检测样本中的抗原与包被抗原之间竞争性地与酶标抗体结合;后者是利用检测样本中的抗原与包被抗原之间竞争性地与抗体结合,然后再加入酶标二抗。显色反应的深浅与样本中抗原含量成反比。

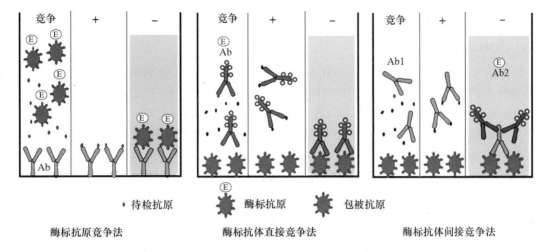

- 待检抗原　　　 酶标抗原　　　 包被抗原

酶标抗原竞争法　　　　　 酶标抗体直接竞争法　　　　　 酶标抗体间接竞争法

图 18-9　竞争 ELISA

（6）捕获 ELISA（capture ELISA）　用于检测 IgM 抗体。事先用抗 IgM（μ 链）抗体（抗抗体）包被，加入待检血清，然后再加入酶标记的抗原，最后加入底物溶液显色。

（7）酶-抗酶抗体（PAP）法　又称 PAP-ELISA，用于检测抗体。反应过程同免疫酶组化染色法，只是操作在反应板上进行。此方法虽可提高试验的敏感性，但因不易制备理想的酶-抗酶抗体复合物，试验中较多干扰因素影响结果的准确性，因此较少采用。

（8）PPA-ELISA　葡萄球菌蛋白 A（SPA）能与多种动物（如人、猪、兔等）的 IgG Fc 片段结合，可用 HRP 标记制成酶标 SPA（有商品化的酶标 SPA）代替间接 ELISA 中的酶标抗抗体。

（9）BA 系统 ELISA　生物素（biotin）与亲和素（avidin）具有很强的结合能力，因此可将其引入 ELISA。方法有 BA-ELISA（反应层次为：抗原、待检血清、生物素化的二抗、酶标亲和素）、BAB-ELISA（反应层次为：抗原、待检血清、生物素化二抗、亲和素、酶标生物素）和 ABC-ELISA（反应层次为：抗原、待检血清、生物素化二抗、酶标亲和素与生物素复合物）等。

5. 底物显色

与免疫酶组化染色法不同，ELISA 应使用可溶性的底物供氢体，常用的为邻苯二胺（OPD）和四甲基联苯胺（TMB）。OPD 产物呈棕色，但对光敏感，因此要避光进行显色反应。应在用前新鲜配制底物溶液，显色以室温 10～20 min 为宜。反应结束后用 2 mol/L H_2SO_4 终止反应。TMB 产物为蓝色，用氢氟酸终止（如用 H_2SO_4 终止，则为黄色）。

应用碱性磷酸酶时，常用对硝基苯磷酸盐（PNP）作为底物，产物呈黄色。

6. 结果判定

ELISA 试验结果可用肉眼观察，也可用 ELISA 测定仪测定样本的光密度（OD）值。每次试验都需设阳性和阴性对照，肉眼观察时，如样本颜色反应超过阴性对照，即判为阳性。用 ELISA 测定仪来测定 OD 值，所用波长随底物供氢体不同而异。以 OPD 为供氢体，测定波长为 492 nm；以 TMB 为供氢体，测定波长为 650 nm（氢氟酸终止）或 450 nm（硫酸终止）。结果可按下列方法进行判定。

（1）用临界值判定　临界值即为阴阳性阈值，又称为规定吸收值。若样本的 OD 值≥临界值，判定为阳性，否则判为阴性。（规定吸收值＝一组阴性样本的吸收值之均值＋2SD 或 3SD，SD 为标准差）。

（2）以 S/N 或 S/P 比值判定　样本的 OD 值与阴性对照 OD 值均值之比即为 S/N 比值，若样本的 S/N 值≥1.5 或 2 或 3，即判为阳性；样本的 OD 值与阳性对照 OD 值均值之比即为 S/P 比值，不同的方法和不同的试剂盒对 S/P 比值的规定有所不同。

（3）以阻断率判定　在阻断 ELISA 中，是以待检血清阻断酶标单抗与抗原结合的百分率来表示，如阻断率≥40％为阳性，否则判为阴性。

（4）终点滴度测定　终点滴度即 ELISA 效价（ELISA titer，ET）。将样本进行倍比稀释，测定各稀释度的 OD 值，高于临界值（或 S/N 值、S/P 值）的最大稀释度（即仍出现阳性反应的最大稀释度）为样本的 ELISA 滴度或效价。可以得出 OD 值与效价之间的关系，样本只需做一个稀释度即可推算出其效价。国外一些公司的 ELISA 试剂盒都配有相应的程序，使测定抗体效价更为简便。

（5）定量测定　对于抗原的定量测定（如酶标抗原竞争法），需事先用标准抗原制备一条吸收值与浓度的相关标准曲线，只要测出样本的吸收值，即可查出其抗原浓度。

六　斑点-酶联免疫吸附试验

斑点-酶联免疫吸附试验（Dot-ELISA）的原理及其步骤与 ELISA 基本相同，不同之处在于：一是将固相载体以硝酸纤维素滤膜、硝酸醋酸混合纤维素滤膜、重氮苄氧甲基化纸、聚偏二氟乙烯膜等固相化基质膜代替，用于吸附抗原或抗体；二是显色底物的供氢体为不溶性的；三是结果以在基质膜上出现有色斑点来判定。可采用直接法、间接法、双抗体法、双夹心法等。

第三节　放射免疫分析

放射免疫分析（radioimmunoassay，RIA）是将放射性同位素测量的高度敏感性和抗原抗体反应的高度特异性结合的一种免疫分析技术。1959 年 Yalow 和 Berson 共同建立放射免疫分析，可以精确地测定体液中的微量活性物质，是免疫定量分析技术的一次重大突破和飞跃，于 1977 年荣获诺贝尔生理学或医学奖。放射免疫分析经过不断发展和完善，已由经典的液相方法发展到固相操作，方法日益简化，并可自动化测定和分析。

RIA 具有特异性强、灵敏度高、准确性和精密度好等优点，是其他分析方法所无法比拟的。而且操作简便，便于标准化，其灵敏度可达皮克（pg）级水平，比一般分析方法提高了 1 000～1 000 000 倍。RIA 的广泛应用为研究许多含量甚微而又很重要的生物活性物质在动物体内的代谢、分布以及作用机理提供了新的手段，极大地促进了医学和生物科学的发展。

一　原理

1. 放射性原理

原子的中心是原子核,周围是电子。由于原子是中性的,因而原子核所带的正电荷量等于核外电子的总电荷。原子核又由质子(带正电荷)和中子(不带电荷)组成。当原子核的质子数与中子数满足一定比例时,核结构不会自发地改变,为稳定性元素。但当质子数与中子数偏离其特定比值时,原子核就自发地发生转变,放出射线,即发生核衰变,这种元素为放射性元素。质子数相同而中子数不同的一类放射性元素称为放射性同位素,它们大多为天然的,如 $^{120-138}I$ 中,除 ^{127}I 外都是放射性同位素,也可人造放射性同位素(如 ^3H)。

放射性同位素核衰变时,会发射出 α 射线(即氦核)、β 射线(即电子)、γ 射线(一种高能电磁波)和 $β^+$ 射线(即正电子),或从核外俘获一个电子等。各种射线都很容易用仪器探测出来,并且灵敏度很高。^3H 衰变时放出 β 射线,能量低(0.03 J),可用液体闪烁仪检测。^{32}P 和 ^{35}S 放射的中能量 β 射线(分别为 2.738 J 和 0.267 J),^{125}I 放射的 γ 射线均可用井型闪烁计数器检测。

放射性强度的单位是居里(Ci),1 居里的放射性为每秒 $3.7×10^{10}$ 次核衰变。因居里的单位较大,因此,通常用毫居里(mCi)或微居里(μCi)。

1 Ci = $3.7×10^{10}$ dps(每秒衰变次数)

1 mCi = $3.7×10^7$ dps

1 μCi = $3.7×10^4$ dps

放射性比度通常是用每单位质量或体积中所含的放射性强度来表示,如 mCi/g 或 mCi/cm^3。放射性比度有时也叫比放射性或比活性。而放射性的计量通常以每分钟脉冲数(cpm)或每秒脉冲数(cps)表示。国际上通用"贝可勒尔"(Bq)代替居里表示放射性强度(1 Bq = 1 dps,即 Bq 为每秒衰变的次数),所以,换算公式为:1 Ci = $3.7×10^{10}$ Bq。

2. 放射免疫分析的原理

(1)竞争性 RIA　定量分析微量半抗原物质均采用这种方法。其基本原理是同时在溶液中加入标记抗原($^*Ag$)、非标记抗原(Ag)和抗体(Ab),使 Ag 与 $^*Ag$ 竞争性地和 Ab 结合,根据免疫沉淀物中 $^*Ag$-Ab 量的减少或增多来测定 Ag 的含量(图 18-10)。

从上述反应系统(图 18-10)可以看出,当反应液中存在一定量的 $^*Ag$ 和 Ab 时,结合型 $^*Ag$-Ab(B)和游离型 $^*Ag$(F)的比例是一定的,它们保持着可逆的动态平衡。如在此反应液中加入待检的 Ag,则 Ag 与 $^*Ag$ 竞相与 Ab 结合,Ag 的量越多,B/F 值或 $B\%$ 越小。因此,只需把反应液中的 B 和 F 分开,然后分别测定 B 和 F 的放射性,即可计算出 B/F 值和结合百分率($B\%$)。用已知浓度的标准物(Ag)和一定量的 $^*Ag$、Ab 反应,测出不同浓度 Ag 和 B/F 值或 $B\%$。以标准物的浓度为横坐标,B/F 或 $B\%$ 为纵坐标即可绘成竞争性抑制反应的标准曲线。同上法测出待检 Ag 的 B/F 或 $B\%$,即可在标准曲线上查出其含量。

以 B/F 为纵坐标作的反应曲线是一条弧线(图 18-11a)。如以结合率百分数的倒数值

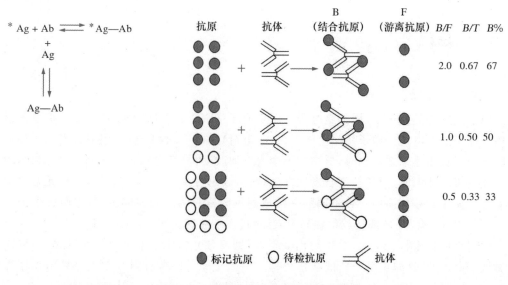

图 18-10　竞争性放射免疫分析示意图

（即 T/B）为纵坐标，就可得到一条直线的反应曲线（图 18-11b）。$T＝B＋F$，是加入标记抗原的总放射性强度。

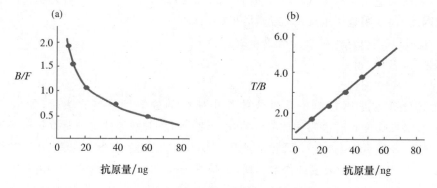

图 18-11　放射免疫分析反应曲线

（2）固相夹心 RIA　与夹心 ELISA 的原理相似。用一定量的抗体包被反应管或聚苯乙烯球珠，然后加入系列稀释的待检抗原，最后加入放射性同位素标记的抗体，计数结果。根据标准样品制备的标准曲线进行定量测定。与竞争性放射免疫分析不同的是，固相夹心 RIA 只能测定完全抗原（如细菌、病毒等），不能测定小分子的半抗原物质。此外，测定结果的准确性不如竞争法。

3. 放射免疫检测

与免疫酶组化染色法的原理相似。用放射性同位素标记抗体或抗原，加到组织制片或固定检样上，用放射性自显影以显示组织或固定检样中相应的抗原或抗体的位置，即是一种定位和定性检测方法。放射性同位素射线使 X 射线乳胶片感光显示结果。X 射线乳胶片的化学成分与普通照相胶片一样，但其溴化银晶粒要小得多，浓度却大得多。结合有标记抗体的组织制片或固定检样,洗去未结合的标记抗体,干燥后暗室中盖上X射线乳胶片,用黑纸包裹,样品上的放射性粒子使胶片上的溴化银粒还原。经显像、定影后,即可观察和分析结果。

二　标记用同位素

　　绝大部分同位素是不稳定同位素,即放射性同位素,但作为标记检测用的放射性同位素应考虑:①低序号的常见元素,便于置换化合物中的同种元素进行标记;②放射强度低或中等,降低对操作人员的危害;③半衰期适中,既能保证检测时间,又便于环境中的处理。因此,标记检测中常用^{3}H、^{125}I、^{32}P、^{35}S等放射性同位素。

　　(1)^{3}H　发射β射线,能量低(0.029 J),为低毒组放射性同位素,放射强度为3.57×10^{14} Bq/g,半衰期12.35年。优点是安全,且标记物可长期保存。缺点是射线能量低(软β射线),需加入闪烁剂使光信号得以放大,并需用专门的液体闪烁仪测定,其闪烁剂和液体闪烁仪化较昂贵,因而仅用于标记一些半抗原(如孕酮、睾酮等的测定)。

　　(2)^{125}I　发射γ射线,尽管射线能量低(0.056 J),但γ射线为一种不带电荷的光子,质量轻,其穿透力强,射程远,因此,^{125}I为高毒组放射性同位素,半衰期60.25 d。优点是测定方法简便,不需要闪烁剂,可直接用较便宜的井型计数器测定,一般实验室均可购置。此外,碘原子的化学性质比较活泼,标记简便,不论蛋白质、多肽或半抗原均可进行碘标记(如生长激素、肾上腺皮质激素等的测定)。缺点是毒性较大,须注意防护。

　　(3)^{32}P　发射β射线,能量高(2.738 J),放射强度为1.06×10^{16} Bq/g,为中毒组放射性同位素,半衰期14.28 d。由于半衰期短,衰变快,不能用于定量测定,只能用于示踪检测。而用于免疫示踪又不如酶标抗体技术方便,因此^{32}P很少用于免疫标记技术,主要用于核酸探针示踪。

　　(4)^{35}S　发射β射线,能量低于^{32}P,为0.267 J,放射强度为1.58×10^{15} Bq/g,属于中毒组放射性同位素。半衰期87.4 d。半衰期和毒性方面都优于^{32}P,用于细胞内标记蛋白质多肽,然后通过免疫沉淀,电泳后进行放射性自显影,以显示标记蛋白质多肽分子质量。

三　放射性同位素的标记

　　一般用含有放射性同位素的标记前体化合物进行标记。标记方法可分为外标记和内标记。

1.外标记

　　放射免疫测定(定量)中,最常用^{3}H和^{125}I进行外标记。^{3}H的半衰期长,其标记需要在特殊装置中进行,多由放化试剂中心做成药盒供应。放射性碘标记较易,且应用方便,不需要液体闪烁仪,一般实验室均可进行检测。多肽、蛋白质激素、微生物抗原、血液成分、肿瘤抗原等多用放射性碘标记。碘化标记的方法有多种,最常用的为氯胺T法。氯胺T是一种氧化剂,它能使^{125}I液中带负电荷的碘离子氧化成正电荷的碘,然后取代抗原酪氨酸残基芳香环上的氢。蛋白质或多肽类的碘化标记率的大小与化合物中酪氨酸残基的含量及其暴露程度有关。没有暴露酪氨酸残基的化合物,如甾体类,需先在其分子上接一个酪氨酸甲酯才能碘化标记。其反应式如下。

以胃泌素(SHGI)标记为例,SHGI 10 μL(1 μg)、Na^{125}I 20 μL(1 μCi)、氯胺 T 20 μL(40 μg),混匀,振荡反应 1 min,加入偏重亚硫酸钠 20 μL(100 μg),终止反应。反应液立即加于预先用 BSA 饱和的 Sephadex-G25 1×10 cm 柱中,分离游离碘和碘化结合物。

此法对蛋白质的碘化在非常温和的条件下进行,节省用量,放射性物质也可减少到最小限度。它可以作为微量标记,可获得高放化纯度的结合物。但结合时应尽量减少化学反应和放射性碘过量标记所造成的各种损伤,以免降低标记物的免疫活性,影响试验灵敏度。标记的最佳条件:①供标记用的放射性碘化钠的比活性应大于 20 mCi/mL;②反应体积要小,在不影响标记率的情况下,尽量减低氯胺 T 的剂量;③反应时的 pH 以 7.5 为宜;④标记物的比放射性应大于 50 mCi/μg。

2. 内标记

除外标记外,还可采用内标记法标记微生物抗原。此法是在生物合成中将同位素掺入抗原结构中,对抗原结构无影响,仅是简单地置换一个相应的非放射性原子而已。但其缺点是比放射性不高,有时不能达到所要求的灵敏度。

(1)在人工培养基中加入放射性元素 如微生物需葡萄糖作为唯一碳源时,可在培养基中加入^{14}C-葡萄糖。又如细菌的核酸、磷脂等标记,也可分别以^{32}P 或^{35}S 加于培养基中,以取代非放射性磷酸盐或硫酸盐。

(2)用特异的标记前体 在标记 DNA 时,可在培养基中加入^{3}H-胸腺嘧啶;标记结核菌素衍生物,可在其生长培养基中加入^{14}C-氨基酸。

(3)用事先标记的生物来源作为培养基 有些细菌需要十分复杂的生长培养基,往往难于标记。可用二步法标记,即先将一种生长需要简单的微生物通过上述方法将其标记,获得较高的比放射性,然后收获此标记细菌,制成提取物或水解物,作为第二步培养要求严格的微生物的培养基成分。

(4)细胞培养 在细胞营养液中加入标记盐类、氨基酸或^{3}H-胸腺嘧啶,然后接种病毒。也可从宿主体内收获感染病毒的细胞,然后将其孵育在含有标记物的维持液中,即可将细胞内微生物标记上。

标记物还需进行必要的纯化和鉴定,包括放射化学纯度鉴定、免疫化学活性鉴定、标记物用量滴定和放射强度测定等。

四 常用的放射免疫分析技术

1. 液相放射免疫测定

通常所指的放射免疫分析主要是液相法。由于待测物的性质和所标记的同位素不同,液相放射免疫的具体方法千差万别。但均需先用标记抗原、已知量的标准抗原和抗血清进行预试,根据测定结果绘制标准曲线。标准曲线的纵坐标有多种表示方法,其中常用的有 B/F、$B\%$、$B/B_0\times100$(B_0 为零标准管的脉冲数)、$B/T\times100$ 等。横坐标的抗原量用 pg 或 ng 表示。有时要求横坐标用对数表示(用半对数纸)。

试验的基本过程:①适当处理待测样品;②按一定要求加样,使待测抗原与标记抗原竞相与抗体结合或顺序结合;③反应平衡后,加入分离剂将 B 和 F 分开;④分别测定 B 和 F 的脉冲数;⑤计算 B/F、$B\%$ 等;⑥在标准曲线上查出待测抗原的量。

(1)加样与反应 有两种加样与反应法。

①平衡饱和法。同时加入标记抗原(*Ag)、待测抗原(Ag)和抗体(Ab),利用标记抗原与待测抗原竞争性结合的原理,先将已知量的标记抗原(*Ag)和待测抗原(Ag)混合。然后加入抗血清(Ab),温育一定时间,使反应达到平衡,就分别形成结合型标记抗原 *Ag-Ab,即 B,以及游离型标记抗原 *Ag,即 F。

②顺序饱和法。先将待测抗原与限量的抗血清混合,温育一定时间后,再将标记抗原加入反应液中。待测抗原优先与抗体结合,故较平衡饱和法更为敏感。两种方法测定的剂量反应曲线见图 18-12。

标记抗原的量应按制作标准曲线所用的量加入。抗血清应稀释成能结合 50% 标准抗原的稀释度。温育时间按被测物不同而异,一般多用 4℃ 24 h。有的只需 0.5 h 即达到平衡,有些要置于 4℃,7 d 后才能达到平衡。在建立方法时,除根据文献介绍外,还可用不同的温度和时间进行试验对比,以选择最适宜的条件。

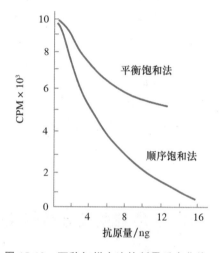

图 18-12 两种加样方法的剂量反应曲线

(2)分离与测定 在上述反应相中,被测物以及发生特异反应的复合物均为可溶性的,故需加入适宜的分离试剂,将结合型标记抗原(B)与游离型标记抗原(F)分开,分别测定放射性,计算 B/F 值、$B\%$、B_0/B 等,即可从标准曲线的坐标上查出待测物的含量。分离剂的分离效果是影响测定结果准确性的一个重要因素。尽管电泳、层析、凝胶过滤等分离技术的分离效果很好,但操作烦琐、费时,不适于大量样品的检测,故现已较少采用。目前比较常用的方法有以下 4 种。

①吸附法。活性炭对蛋白质、多肽、类固醇和药物具有无选择性的吸附作用,但若在炭末表面被覆一层右旋糖酐、白蛋白等化合物时,就限制了炭末对大分子化合物的吸附,只允许它吸附分子较小的 F。因此,经离心沉淀即可将 B 和 F 分开。类固醇激素的测定还可用硅酸盐吸附剂、漂白粉等硅酸盐化合物作为分离剂。

②化学沉淀法。用盐类、有机溶剂使 B 沉淀,从而达到分离的目的。以饱和硫酸铵法最为方便,但非特异性偏高;应用聚乙二醇(PEG6000)作为分离剂,最终浓度为 20%,分离效果良好,方法简便易行,克服了硫酸铵沉淀的缺点。

③双抗体沉淀法。在反应液中加入一定量的抗抗体,使 B 与抗抗体结合形成不溶性沉

淀物,离心沉淀即可得到分离。还可将双抗体法与 PEG 法结合。双抗体法非特异性低,缺点是流程过长,PEG 法简便快速,二者结合可以扬长避短。抗原抗体结合平衡后,加入抗抗体,37℃水浴 1 h,再加等体积的 6%～10% PEG 溶液,离心沉淀。沉淀物中含 B,而 F 则留在上清液中。

④微孔薄膜法。利用微孔薄膜减压抽滤分离 B 和 F。B 因分子大不能通过微孔(0.25～0.45 μm)而留在膜上。置 80℃烘干,将膜投入用二甲苯配制的闪烁液中,即可在液体闪烁仪上计算放射性。

2.固相非竞争放射免疫测定法

预先将抗原或抗体联结到固相载体(聚苯乙烯或硝酸纤维素膜)上,制作免疫吸附剂,然后按照 ELISA 类似的步骤,使反应在同一管内进行。此法操作简便快速,适于制成检测试剂盒,便于推广和基层应用。

固相载体通常以聚苯乙烯制成小管或小珠,反应在管壁或小珠表面进行。也可用薄型塑料压制成微量滴定板,反应后可将各孔剪下,分别测定脉冲数。

试验方法分单层法和夹心法。

(1)单层法　先将待测物与固相载体结合,然后加入过量相对应的标记物,经反应后,洗去游离标记物,测放射性量,即可测算出待测物浓度。此法可用于检测抗原或抗体,方法虽然简便,但干扰因素较多。

(2)夹心法　预先制备固相抗体,加入待检抗原形成固相抗体抗原复合物,然后加入过量的标记抗体,与上述复合物形成抗体-抗原-标记抗体复合物,洗去游离抗体,测放射性,便可测算出待测物的浓度。

五　放射免疫分析的应用

放射免疫分析是最敏感的分析技术,其灵敏度是任何化学分析方法所不能及的。但需制备高纯度抗原、标记抗原和高亲和力的标准抗血清。放射免疫分析已广泛用于各种生物活性物质的检测(表 18-2),检测试剂盒的商品化程度很高,运用范围遍及生物科学的各个方面。

表 18-2　活性物质的液相放射免疫测定

测定物质	标记同位素	B、F 分离方法	纵坐标
生长激素 GH	^{125}I	双抗体法	$B/B_0 \times 100$(半对数)
肾上腺皮质激素	^{125}I	双抗体法	$B/B_0 \times 100$(半对数)
人绒毛膜促性腺激素	^{125}I	双抗体法	B/F
催乳素	^{125}I	双抗体法	$B/B_0 \times 100$(半对数)
胰高血糖素	^{125}I	右旋糖酐被覆的活性炭	$B\%$
胰岛素	^{125}I	双抗体法	B/F
胃泌素	^{125}I	双抗体法	$B/B_0 \times 100$(半对数)

续表 18-2

测定物质	标记同位素	B、F 分离方法	纵坐标
肾素	^{125}I	右旋糖酐被覆的活性炭	B/F
血管紧张素	^{125}I	右旋糖酐被覆的活性炭	$B/F \times 100$(半对数)
甲状腺素	^{125}I	双抗体法	$B/F \times 100$(半对数)
孕酮	^3H	镁吸附法	$B/B_0 \times 100$(半对数)
睾酮	^3H	葡聚糖凝胶过滤	$F\%$
雌三醇	^3H	右旋糖酐被覆的活性炭	$B/B_0 \times 100$(半对数)
去氧皮质醇	^3H	30% PEG	$B/T \times 100$
去氧异雄酮	^3H	饱和硫酸铵	$F\%$
前列腺素	^3H	白蛋白被覆的活性炭	B/B_0(半对数)
DNA	^{125}I	饱和硫酸铵	$B\%$

（1）疾病的诊断　放射免疫分析除可用于诊断传染病、寄生虫病等疾病外，还广泛应用于医学领域的各种内分泌疾病、心血管疾病和肿瘤的诊断。利用放射免疫方法可直接测定外周血液中甲状腺激素（T_3、T_4）的浓度，进行甲状腺功能亢进和减退的诊断，其方法简便、准确率高，符合率达 90% 以上；过去心肌梗死的诊断多依靠心电图和测定血清酶的含量，而用放射免疫分析可测定血清中肌红蛋白的浓度，不仅可早期诊断心肌梗死，同时也可以预示治疗效果，如肌红蛋白持续升高，则为预后不良。

在肿瘤诊断中，如检测甲胎蛋白以诊断肝癌，琼脂扩散法的灵敏度为 2～3 mg/mL，临床符合率为 65%；对流电泳的灵敏度为 0.6～1 μg/mL，符合率为 80% 左右；间接血凝试验的灵敏度为 25～50 ng/mL，检出率高，但易出现假阳性。采用放射免疫分析的灵敏度为 10 ng/mL，临床符合率达 93%～95%，为早期诊断和治疗提供了重要手段。

（2）激素等微量活性物质的测定　动物体的各种生理活动与激素、酶和其他活性物质密切相关，分析其在机体生理和病理过程中的动态、生物学功能以及探索相关疾病治疗的新途径都有重要意义。通过利用放射免疫测定促甲状腺激素（TSH）和促甲状腺素释放激素（TRH）的浓度，使人们知晓甲状腺素的合成是受脑垂体前叶所分泌的 TSH 所控制，而 TSH 又受下丘所分泌的 TRH 的影响。经测定与发情、排卵、受精、妊娠、泌乳等过程相关的各类激素含量及其变化，推动了进一步控制这些过程和体外受精与胚胎移植等技术的发展。

痛觉与前列腺素 E、脑啡肽以及环磷酸腺苷（cAMP）的浓度相关。采用放射免疫测定这些物质的含量，明确了阿司匹林的镇痛原理是抑制前列腺素的合成所致，对进一步弄清针刺镇痛的原理具有重要意义。应用放射免疫分析法对血清中 cAMP 和环磷酸鸟苷（cGMP）浓度的测定有利于了解其含量变化与疾病发生发展的关系。

（3）药物检测与监测　应用放射免疫分析法建立组织和体液中药物浓度的定量技术是近代药物学的一个重大突破。通过药物的临床监测（如中毒、用药过量）可以为分析药物在体内的分布与动态、药物剂量调整、合理用药以及新药的研发提供依据和手段。此外，放射免疫分析用于检测运动员尿中的兴奋剂，以确定其成绩是否与服用兴奋剂有关；法医上对毒药的性质和剂量的检测可为迅速破案提供有力证据。

复习思考题

1. 试述免疫荧光抗体技术的原理、常用的染色方法及应用。

2. 试述免疫酶标记技术的原理。

3. 免疫酶组化染色常用的方法有哪些?

4. 简述酶联免疫吸附测定(ELISA)的原理、主要方法及其用途。

5. 试述一种常用的 ELISA 方法的主要试验步骤及结果判定。

6. 放射免疫分析的基本原理是什么? 有哪些常用方法?

第十九章
补体参与的检测技术

内容提要

利用补体能与抗原抗体复合物结合的性质可建立一系列有补体参与的试验。补体参与的检测技术可分为两类：一类是补体与细胞的免疫复合物结合后，直接引起溶细胞的可见反应；另一类是补体与抗原抗体复合物结合后不引起可见反应，但可用指示系统来测定补体是否已被结合，从而间接地检测反应系统是否存在抗原抗体复合物。补体参与的检测技术主要有补体结合试验、免疫黏附血凝试验、被动红细胞溶解试验、补体依赖性细胞毒试验等，其中补体结合试验最为常用。

补体系统是存在于正常动物血清中的一大类蛋白质，一些成分具有类似酶活性，可通过经典途径、凝集素途径和替代途径被激活，参与机体的先天性免疫。其中，补体系统激活的经典途径是由抗原抗体复合物介导的，据此特性在体外可建立有补体参与的免疫血清学技术。

第一节　补体参与的检测技术的基本原理

利用补体能被抗原抗体复合物激活的特性，建立的免疫血清学检测技术可用于抗原或抗体的检测，并运用于一些动物传染病的诊断与流行病学调查。

补体参与的检测技术的基本原理是：抗体分子（IgG、IgM）的 Fc 段存在补体结合位点，当抗体未与抗原结合时，抗体分子的 Fab 片段向后卷曲，掩盖 Fc 片段上的补体结合位点，因此不能结合补体。但当抗体与抗原结合时，Fab 片段向前伸展，暴露出 Fc 片段上的补体结合位点，补体的 C1q 可与之结合，随后补体的各种成分相继活化，从而导致一系列免疫学反应，如形成的攻膜复合体（MAC）可引起细胞溶解。因此，有补体参与的检测技术就是通过补体是否被激活来证实抗原与抗体是否相对应，进而对抗原或抗体进行检测。

补体参与的检测技术可大致分为 2 类：一类是补体与细胞的免疫复合物结合后，直接引起溶细胞的可见反应,如溶血反应、溶菌反应、杀菌反应、免疫黏附反应、团集反应等;另一类是补体与抗原抗体复合物结合后不引起可见反应(可溶性抗原与抗体),但可利用指示系统(如溶血反应)来测定补体是否已被结合,从而间接地检测反应系统是否存在抗原抗体复合物,如补体结合试验等。其中,以补体结合试验最为常用。

第二节 补体结合试验

补体结合试验(complement fixation test,CFT)是应用可溶性抗原,如蛋白质、多糖、类脂、病毒等,与相应抗体结合后,产生的抗原抗体复合物可以激活补体,但这一反应肉眼不能察觉,如再加入溶血系统或称指示系统(红细胞与抗红细胞抗体),即可根据是否出现溶血反应判定反应系统中是否存在相应的抗原或抗体。参与补体结合反应的抗体称为补体结合抗体,主要为 IgG 和 IgM,而 IgE 和 IgA 通常不能结合补体。通常是利用已知抗原检测未知抗体。

一 基本原理和应用

补体结合试验包括 2 个反应系统:一为检测系统(溶菌系统),即已知的抗原(或抗体)、被检的抗体(或抗原)和补体;另一为指示系统(溶血系统),包括绵羊红细胞、溶血素(抗红细胞抗体)和补体(图 19-1)。抗原与血清混合后,如果二者是对应的,则发生特异性结合,形成抗原抗体复合物,如果加入补体,由于补体能与各种抗原抗体复合物结合(不能与单独的抗原或抗体结合)而被固定,不再游离存在。如果抗原抗体不对应或没有抗体存在,则不能形成抗原-抗体复合物,加入补体后,补体不被固定,依然游离存在。

由于许多抗原是非细胞性的,而且抗原、抗体和补体都是用缓冲液稀释的比较透明的液体,补体是否与抗原抗体复合物结合,肉眼不能看到,所以还要加入溶血系统。如果不发生溶血现象,就说明补体不游离存在,表示溶菌系统中抗原和抗体是相应的,它们所形成的复合物结合了补体。如果发生溶血现象,则表明补体依然游离存在,即溶菌系统中的抗原和抗体不相对应,或者二者缺一,不能结合补体。

补体结合试验操作繁杂,且需十分细致,参与反应的各个因子的量必须有适当的比例,特别是补体和溶血素的用量。补体的用

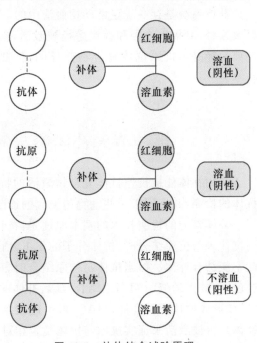

图 19-1 补体结合试验原理

量必须适宜,如抗原抗体呈特异性结合,结合补体,本应不溶血,但因补体过多,多余部分转向溶血系统,发生溶血现象;又如抗原抗体为非特异性,抗原抗体不结合,不结合补体,补体转向溶血系统,应完全溶血,但由于补体过少,不能全溶,影响结果判定。此外,溶血素的量也有一定影响,如阴性血清应完全溶血,但溶血素量少,溶血不全,可被误认为弱阳性。而且这些因子的量又与其活性有关,活性强则用量少,活性弱则用量多。因此,在正式试验前,必须准确测定溶血素效价、溶血系统补体价、溶菌系统补体价等,测定活性以确定其用量。补体是所有新鲜血清的正常组分,而新鲜的、未经加热的豚鼠血清中补体用于溶血试验是最有效的。从血清学应用角度而言,用作补体来源的血清应该是少量的且冷冻储藏,解冻之后应立即使用,不能反复冻融。

补体结合试验作为一种经典的免疫血清学技术,具有高度的特异性和一定的敏感性,曾是人和动物传染病常用的血清学诊断方法之一。不仅可用于结核病、副结核病、鼻疽、牛肺疫、马传染性贫血、乙型脑炎、布鲁氏菌病、钩端螺旋体病、锥虫病等的诊断,也可用于鉴定病原体,如日本脑炎病毒的鉴定和口蹄疫病毒的定型。因其操作烦琐,已逐渐被其他血清学技术所取代。

二 材料的准备和滴定

(1)稀释液 过去多用生理盐水,现多改用明胶-巴比妥缓冲液(GVB^{2+})。先配 GV 保存液(NaCl 85.0 g,巴比妥钠 3.75 g,巴比妥酸 5.75 g,加水至 2 000 mL)。取维生素 B 液 400 mL、2%明胶 100 mL、0.03 mol/L $CaCl_2$ 10 mL、0.1 mol/L $MgCl_2$ 10 mL,加蒸馏水至 2 000 mL,即成 0.147 mol/L pH 7.5 GVB^{2+} 缓冲液。其中含有少量 Ca^{2+} 和 Mg^{2+},可促进补体活化,明胶可提高反应的稳定性。

(2)红细胞悬液 采集绵羊红细胞置于阿氏液中,4℃保存。使用时,以生理盐水洗涤 3 次,每次要求 2 500 r/min 离心 15 min,最后一次弃上清制备红细胞悬液,以生理盐水配制成 2%~3%绵羊红细胞悬液(V/V)。

(3)溶血素效价测定 通常由洗涤过的绵羊红细胞免疫家兔制备,即抗红细胞的抗血清(有商品化的溶血素)。抗血清经 56℃ 30 min 灭活后,加等量甘油于 4℃保存,或不加甘油于-20℃冻结保存。用前需测定溶血素效价。取溶血素 0.2 mL(其中含等量的甘油),加入 9.8 mL 生理盐水,即为 1∶100 稀释,再按表 19-1 进行稀释和表 19-2 进行溶血素效价测定。

表 19-1 溶血素稀释   mL

试管号	1	2	3	4	5	6	7	8	9
稀释倍数	1∶1 000	1∶2 000	1∶3 000	1∶4 000	1∶5 000	1∶6 000	1∶7 000	1∶8 000	1∶9 000
稀释液	9	1	2	3	4	5	6	7	8
1∶100 溶血素	1	—	—	—	—	—	—	—	—
1∶1 000 溶血素		1	1	1	1	1	1	1	1

注:——不加样。

表 19-2 溶血素效价测定   mL

试管号	1	2	3	4	5	6	7	8	9	10	11	12
	试验组										对照组	
稀释倍数	1：1 000	1：2 000	1：3 000	1：4 000	1：5 000	1：6 000	1：7 000	1：8 000	1：9 000	1：10 000	—	—
已稀释的溶血素	0.1	0.1	0.1	0.1	0.1	0.1	0.1	0.1	0.1	0.1	—	—
1：40 补体	0.2	0.2	0.2	0.2	0.2	0.2	0.2	0.2	0.2	—	0.2	—
稀释液	0.2	0.2	0.2	0.2	0.2	0.2	0.2	0.2	0.2	0.4	0.3	0.5
3％红细胞	0.1	0.1	0.1	0.1	0.1	0.1	0.1	0.1	0.1	0.1	0.1	0.1
	摇匀，37℃水浴 10 min											
结果判定（例）	—	—	—	—	—	＋	＋＋	＋＋＋	♯	♯	♯	♯

注：————不溶血；＋————25％溶血；＋＋————50％溶血；＋＋＋————75％溶血；♯————100％溶血。

在充足补体下，以能完全溶血的溶血素最高稀释倍数为一个溶血素单位（即效价）。表 19-2（例）第 5 管为一个溶血素单位。正式试验时按需要采用 2～4 个单位。以 4 个单位为例，即 5 000/4＝1 250 倍，故正式试验时，将溶血素稀释 625 倍即可。

（4）致敏红细胞悬液 按需要取 2％～3％红细胞悬液与等量的溶血素（2～4 个单位/0.1 mL）混合，即成致敏红细胞。室温或 37℃温箱感作 30 min，其间振荡 2～3 次，保存于 4℃备用。

（5）补体效价测定 采正常健康豚鼠血清作为补体，为避免个体差异，一般将 3～4 只以上的豚鼠血清混合使用（有商品化的冻干补体）。补体用前需滴定效价。

在适量溶血素条件下能使致敏红细胞全部溶血的最小补体量为 100％溶血单位（CH_{100}），能使 50％红细胞溶血的补体量称为 50％溶血单位（CH_{50}）。过去多采用 CH_{100}，试验时用 2 个单位。由于溶血程度与补体的量呈 S 形曲线，在 20％～80％溶血时，溶血率与补体量呈直线关系，超过 80％时，虽补体量剧增，但溶血率递增平缓。因此以 CH_{50} 作为补体单位更为精确，反应时用 4～5 个 CH_{50} 的补体。

补体 CH_{50} 单位滴定需用 8 支试管，按表 19-3 加入各种试剂，全部操作应在冰浴状态下进行。第 6 管为 100％溶血对照，第 7 管为机械溶血对照，第 8 管为补体色对照。振摇后 37℃水浴作用 90 min，离心后测定 OD_{541} 值。

1～6 管的 OD_{541} 值减去机械溶血和补体色的 OD_{541} 值，得校正值，然后计算溶血率 Y 及 Y/（1－Y）。

$$Y = \frac{计算管 OD_{541} 值}{溶血对照管 OD_{541} 值}$$

表 19-3 CH_{50} 补体单位滴定示例   mL

试管号	1	2	3	4	5	6	7	8
稀释液	5.0	4.5	4.0	3.5	3.0	3.5	6.5	6.5
致敏红细胞	1.0	1.0	1.0	1.0	1.0	1.0	1.0	—
1：600 补体	1.5	2.0	2.5	3.0	3.5	—	—	—

续表 19-3

试管号	1	2	3	4	5	6	7	8
1:60 补体	—	—	—	—	—	3.0	—	1.0
37℃水浴 90 min,1 000 r/min,离心 10 min,测上清 OD_{541}								
OD_{541}	0.072	0.220	0.387	0.505	0.577	0.712	0.006	0.010
机械溶血	0.006	0.006	0.006	0.006	0.006	0.006	—	—
补体色补正	0.001 5	0.002	0.002 5	0.003	0.003 5	0.030	—	—
校正值	0.064	0.212	0.387	0.496	0.567	0.676	—	—
溶血率(Y)	0.095	0.314	0.559	0.734	0.838	—	—	—
$Y/1-Y$	0.105	0.458	1.268	2.759	5.713	—	—	—

注:— ——不溶血。

在双对数坐标纸上,以各管的 $Y/(1-Y)$ 为横坐标,补体量为纵坐标制图。从 20%~80% 溶血区间通过各试验点连接成一条直线(图 19-2)。由于 50% 溶血($Y=0.5$)的 $Y/(1-Y)$ 值等于1,由此可由横坐标等于1的一点即溶血率 50% 的补体量,即为1个补体单位。

以各管的 $Y/(1-Y)$ 值为横坐标,以补体量为纵坐标,在坐标纸上制图。由于 50% 溶血($Y=0.5$)的 $Y/(1-Y)$ 值等于1,所以可由横坐标上等于1的所在点,在直线上求得在纵坐标上相应的截距,即可得到溶血率为 50% 的补体量,即为1个 CH_{50} 补体单位。

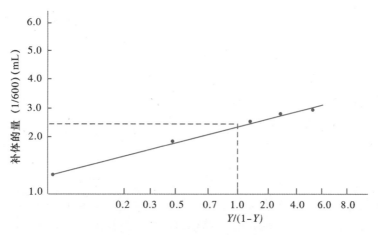

图 19-2　补体 CH_{50} 单位滴定标准曲线

(6)抗原　诊断用抗原通常由生物制品厂提供,出厂前经效价滴定,标明稀释倍数。一般在有效期内可不再进行效价滴定。取抗原(冻干品)加入稀释液使其溶解,并进行系列稀释。

也可自行制备然后滴定抗原效价。如为细菌,通常用其浸出液、抽提液作为抗原,但亦有直接用菌体悬液的,如布鲁氏菌三用抗原。病毒则一般采用含毒组织的裂解液或直接用细胞培养液、鸡胚尿囊液等。必要时可进行适当提纯,以除去抗补体物质。在制备病毒抗原时,需用同一未接毒的正常组织、细胞培养液或鸡胚尿囊液用相同方法处理作为正常组织对照。

抗原滴定需用倍比稀释的已知阳性血清和倍比稀释的抗原进行方阵滴定。具体操作时，先加稀释的抗原和稀释的阳性血清及工作量的补体，在 37℃ 水浴中振荡作用 20～30 min 后，以出现最高稀释度抗体反应的抗原稀释度为抗原最适浓度。举例说明如表 19-4 所示。

表 19-4　抗原效价测定 　　　　　　　　　　　　　　　　　　mL

试管号	1	2	3	4	5	6
抗原稀释倍数	1:25	1:50	1:100	1:200	1:400	对照
抗原用量	0.1	0.1	0.1	0.1	0.1	—
阳性血清						
A列 1:5	0.1	0.1	0.1	0.1	0.1	0.1
B列 1:10	0.1	0.1	0.1	0.1	0.1	0.1
C列 1:20	0.1	0.1	0.1	0.1	0.1	0.1
D列 1:40	0.1	0.1	0.1	0.1	0.1	0.1
阴性血清						
E列 1:5	0.1	0.1	0.1	0.1	0.1	0.1
稀释液	—	—	—	—	—	0.1
2 单位补体	0.2	0.2	0.2	0.2	0.2	0.2
		摇匀，37℃水浴 20 min				
致敏红细胞	0.2	0.2	0.2	0.2	0.2	0.2
		摇匀，37℃水浴 20 min，结果判定				
A列 1:5	‡	‡	‡	‡	‡	—
B列 1:10	‡	‡	‡	‡	‡	—
C列 1:20	‡	‡	‡	+++	++	—
D列 1:40	‡	‡	‡	+++	+	—
E列 1:5	—	—	—	—	—	—

注：———不溶血；+——25%溶血；++——50%溶血；+++——75%溶血；‡——100%溶血。

以与阳性血清各稀释度发生抑制溶血最强的抗原最高稀释倍数为 1 个抗原单位（效价），表 19-4 中 1:100 为 1 个抗原单位。正式试验时，一般使用 2 个单位抗原，即将抗原进行 1:50 稀释即可。抗原稀释后应无色透明，以免影响溶血反应的观察。

（7）待检血清　动物采血时间最好在早晨喂料前或停食后 6 h，以免血清混浊。采血时所用注射器、针头和试管等需用干燥灭菌，或用稀释液煮沸消毒，以免溶血。血清分离后需倾于另一无菌试管或小瓶内，立即送实验室或低温保存。如不能冷藏和在 3 d 内进行检测，可在吸出的每毫升血清中加 1～2 滴 5% 石炭酸生理盐水防腐。试验前在温水浴中灭活 30 min，以破坏血清中的补体和抗补体物质。灭活温度视动物种类不同而异，牛、马和猪的血清一般用 56～57℃，马、羊血清为 58～59℃，驴、骡血清为 63～64℃，兔血清用 63℃，人血清 60℃。灭活温度高的血清应事先用稀释液稀释成 1:5 或 1:10，再行灭活，以免凝固。

三　正式试验

补体结合试验主要用于检测抗体。试验分两步进行。

（1）反应系统作用阶段　由倍比稀释的待检血清（4～6 个稀释度）加最适浓度的抗原和 4～5 个 CH_{50} 单位的补体。混合后于 37℃ 水浴作用 30～90 min 或 4℃ 冰箱过夜。

（2）溶血系统作用阶段　在上述管中加入致敏红细胞，置于 37℃ 水浴 30～60 min。反应结束时，观察溶血程度。在对照组成立的前提下，即阳性血清对照管 100% 抑制溶血，其他对照组均为 100% 溶血，判定试验管。用数字记录结果，以 0、1、3、4 分别表示 0%、25%、50%、75%、100% 溶血。0、1 为阳性，2 为可疑，大于 2 为阴性。

每次试验应设置共同对照如下。

①补体对照：2、1、0.5 单位补体＋致敏红细胞。

②抗原抗补对照：2、1、0.5 单位补体＋标准抗原＋致敏红细胞。

③正常抗原抗补对照：2、1、0.5 单位补体＋正常组织抗原＋致敏红细胞。

④阳性血清对照：倍比稀释的血清（4～6 个稀释度）＋标准抗原＋4～5 个 CH_{50} 单位的补体＋致敏红细胞。

⑤阳性血清和正常抗原对照：最大浓度的血清＋正常组织抗原＋4～5 个 CH_{50} 单位的补体＋致敏红细胞。

⑥阳性血清抗补对照：最大浓度的血清＋4～5 个 CH_{50} 单位的补体＋致敏红细胞。

⑦ 阴性血清各组对照：同阳性血清。

⑧稀释液对照：稀释液＋致敏红细胞。

（3）注意事项　有以下几点。

①补体结合试验中某些血清有非特异性结合补体的作用，称抗补体作用。引起抗补体作用原因很多，如血清中变性的球蛋白及某种脂类、陈旧血清或被细菌污染的血清、器皿不干净，带有酸、碱等。因此试验要求血清等样本及诊断抗原、抗体应防止被细菌污染。玻璃器皿必须洁净。如出现抗补体现象可采用增加补体用量、提高灭活温度和延长灭活时间等方法加以处理。

②操作应仔细准确。参与试验的各项已知成分必须预先滴定其效价，配制成规定浓度后使用，方能保证结果的可靠性。

③不同动物的血清，补体浓度差异很大，甚至同种动物中不同的个体也有差异。动物中以豚鼠的补体浓度最高，一般采血前停食 12 h，用干燥注射器自心脏采血，立即置于 4℃ 冰箱，在 2～3 h 内分离血清，小量分装后于 −20℃ 冻结保存，冻干后可保存数年。要防止反复冻融，以免影响其活性。

四 补体结合试验的改进

1.间接补体结合试验

鸭、鸡、火鸡及大部分家禽的血清抗体与相应抗原形成复合物后,不能结合哺乳动物补体。因此设计了一种间接补体结合反应(图19-3),就是在常规的补体结合试验中另外加入一个证明抗原是否已被结合的指示抗体——与该抗原相应的哺乳动物抗体。此反应专用于检测禽类血清中的补体结合性抗体。猪血清具有前补体因子,能增强检测系统中所加补体的溶血作用,故也常用间接补体结合试验检测猪血清中的抗体。

如果被检血清中含有抗体,则在与抗原相遇时,将形成抗原抗体复合物。其结果在随后加入指示抗体和补体时,指示抗体结合不到抗原,补体不被消耗,故在加入溶血系统时,出现溶血现象。相反,如果被检血清中无特异性抗体,则抗原不被结合,因而可与随后加入的指示抗体结合而结合补体。如此,最后加入的溶血系统就因缺乏补体而不能溶血。结果是:溶血者为阳性,不溶血者为阴性。

间接补体结合试验的操作术式与常规补体结合试验相似,仅再增加一个环节,即抗原与被检血清感作阶段。通常是在不同稀释度的被检血清中分别加入工作价抗原,4℃感作8h后,加入指示抗体和补体,再置4℃感作8h,加入致敏红细胞,37℃感作判定。

溶血素、补体和抗原的滴定方法与常规补体结合试验相同。但在试验中,抗原的用量不能太大,一般用其滴定价或比滴定价高50%的浓度。

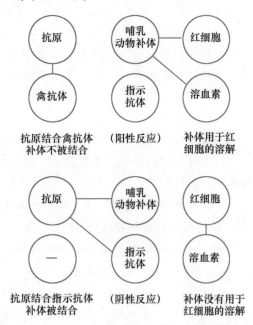

图 19-3　间接补体结合试验的原理

间接补体结合试验的结果以"++"溶血为判定标准,呈现"++"溶血的被检血清的最高稀释度即为效价。

2.固相补体结合试验

固相补体结合试验(solid phage complement fixation test,SP-CFT)与直接补体反应的原理相同,即以是否溶血为标志,间接测定补体是否被待检的抗原抗体复合物所消耗的一种反应。如果不溶血,即为阳性;反之则为阴性。反应是在琼脂糖凝胶反应盘中进行的,使反应要素和反应结果固相化。常用于鼻疽杆菌、马传染性贫血病毒抗体以及日本脑炎病毒抗原的检测。

(1)致敏红细胞琼脂糖凝胶反应盘的制备　致敏红细胞悬液制备方法同补体结合反应。

吸取致敏红细胞悬液 3.3 mL,加入融化后冷却至 50～55℃ 的 1% 的琼脂糖凝胶 100 mL 中混匀,倾注入特制的塑料反应盘内,每盘约 2.5 mL,待其凝固后,用直径 6 mm 打孔器打孔,每盘打孔 2 列,每列 4 孔,孔距不得小于 8 mm。

(2)敏感试验　每批固相致敏血球板制好后,必须进行敏感性试验。选其中一板,在琼脂孔滴入已稀释的 3 倍的补体,盖上盖,放入 37℃ 温箱中 1 h 后取出观察,应出现溶血环。放置 4 h 后溶血环的直径达 8 mm 以上者为合格固相致敏板。

(3)溶血系统的处理、加入及感作　将 1:2 稀释的被检血清与 1:50 稀释的已知抗原及 1:2 稀释的补体等量混合,放 37℃ 恒温箱感作 1 h 后,用微量吸管吸取以上三者的等量混合物加入制备好的琼脂糖凝胶盘的孔中,然后将反应盘置于 37℃ 恒温箱感作 2.5～3 h 后,观察结果。每次试验应制作标准阳性血清及阴性血清,抗原及补体对照,每个对照孔诸要素的混合、感作及滴加量均与试验孔相同。

(4)结果判定　所设对照必须是阳性血清孔周围完全不溶血,其余三个对照孔必须出现大而透明的溶血环,方说明反应条件正常,才能对每份被检血清试验孔进行判定。初判时,如果反应不清晰,可在滴样后 4 h 再作一次终判。根据每份血清对照孔之间发生的溶血环的直径差的大小确定结果。

3. 微量补体结合试验

在微量滴定板上进行,用滴计算,每一标准滴为 0.025 mL,每种成分 1 滴,有时补体 2 滴,故全量 5～6 滴。微量法在病毒病诊断中很实用,可代替全量法。

4. 改良补体结合试验

猪血清灭活后,其补体结合活性显著降低,故过去多用不灭活血清进行补体结合试验,但不灭活血清存在天然溶血素和亲补体活性而影响试验结果。因此过去猪血清很少用于补体结合试验。为克服这些缺点,可改用灭活血清进行试验,可在补体稀释液中加 1% 新鲜犊牛血清作为补充剂,此法称为改良补体结合试验,可用于猪瘟、猪气喘病等的诊断。

第三节　补体参与的其他检测技术

一　免疫黏附血凝试验

抗原抗体复合物在与补体系统(C1、C4、C2、C3)依次反应和结合过程中,C3 裂解为 C3a 和 C3b,C3b 通过其疏水基有效地结合于血小板和某些细胞的表面,包括动物的白细胞和灵长类红细胞等含有 C3b 受体的细胞,使其凝集。由于不是与红细胞和红细胞抗体(溶血素)复合物结合,不发生溶血反应,而是将其免疫复合物被动结合到红细胞上,称为免疫吸附血凝测定(immune adherence hemagglutination assay,IAHA)。

红细胞上能吸附抗原-抗体-补体复合物的受体称为免疫黏附受体。除灵长类红细胞外,其他动物的红细胞无此受体,故不能吸附。但一般动物的血小板、大吞噬细胞、多核白细胞和一部分淋巴细胞也存在此种受体。此试验常以灵长类红细胞作为指示细胞,反应可在显微镜下观察或在试管或微量滴定板上进行,出现类似间接血凝试验现象即可判定。因为抗原和抗体可以不经提纯而直接使用,所以免疫黏附血凝试验是一种比较简便、快速的血清学方法。

1. 准备试验

(1)稀释液 所用稀释液主要为 GVB^{2+} 液和 0.04 mol/L EDTA-GVB^{2+} 液(即 0.1 mol/L EDTA 液 400 mL 加 GVB^{2+} 液 600 mL)。

(2)抗原滴定 如为各种细菌,可加热杀死或用甲醛灭活。以 GVB^{2+} 洗涤 3 次后,悬于 GVB^{2+} 液中制成 $5×10^7$ 菌体/mL 悬液。如为可溶性抗原或病毒抗原,其处理方法同补体结合试验,并先行方阵滴定,测定其反应最适浓度。

(3)待检血清和标准阳性血清 待检血清的准备同补体结合试验。如用已知抗体检测未知抗原,则需与相应抗原进行 IAHA 方阵滴定,以测定抗血清的 IA_{50} 单位。同时稀释抗血清和已知抗原,以出现 50% 以上血凝时的血清最高稀释度为该血清的 IA_{50} 单位,抗原最高稀释度为抗原最适稀释度。

(4)补体 与补体结合试验不同,是以抗原-抗体-补体复合物($Ag-Ab-C_{1423}$)凝集红细胞判定结果,过剩的补体成分不影响试验结果。通常试验中都用过量的补体,没有必要进行补体滴定。正式试验一般用 40 个单位以上的补体量,一般每毫升补体含 6 000~8 000 单位,因此试验时通常用 1:(60~100) 稀释。

(5)人红细胞悬液 取 O 型供血者血液数份,分别用生理盐水洗涤 3 次,再用 EDTA-GVB^{2+} 洗一次。然后用该溶液配成 1.2% 红细胞悬液,相当于 $2×10^3$ 个细胞/mL。

2. 正式试验

(1)试管法 检测抗原时,将抗原倍比稀释,抗血清用 5 个 IA_{50} 单位;检测抗体时,将待检血清倍比稀释,抗原用最适稀释度。

取抗原和抗体各 0.25 mL,混合后,加 1:100 稀释的补体(40 个单位以上)0.5 mL,混合后于 37℃ 水浴 30 min,再加 1.2% 人红细胞 0.1 mL,混合后 37℃ 振荡 10 min,然后静置于 37℃ 60 min,判定结果,并按常规设置对照。

结果判定:用颗粒抗原时,各管 500 r/min 离心 10 min,抗原-抗体-红细胞复合物下沉,未吸附的颗粒抗原漂浮于上清中,取上清适量涂片镜检,计算抗原颗粒消失率。消失率≥50% 为阳性。抗原颗粒消失率(%)=(对照管上清颗粒抗原数—待测管上清抗原颗粒数)×100%;用可溶性抗原时,与间接血凝试验判定方法一致,判定 50% 凝集的最高血清稀释度。完全不凝集:全部细胞沉积于管底中央,呈紧密圆点状,边缘整齐光滑;25% 凝集:细胞下沉至管底,呈圆扣状,周围有可见的轻度凝集;50% 凝集:大部分细胞沉积至管底,周围有薄层凝集,边缘松散;75% 凝集:细胞形成薄层凝集,边缘锯齿状,布满管底;100% 凝集:细胞形成明显凝集块,布满管底,中央无圆盘状,边缘出现卷边。

结果以数字表示:100% 凝集为 4;75% 凝集为 3;50% 凝集为 2;25% 凝集为 1;10% 凝集为 0。2 以上凝集的抗体(或抗原)最高稀释倍数为其 IAHA 效价。

（2）显微镜法　检测细胞抗原（如肿瘤抗原）时，抗原-抗体-补体与红细胞形成的复合物体积较大，沉降快，影响红细胞凝集图像的形成，因此可在显微镜下观察。将肿瘤细胞悬液（10^6/mL）0.1 mL 加稀释的抗血清 0.5 mL，37℃水浴 30 min，0℃ 60 min，用冷缓冲液洗涤 2次，在沉淀的肿瘤细胞中加入经肿瘤细胞和人红细胞吸收后的 1/20 补体 0.4 mL，37℃振摇 5 min，然后加 $2×10^8$/mL 红细胞 0.1 mL，37℃作用 10 min，再在 37℃静置 15～20 min，在显微镜下观察，红细胞黏附于细胞表面呈花瓣状者为阳性细胞。阳性细胞占 95% 以上者记为 ＋＋＋，75% 为 ＋＋，50% 为 ＋＋，25% 为 ＋，0% 为 －。

二　被动红细胞溶解试验

将已知抗原吸附到红细胞上，在有相应抗体以及补体存在时，出现红细胞溶解，称被动红细胞溶解试验（passive hemolysis test）。通常用于检测未知血清中的抗体。此试验比间接血凝试验敏感。

（1）抗原吸附红细胞（致敏）　未处理的红细胞只能吸附多糖、脂多糖等半抗原。先测定抗原的最适致敏浓度，将抗原以 GVB^{2+} 倍比稀释，按 10∶1 加入 20% 红细胞，充分混合，37℃水浴致敏 1～2 h，每 15 min 摇一次。洗涤 3 次后配成 0.5% 致敏红细胞悬液，分别与已知阳性血清、补体进行被动溶血试验，达到最高溶血价的最少抗原浓度为最适抗原致敏浓度。用最适致敏浓度的抗原再致敏红细胞以备试验用，或直接将抗原稀释到 1 mg/mL 浓度进行致敏，最后配成 0.5% 致敏红细胞。

蛋白质抗原致敏红细胞时，红细胞需经鞣酸处理，通常用 1/40 000 鞣酸与 10% 红细胞悬液等量混合，37℃ 1 h，洗涤 3 次，配成 0.5% 鞣酸红细胞悬液。然后加等量抗原液，37℃水浴 20 min，离心后用含正常血清 0.5% 的 PBS 洗涤 3 次，配成 0.5% 致敏红细胞悬液。

（2）待检血清　待检血清灭活后，取 0.2 mL 加 20% 红细胞 0.5 mL 摇匀后，置于室温 10 min，离心除去红细胞后，再加入 20% 红细胞用同法处理一次，以吸收血清中的自然抗体，离心后吸出上清液，即为待检血清材料。

（3）溶血试验　血清倍比稀释，每管 0.25 mL，加致敏红细胞悬液 0.25 mL，混合后，置于室温 10 min，各管加 $4CH_{100}$ 单位的补体（0.05 mL），37℃水浴感作 30 min，以最高浓度的血清加未致敏红细胞作为对照。亦可在 96 孔板上进行微量法试验。以出现 50% 以上溶血的最高血清稀释度为待检血清的被动溶血效价。

三　补体依赖性细胞毒试验

细胞毒试验有补体依赖性细胞毒试验（complement dependent cytotoxicity，CDC）即由抗体和补体引起的细胞毒试验，依赖抗体的淋巴细胞毒（antibody dependent cell-mediated cytotoxicity，ADCC）试验以及不需要抗体和补体参与的淋巴细胞毒试验，即细胞介导的淋巴细胞溶解作用（cell-mediated lympholysis，CML）。

补体依赖性细胞毒试验原理是：带有抗原的靶细胞与相应的特异性抗体结合后，经经典途径激活补体，从而导致靶细胞膜的损伤，还可破坏有核细胞和原生动物的细胞膜。靶细胞的死活可借染料排斥现象（活细胞不着色）来判断。这种方法已应用于鉴别 MHC Ⅰ 类分子。

补体依赖性细胞毒试验可用于检查细胞的膜抗原或相应的抗体。例如，在进行异体器官移植时，需要对移植的供、受者做定型，可分别取供、受者的淋巴细胞与已知抗原特异性的 HLA 标准定型血清做淋巴细胞毒试验，即可检测出淋巴细胞表面的 HLA，也可用抗人或抗动物的 T 淋巴细胞血清，与人或动物的淋巴细胞作 CDC 试验以检测人或动物的 T 细胞量。还可用人的淋巴细胞作为抗原，用 CDC 试验检查病人的自身抗淋巴细胞抗体。

四　单相辐射红细胞溶解试验

单相辐射红细胞溶解试验（single radial hemolysis）是在琼脂凝胶中进行的溶血试验，通过抗血凝素抗体和补体，使经过病毒处理的红细胞被动溶解，从而产生肉眼可见的抗原-抗体反应。可用于具有血凝特性病毒（如流感病毒）的抗体检测，其敏感性与血凝抑制试验相当，特异性优于血凝抑制试验，重复性好，且操作简便。不能自然吸附于红细胞的病毒，可通过化学处理使其吸附在红细胞表面，也可进行单相辐射红细胞溶解试验。

❓复习思考题

1. 试述补体结合试验的原理与用途。
2. 简述免疫黏附血凝试验的原理与用途。
3. 被动红细胞溶解试验、补体依赖性细胞毒试验与单相辐射红细胞溶解试验各有何用途？

第二十章
中和试验

内容提要

　　病毒中和试验是基于抗体能否中和病毒的感染性而建立的,具有严格的种、型特异性。中和试验需先进行病毒毒价的滴定。中和试验有终点法和病毒空斑减少法,终点法中和试验又分为固定病毒稀释血清法和固定血清稀释病毒法两种,前者是测定被检血清的中和效价,后一种是测定被检血清的中和指数。应掌握中和试验的原理和操作程序。

　　在动物机体内,病毒的特异性抗体(中和抗体)与病毒结合,可阻止病毒对细胞的吸附和侵入,使病毒失去对机体组织细胞的感染性;外毒素的特异性抗体(抗毒素)与细菌外毒素结合可使外毒素丧失毒性作用,并进一步促进吞噬细胞对外毒素-抗体复合物的吞噬和清除。抗体这种抗病毒感染和抗外毒素毒性的作用称为中和作用。基于中和作用建立的体外血清学试验称为中和试验,包括病毒中和试验和毒素中和试验,本章内容主要介绍病毒中和试验。

第一节　病毒中和试验的原理

　　根据抗体能否中和病毒的感染性而建立的免疫血清学试验称为病毒中和试验(virus neutralization test,VNT)。并非病毒的抗体均具有中和作用,将凡能与病毒结合并使其失去感染力的抗体称为中和抗体(neutralizing antibody,NA)。中和抗体是机体抗病毒感染的重要特异性体液免疫因素,但并非所有的病毒感染都能诱导中和抗体的产生,因此,利用中和试验检测病毒感染的中和抗体十分重要。

　　中和作用不仅具有严格的种、型特异性,而且还表现出量的特性,即一定量的病毒必须有相应数量的中和抗体才能完全中和其感染能力。病毒中和试验极为特异和敏感,是病毒学研究中的一项十分重要的技术手段,主要用于病毒感染的血清学诊断、病毒分离株鉴定、不同病毒株抗原关系分析、疫苗免疫效果与免疫血清质量评价、测定动物血清中是否存在中和抗体等。

中和试验以病毒对宿主或细胞的毒力为基础，所以首先需要根据病毒特性选择合适的细胞培养物、鸡胚或实验动物，进行病毒毒价测定，再比较被检血清和正常血清中和后的毒价。最后根据产生的保护效果差异，判定被检血清中抗体中和病毒的能力——中和效价。中和效价可根据相应方法进行计算。

中和试验主要有两种：一是测定能使动物或细胞死亡数目减少至 50%（半数保护率，PD_{50}）的血清稀释度，即终点法中和试验；二是测定使病毒在细胞上形成的空斑数目减少至 50% 的血清稀释度，即空斑减少法中和试验。另外，测定血清每分钟能使病毒感染价下降多少，即血清的病毒灭活率（K），可表示血清的中和效价，称为动态中和试验，但该方法并不常用。

第二节　病毒毒价的滴定

一　毒价单位

在病毒学和其他致病性微生物的研究中，常需进行毒力或毒价的测定。毒力或毒价单位过去多用最小致死量（MLD），即病毒接种实验动物后在一定时间内全部致死的最小病毒剂量。此法比较简单，但由于剂量递增与死亡率递增的关系不是一条直线，而是呈 S 形曲线，在愈接近 100% 死亡时，对剂量的递增愈不敏感，而死亡率愈接近 50% 时，剂量与死亡率呈直线关系，故现在基本上采用半数致死量（LD_{50}）表示毒价单位。此外，LD_{50} 的计算应用了统计学方法，减少了个体差异的影响。以感染发病作为指标时，可用半数感染量（ID_{50}）；以体温反应作为指标时，可用半数反应量（RD_{50}）；用鸡胚测定时，可用鸡胚半数致死量（ELD_{50}）或鸡胚半数感染量（EID_{50}）；在培养细胞上测定时，则用组织培养半数感染量（$TCID_{50}$ 或 $CCID_{50}$）；测定疫苗的免疫性能时，则可用半数免疫量（IMD_{50}）或半数保护量（PD_{50}）。

二　半数剂量的计算

半数剂量测定时，通常将病毒原液进行 10 倍递进稀释，选择 4～6 个稀释梯度接种一定体重的实验动物（或培养细胞、鸡胚），每组 3～6 只（孔、个）。接种后，观察一定时间内的死亡（或出现细胞病变）数和存活（或无病变出现）数。然后按 Reed 和 Muench 法、Karber 法或内插法计算半数剂量。

以 $TCID_{50}$ 测定为例，说明如下。

表 20-1　**病毒毒价滴定**（接种剂量 0.1 mL）

病毒稀释	观察结果			累计结果			
	CPE 数	无 CPE 数	CPE/%	CPE 数	无 CPE 数	CPE 比率	CPE/%
10^{-4}	6	0	100	13	0	13/13	100
10^{-5}	5	1	83	7	1	7/8	88
10^{-6}	2	4	33	2	5	2/7	29
10^{-7}	0	6	0	0	11	0/11	0

如果实验结果是如表 20-1 所示，按 Reed 和 Muench 法公式计算：

$TCID_{50}$ 的对数＝高于50%病毒稀释度对数－相应距离比×稀释系数的对数（10 倍递进稀释的为1）

$$相应距离比=\frac{高于50\%-50\%}{高于50\%-低于50\%}$$
$$=(88\%-50\%)\div(88\%-29\%)=0.64$$

50%感染时病毒稀释度的对数值应为88%感染的稀释度（10^{-5}）的对数值（－5）减去 0.64×1，即 $TCID_{50}$ 的对数＝$-5-0.64\times1=-5.64$。即 $TCID_{50}$ 为 $10^{-5.64}$，0.1 mL，表示该病毒原液经稀释至 $10^{-5.64}$ 时，每孔细胞接种 0.1 mL，可使 50%的细胞孔出现细胞病变（CPE）。病毒的毒价通常以每毫升或每毫克含多少 $TCID_{50}$（或 LD_{50} 等）表示。如上述病毒液的毒价为 $10^{5.64}$ $TCID_{50}$/0.1 mL，该病毒液每毫升含有 $10^{6.64}$ $TCID_{50}$。

如按 Karber 法计算，其公式为 $\lg TCID_{50}=L+d(S-0.5)$，L 为最低稀释度的对数；d 为组距，即稀释系数，10 倍递进稀释时，d 为 -1；S 为死亡比值之和（计算固定病毒稀释血清法中和试验效价时，S 应为保护比值之和），即各组死亡（感染）数/试验数相加。

第三节　终点法中和试验

终点法中和试验（endpoint neutralization test，ENT）是滴定使病毒感染力减少至 50%的血清中和效价或中和指数。滴定方法有以下 2 种。

一　固定病毒稀释血清法

将已知病毒量固定而血清进行倍比稀释，常用于测定抗血清的中和效价。

将病毒原液稀释成每一单位剂量含 200 LD_{50}（或 EID_{50}、$TCID_{50}$），与等量的递进稀释的待检血清混合，置于 37℃ 感作 1 h。每一稀释度接种 3～6 只实验动物（或鸡胚、培养细胞），记录每组动物的存活数和死亡数，按 Reed 和 Muench 法或 Karber 法，计算该血清的中和价。

表 20-2　固定病毒稀释血清法

血清 稀释度	死亡 比例*	死亡数	存活数	累计			
				死亡数	存活数	死亡比例	保护率/%
$1:4(10^{-0.6})$	0/4	0	4	0	9	0/9	100
$1:16(10^{-1.2})$	1/4	1	3	1	5	1/6	83
$1:64(10^{-1.8})$	2/4	2	2	3	2	3/5	40
$1:256(10^{-2.4})$	4/4	4	0	7	0	7/7	0
$1:1\,024(10^{-3.0})$	4/4	4	0	11	0	11/11	0

　*　指实验动物的死亡比例或组织培养细胞孔的病变比例。

　　表 20-2 中,按 Reed 和 Muench 法公式计算,能保护 50％组织培养细胞或实验动物的血清稀释度介于 $10^{-1.2} \sim 10^{-1.8}$。

$$距离比 = \frac{83\% - 50\%}{83\% - 40\%} = 0.77$$

　　按公式：PD_{50} 的对数＝高于 50％保护率的血清稀释度的对数＋距离比×稀释系数的对数＝$-1.2 + 0.77 \times (-0.6) = -1.66$。

　　即 $10^{-1.66}$(1:45.9)为该血清的中和价,表明该血清在进行 1:46 稀释后,还可保护 50％的动物(鸡胚或细胞培养物)免于该病毒所致的死亡(或出现 CPE)。

二　固定血清稀释病毒法

　　将病毒原液进行 10 倍递进稀释,分装 2 列无菌试管,第一列加等量正常血清(对照组);第二列加待检血清(中和组),混合后置于 37℃ 感作 1 h,分别接种实验动物(或鸡胚、细胞培养),记录每组死亡数、累积死亡数和累积存活数,用上述 Reed 和 Muench 法或 Karber 法计算 LD_{50},然后计算中和指数。

$$中和指数 = \frac{中和组\ LD_{50}}{对照组\ LD_{50}}$$

　　按表 20-3 结果：

$$中和指数 = \frac{10^{-2.2}}{10^{-5.5}} = 10^{3.3}$$

表 20-3　固定血清稀释病毒法

病毒稀释度	10^{-1}	10^{-2}	10^{-3}	10^{-4}	10^{-5}	10^{-6}	10^{-7}	LD_{50}
正常血清组				4/4	3/4	1/4	0/4	$10^{-5.5}$
待检血清组	4/4	2/4	1/4	0/4	0/4	0/4	0/4	$10^{-2.2}$

$10^{3.3}=1\,995$,也就是说该待检血清中和病毒的能力比正常血清大 1 994 倍。通常待检血清的中和指数大于 50 者即可判为阳性,10～40 为可疑,小于 10 为阴性。

第四节　空斑减少法中和试验

空斑减少试验(plaque reduction test)系应用病毒空斑技术,以使空斑数减少 50% 的血清量作为中和滴度。试验时,将已知空斑单位的病毒稀释到每一接种剂量含 100 空斑形成单位(PFU),加等体积递进稀释的血清,37℃感作 1 h。每一稀释度接种 3 个已长成单层细胞的容器,每容器接种 0.2～0.5 mL。置于 37℃感作 1 h,使病毒充分吸附,再在其上覆盖低熔点营养琼脂,待琼脂凝固后置于 37℃的 CO_2 培养箱中培养。同时用同一稀释度的病毒加等体积 Hank's 液同样处理作为对照。数天后分别计算空斑数,用 Reed 和 Muench 法或 Karber 法计算血清的中和滴度。

以表 20-4 的试验数据为例,按 Karber 法公式计算:$L=-1,d=-0.3,S=3.3$。

表 20-4　空斑减少法中和试验

试验用病毒滴度:100 PFU/0.5 mL			病毒＋Hank's 液空斑数平均为:55 PFU		
血清稀释	1:10	1:20	1:40	1:80	1:160	1:320
	10^{-1}	$10^{-1.3}$	$10^{-1.6}$	$10^{-1.9}$	$10^{-2.2}$	$10^{-2.5}$
中和后空斑数(平均)	5	11	15	29	40	50
中和比值	(55−5)/55	(55−11)/55	(55−15)/55	(55−29)/55	(55−40)/55	(55−50)/55

比值之和(S)=50/55+44/55+40/55+26/55+15/55+5/55=3.3

血清中和价(Ig)=−1+(−0.3)×(3.3−0.5)=−1.84

因此,该血清的中和效价为 $10^{-1.84}$=1:69

复习思考题

1. 试述病毒中和试验的原理与用途。
2. 如何表示病毒的毒价?
3. 试用 Reed 和 Muench 法、Karber 法计算病毒的毒价。
4. 试述固定病毒稀释血清法和固定血清稀释病毒法中和试验的基本程序。
5. 中和效价与中和指数的含义是什么?
6. 空斑减少法中和试验与终点法中和试验有何不同?

第二十一章
免疫检测新技术

内容提要

免疫学技术与现代物理、化学技术相结合,一些天然分子与标记物的应用使标记抗体技术推陈出新,涌现多种新型的免疫检测与分析技术。主要有 SPA 免疫检测技术、生物素-亲和素免疫检测技术、胶体金免疫检测技术、免疫电镜技术、免疫转印技术、免疫沉淀技术、共聚焦荧光显微技术、PCR-ELISA、化学发光免疫测定、免疫传感器、免疫芯片等。了解这些新技术的原理是必要的。

随着现代生物化学和物理学的发展,免疫学技术特别是免疫酶标记技术、免疫荧光抗体技术和放射免疫分析,与现代物理、化学分析技术相杂交和融合,新型的免疫检测与分析技术层出不穷。本章着重介绍一些常用的新型免疫检测与分析技术。

第一节　免疫标记新技术

一　SPA 免疫检测技术

葡萄球菌蛋白 A(SPA)是金黄色葡萄球菌细胞壁的表面蛋白质,具有能多种动物 IgG 的 Fc 片段结合的特性,因而成为免疫检测技术中的一种极为有用的试剂。

1. SPA 的特性

SPA 存在于大多数(90%)金黄色葡萄球菌(主要为血浆凝固酶阳性菌株)中,分子质量为 12~15 ku,为多肽单链,内含 3 个高度相似的 IgG Fc 片段结合区,每区由 50 个以上的氨基酸组成。SPA 的等电点为 pH 5.1,其天然结构十分稳定。

SPA 具有和人及许多动物如猪、豚鼠、小鼠、兔、猴等的 IgG 结合的能力,与大多数禽类

IgG 不结合。SPA 与 IgG 的结合部位是 Fc 片段,每个 SPA 分子可以同时结合 2 个 IgG 分子,这种结合不影响抗体的活性。同时可用荧光素、酶、胶体金和铁蛋白等标记 SPA,用于各类免疫检测技术。此外,SPA 结合后的 IgG 可用 4 mol/L 鸟嘌呤盐酸盐等使之解离。

2. SPA 在免疫检测技术的应用

自 20 世纪 70 年代开始,应用 SPA 建立了许多敏感、特异性强、快速和简便的免疫检测方法。

(1)SPA 放射免疫分析 在固相放射免疫分析中,可利用 ^{125}I-SPA 代替标记的抗抗体。先将抗原包被于固相载体,然后加入被检血清作用。洗涤后,加入 ^{125}I-SPA 作用,洗去未结合的部分,计数测定管中的放射活性。此法灵敏度高,需时短,重复性好。同样也可用于抗原的检测。

(2)SPA 免疫酶标记技术 SPA 的分子质量小,用辣根过氧化物酶标记的 SPA(HRP-SPA)比 HRP-IgG 分子小,易于穿透组织,还能更好地穿过细胞膜。因此,可用 HRP-SPA 代替免疫酶组化染色间接法中的酶标抗抗体,具有染色时间短、灵敏性高和背景染色浅等优点。在 ELISA 和 Dot-ELISA 中,可用 HRP-SPA 代替酶标抗抗体,可作为多种动物以及同一种动物多种抗原抗体检测的通用试剂,应用比较广泛。

(3)SPA 免疫荧光检测技术 可用异硫氰酸荧光素标记纯化的 SPA,以代替免疫荧光抗体染色间接法中的荧光素标记的抗抗体。

(4)SPA 免疫胶体金检测技术 可用胶体金颗粒标记 SPA,代替免疫胶体金检测技术中使用的抗抗体。

二　生物素-亲和素免疫检测技术

生物素(biotin)与亲和素(avidin)是一对具有高度亲和力的物质,它们结合迅速、专一、稳定并具有多级放大效应。生物素-亲和素系统(biotin avidin system,BAS)是一种以生物素和亲和素具有的多级放大结合特性为基础的实验技术,它既能偶联抗原或抗体等大分子生物活性物质,又可被荧光素、酶、放射性同位素等标记。BAS 与免疫标记技术的有机结合,极大地提高了分析测定的灵敏度,已广泛应用于生物学领域。

1. 生物素与亲和素的特性

(1)生物素(biotin) 是一种广泛分布于动、植物组织的生长因子,亦称辅酶 R 或维生素 H,尤以蛋黄、肝、肾组织中含量较高。也可人工合成生物素。生物素的相对分子质量约为 244,分子式为 $C_{10}H_{16}O_3N_2S$,结构式中的咪唑酮环是与亲和素结合的主要部位。利用生物素的羧基加以化学修饰后可以制成各种活性基团的衍生物,称为活化生物素。针对不同的被标记物可以应用不同类型的活化生物素。

(2)亲和素(avidin) 是一种存在于鸡蛋清中的碱性糖蛋白,分子质量为 68 ku,等电点为 pH 10.5,纯品呈白色粉末状,易溶于水。在 pH 2～13 缓冲液中性质稳定,消化道多种蛋白水解酶不能使其失活。它对热的耐受性较强,经 80℃温度作用 2 min 仍保持活性。亲和素是由 4 个相同的亚单位组成的四聚体,富含色氨酸,通过色氨酸与生物素的咪唑环牢固结合,可结合 4 个生物素分子。

此外,从链霉菌(*Streptomyces avidinii*)培养分泌产物中提纯的亲和素称为链霉亲和素(streptavidin),是其培养过程中分泌的蛋白质,可用 2-亚氨基生物素亲和层析法提纯。完整的链霉亲和素也由 4 条相同的肽链组成,同样可结合 4 个生物素分子,其结合常数为 10^{15} M^{-1},比抗体与抗原的亲和力要高出 100 万倍。在 pH 10.5 的条件下,链霉亲和素与生物素有特殊的亲和力,并且亲和反应在常温下是不可逆的。由于链霉亲和素的等电点为 pH 6.0,属稍偏酸性的蛋白质,故与亲和素相比,在 ELISA 以及核酸杂交技术中的非特异性吸附比较低,阴性背景更为清晰,应用更为广泛。

2. 生物素与亲和素的标记

(1)标记蛋白质氨基的活化生物素　此种活化生物素的制备方法是将生物素与 N-羟基丁二酰胺在碳二亚胺的作用下进行缩合,生成生物素 N-羟基丁二酰亚胺酯(BNHS),该分子中的酯键在碱性水溶液中迅速水解,酯键中的 C=O 基可与溶液中蛋白质分子的氨基结合成肽键,使生物素标记到蛋白质上。蛋白质中赖氨酸残基越多或蛋白质的等电点在 pH 6.0 以上,其标记效果越佳。适合于标记抗体和中性或偏碱性抗原。

生物素分子质量较小,当与抗体或酶反应形成生物素标记结合物后,由于大分子蛋白质的空间位阻效应,可对生物素与亲和素的结合以及 BAS 的应用效果造成干扰。可通过在生物素分子侧链上连接一定数量的基团,形成连接臂,增加生物素与被标记大分子间的距离(如长臂活化生物素),减少位阻效应。长臂 BNHS 即在生物素与 N-羟基丁二酰亚胺酯之间添加了 2 个 6-氨基己糖分子基团。

(2)标记蛋白质醛基的活化生物素　用于此类标记的活化生物素有 2 种:生物素酰肼(BHZ)和肼化生物胞素(BCHZ)。BHZ 是水合肼与生物素的合成物,主要用于偏酸性糖蛋白的生物素标记。生物胞素是生物素通过 C=O 基与赖氨酸的 ε-氨基连接而成的化合物,它与无水肼反应后形成的肼化物即为肼化生物胞素。BCHZ 除可与蛋白质的醛基结合外,它还与 BNHS 相同,能与蛋白质的氨基结合,其适用范围较 BHZ 宽。

(3)标记蛋白质巯基的活化生物素　标记蛋白质巯基的活化生物素主要为赖氨酸生物素-丙氨-N-顺丁烯二酰亚胺。

(4)标记核酸的活化生物素　活化生物素可通过缺口位移法、化学偶联法、光化学法及末端标记法等技术使生物素的戊酸侧链通过酰胺键与核酸分子相连,构成生物素标记的核酸探针。常用于标记核酸分子的活化生物素有以下几种。

①光敏生物素。它是一种化学合成的生物素衍生物。生物素分子侧链上连接的芳香基叠氮化合物基团具有光敏感性,在一定波长的光照射下,光敏基团可转变为芳香基苯而直接与腺嘌呤 N-7 位氨基结合,形成生物素化的核酸探针,用于 DNA 或 RNA 的标记。

②BNHS 和 BHZ。二者均可在一定条件下与核酸胞嘧啶分子中的 N-4 氨基交联,使核酸分子生物素化。

③生物素脱氧核苷三磷酸。先将生物素与某种脱氧核苷酸连接成活化生物素,将其作为 TTP 的结构类似物,采用缺口移位法通过 DnaseⅠ和 DNA 聚合酶Ⅰ的作用而掺入双链 DNA 中。

(5)亲和素的标记　可用酶、荧光素等标记物标记亲和素,制成酶标亲和素和荧光标记亲和素。

3. 亲和素-生物素免疫检测技术类型

(1)亲和素-生物素复合物(avidin-biotin complex,ABC)　ABC 法是利用亲和素分别连接生物素标记的第二抗体和生物素标记的酶。生物素标记的第二抗体与 ABC 复合物相连接,最后加底物进行显色反应。其中,ABC 的制备是将过氧化酶结合在生物素上,再将生物素-过氧化酶连接物与过量的亲和素蛋白反应。ABC 法可应用于:①组织切片和细胞悬液中抗原的检测,广泛应用于疾病诊断。ABC 法具有操作时间短、敏感性高的优点。②免疫电镜。标记抗体渗透性是免疫电镜技术的关键,小分子的生物素就可得到更高的渗透力,且生物素化抗体可在组织包埋前或包埋后加入,因此 ABC 法可用于抗原的亚细胞水平定位分析。

(2)桥连亲和素-生物素(bridged avidin-biotin,BRAB)　BRAB 方法是用生物素分别标记抗体和酶,然后以亲和素为桥,把两者连接起来。检测抗原时,先用生物素标记的抗体与细胞(或组织内)的抗原反应,洗去未结合的抗体,加入亲和素孵育后,洗去未结合的亲和素,再加入已标记酶的生物素孵育,以细胞化学方法呈色反应。

(3)标记生物素-亲和素技术(labelled avidin-biotin technique,LAB)　LAB 法是以生物素标记抗体作为第一抗体,酶标记亲和素作为第二抗体。与 BRAB 法相比,LAB 法操作较简便,但灵敏度较低。

BRAB 法和 LAB 法都需以生物素标记第一抗体(生物素化抗体),应用不如 ABC 法普遍。

(4)生物素-亲和素或链霉亲和素 ELISA　包括 BAB-ELISA、BA-ELISA 和 ABC-ELISA 等技术。

三　免疫胶体金检测技术

胶体金(colloidal gold)是一种带负电荷的疏水胶体溶液,通过还原剂将氯金酸($HAuCl_4$)分子聚合成特定大小金颗粒的方法而产生。可采用柠檬酸、抗坏血酸钠和白磷等还原氯金酸或四氯化金而制备胶体金。胶体金颗粒在弱碱环境下带负电荷,可与蛋白质分子的正电荷基团形成牢固的结合,由于这种结合是静电结合,所以不会影响蛋白质的生物学特性。胶体金与蛋白质等大分子物质结合所形成的复合物称为胶体金标记物(胶体金探针)。

免疫胶体金技术(immune colloidal gold technique)是以胶体金颗粒为示踪标记物或显

色剂,应用于抗原抗体反应的一种新型免疫标记技术,已广泛应用于光镜、电镜、流式细胞仪、免疫转印、体外诊断试剂的研发等领域。免疫胶体金检测技术有多种类型。

(1)免疫胶体金光镜染色法　胶体金颗粒呈橘红色到紫红色,用胶体金标记的抗体对细胞悬液涂片或组织切片进行染色,然后经显微镜观察,用于抗原检测或细胞蛋白质的定位分析。也可在胶体金标记的基础上,以银显影液增强标记,即免疫金银染色法(immunogold-silver staining,IGSS),可明显提高胶体金标记的敏感性。

(2)免疫胶体金电镜染色法　胶体金颗粒具有很高的致密性,有利于超微结构的观察。可利用不同直径的胶体金颗粒在同一样品上进行双标记或多标记,用于观察不同抗原及受体在细胞表面和细胞结构中的定位。免疫胶体金颗粒可用于病毒抗原的检测,对病毒颗粒的检出数较直接电镜法高 100～300 倍,已成为病毒形态观察和检测病毒的有效手段。

(3)斑点免疫金渗滤法(dot immunogold filtration assay,DIGFA)　是采用胶体金为标记物,应用微孔滤膜(如 NC 膜)作为载体,先将抗原或抗体滴加于 NC 膜上,封闭后加待检样本,洗涤后用胶体金标记的抗体检测相应的抗原或抗体,阳性样本会在膜上呈现红色斑点。此法适合于抗原或抗体的检测。

(4)胶体金免疫层析法(colloidal gold enhanced immunochromatography assay,CGE-IA)　是将特异性的抗原或抗体以条带状固定在 NC 膜上,胶体金标记试剂(抗体或单克隆抗体)吸附在结合垫上,当待检样本加到试纸条一端的样本垫上后,通过毛细作用向前移动,溶解结合垫上的胶体金标记试剂后相互反应,再移动至固定的抗原或抗体的区域时,待检物与金标试剂的结合物又与其发生特异性结合而被截留,聚集在检测带上,可通过肉眼观察到显色结果。此法现已发展成为诊断试纸条。

(5)免疫胶体金试纸条(immune colloidal gold test strip)　是基于胶体金免疫层析法研制而成,以硝酸纤维素膜为载体,利用微孔膜的毛细管作用,滴加在膜条一端的液体慢慢向另一端渗移,通过抗原抗体结合,并利用胶体金呈现颜色反应,达到检测抗原或抗体的目的(图 21-1)。胶体金试纸条具有简捷快速、结果易于判定、特异性好、灵敏度高、操作和携带方便等特点,适合于基层应用。

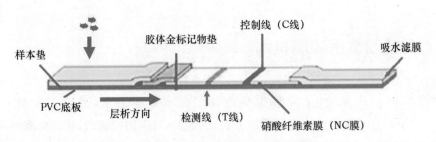

图 21-1　免疫胶体金试纸条示意图

第二节　免疫分析新技术

一　免疫转印技术

免疫转印(immunoblotting)技术又称蛋白质印迹或 Western blotting,是一种将蛋白质凝胶电泳、膜转移电泳与抗原抗体反应相结合的新型免疫分析技术。此技术已广泛用于病毒蛋白质和基因表达重组蛋白质多肽的分析,是基因工程研究中不可缺少的方法之一。

1.原理

蛋白质(病毒、细菌蛋白质)经 SDS-聚丙烯酰胺凝胶电泳(SDS-PAGE),根据分子质量大小分成区带,然后通过转移电泳将 SDS-PAGE 上的蛋白质转印到硝酸纤维素(nitrocellulose,NC)滤膜或聚偏二氟乙烯(polyvinylidene fluoride,PVDF)膜上,在转印膜上加上相应的标记抗体(如酶标抗体、胶体金标记抗体、荧光抗体、放射性同位素标记抗体),也可先加抗体反应,再加标记的抗抗体,通过对结合抗体的标记物的检测,以分析抗原蛋白区带(图 21-2)。

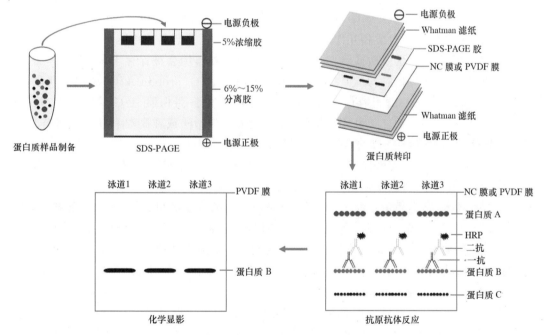

图 21-2　免疫转印示意图

2.基本步骤

(1)蛋白质的分离　用于分析的蛋白质样本需进行电泳分离。基于分析蛋白质的特性不同,可采用 SDS-聚丙烯酰胺凝胶电泳(SDS-PAGE)、非变性凝胶电泳、等电聚焦电泳等。

其中,以 SDS-PAGE 最为常用。

(2)转印 将电泳凝胶中的蛋白质转移到固相支持物上。固相支持物可用 NC 膜或 PVDF 膜。蛋白质转印常用的方法有:①半干电转印法:将凝胶和固相基质以三明治样夹在缓冲液浸润的滤纸中,电转印 10～30 min;②湿法电转印:将凝胶和固相基质夹在滤纸中间浸在转印装置的缓冲液中,通电过夜转印。

(3)免疫检测 步骤如下。

①NC 膜的封闭。为防止 NC 膜的非特异性背景着色,用封闭液对 NC 膜进行封闭。常用的封闭液为加有脱脂奶粉、酪蛋白、小牛血清或牛血清白蛋白的缓冲液。

②靶蛋白与特异性抗体(一抗)反应。将可识别靶蛋白的单克隆抗体或多克隆抗体与 NC 膜一同孵育。也可直接用标记的抗体与 NC 膜作用。

③靶蛋白与标记的二抗反应。洗涤 NC 膜,加入标记的二抗与其反应。二抗可用酶、放射性同位素、生物素或胶体金等标记。

④指示反应。根据标记物的不同,可采用底物显色、放射自显影、发光成像或胶体金呈色进行检测,在 NC 膜上显示相应的检测蛋白质条带。

二 免疫沉淀技术

免疫沉淀(immunoprecipitation,IP)技术是以抗体和抗原特异性结合为基础的用于蛋白质抗原分析和研究蛋白质相互作用的一种试验方法。其原理是将细胞在非变性条件下裂解,完整细胞内存在的蛋白质或蛋白质-蛋白质间的相互作用会被保存下来,将抗体加入细胞裂解液中,使抗体与相应的抗原结合后,再与蛋白质 A/G(protein A/G)或二抗偶联琼脂糖(sepharose/Agarose)珠子孵育、结合,通过离心得到珠子-蛋白质 A/G 或二抗-抗体-目的蛋白复合物,经洗涤后重悬于电泳上样缓冲液,改变溶液 pH 或在高温和还原剂的作用下,抗原与抗体解离,然后经 SDS-PAGE,进而分析蛋白质组分。

免疫沉淀技术与免疫转印、聚合酶链式反应和生物芯片等相结合,是研究病原微生物抗原组成、蛋白质与蛋白质、蛋白质与 DNA/RNA 之间关系的一种有效手段。主要包括蛋白质免疫沉淀技术、蛋白质免疫共沉淀技术、染色质免疫沉淀技术和 RNA 免疫沉淀技术等。

(1)蛋白质免疫沉淀技术 利用特异性抗体与相应蛋白质结合的特性,用于分析病原微生物(如病毒)的蛋白质抗原组分和从不同蛋白质样品中纯化某种特定蛋白质。可与蛋白质组学技术(如质谱技术)相结合,筛选和鉴定与目的蛋白质相互作用的细胞蛋白。

(2)蛋白质免疫共沉淀技术(co-immunoprecipitation,Co-IP) 在细胞裂解液中加入抗兴趣蛋白质的抗体,孵育后再加入与抗体特异性结合的蛋白质 A/G 琼脂糖珠子,即可形成"目的蛋白质-兴趣蛋白质-抗兴趣蛋白质抗体-琼脂糖珠子"复合物,然后利用 SDS-PAGE 电泳、免疫转印或质谱检测和确定目的蛋白质。

(3)染色质免疫沉淀技术(chromatin immunoprecipitation,ChIP) 此方法结合了抗体抗原反应的特异性和聚合酶链式反应(PCR)的高灵敏性,能够真实地反映体内基因组 DNA 与蛋白质结合的情况,是目前研究体内染色质水平上基因转录调控的主要技术。其基本原理是在活细胞状态下固定蛋白质-DNA复合物,并将染色质随机切断为一定长度范围内的染色质小片段,然后利用抗体特异性富集目的蛋白质及与其结合的DNA片段,通过对目的DNA片段的纯化和检测,从而获得与蛋白质与DNA相互作用的信息。ChIP与基因芯片相结合建立的ChIP-on-ChIP的方法可用于与目的蛋白质互作的DNA的高通量筛选。

(4)RNA免疫沉淀技术(RNA immunoprecipitation,RIP) RIP的原理与ChIP类似,但研究对象是蛋白质-RNA复合物而不是蛋白质-DNA复合物。沉淀下来的与蛋白质结合的RNA可通过基因芯片、PCR或高通量测序的方法进行鉴定。

免疫沉淀技术已成为病毒学研究中的常用手段,除应用于蛋白质组分分析及蛋白质相互作用(如病毒蛋白质与宿主细胞蛋白质之间的相互作用)的研究外,也广泛应用于基因领域的研究,如转录调节蛋白质的作用、靶向蛋白质受体的筛选、基因蛋白质产物表达分析、RNA参与遗传物质复制的方式以及DNA修饰机制等。

三　免疫电镜技术

免疫电镜(immune electron microscopy,IEM)技术是将抗原抗体反应的特异性与电镜的高分辨能力相结合的检测技术。IEM主要包括两方面应用:①在电镜下利用标记抗体,直接对抗原在亚细胞、分子水平上进行定位分析;②利用特异性抗体捕获、浓缩相应的病毒,经负染后在电镜下检测病毒粒子,可用于病毒病的诊断。

(1)抗原定位 用酶、铁蛋白、胶体金标记的特异性抗体,对组织切片进行染色,结合电镜技术,可对细胞或组织内抗原的分布进行亚细胞水平的定位与分析。

(2)病毒检测 在病毒样本中加入已知抗血清,使形成抗原(病毒)-抗体复合物,经超速离心或浓缩后将病毒-抗体复合物浓集于电镜铜网的Forrnar膜上,负染色后进行电镜观察。由于抗体将病毒浓缩在一起,比直接观察散在病毒粒子的方法大大提高了敏感性。常用的方法有:①经典的免疫电镜法。将待检样品与抗血清混合反应后,超速离心,吸取沉淀物染色观察;②快速法。在琼脂糖凝胶上打孔,下垫滤纸,孔中加入待检样品与抗血清混合液,然后将铜网膜漂浮于孔中的免疫反应液滴上,待液滴被滤纸吸下后取出铜网膜、染色观察;③抗体捕捉法。先将用抗血清包被铜网膜,然后将此包被有抗体的铜网膜悬浮于待测病毒溶液的液滴上,作用一定时间后染色铜网膜并观察。

四　共聚焦荧光显微技术

共聚焦荧光显微技术(confocal fluorescence microscopy)是在传统荧光显微分析技术基础上发展而来的一项新技术,是一种基于免疫荧光的成像分析技术。采用光源针孔与检测针孔共轭聚焦技术,对荧光探针标记样品的焦平面进行扫描,逐层获得二维光学截面图像,并通过计算机三维重建软件获取三维图像。与传统的免疫荧光显微技术相比,共聚焦显微技术具有成像清晰、可多色荧光检测、荧光强度定量分析以及实现细胞、亚细胞和分子水平定位等优点。该技术已广泛应用于免疫学、细胞生物学、微生物学和生物医学等多学科领域，是现代科学研究的重要工具。

　　根据显微镜构造原理不同，共聚焦显微技术可分为激光共聚焦和数字共聚焦两种类型：①激光共聚焦以激光为激发光源，成像速度快、但激光具有单色性，一种激光器只能发出特定波长激光，而荧光染料种类较多，激发光波长各不相同，因此需要配备不同激光器，设备结构复杂、价格昂贵、维护保养成本高；②数字共聚焦是在普通荧光显微镜上加装计算机控制的高分辨率 CCD 摄像机，摄取的图像由计算机进行解卷积计算，删除聚焦平面以外的图形信号，保留高清晰度的焦平面信息，该设备结构简单、价格较低，以高压汞灯或氙灯为光源，激发光波长涵盖所有的荧光染料，应用范围广，但成像速度慢，荧光易发生猝灭。

第三节　其他免疫检测新技术

一　PCR-ELISA

　　PCR-ELISA 是将 PCR 技术与 ELISA 相结合的一种抗原检测技术，又称为免疫 PCR（immuno-PCR）。该技术是一种以 PCR 代替酶反应来放大显示抗原抗体结合率的改进型 ELISA，利用 ELISA 技术来检测 PCR 扩增的产物，特点是利用 PCR 的指数级扩增效率带来极高的敏感度，同时又具有高特异性的抗原检测系统。

　　基本原理是用生物素标记寡核苷酸探针，以链霉亲和素包括微孔反应板，封闭后加入生物素标记的探针与之结合，样本经 PCR 扩增（在 PCR 缓冲液中加入一定比例的地高辛标记的 dUTP）后，扩增产物与生物素标记探针进行液相杂交，然后加入 HRP 标记的抗地高辛抗体，加入底物（如 TMB）显色，进行 ELISA 检测。主要用于检测体内激素、肿瘤、病毒、细菌等微量抗原，可以进行半定量检测。

二　化学发光免疫测定

　　化学发光免疫测定（chemiluminescent immunoassay，CLIA）是化学发光与免疫测定相结合的免疫检测技术。利用化学发光物质（发光剂）标记抗原或抗体，抗原和抗体反应直接引发化学发光反应，通过在特定的仪器上测定化学发光反应发出的光的强度来反映被检抗体或抗原的含量。根据抗原抗体标记物的不同，化学发光免疫测定分为化学发光标记免疫测定和化学发光酶免疫测定。

　　化学发光标记免疫测定是以化学发光剂直接标记抗原或抗体的一类免疫测定方法。常用的标记发光剂是吖啶酯类发光剂。化学发光酶免疫测定主要是将化学发光物质作为酶的作用底物，由酶触发化学发光物质激发过程，产生光子。通过酶标记抗原或抗体，经过免疫

学反应,形成酶标复合物,将酶的催化放大效应作用于发光底物(鲁米诺或邻苯三酚和H_2O_2)。辣根过氧化物酶(HRP)和碱性磷酸酶(AP)是2种常用的标记酶,它们均有其发光底物,如 HRP 的常用底物为鲁米诺或其衍生物。CLIA 多采用固相法,也可用液相分离法。检测半抗原时,多采用标记抗原、非标记抗原与固相抗体竞争法;检测大分子蛋白质抗原,则用双抗体夹心法。也可用标记抗抗体进行间接 CLIA,此法既可检测大分子抗原,也可检测抗体。

三 免疫传感器

免疫传感器(immune sensor)是高灵敏度的传感技术与特异性免疫反应的结合,用于检测抗原抗体反应的生物传感器。免疫传感器的原理与传统的免疫检测方法类似,属于固相免疫检测技术,是将抗原或抗体固定在固相支持物表面,与其相应的抗体(或抗原)进行特异反应,以此来检测样品中的抗原或抗体。免疫传感器具有能将输出结果数字化的精密转换器,不但能达到定量检测的效果,而且由于传感与换能同步进行,能实时监测到传感器表面的抗原抗体反应,有利于对免疫反应进行动力学分析。根据换能器的不同,免疫传感器分为电化学免疫传感器、质量检测免疫传感器、热量检测免疫传感器和光学免疫传感器。

四 免疫核酸探针技术

免疫核酸探针技术是将抗原抗体反应特性引入核酸杂交技术。主要有抗杂交体核酸探针和半抗原核酸探针。

1. 抗杂交体核酸探针

(1)原理 在杂交过程中,作为探针的核酸与其互补的核酸形成 RNA-DNA 杂交体(RNA-DNA hybrid),此杂交体具有抗原性,因而可以用抗杂交体抗体,结合酶标记的抗抗体对杂交体进行检测。

(2)抗杂交抗体制备 用依赖 DNA 的 RNA 聚合酶,以某些质粒 DNA 为模板合成 RNA,然后它们杂交形成 RNA-DNA 杂交体,将此杂交体与载体蛋白质(如甲基化牛甲状腺球蛋白)结合后,免疫 BALB/c 小鼠,制备抗杂交体单克隆抗体,也可免疫动物制备多克隆抗体。

(3)试验方法 将待测核酸(如核糖体 RNA)固定于聚苯乙烯管上,加入作为探针的 DNA,杂交、洗涤后,加抗杂交体抗体,洗涤后,再加酶标记抗抗体,洗涤,底物显色,观察结果。由于液相杂交速度要快于固相杂交,杂交效率也较高,故本法也可用液相杂交,即先将抗杂交体抗体固定于聚苯乙烯管上,然后将标有生物素的 DNA 探针与待测 RNA 在液相中进行杂交,所形成的杂交体为抗杂交体抗体所"捕获",洗涤后,用亲和素及酶标生物素处理,加入底物显色进行检测,此法多用于核糖体 RNA 的检测。

2. 半抗原核酸探针

(1) 原理　通过对已知核酸片段(探针)进行修饰,某些碱基成为半抗原,或在碱基上连接一个半抗原基团。当探针与互补的核酸片段杂交后,可用抗体、结合酶标抗抗体对杂交物进行检测。

(2) 汞化法半抗原探针　用醋酸汞探针发生汞化;DNA 探针汞化部位是脱氧胞嘧啶的第 5 碳原子,RNA 及其胞嘧啶和尿嘧啶第 5 位碳原子都将发生汞化。带巯基的半抗原可通过二硫键与汞结合,使探针带有半抗原。杂交后可通过抗半抗原抗体和酶标抗抗体检测靶核酸。此半抗原探针进行斑点杂交的敏感可达 2～4 pg 水平。

(3) AAF 修饰半抗原探针　核酸探针与 N-醋酸-2-乙酰氨基芴(AAF)反应,后者的 2-乙酰基芴基团可同核酸的鸟嘌呤共价结合,无论 DNA 还是 RNA 核酸探针都可进行 AAF 修饰。修饰的大致过程是:将一定量的变性 DNA 或 RNA 片段置于含柠檬酸钠和酒精的混合液中,接着加入一定量的 AAF,避光在 37℃作用 1～2 h,然后通过一定纯化和沉淀处理即可获得产品。经 AAF 修饰的核酸探针具有极好的稳定性,在 4℃可放置 2 年以上。将 AAF 修饰半抗原探针直接免疫动物即可获得抗半抗原抗体,可用碱性磷酸酶标记抗抗体,其敏感性可达 pg 级水平。

(4) 磺化法半抗原探针　与 AAF 修饰类似,是用亚硫酸氢钠和甲基羟胺对核酸进行修饰,使核酸中胞嘧啶转化为 N-甲氧-5,6-二氢胞嘧啶-6-磺酸盐,而成为半抗原,待测核酸与此磺化半抗原探针杂交后,可用抗半抗原抗体及酶标抗抗体进行检测。此法可用于斑点杂交和 Southern 杂交,杂交后用高浓度脱脂奶粉封闭,可降低背景,提高检测灵敏度,斑点杂交可达 pg 级水平。

(5) 地高辛半抗原探针　是将地高辛标记 dUTP,在以 DNA 为模板制备探针时,此 DIG-dUTP 被一起结合在 DNA 链中,使其成为带 DIG 的探针,杂交后即可用抗 DIG 酶标抗体进行检测。可按常规斑点杂交、Southern 杂交或原位杂交后,用 0.5% 脱脂乳封闭 30 min,用抗 DIG 酶标抗体作用 30 min,洗涤后底物显色,观察结果。

DIG 探针制备:将六核苷酸随机引物和 dATP、dCTP、dGTP、dTTP 以及 DIG-dUTP 混合,加入聚合酶,37℃保温过夜,然后用 200 mmol/L EDTA(pH 8.0)终止反应,经冷乙醇沉淀,真空干燥。最后溶于 pH 8.0 的 TE 缓冲液中,37℃保温 30 min,冷后置于 −20℃ 保存备用。

(6) 生物素半抗原探针　用生物素化 dUTP 代替 DIG-dUTP 合成探针,即成生物素半抗原探针。杂交后,用抗生物素抗体和胶体金标记抗体处理,铀铅复染,电镜检查。此法可用于对前病毒核酸、某些特定基因在染色体上进行超微结构的精细定位。

五　免疫芯片

免疫芯片(immune microarray)是一种将抗原抗体结合反应的特异性与电子芯片高密度集成原理相结合的一种生物检测技术。免疫芯片是一种特殊的蛋白质芯片:芯片上的探针蛋白质可根据研究目的选用抗体、抗原、受体等具有生物活性的蛋白质,芯片上的探针点阵通过特异性免疫反应捕获样品中的靶蛋白质,通过专用激光扫描系统和软件进行图像扫描,实现对结果的分析(图 21-3)。由于单克隆抗体具有高度的特异性及亲和性,因此可作为免疫芯片的探针蛋白质。此技术具有高通量、自动化、灵敏度高和多元分析等优点,适用于高通量、大批样本和多病原的检测,也可用于蛋白质表达丰度的分析和鉴定新的蛋白质。

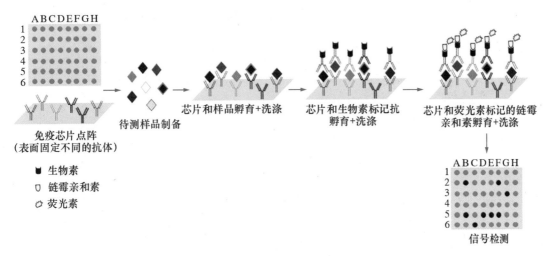

图 21-3　双抗夹心法免疫芯片示意图

复习思考题

1. SPA 应用于免疫学技术的原理是什么? 可以用于哪些免疫学技术?

2. 为什么生物素与亲和素系统可以引入免疫学技术?

3. 免疫胶体金检测技术有哪些类型?

4. 试述免疫转印和免疫沉淀技术的原理与用途。

5. 免疫电镜技术与共聚焦荧光显微技术有何主要用途?

第二十二章
细胞免疫检测技术

内容提要

  细胞免疫检测技术主要用于评价机体的细胞免疫功能。免疫细胞(如外周血单个核细胞和中性粒细胞)的分离是细胞免疫检测技术的重要环节。流式细胞术、间接免疫荧光及MHC-肽四聚体技术用于淋巴细胞及其亚群数量测定。淋巴细胞增殖反应、空斑形成试验、细胞毒性测定用于分析免疫细胞的活性。吞噬试验可检测巨噬细胞、中性粒细胞的吞噬作用。红细胞花环试验可检测红细胞的功能。细胞因子检测技术包括生物学、免疫学和分子生物学的方法。应掌握各种细胞免疫检测技术的原理及基本步骤。

  免疫细胞是泛指参与免疫应答或与免疫应答有关的细胞,包括淋巴细胞、树突状细胞、单核-巨噬细胞、粒细胞、肥大细胞、红细胞等。由于免疫系统或其他系统的疾病,或由于免疫接种或某些临床治疗措施及某些外界环境因素的影响,免疫细胞的数量或功能均可发生变化。细胞免疫检测技术是检测免疫细胞数量和功能的方法。因此,细胞免疫检测对于某些疾病的诊断和发病机理研究、免疫治疗或预防接种的效果评估及环境因素对动物机体免疫功能的影响,都具有重要的意义。

第一节 免疫细胞的分离

  血细胞主要包括红细胞、白细胞和血小板。白细胞又可分为中性粒细胞(50%~70%)、淋巴细胞(20%~40%)、单核细胞(3%~8%)、嗜酸性粒细胞(1%~5%)和嗜碱性粒细胞(不超过1%)等5类。参与免疫反应的细胞主要包括淋巴细胞(T细胞、B细胞和NK细胞)、单核细胞和中性粒细胞。外周血单个核细胞(peripheral blood mononuclear cell,PB-MC)包括淋巴细胞和单核细胞(60%~70%为T细胞,20%~30%为B细胞,约10%为单核细胞及NK细胞),中性粒细胞是血液中含量最多的白细胞,都是细胞免疫检测最常用的细胞,获得高纯度及高活性的 PBMC 和中性粒细胞是开展细胞免疫检测的先决条件。

一 外周血单个核细胞的分离

(1)原理 常用 ficoll-hypaque(聚蔗糖-泛影葡胺,商品名为淋巴细胞分离液)密度梯度离心法分离 PBMC。血液中各有形成分的比重存在差异,因此可将其分离。红细胞和粒细胞密度大于分层液,离心后沉积于管底。淋巴细胞和单核细胞的比重小于或等于分层液的比重,离心后漂浮于分层液的液面上,呈白膜状,也有少部分悬浮在分层液中。血小板则因密度小而悬浮于血浆中。吸取分层液面上的细胞经离心洗涤后即可用于免疫学检测。不同动物 PBMC 的分离需用不同比重的淋巴细胞分离液,如小鼠为 1.092 g/mL、大鼠为 1.083 g/mL、鸡为 1.090 g/mL、犬为 1.079 g/mL、兔为 1.096 g/mL、牛为 1.086 g/mL、猪和人为 1.077 g/mL。

(2)基本操作步骤 采集心血,用肝素抗凝(20 U/mL)。将抗凝血用等量 Hank's 液稀释,加到淋巴细胞分离液上,稀释血液与分层液体积比为 2:1。2 000 r/min 水平离心 20 min后,将毛细滴管插到血浆与分离液的界面层,沿管壁周缘吸出富含淋巴细胞的灰白色层(图22-1)。将细胞悬液加入 5 倍以上体积的 Hank's 液混匀,2 000 r/min 离心 10 min,弃上清液,将细胞沉淀用 Hank's 液同法洗涤 2 次。用含 10% 小牛血清的 Hank's 或 RPMI 1640培养液可保存细胞悬液。对分离得到的细胞液经台盼蓝染色后,在显微镜下观察细胞的存活情况(死细胞染成蓝色),并对活细胞进行计数。

此法分离单个核细胞纯度可达 95%,其中淋巴细胞占 90%~95%,细胞获得率可达80%以上。细胞获得率高低与室温有关,超过 25℃时会影响细胞获得率。

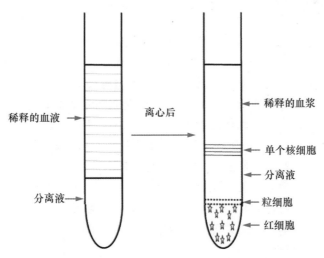

图 22-1 淋巴细胞分离液离心法分离血液细胞成分

二 中性粒细胞的分离

(1)原理 中性粒细胞比重大于单核细胞和淋巴细胞,因此用淋巴细胞分离液分离 PB-MC 的同时也可以从离心分层后分离液的下层与红细胞层之间吸取粒细胞,再经红细胞裂解,洗涤,即可得到中性粒细胞。此外,还可用专门的中性粒细胞分离液进行分离,其原理类似。

(2)基本操作步骤 以中性粒细胞分离液分离中性粒细胞为例介绍。采集抗凝血,用等体积的 Hank's 液稀释,加到中性粒细胞分离液上,稀释血液与分层液体积比为 2:1。4℃ 900 r/min 离心 8～10 min,血液此时应该分为 6 层:自上而下依次为血浆、单核细胞层、分离液、中性粒细胞、其余的分离液、红细胞沉淀层。用吸管移去上面的 3 层(血浆、单核细胞和分离液),吸取中性粒细胞层和其下面的分离液层,转移至干净的离心管中。用 Hank's 液离心、洗涤后即可使用。

第二节 淋巴细胞及其亚群测定

利用抗分化抗原(CD)的单克隆抗体(McAb)可鉴定不同淋巴细胞表面的 CD 分子,如抗 CD3 的 McAb 与所有 T 细胞反应。利用 CD 系统的 McAb 与外周血单个核细胞反应的百分率,可确定淋巴细胞及其亚群的分布情况。

一 流式细胞术

流式细胞术(flow cytometry)是一种利用流式细胞仪(flow cytometer)对淋巴细胞及其亚群、其他免疫细胞进行数量检测与分析的细胞免疫检测技术,已广泛应用。

(1)原理 不同的淋巴细胞有不同的表面标志,通过特定表面标志的识别可对淋巴细胞及其亚群进行计数,从而评价动物体的细胞免疫功能。按照淋巴细胞表面抗原的不同,用荧光素标记的相应 CD 分子的 McAb 与细胞表面相应抗原结合,即可通过流式细胞术进行检测。被荧光染料染色的细胞受到强力的激光照射后发出荧光,同时产生散射光。前向散射光与细胞大小有关,侧向散射光反映光在细胞内的折射作用,与细胞内的颗粒多少有关。流式细胞仪能检测到细胞悬液中单个细胞上的荧光信号,细胞发出的荧光信号和散射光信号被接收后,可以一维组方图或二维点阵图及数据表或三维图形显示,从而确定表达特定分子的细胞数目。流式细胞仪还可以对特定的细胞亚群进行分选(图 22-2)。

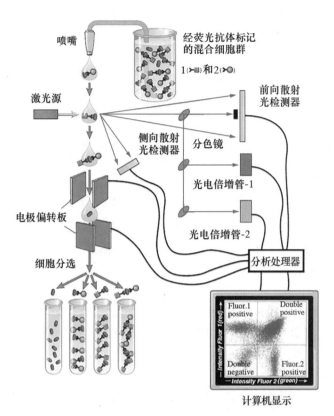

图 22-2　流式细胞仪工作原理

（引自 Abbas 等，2012）

除了标记抗体外，流式细胞术还可对胞质中离子浓度、氧化-还原状态等通过荧光染料进行测定。能与 DNA 结合的荧光染料碘化丙啶对细胞染色后，可进行细胞周期分析。

（2）荧光染料　流式细胞仪测定常用的荧光染料有多种，其分子结构不同，激发光谱和发射光谱也各异，选择荧光染料时必须依据流式细胞仪所配备的激光光源的发射光波长（如氩离子气体激光管发射光波长 488 nm，氦氖离子气体激光管发射光波长 633 nm）。488 nm激光光源常用的荧光染料有异硫氰酸荧光素（FITC）、藻红蛋白（P-phycoerythrin，PE）、碘化丙啶（propidium iodide，PI）、藻红蛋白-花青素 5（phycoerythrin-cyanidin 5，PE-CY5）、多甲藻黄素-叶绿素-蛋白质复合物（peridinin-chlorophyll-protein complex，PreCP）、藻红蛋白-得克萨斯红（PE-Texas red，ECD）等。用 488 nm 氩离子激光激发后，FITC 发绿光、PE 和 PI发橙红色光、ECD 发红光、CY5 和 PreCP 发深红色光。将不同的荧光染料结合到不同的抗体分子上，流式细胞仪就可同时检测 3 种或 3 种以上不同的荧光信号。可用 PE 和 FITC 对各种抗体或配体进行双标记，或 CY5 与 FITC 及 PE 匹配，构成 3 色荧光标记探针。可用直接标荧光标记的 McAb，也可用荧光素标记的二抗进行间接荧光染色后观察。

（3）流式细胞术中涉及的淋巴细胞的 CD 分子　淋巴细胞担负着免疫的主要功能，淋巴细胞亚群的测定有助于了解机体的免疫状况，并对一些疾病进行监测。经常测定的淋巴细胞亚群包括 T 淋巴细胞（CD3[+]）、辅助性 T 细胞（CD3[+] CD4[+]）、细胞毒性 T 细胞（CD3[+]

CD8$^+$)、B 淋巴细胞(CD19$^+$或 CD20$^+$)、NK 细胞(CD3$^-$CD56$^+$)等。现在一些公司有双色和三色 McAb 出售,如 CD4-FITC/CD8-PE、CD3-CY5/CD4-FITC/CD8-PE 等,应根据双色或三色 McAb 的 Ig 性质选择相应的阴性对照,如 MsIgG1-PE/MsIgG2-FITC 等。上机测定时应先测定阴性对照管,阴性对照的阳性细胞应<2.0%。

三色测定可给出更为准确的淋巴细胞亚群的情况:如辅助性 T 细胞应是 CD3$^+$CD4$^+$CD8$^-$、细胞毒性 T 细胞应是 CD3$^+$CD4$^-$CD8$^+$。单标 CD8$^+$细胞中不仅有细胞毒性 T 细胞,还含有 30% 左右的 NK 细胞;而 CD3$^+$CD4$^-$CD8$^-$细胞群是 γδT 细胞,此类细胞与感染有关。CD3$^+$CD4$^+$CD8$^-$细胞、CD3$^+$CD4$^-$CD8$^+$细胞、CD3$^+$CD4$^-$CD8$^-$细胞以及 CD3$^+$CD4$^+$CD8$^+$细胞的总和是 CD3$^+$细胞。如单标记 CD56 不能准确测定 NK 细胞,NK 细胞应是 CD3$^-$CD56$^+$或 CD3$^-$CD16$^+$CD56$^+$,因为 CD56$^+$细胞中包含着非 MHC 限制的 NKT 细胞(CD3$^+$CD56$^+$)。双色组合还能测定 B 淋巴细胞(CD3$^-$CD19$^+$或 CD3$^-$CD20$^+$)、激活的 T 细胞(CD3$^+$CD69$^+$或 CD3$^+$CD25$^+$)等。辅助性 T 细胞还可分成 T$_H$1、T$_H$2 两个亚群,同时标记细胞内细胞因子 IFN-γ 和 IL-4,可区分 T$_H$1 细胞(CD4$^+$/IFN-γ$^+$)和 T$_H$2 细胞(CD4$^+$/IL-4$^+$)。

(4)基本操作步骤　采集抗凝血,将几种不同荧光标记的 McAb 同时加入,室温避光孵育 20 min;加溶血剂溶血,用 PBS 洗涤细胞后,即可上机检测。此外,也可用淋巴细胞分离液分离 PBMC,直接加入荧光标记的 McAb,作用后即可检测。

二　间接免疫荧光试验

免疫细胞经荧光抗体染色后,除了可应用流式细胞术检测淋巴细胞的亚群外,还可以通过荧光显微镜进行直接观察。

(1)原理　首先用抗特定 CD 分子的 McAb 与淋巴细胞发生反应,再加入荧光素标记的羊(或兔)抗鼠 IgG 作为第二抗体。在荧光显微镜下,结合有荧光素标记抗体的细胞在黑暗背景下发出荧光,凡是呈现特异性荧光的细胞即为阳性细胞。通过计数阳性细胞,从而确定 T 细胞各个亚群的百分率。

(2)基本操作步骤　按常规方法分离 PBMC,并均匀涂抹到载玻片上。封闭后在不同的玻片上分别滴加抗 CD3、CD4 及 CD8 的 McAb,孵育一定时间,再加入 FITC 的羊抗鼠 IgG,洗涤后在荧光显微镜下用高倍镜观察。分别计数 200 个细胞,记录荧光阳性细胞数(细胞膜上呈现点状或帽状黄绿色荧光的细胞),然后分别计算出各淋巴细胞亚群的百分率。

三　MHC-肽四聚体技术

T 细胞表面的 T 细胞受体(TCR)可特异性识别、结合抗原提呈细胞或靶细胞表面的 MHC-抗原肽复合物,并在一系列共刺激分子的作用下,介导 T 细胞活化。如果在体外制备 MHC-抗原肽复合物,通过与 T 细胞的 TCR 特异性结合,可以达到直接检测 T 细胞的目的。

但是MHC-肽复合物单体与TCR的亲和力低,解离率高,无法实际应用。应用MHC-肽四聚体技术可对人和动物外周血或淋巴组织中抗原特异性的T细胞进行计数。

(1)原理　对MHC-肽复合物单体进行生物素化是构建四聚体的基础。首先,选择抗原特异性T细胞所识别的表位肽及与该表位肽结合的MHC分子类型,通过重组DNA技术获得MHCⅠ类分子的胞外区,将其连到一个生物素小分子上。由于生物素与亲和素具有高亲和力,每个亲和素分子可结合4个生物素分子,这样每个亲和素分子上就可以结合4个生物素化的MHCⅠ分子。将MHC分子与目的肽段结合,并将亲和素分子进行荧光标记(图22-3)。这种四聚体可与抗原特异性T细胞发生高亲和力结合,从而可以对T细胞进行标记,通过流式细胞术进行检测。该技术的特点是快速、敏感、结果特异,可与抗原特异性T细胞的表型分析和细胞内细胞因子的染色同时进行。该方法只能鉴定抗原特异性的T细胞,而且广泛使用的是MHCⅠ类分子,其主要原因是MHCⅡ类分子四聚体的构建要比MHCⅠ类分子更加困难。

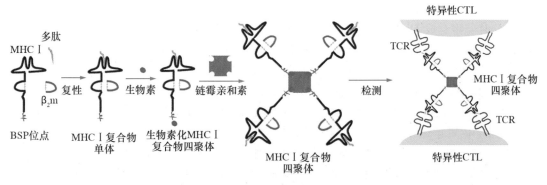

图22-3　**MHC-肽四聚体技术示意图**

(2)基本操作步骤　按常规方法分离PBMC,加到细胞培养板中,并用特异性短肽及IL-2刺激细胞,孵育几天后即可进行四聚体标记。标记时,先加入PE标记的四聚体,孵育一定时间后,加入FITC标记的抗CD8的McAb,上流式细胞仪检测。

第三节　淋巴细胞功能测定

一　淋巴细胞增殖反应试验

测定淋巴细胞体外增殖反应是检测细胞免疫功能的常用方法。刺激淋巴细胞增殖的物质可分为两大类:①非特异性刺激物,如植物血凝素(phytohemagglutinin,PHA)、刀豆蛋白A(concanavalin,ConA)、美洲商陆(pokeweed mitogen,PWM)、佛波酯(phorbol-12-myristate-13-acetate,PMA)等促有丝分裂原;能产生A蛋白的金黄色葡萄球菌CowanⅠ株

(*Staphylococcus aureus* strain Cowan I,SAC)、EB病毒(Epstein-Barr virus)、链球菌溶血素S、细菌脂多糖(LPS)等微生物及其代谢产物;胃蛋白酶、胰蛋白酶等蛋白物质;抗CD3、抗CD2、抗IgM等细胞表面标志的抗体以及某些细胞因子等;②特异性刺激物,主要为特异性抗原物质。不同的刺激因子可刺激不同的淋巴细胞分化增殖,因而可反映不同淋巴细胞群体的免疫功能。

T细胞可被PHA、ConA和针对TCR或CD3恒定区抗原表位的特异性抗体等物质多克隆激活。由于这些多克隆激活因子不仅向T细胞提供共刺激信号,还可以同时与抗受体的抗体(如抗CD28或抗CD2的抗体)一起作为共刺激因子,刺激T细胞的增殖。超抗原可结合于所有表达TCR β链的T细胞表面,并进行多克隆激活。脂多糖、脂蛋白、结核分枝杆菌的纯化蛋白衍生物(purified protein derivative,PPD)均可多克隆激活B细胞。此外,抗膜表面Ig的抗体可结合到所有B细胞膜表面Ig的恒定区,发生类似抗原结合到B细胞膜表面Ig高变区相同的生物学效应,从而对B细胞进行多克隆激活。

(1)原理 淋巴细胞受到特异性抗原或丝裂原刺激后,在转化为淋巴母细胞的过程中,细胞体积增大,代谢增强,DNA的合成明显增加。淋巴细胞的转化程度与DNA的合成呈正相关,此时若将合成DNA的前体物质胸腺嘧啶核苷用放射性核素^{3}H标记为^{3}H-TdR,加入培养体系中,即被转化的淋巴细胞摄取而掺入DNA分子中。培养终止后,测定淋巴细胞内掺入的^{3}H-TdR的放射量,就能判定淋巴细胞的转化程度。此外,也可用MTT[3-(4,5-dimethylthiazol-2-yl)-2,5-diphenyltetrazolium bromide][3-(4,5-二甲基噻唑-2)-2,5-二苯基四氮唑溴盐,商品名为噻唑蓝]比色法检测淋巴细胞的增殖程度。活细胞内线粒体脱氢酶能将MTT由黄色还原为蓝色的甲䐶。甲䐶的形成量与细胞增殖程度相关,与活细胞数成正比。死细胞以及不能进行线粒体能量代谢的细胞(如红细胞)等均不能使MTT代谢生成甲䐶。甲䐶不溶于水,可用有机溶剂(如二甲基亚砜、无水乙醇等)溶解后在570 nm波长处用酶联免疫检测仪进行检测。MTT法烦琐,也较易出现误差,^{3}H-TdR掺入法的结果更客观、准确、重复性好。

(2)基本操作步骤 以^{3}H-TdR掺入法为例介绍。采集抗凝血,按常规方法分离PBMC。将细胞调整到$1×10^6$/mL,接种96孔细胞培养板,并加入一定浓度的ConA,培养3 d后,加入^{3}H-TdR,继续培养4 h。用细胞收集器将细胞吸附在玻璃纤维滤纸片上,经三氯醋酸固定后,用无水乙醇脱水、脱色。然后将滤纸片烘干,放入闪烁液中,用液体闪烁仪测cpm值,计数刺激指数(实验组与对照组cpm的比值,通常≥2.0为阳性)。

二 B细胞抗体合成测定

1.B细胞溶血空斑试验

(1)原理 溶血空斑试验是检测B细胞的一种体外试验方法。将绵羊红细胞(SRBC)免疫动物,随后取其脾脏制成细胞悬液,然后与一定量的SRBC在琼脂凝胶中混合。在补体参与下,使抗体产生细胞周围的SRBC溶解,从而在每个抗体形成细胞周围形成一个肉眼可见的溶血空斑。空斑大小表示抗体形成细胞产生抗体的多少。该试验方法特异性好,可直接观察,可作为判定体液免疫功能的指标。

(2)基本操作步骤 小白鼠经尾静脉或腹腔注射一定量的 SRBC,4 d 后取脾脏,制备脾细胞悬液。将 1.4% 琼脂倾注平皿,制备底层琼脂。再将熔化的 0.7% 琼脂置于 45℃ 下保温,加入 DEAE-右旋糖酐、脾细胞悬液和 SRBC,混匀后倾至底层琼脂上。凝固后在平皿中加入豚鼠补体,孵育一定时间后,倾去补体,用肉眼或放大镜进行空斑计数,计算每百万个脾细胞中所含空斑形成细胞的平均值。

2. B 细胞 Ig 产生能力的检测

(1)原理 B 淋巴细胞在 LPS 及其他丝裂原刺激下,转化为浆细胞产生免疫球蛋白。以荧光素标记的抗 Ig 的抗体进行 B 细胞的直接免疫荧光染色,可观察 B 细胞产生 Ig 的功能。

(2)基本操作步骤 取纯化的小鼠 B 细胞与一定量的 LPS 混合,孵育一定时间。将细胞离心并制成细胞悬液,涂抹在载玻片上,丙酮固定后,滴加 FITC 标记的羊抗鼠 Ig 抗体,作用后置于荧光显微镜下观察,计数 200 个淋巴细胞中胞质内出现荧光染色的细胞数目,计算阳性细胞百分率。

三 细胞毒性 T 细胞试验

细胞毒性 T 淋巴细胞(CTL)为 $CD8^+$ T 细胞,主要作用是特异性直接杀伤靶细胞,是细胞免疫应答的重要组成部分。CTL 杀伤的靶细胞主要有肿瘤细胞和病毒感染的细胞,因此在抗肿瘤及抗病毒免疫中发挥重要作用。CTL 细胞可连续杀伤靶细胞,其杀伤具有抗原特异性,并具有自身 MHC 限制性,即 CTL 杀灭的是来自同类个体带有特定抗原的靶细胞。

(1)原理 细胞毒性 T 细胞试验的基本原理是将靶细胞(如肿瘤细胞、病毒转化细胞等)与同种抗原致敏的淋巴细胞混合培养,然后检测靶细胞的死亡情况。细胞毒性 T 细胞的功能测定有 ^{51}Cr 释放法、LDH 检测法等。

^{51}Cr 释放法用 ^{51}Cr 铬酸钠标记靶细胞,若待检效应细胞能杀伤靶细胞,则 ^{51}Cr 从靶细胞内释出。以 γ 计数仪测定释出的 ^{51}Cr 放射活性。靶细胞溶解破坏越多,^{51}Cr 释放就越多,上清液的放射活性也就越高,应用公式可计算出待检效应细胞的杀伤活性。

乳酸脱氢酶(lactate dehydrogenase,LDH)是稳定的胞质酶,存在于所有细胞中。正常情况下,LDH 不能透过细胞膜,当细胞受到杀伤后,LDH 释放到细胞外。释放出来的 LDH 氧化底物液中的乳酸盐生成丙酮酸盐,丙酮酸盐和碘化硝基四唑盐进一步反应生成水溶性的红色甲䐶。培养液中的甲䐶量与裂解的细胞数直接相关。通过检测细胞培养上清中 LDH 的活性,可判断细胞受损的程度,该方法灵敏、方便、精确。目前许多公司提供 LDH 细胞毒性检测试剂盒,适用于多种细胞毒性分析,如 CTL 细胞、NK 细胞杀伤活性测定。LDH 细胞毒性检测法可作为 ^{51}Cr 释放法的代替。

(2)基本操作步骤 以 LDH 检测法检测抗 CD3 的 McAb 诱导的细胞毒性 T 细胞功能。首先制备 EB 病毒转化的小鼠 B 细胞,作为 CTL 活性检测的靶细胞,并培养至旺盛生长阶段,调整细胞浓度为 1×10^5/mL。按常规方法分离 PBMC(含 CTL 细胞)为效应细胞,调整细胞浓度为 1×10^6/mL。将效应细胞与靶细胞及抗 CD3 的 McAb 混合接种在 96 孔细胞板中,37℃孵育 4 h 后,从各孔收集培养上清,加底物溶液,反应一定时间后,加终止液终止酶促反应,用酶联免疫检测仪在 490 nm 波长下读取 OD 值,计算 CTL 细胞的杀伤活性。

如果将上述反应中的抗 CD3 的 McAb 替换为含流感病毒的鸡胚尿囊液或合成病毒多肽,即可检测特异性抗原介导的细胞毒性 T 细胞的杀伤活性。

四　NK 细胞活性测定

(1)原理　NK 细胞是一种异质性、多功能的细胞群,具有抗肿瘤、抗感染和免疫调节作用。NK 细胞不表达特异性抗原识别受体,不需要抗原预先致敏即可直接杀伤靶细胞,也不需要抗体或补体的参与,无 MHC 限制。可以用同种动物的肿瘤细胞系或病毒转化的细胞系作为检测 NK 细胞活性的靶细胞,如人 NK 细胞的活性测定常用 K562 细胞(人白血病细胞),鼠 NK 细胞活性测定常用 YAC-1 细胞(鼠 T 淋巴瘤细胞)。可用胞质内酶类 LDH 释放法、胞质内蛋白 ^{51}Cr 释放法来测定,其细胞毒性的检测原理同细胞毒性 T 细胞活性测定。

(2)基本操作步骤　以 LDH 释放法为例介绍 NK 细胞活性测定的步骤。分离小鼠脾细胞,制备效应细胞悬液。将 YAC-1 细胞培养至旺盛生长阶段,作为靶细胞。在细胞培养板内按一定的效/靶比加入效应细胞和靶细胞,孵育一定时间。吸取各孔上清,加底物溶液,反应一定时间后,加终止液终止酶促反应,用酶联免疫检测仪在 490 nm 波长下读取 OD 值,计算 NK 细胞活性。

第四节　其他免疫细胞功能测定

吞噬细胞有 2 类。大吞噬细胞包括组织中的巨噬细胞和血液中的单核细胞;小吞噬细胞即血液中的中性粒细胞,又称多形核白细胞。巨噬细胞不仅可吞噬和消化异物,还是机体中重要的抗原提呈细胞。吞噬细胞是固有免疫系统的主要效应细胞,也是适应性免疫应答中的一类关键细胞,广泛参与免疫效应与免疫调节。红细胞具有免疫黏附功能,是机体的一种防御机制。对吞噬细胞及红细胞功能的测定对于了解机体免疫功能具有重要意义。

一　巨噬细胞功能检测

免疫学研究中常用的小动物主要有小鼠、大鼠和豚鼠,试验中常用这些动物的腹腔巨噬细胞,采用体内法或体外法进行功能检测;对于大动物,可在分离 PBMC 的基础上,进一步通过 PBMC 的体外培养,去掉未贴壁生长的淋巴细胞,即可得到合格的巨噬细胞进行试验;此外,猪肺泡巨噬细胞也可用于巨噬细胞功能检测。

1.巨噬细胞的吞噬功能检测

(1)原理　巨噬细胞对颗粒性物质(如细胞碎片、细菌等)具有强大的吞噬功能。将待测巨噬细胞与鸡红细胞、白色念珠菌或荧光微球等混合孵育一定时间后,颗粒物质被吞噬,根据吞噬百分率和吞噬指数可反映吞噬细胞的吞噬功能。

(2)基本操作步骤　介绍 2 种常用的检测方法。

①体内法。小鼠腹腔内注射硫乙醇酸钠肉汤、6% 的淀粉肉汤或液体石蜡等,诱导巨噬细胞的渗出和聚集。一般需要 2 次(d)诱导。腹腔注射鸡红细胞,30 min 后处死小鼠,取出腹腔液,油镜下计数吞噬百分率(巨噬细胞中吞噬红细胞的巨噬细胞所占的比率)及吞噬指数(平均每个巨噬细胞吞噬红细胞的数量),判断吞噬细胞的吞噬与消化功能。如果用白色念珠菌,则需要将吞噬后的巨噬细胞用亚甲蓝染色后进行计数。

②体外法。收集小鼠腹腔巨噬细胞,与 FITC 标记的右旋糖酐按比例混合,温育一定时间,通过流式细胞术检测对 FITC-右旋糖酐的吞噬能力。每个样本检测 1 万～2 万个细胞。由单参数直方图可直接获得吞噬百分率,以平均荧光强度代表单个巨噬细胞的吞噬强度。

2. 巨噬细胞的抗原提呈功能检测

(1)原理　巨噬细胞捕获抗原分子后,利用细胞内的降解酶系统对抗原进行处理,加工后的抗原肽段与 MHC Ⅱ类分子结合,被转运到细胞表面提呈给 $CD4^+$ T 细胞。活化的巨噬细胞表达高水平的 MHC Ⅱ类分子和共刺激分子 B7-1/B7-2(CD80/CD86),某些疾病发生后,可引起巨噬细胞抗原提呈能力下降。因此,检测巨噬细胞表面 MHC Ⅱ类分子及 B7 分子的表达,可反映巨噬细胞提呈外源性抗原的能力。

(2)基本操作步骤　以猪繁殖与呼吸综合征病毒(PRRSV)感染猪的巨噬细胞检测为例。用 PRRSV 感染猪后,间隔一定时间,宰杀取肺脏,分离肺泡巨噬细胞。在细胞悬液中加入 FITC 标记的抗猪 CD86 的 McAb 及 PE 标记的抗猪 MHC Ⅱ类分子的 McAb,孵育一定时间,离心洗涤后,用流式细胞仪分析 CD86 及 MHC Ⅱ类分子在巨噬细胞表面的表达情况,计数阳性细胞数。

二　中性粒细胞的功能测定

小吞噬细胞即血液中的中性粒细胞,其胞质内含有许多酶类,它们通过趋化、调理、吞入和杀菌等过程来吞噬和消化衰老、死亡的细胞及病原微生物等异物,是机体固有免疫的重要组成部分。

1. 中性粒细胞吞噬功能的测定

(1)原理　中性粒细胞细胞核分叶,在显微镜下易于分辨。可以通过染色观察所吞噬的细菌数量,计算吞噬百分率及吞噬指数,从而判定中性粒细胞的吞噬功能。

(2)基本操作步骤　将白色葡萄球菌接种于肉汤培养基中,37℃培养 12 h;置于水浴中加热 100℃ 10 min 杀死细菌,用无菌生理盐水稀释成 $6×10^8$/mL 备用;吸取静脉血 0.2 mL,滴入含等量 3.8% 枸橼酸钠的无菌小试管中,混匀后加入菌液 0.1 mL。37℃水浴 20～30 min,并在载玻片上推制成血片。待干后,用甲醇固定 4～5 min,碱性亚甲蓝染色 2～3 min,置于油镜下观察。中性粒细胞核深染且分叶,细胞核及被吞噬的细菌染成紫色,细胞质则为淡红色。随机计数 100 个中性粒细胞,分别记录发生吞噬和未吞噬的中性粒细胞数目,对有吞噬作用的细胞,应同时记录所吞噬的细菌数,计算吞噬百分率及吞噬指数。

2. 中性粒细胞移动功能的测定

(1)原理　在趋化因子的招引下,中性粒细胞向趋化因子做定向移动。根据其在琼脂糖膜板下移动的距离,即可判定其趋化功能。

(2)基本操作步骤　采集抗凝血,分离中性粒细胞,经洗涤后,用 Tc199 培养液配成 $(2.5\sim5)\times10^7/mL$ 细胞悬液。受检中性粒细胞不能用葡聚糖沉降法收集,因其能抑制中性粒细胞移行的能力。将大肠杆菌液体培养 24 h,过滤,收集滤液作为趋化因子。配制含有灭活的小牛血清及青霉素、链霉素的琼脂糖,浇制平板,并在其上打平行孔,中央孔加中性粒细胞悬液,左侧孔加趋化因子,右侧孔加对照液。将琼脂板置于湿盒内 37℃温育 2～3 h。待孔内液体干后用甲醇固定,琼脂糖膜经吉姆萨染色,用显微测微器测量细胞从中央孔向左侧孔的移动距离 A(趋化移动距离)和向右侧孔的移动距离 B(随意移动距离),计算趋化指数 A/B。

三　红细胞功能测定

红细胞(red blood cell,RBC)具有重要的免疫功能,其基础是红细胞表面具有 C3b 受体(C3bR)。红细胞可通过其表面的 C3bR,发挥清除免疫复合物(IC)、促进吞噬、提呈抗原及激活补体等多种作用。因此,检测红细胞免疫功能的方法也多以红细胞表面的 C3bR 为基础设计。现已建立的主要有红细胞 C3bR 花环及 IC 花环试验、红细胞 SPA 酵母混合花环试验、单克隆抗体 Coombs 试验、红细胞对肿瘤细胞的免疫黏附能力检测、红细胞促吞噬作用测定法等。

(1)原理　以红细胞 SPA 酵母混合花环试验为例,介绍红细胞免疫功能检测的原理。葡萄球菌蛋白 A(SPA)能与红细胞膜上黏附的 IC 中的 IgG Fc 片段相结合,而补体致敏的酵母菌能与红细胞膜上未黏附 IC 的 C3bR 相结合,各自形成花环。红细胞 SPA 酵母混合花环试验可同时显示 4 种免疫功能状态不同的红细胞,SPA 菌体花环为已全部被 IC 或抗 RBC 抗体黏附的红细胞;酵母菌花环为未黏附 IC 或抗 RBC 抗体的红细胞;混合花环为部分黏附 IC 或少许抗 RBC 抗体,并且 C3b 受体有空位的红细胞;裸红细胞为未黏附 IC 或抗体,并且 C3b 活性低(不能黏附补体致敏酵母菌)的红细胞。

(2)基本操作步骤　以红细胞 SPA 酵母混合花环试验为例介绍。首先,制备 SPA 阴性菌和阳性菌的菌悬液;再制备补体(豚鼠血清)致敏的酵母菌。将动物红细胞洗涤后,加入补体致敏的酵母菌悬液,孵育一定时间后,再分别加入 SPA 阴、阳性菌体,继续孵育一定时间,然后将细胞制成涂片,经瑞氏染色后,用油镜进行观察。红细胞上黏附 2 个以上酵母菌为 RBC-C3b 受体花环(酵母菌花环);黏附 10 个以上 SPA 菌体为 RBC-IC 花环(SPA 花环),同时黏附 10 个以上 SPA 菌体和 2 个以上酵母菌者为混合花环;未黏附 SPA 菌体与酵母菌者为裸红细胞。计数 200 个红细胞,计算各自花环率。涂片染色后红细胞为红色,酵母菌为蓝色,SPA 菌体为小的浅蓝色。

第五节　细胞因子测定

细胞因子是介导和调节免疫、炎症反应的小分子多肽,包括白细胞介素(IL)、干扰素(IFN)、集落刺激因子(CSF)、肿瘤坏死因子(TNF)、转化生长因子(TGF)及趋化因子等。检测细胞因子有助于分析细胞因子产生水平以及与免疫细胞表型、增殖、杀伤及其他功能的关系。病原微生物感染以及某些疾病可导致体内细胞因子及其受体表达发生异常,可通过细胞因子的检测分析疾病的状态(如免疫抑制或炎症反应)。此外,通过基因工程手段制备的细胞因子均需测定其含量及活性。细胞因子的检测方法一般分为生物学、免疫学和分子生物学测定等。

一　生物学活性测定

根据细胞因子特定的生物学活性,应用相应的指示系统,如各种依赖性细胞株或靶细胞,同时与标准品对比测定,从而得知样品中细胞因子的活性水平,一般以活性单位(U/mL)表示。生物学活性检测中所用的靶细胞可直接从组织中分离,如骨髓细胞的集落形成试验和胸腺细胞的增殖试验,或用体外培养的依赖细胞因子才能生长的细胞因子依赖株及对细胞因子杀伤敏感的细胞作为靶细胞。

1. 原理

细胞因子的生物学活性测定分为以下 4 类。

(1)细胞增殖法　许多细胞因子具有促进细胞增殖的活性,特别是白细胞介素,如 IL-2 刺激 T 细胞生长、IL-3 刺激肥大细胞生长、IL-6 刺激浆细胞生长等。利用这一特性,现已筛选出一些针对特定细胞因子的细胞,并建立了只依赖于某种因子的细胞系,即依赖细胞株(简称依赖株)。这些依赖株在通常情况下不能存活,只有在加入特定细胞因子后才能增殖。如 IL-2 依赖株 CTLL-2(细胞毒性 T 淋巴细胞株)在不含 IL-2 的培养基中很快死亡,而加入 IL-2 后则可在体外长期培养。在一定浓度范围内,细胞增殖与 IL-2 量成正比,因此通过测定细胞增殖情况从而确定 IL-2 的含量。除依赖株外,还有一些短期培养的细胞,如胸腺细胞、骨髓细胞、促有丝分裂原刺激后的淋巴母细胞等,均可作为靶细胞来测定某种细胞因子活性。常用的检测方法有 ^{3}H-TdR 掺入法、MTT 比色法、直接计数法等。各种集落刺激因子(CSF)作用于造血系统的不同细胞,可促进在半固体琼脂凝胶中克隆培养的骨髓细胞形成集落,故可采用集落形成试验检测 CSF 的水平。

(2)细胞毒活性测定法　许多细胞因子(如 TNF)针对转化的细胞及病毒感染的细胞具有溶解或抑制生长的活性。将不同稀释度的待测样品及细胞因子标准品分别与细胞株共同培养一定时间,然后检测存活的靶细胞数,并与对照比较求得溶细胞或抑制细胞生长的百分率,或以 OD 值对样品稀释度作图,绘制标准品的剂量反应曲线,从而求得相应的待测样品中细胞因子的含量。通常靶细胞多选择体外长期传代的肿瘤细胞株,利用同位素释放法、

LDH 释放法或染料染色等方法判定细胞的杀伤情况。

（3）抗病毒活性测定　检测样品中干扰素（IFN）的含量最常采用的方法是检测 IFN 的抗病毒活性。用细胞因子处理易感细胞，使细胞建立抗病毒状态，然后用适量病毒攻击细胞，评价病毒的复制量或病毒引起的细胞病变被抑制的程度，即可判断样品中细胞因子的生物学活性。常用于检测 IFN 抗病毒活性的细胞株有 WISH（羊膜细胞系），Hep2/c（喉癌细胞系），L929（小鼠成纤维细胞系）及 MDBK（牛肾细胞系）等。其中 WISH 及 Hep2/c 细胞株用于人干扰素的测定，L929 用于小鼠干扰素的检测，而 MDBK 细胞株可用于检测多种属的 IFN-α 和 IFN-γ。常用于攻击细胞的病毒有水疱性口炎病毒（vesicular stomatitis virus，VSV）及鼠脑心肌炎病毒（encephalomyocarditis virus，EMCV）等。检测抗病毒活性的具体方法包括测定细胞因子抑制病毒的细胞病变效应、抑制病毒蚀斑形成或抑制病毒的产量等。IFN 的抗病毒活性通常以 U/mL 表示，IFN 的纯度则以 U/mg 表示。抗病毒活性单位是指能抑制 50% 细胞病变或 50% 病毒空斑形成效应的 IFN 最高稀释度的倒数。

（4）趋化活性测定法　多种细胞因子具有趋化活性，可诱导中性粒细胞、单核-巨噬细胞等定向迁移。趋化因子诱导细胞移动的方式包括趋化性和化学增活现象。趋化性是指诱导细胞向趋化因子化学浓度高的方向进行定向移动，可采用琼脂糖和微孔小室趋化试验测定；化学增活现象是指增强细胞的随机运动，可采用琼脂糖小滴化学动力学试验检测。细胞因子趋化活性的测定方法见中性粒细胞趋化活性的测定。

2. 基本操作步骤

以干扰素（IFN）及白细胞介素-2（IL-2）为例介绍。

（1）IFN 的效价测定　以 MDBK 细胞-VSV 系统微量细胞病变抑制法为例介绍。将 MDBK 接种于 96 孔细胞板，培养至长成单层。去除营养液，依次加入系列稀释的 IFN 样品，同时设 VSV 阳性对照（不加 IFN，只加 VSV）、阴性对照（只加 IFN，不加 VSV）以及空白对照（不加 IFN，不加 VSV）。培养过夜，去除 IFN 溶液，用 100 TCID$_{50}$ 的 VSV 攻击，再培养 1～2 d。待病毒对照孔细胞全部或 75% 以上出现明显病变时，即可观察结果。能抑制 50% 细胞病变的 IFN 最高稀释度的倒数即为干扰素抗 VSV 活性单位。

（2）IL-2 的活性测定方法　以 IL-2 刺激 CTLL-2 细胞株的增殖为例介绍。在 96 孔板中加入不同稀释度的 IL-2 待测样品，设培养液对照和不同浓度 IL-2 标准品对照。向各孔内加入 CILL-2 检测细胞，培养 24 h，每孔加入 MTT，继续培养 4 h。吸弃上清，加入酸化异丙醇，重复混匀以溶解甲臜颗粒。用酶联免疫检测仪测定 570 nm 处的 OD 值。以 $\log_2$ 稀释度（X）和各稀释度对应的 OD 值（Y）作直线回归，分别绘制 IL-2 标准品和待测样品两条回归曲线，按概率单位分析法计算待测样品中 IL-2 的活性单位。

二　免疫学检测法

利用免疫血清学技术检测细胞因子，常用的方法主要有双抗体夹心 ELISA 和 ELISPOT。

（1）双抗体夹心 ELISA　将细胞因子作为抗原，用针对某种细胞因子的特异性抗体进行定量检测。用 2 株针对某种细胞因子不同位点的单克隆抗体,即 McAbl(包被抗体)与 McAb2(酶标抗体)。先用 McAbl 包被固相载体,加入待测样品,使待测细胞因子与之特异性结合,然后加入辣根过氧化物酶(HRP)标记的 McAb2,则形成 McAbl-细胞因子-HRP-McAb2 复合物,再加入 HRP 底物,则酶催化底物显色。测定样品与标准品 OD 值,绘制标准曲线,即可从标准曲线中查得待测样品中细胞因子的含量。

(2)ELISPOT 是一种基于 ELISA 的基本原理,结合细胞培养技术,在体外检测细胞分泌的细胞因子的固相酶联免疫斑点技术。实质上 ELISPOT 是 ELISA 的改良方法,已成为细胞免疫检测与分析的重要技术。

用 PVDF 膜为底的 96 孔细胞培养板,事先用特异性的单克隆抗体包被,以捕获细胞分泌的细胞因子。然后在培养板孔内加入待检测的细胞(如外周血单核细胞)和刺激物进行培养。在刺激物的刺激下,T 细胞分泌相应的细胞因子,被包被在膜上的抗体所捕获。洗去细胞后,加入生物素标记的抗体,与被捕获的细胞因子结合,再加入酶(碱性磷酸酶)标亲和素与生物素结合,用 BCIP/NBT 底物进行酶联显色。PVDF 膜的局部形成"紫色"斑点,每一个斑点对应一个分泌细胞因子的细胞。经计算膜上的斑点数目即可计算出分泌细胞因子的阳性细胞比例。

检测不同的细胞因子需用不同的刺激物,如分析 T 淋巴细胞及其分泌细胞因子的功能,可用刀豆素(ConA)、植物凝集素(PHA)、佛波酯(PMA)等;而脂多糖(LPS)、美洲商陆(PWM)常用于分析 B 淋巴细胞功能。

ELISPOT 不仅可以对分泌细胞因子的细胞进行定量检测,也可检测到单个细胞分泌的细胞因子(如 IFN-γ、IL-4),借以确切反映体内细胞因子的水平。同时,此技术还应用于体内 T_H1、T_H2 亚群分析、抗原 T 细胞表位筛选与鉴定、疫苗诱导细胞免疫的评价、化合物和药物免疫学反应的筛选以及各类疾病相关研究。也可用于特异性抗体分泌细胞(浆细胞)的检测。

三 分子生物学测定法

分子生物学检测方法是从基因水平检测细胞因子,有多种方法,如 RT-PCR、定量 PCR 以及核酸杂交技术。目前,以定量 PCR 最为常用。

(1)原理 细胞因子是诱导性表达的蛋白质,动物体受到病毒感染或疫苗免疫后,细胞内某些细胞因子开始表达,其对应的 mRNA 水平升高,可通过荧光定量 PCR 方法进行检测。该技术是在常规 PCR 基础上加入荧光标记的探针或相应的荧光染料来实现其定量功能的。随着 PCR 反应的进行,PCR 反应产物不断累积,荧光信号强度也等比例增加。每经过一个循环,收集一个荧光强度信号,这样就可以通过荧光强度变化监测产物量的变化,从而得到一条荧光扩增曲线图。荧光定量检测所使用的标记物多用 TaqMan 探针或 SYBR Green I 荧光染料。在荧光扩增曲线上人为设定一个阈值,即可得到每个反应管内的荧光信号到达设定阈值时所经历的循环数(Ct 值),每个模板的 Ct 值与该模板的起始拷贝数的对数存在线性关系,起始拷贝数越多,Ct 值越小。利用已知起始拷贝数的标准品可制作标准曲线,其中横坐标代表起始拷贝数的对数,纵坐标代表 Ct 值。因此,只要获得未知样品的 Ct 值,即可从标准曲线上计算出该样品的起始拷贝数,从而对细胞因子进行 mRNA 水平的定量。

(2)基本操作步骤　以 SYBR Green Ⅰ 荧光定量 PCR 检测 IL-18 为例介绍。克隆猪 IL-18 基因,构建阳性重组质粒作为标准品备用,测定质粒的 OD_{260},据此计算质粒浓度并换算成拷贝数。提取猪外周血细胞总 RNA,并反转录为 cDNA。在 PCR 反应体系中加入 cD-NA 模板、猪 IL-18 特异的上、下游引物及 SYBR Green Ⅰ 荧光染料,在荧光定量 PCR 仪上进行 PCR 扩增。设标准品对照,并建立标准曲线。对照标准曲线,即可得出样品中 IL-18 的拷贝数。

复习思考题

1. T 细胞亚群检测有何意义?
2. 试述流式细胞术的原理。
3. 淋巴细胞转化试验有哪些方法?
4. 试述细胞毒性 T 细胞检测的基本原理。
5. 巨噬细胞功能的测定有哪些方法?
6. 细胞因子检测方法有哪些?
7. ELISPOT 有何用途?

参考文献

[1] 杜念兴. 兽医免疫学[M]. 2版. 北京：中国农业出版社，1997.

[2] 毕爱华. 医学免疫学[M]. 北京：人民军医出版社，2000.

[3] 吴敏毓，刘恭植. 医学免疫学[M]. 4版. 合肥：中国科学技术大学出版社，2002.

[4] 杨汉春. 动物免疫学[M]. 2版. 北京：中国农业大学出版社，2003.

[5] 安云庆，高晓明. 医学免疫学[M]. 北京：北京大学医学出版社，2004.

[6] 张延龄，张晖. 疫苗学[M]. 北京：科学出版社，2004.

[7] 张吉林，宋玉国. 医学分子生物学实验指导[M]. 北京：中国医药科技出版社，2005.

[8] 金伯泉. 医学免疫学[M]. 5版. 北京：人民卫生出版，2008.

[9] 龚非力. 医学免疫学[M]. 3版. 北京：科学出版社，2009.

[10] 曹雪涛. 免疫学技术及其应用[M]. 北京：科学出版社，2010.

[11] 何维. 医学免疫学[M]. 2版. 北京：人民卫生出版社，2010.

[12] 吕昌龙，李殿俊，李一. 医学免疫学[M]. 7版. 北京：高等教育出版社，2012.

[13] 伊恩·蒂萨德(Ian R Tizard). 兽医免疫学[M]. 8版. 张改平，崔保安，周恩民，等译. 北京：中国农业出版社，2012.

[14] 张逢春，杨蜜. 医学免疫学实验教程[M]. 北京：高等教育出版社，2012.

[15] 张丽芳. 医学免疫学[M]. 北京：高等教育出版社，2013.

[16] 曹雪涛. 医学免疫学[M]. 6版. 北京：人民卫生出版社，2013.

[17] 范虹，卢芳国. 免疫学基础与病原生物学[M]. 北京：科学出版社，2013.

[18] 马兴铭，丁剑冰. 医学免疫学[M]. 北京：清华大学出版社，2013.

[19] 王大军，车昌燕，韩梅. 医学免疫学实验指导[M]. 北京：科学出版社，2013.

[20] 周光炎. 免疫学原理[M]. 3版. 北京：科学出版社，2013.

[21] 梅钧. 医学免疫学[M]. 北京：中国医药科技出版社，2014.

[22] 邬于川，左丽. 医学免疫学[M]. 北京：科学出版社，2014.

[23] 颜世敢. 免疫学原理与技术[M]. 北京：化学工业出版社，2017.

[24] 张燕燕. 现代免疫学概论[M]. 北京：科学出版社，2017.

[25] 夏业才，陈光华，丁家波. 兽医生物制品学[M]. 2版. 北京：中国农业出版社，2018.

[26] 沈关心，赵富玺. 医学免疫学[M]. 4版. 北京：人民卫生出版社，2019.

［27］王睿. 免疫学实验技术原理与应用［M］. 北京：北京理工大学出版社，2019.

［28］ABBAS A K, LICHTMAN A H, PILLAI S. Cellular and molecular immunology［M］. 7th ed. Missouri：Saunders Elsevier, 2012.

［29］ALTINDIS E. Antibacterial vaccine research in 21st century：from inoculation to genomics approaches［J］. Current Topics in Medicinal Chemistry, 2013, 13：2638-2646.

［30］AMIGORENA S, SAVINA A. Intracellular mechanisms of antigen cross presentation in dendritic cells［J］. Current Opinion in Immunology, 2010, 22：109-117.

［31］ARITS D, SPITS H. The biology of innate lymphoid cells［J］. Nature, 2015, 517：293-301.

［32］BARBE F, DOUGLAS T, SALEH M. Advances in Nod-like receptors（NLR）biology［J］. Cytokine and Growth Factor Reviews, 2014, 25：681-697.

［33］BENDALL S C, NOLAN G P, ROEDERER M, et al. A deep profiler's guide to cytometry［J］. Trends in Immunology, 2012, 33：323-332.

［34］BLUM J S, WEARSCH P A, CRESSWELL P. Pathways of antigen processing［J］. Annual Review of Immunology, 2013, 31：443-473.

［35］BOSS I W, RENNE R. Viral miRNAs：tools for immune evasion［J］. Current Opinion in Microbiology, 2010, 13：540-545.

［36］BRUBAKER S W, BONHAM K S, ZANONI I, et al. Innate immune pattern recognition：a cell biological perspective［J］. Annual Review of Immunology, 2015, 33：257-290.

［37］BYRNE H, CONROY P J, WHISSTOCK J C, et al. A tale of two specificities：bispecific antibodies for therapeutic and diagnostic applications［J］. Trends in Biotechnology, 2013, 31：621-632.

［38］CACCAMO N, TODARO M, SIRECI G, et al. Mechanisms underlying lineage commitment and plasticity of human gammadelta T cells［J］. Cellular and Molecular Immunology, 2013, 10：30-34.

［39］CHERRIER D E, SERAFINI N, DI SANTO J P. Innate lymphoid cell development：a T cell perspective［J］. Immunity, 2018, 48：1091-1103.

［40］CLAVEL G, THIOLAT A, BOISSIER M C. Interleukin newcomers creating new numbers in rheumatology：IL-34 to IL-38［J］. Joint Bone Spine, 2013, 80：449-453.

［41］DELVES P J, MARTIN S J, BURTON D R, et al. Roitt's essential immunology［M］. 12th ed. Chichester：Wiley-Blackwell, 2011.

［42］DIEBOLDER C A, BEURSKENS FJ, D E JONG R N, et al. Complement is activated by IgG hexamers assembled at the cell surface［J］. Science, 2014, 343：1260-1263.

［43］DU J, GE X, LIU Y, et al. Targeting swine leukocyte antigen class I molecules for proteasomal degradation by the nsp1α replicase protein of the Chinese highly pathogenic porcine reproductive and respiratory syndrome virus strain JXwn06［J］. Journal of

Virology，2016，90：682-693.

［44］DUNKELBERGER J R，SONG W C. Complement and its role in innate and adaptive immune responses ［J］. Cell Research，2010，20：34-50.

［45］EGEN J G，KUHNS M S，ALLISION J P. CTLA-4：new insights into its biological function and use in tumor immunotherapy ［J］. Nature Immunology，2002，3：611-618.

［46］FENTON J A，PRATT G，RAWSTRON A C，et al. Isotype class switching and the pathogenesis of multiple myeloma ［J］. Hematological Oncology，2002，20：75-85.

［47］FOSTER A M，BALIWAG J，CHEN C S，et al. IL-36 promotes myeloid cell infiltration，activation，and inflammatory activity in skin ［J］. Journal of Immunology，2014，192：6053-6061.

［48］GAFFEN S L. Structure and signalling in the IL-17 receptor family ［J］. Nature Reviews Immunology，2009，9：556-567.

［49］GARLANDA C，DINARELLO C A，MANTOVANI A. The interleukin-1 family：back to the future ［J］. Immunity，2013，39：1003-1018.

［50］GORDON S. Phagocytosis：an immunobiologic process ［J］. Immunity，2016，44：463-475.

［51］GRUNDHOFF A，SULLIVAN C S. Virus-encoded microRNAs ［J］. Virology，2011，411：325-343.

［52］IWASAKI A，MEDZHITOV R. Control of adaptive immunity by the innate immune system ［J］. Nature Immunology，2015，16：343-353.

［53］KELLY A，TROWSDALE J. Genetics of antigen processing and presentation ［J］. Immunogenetics，2019，71：161-170.

［54］KIM S. Interleukin-32 in inflammatory autoimmune diseases ［J］. Immune Network，2014，14：123-127.

［55］KOHLER G，MILSTEIN C. Continuous cultures of fused cells secreting antibody of predefined specificity ［J］. Nature，1975，256：495-497.

［56］KORETZKY G A，MYUNG P S. Positive and negative regulation of T-cell activation by adaptor proteins ［J］. Nature Reviews Immunology，2001，1：95-107.

［57］KORN T，BETTELLI E，OUKKA M，et al. IL-17 and Th17 cells ［J］. Annual Review of Immunology，2009，27：485-517.

［58］KOTAS M E，LOCKSLEY R M. Why innate lymphoid cells ［J］. Immunity，2018，48：1081-1090.

［59］KUROSAKI T. Regulation of BCR signaling ［J］. Molecular Immunology，2011，48：1287-1291.

［60］LUNNEY J K，HO C S，WYSOKI M，et al. Molecular genetics of the swine major histocompatibility complex，the SLA complex ［J］. Developmental and Comparative Immunology，2009，33：362-374.

［61］LUO R，XIAO S，JIANG Y，et al. Porcine reproductive and respiratory syndrome virus（PRRSV）suppresses interferon-β production by interfering with the RIG-I signaling pathway ［J］. Molecular Immunology，2008，45：2839-2846.

［62］MAIER E，WERNER D，DUSCHL A，et al. Human Th2 but not Th9 cells release IL-31 in a STAT6/NF-κB-dependent way ［J］. Journal of Immunology，2014，193：645-654.

［63］MANTIS N J，ROL N，CORTHESY B. Secretory IgA's complex roles in immunity and mucosal homeostasis in the gut ［J］. Mucosal Immunology，2011，4：603-611.

［64］MCVEY S，SHI J. Vaccines in veterinary medicine：a brief review of history and technology ［J］. Veterinary Clinics of North America-Small Animal Practice，2010，40：381-392.

［65］MORTHA A，BURROWS K. Cytokine networks between innate lymphoid cells and myeloid cells ［J］. Frontiers in Immunology，2018，9：191.

［66］NAKAJIMA M. Immuno and lectin histochemistry for renal electron microscopy ［J］. Methods in Molecular Biology，2009，466：149-159.

［67］OLIVER C. Preparation of colloidal gold ［J］. Methods in Molecular Biology，2010，588：363-367.

［68］O'SHEA J J，PAUL W E. Mechanisms underlying lineage commitment and plasticity of helper CD4$^+$ T cells ［J］. Science，2010，327：1098-1102.

［69］PAUL S，SINGH A K，SHILPI L G，et al. Phenotypic and functional plasticity of gamma-delta（γδ）T cells in inflammation and tolerance ［J］. International Reviews of Immunology，2014，33：537-558.

［70］PEPPER M，JENKINS MK. Origins of CD4（+）effector and central memory T cells ［J］. Nature Immunology，2011，12：467-471.

［71］PEREZ-LOPEZ A，BEHNSEN J，NUCCIO S P，et al. Mucosal immunity to pathogenic intestinal bacteria ［J］. Nature Reviews Immunology，2016，16：135-148.

［72］PUNT J，SSTRANFORD SA，JONES PP，et al. Kuby immunology ［M］. 8th ed. New York：WH Freeman and Company，2018.

［73］REDDING L，WEINER D B. DNA vaccines in veterinary use ［J］. Expert Review of Vaccines，2009，8：1251-1276.

［74］REIKINE S，NGUYEN J B，MODIS Y. Pattern recognition and signaling mechanisms of RIG-I and MDA5 ［J］. Frontiers in Immunology，2014：5，342.

［75］SMITH-GARVIN J E，KORETZKY G A，JORDAN M S. T cell activation ［J］. Annual Review of Immunology，2009，27：591-619.

［76］SPADIUT O，CAPONE S，KRAINER F，et al. Microbials for the production of monoclonal antibodies and antibody fragments ［J］. Trends in Biotechnology，2014，32：54-60.

［77］SPITS H，BERNINK J H，LANIER L. NK cells and type 1 innate lymphoid cells：

partners in host defense [J]. Nature Immunology, 2016, 17: 758-764.

[78] STAVNEZER J, AMEMIYA C T. Evolution of isotype switching [J]. Seminars in Immunology, 2004, 16: 257-275.

[79] SUE M J, YEAP S K, OMAR A R, et al. Application of PCR-ELISA in molecular diagnosis [J]. Biomed Research International, 2014, 2014: 653014.

[80] SVITEK N, HANSEN A M, STEINAA L, et al. Use of "one-pot, mix-and-read" peptide-MHC class Ⅰ tetramers and predictive algorithms to improve detection of cytotoxic T lymphocyte responses in cattle [J]. Veterinary Research, 2014, 45: 50.

[81] TIZARD I R. Veterinary Immunology [M]. 10th ed. Missouri: Saunders Elsevier, 2018.

[82] WEISS A J. Overview of membranes and membrane plates used in research and diagnostic ELISPOT assays [J]. Methods in Molecular Biology, 2012, 792: 243-256.

[83] YANG L, XU L, LI Y, et al. Molecular and functional characterization of canine interferon-epsilon [J]. Journal of Interferon and Cytokine Research, 2013, 33: 760-768.

[84] YIN Q, FU T M, LI J, et al. Structural biology of innate immunity [J]. Annual Review of Immunology, 2015, 33: 393-416.

[85] ZHU J, PAUL W E. Heterogeneity and plasticity of T helper cells [J]. Cell Research, 2010, 20: 4-12.

免疫学名词

ablastin 抑殖素

abzyme 抗体酶

accelerated acute rejection 加速性排斥反应

accessibility 易接近性

acquired immune response 获得性免疫应答

acquired immunodeficiency disease 获得性免疫缺陷病

activation 活化（激活）

activator protein 1（AP-1）激活因子蛋白 1

active immunity 主动免疫

acute rejection 急性排斥反应

adaptive immune response 适应性免疫应答

adaptive immunity 适应性免疫

adjuvant 佐剂

adoptive immunotherapy 过继免疫疗法

affinity 亲和力

agammaglobulinemia 无 γ 球蛋白血症

agar 琼脂

agarose 琼脂糖

agglutination 凝集

agglutination test 凝集试验

agglutinin 凝集素

alkaline phosphatase（AKP）碱性磷酸酶

allergen 变应原（过敏原）

allergy 过敏反应

alloantibody 同种抗体

alloantigen 同种异型抗原

allotypic determinant 同种异型决定簇

alpha-fetoprotein（AFP）甲胎蛋白

alternate pathway 替代途径（补体旁路或 C3 激活途径）

amino-salicylic acid 氨基水杨酸

anamnestic response 回忆应答

anaphylactic shock 过敏性休克

anaphylatoxin 过敏毒素

anergy 失能

antibody（Ab）抗体

antibody-dependent cell-mediated cytotoxicity（ADCC）抗体依赖性细胞介导的细胞毒作用

antibody-dependent cellular phagocytosis（ADCP）抗体依赖性细胞吞噬作用

antibody-mediated chemotherapy 抗体导向化学疗法

antibody-mediated immunity 抗体介导免疫

antigen 抗原

antigen epitope 抗原表位

antigen peptide 抗原肽

antigen presentation 抗原提呈

antigen processing 抗原加工

antigen-binding site 抗原结合点

antigenic determinant 抗原决定簇（抗原决定基）

antigenic drift 抗原漂移

antigenic shift 抗原转换

antigenic valence 抗原价

antigenicity 抗原性

antigen-presenting cell（APC）抗原提呈细胞

antigen-specific lymphoid cell 抗原特异性淋巴细胞

anti-idiotype antibody 抗独特型抗体

anti-idiotype vaccine 抗独特型疫苗

antimicrobial peptide 抗菌肽

antiserum 抗血清

autoantibody 自身抗体

autoantigen 自身抗原

autocrine 自分泌

autoimmune disease 自身免疫病

autoimmunity 自身免疫

avidin 亲和素

avidin-biotin complex（ABC）亲和素-生物素复
合物

avidity 亲合力

B and T lymphocyte attenuator（BTLA）B 和 T 淋
巴细胞弱化因子

B cell epitope B 细胞表位

B lymphocyte B 淋巴细胞（B 细胞）

bacterial antigen 细菌抗原

barrier immunity 屏障免疫

basophil 嗜碱性粒细胞

β-lysin 乙型溶素

β_2 microglobulin（β_2m） β_2 微球蛋白

B-cell activating factor（BAFF）B 细胞活化因子

B-cell receptor（BCR）B 细胞受体

BCR complex BCR 复合体

biotin 生物素

biotin avidin system（BAS）生物素-亲和素系统

blocking ELISA 阻断 ELISA

bone marrow 骨髓

bone marrow-dependent lymphocyte 骨髓依赖性
淋巴细胞

bovine gamma globulin（BGG）牛 γ 球蛋白

bridged avidin-biotin（BRAB）桥连亲和素-生
物素

bronchus-associated lymphoid tissue（BALT）支气
管相关淋巴组织

bursa of Fabricius 法氏囊（腔上囊）

bursa-dependent lymphocyte 囊依赖性淋巴细胞

C1 inhibitor（C1INH）C1 抑制因子

C4-binding protein（C4bBP）C4b 结合蛋白

calnexin 钙联蛋白

calreticulin 钙网蛋白

capsid protein 衣壳蛋白

capsular antigen 荚膜抗原

capture ELISA 捕获 ELISA

carbodiimide 碳化二亚胺

carcinoembryonic antigen（CEA）癌胚抗原

carrier effect 载体效应

cascade induction 级联诱导性

catalytic antibody 催化抗体

cell adherence 细胞黏附

cell clumping 细胞凝聚

cell lysis 细胞溶解

cell-mediated immunity（CMI）细胞免疫

cell-mediated lympholysis（CML）细胞介导的淋
巴细胞溶解作用

cellular immunology 细胞免疫学

central supramolecular activating complex
（cSMAC）中心超分子活化复合体

chemiluminescent immunoassay（CLIA）化学发光
免疫测定

chemokine 趋化因子

chemokine receptor family 趋化因子受体家族

chimeric antibody 嵌合抗体（杂种抗体）

chromatin immunoprecipitation（ChIP）染色质免
疫沉淀

chronic rejection 慢性排斥反应

circulating dendritic cell 循环树突状细胞

class 类

class Ⅰ cytokine receptor family Ⅰ类细胞因子受
体家族（造血因子受体家族）

class Ⅱ cytokine receptor family Ⅱ类细胞因子受
体家族（干扰素受体家族）

class switching 类转换

classical pathway 经典途径

CLIP 榫子

clonal expansion 克隆增殖

clonal selection theory 克隆选择学说

cluster of differentiation（CD）分化簇（分化抗
原）

co-agglutination test（COAG）协同凝集试验

co-immunoprecipitation（Co-IP）免疫共沉淀

coinhibitory receptor 共抑制受体

colloidal gold 胶体金

colloidal gold enhanced immunochromatography assay(CGEIA) 胶体金快速免疫层析法

colony stimulating factor(CSF) 集落刺激因子

combined vaccine 联合疫苗

common antigen 共同抗原

common mucosal immune system(CMIS) 共同黏膜免疫系统

competitive ELISA 竞争 ELISA

complement dependent cytotoxicity(CDC) 补体依赖性细胞毒试验

complement fixation test(CFT) 补体结合试验

complement fixing antibody 补体结合抗体

complement receptor(CR) 补体受体

complement system 补体系统

complement(C) 补体

complementarity-determining region(CDR) 互补决定区

complete antibody 完全抗体

complete antigen 完全抗原

complex hapten 复合半抗原

concanavalin A(ConA) 刀豆蛋白 A

confocal fluorescence microscopy 共聚焦荧光显微技术

conformation 构象

conformational epitope 构象表位

connective tissue mast cell(CTMC) 结缔组织肥大细胞

constant region 恒(稳)定区

continuous epitope 连续表位

convertase 转化酶

coreceptor 辅助受体(协同受体)

costimulatory receptor 共刺激受体

counter immunoelectrophoresis 对流免疫电泳

C-reactive protein(CRP) C-反应蛋白

cross reaction 交叉反应

cross-presentation 交叉提呈

cross-reacting antigen 交叉反应抗原

C-type lectin receptor(CLR) C 型凝集素受体

cyclic GMP-AMP synthase(cGAS) 环 GMP-AMP 合成酶

cytokine signaling 细胞因子信号传导

cytokine storm 细胞因子风暴

cytokine therapy 细胞因子疗法

cytokine(CK) 细胞因子

cytosolic pathway 胞质途径

cytotoxic T cell(T_C) 细胞毒性 T 细胞

cytotoxic T lymphocyte antigen-4(CTLA-4) 细胞毒性 T 淋巴细胞抗原 4

cytotoxic T lymphocyte(CTL) 细胞毒性 T 淋巴细胞

damage-associated molecular pattern(DAMP) 损伤相关分子模式

decay accelerating factor(DAF) 衰变加速因子

delayed type hypersensitivity T cell(T_{DTH}/T_D) 迟发型超敏反应性 T 细胞

delayed type hypersensitivity(DTH) 迟发型超敏反应

deletion model 缺失模型

dendritic cell,D cell 树突状细胞

diaminobenzidine(DAB) 二氨基联苯胺

differentiation 分化

difluorodinitrobenzene 二氟二硝基苯

dimer 二聚体

direct agglutination test 直接凝集试验

discontinuous epitope 不连续表位

DNA vaccine DNA 疫苗

domain 功能区

dot immunogold filtration assay(DIGFA) 斑点免疫金渗滤法

Dot-ELISA 斑点-酶联免疫吸附试验

double diffusion in two dimensions 双向双扩散

double sandwich ELISA 双夹心 ELISA

dysgammaglobulinemia γ 球蛋白异常

early endosome 早期内体

edible vaccine 食用疫苗

effect stage 效应阶段

endocrine 内分泌

endocytic pathway 内吞途径

endocytic vesicle 内吞囊泡

endocytosis 内吞

endogenous antigen 内源性抗原

endogenous pathway 内源性途径

endolysosome 内溶酶体

endosome 内体

endpoint neutralization test（ENT）终点法中和试验

envelope protein 囊膜蛋白

enzyme-labelled antibody technique 酶标抗体技术

enzyme-linked immunosorbent assay（ELISA）酶联免疫吸附测定

eosinophil 嗜酸性粒细胞

epidermal growth factor（EGF）表皮生长因子

epitope 表位

epitope vaccine 表位疫苗

erythrocyte 红细胞

erythropoietin（EPO）红细胞生成素

ethylrhodamine B200（RB200）乙基罗丹明 B200

exogenous antigen 外源性抗原

exogenous pathway 外源性途径

Fc receptor（FcR）Fc 受体

feedback inhibition 反馈抑制

fibroblast growth factor（FGF）成纤维细胞生长因子

first-set rejection phenomenon 初次排斥现象

flagellar antigen 鞭毛抗原

flow cytometer 流式细胞仪

flow cytometry 流式细胞术

fluorescein 荧光素（荧光色素）

fluorescein activated cell sorter（FACS）荧光激发细胞分选仪

fluorescein isocyanate（FIC）异氰酸荧光素

fluorescein isothiocyanate（FITC）异硫氰酸荧光素

follicular dendritic cell（FDC）滤泡树突状细胞

foreignness 异源性

fragment antigen-binding（Fab）抗原结合片段

fragment crystallizable（Fc）可结晶片段

framework region 骨架区

Freund's adjuvant 弗氏佐剂

gene knockout 基因敲除

gene-deleted vaccine 基因缺失疫苗

germline cell theory 胚系细胞学说

gland of Harder 哈德氏腺

glutaraldehyde（GA）戊二醛

graft 移植物

graft rejection 移植排斥反应

graft versus host reaction（GVHR）移植物抗宿主反应

granulocyte 粒细胞

granulocyte-CSF（G-CSF）粒细胞集落刺激因子

granzyme B 颗粒酶 B

growth factor（GF）生长因子

gut-associated lymphoid tissue（GALT）肠道相关淋巴组织

hapten 半抗原

hapten-carrier phenomenon 半抗原-载体现象

heavy chain 重链

helper T cell（T$_H$）辅助性 T 细胞

hemagglutinin（HA）血凝素

hematopoietic stem cell（HSC）造血干细胞

hepatocyte growth factor（HGF）肝细胞生长因子

herd immunity 群体免疫力

heteroantibody 异种抗体

heteroantigen 异种抗原

heterogenous vaccine 异源疫苗

heterophile antibody 异嗜性抗体

heterophile antigen 异嗜性抗原

high-zone tolerance 高带耐受

hinge region 铰链区

histamine 组胺

histocompatibility 组织相容性

histocompatibility antigen 组织相容性抗原

homeostasis 自身稳定

homologous recombination 同源重组

homologous restriction factor（HRF）同源限制因子

horseradish peroxidase（HRP）辣根过氧化物酶

host versus graft reaction（HVGR）宿主抗移植物反应

humoral immunity 体液免疫

hyperacute rejection（HAR）超急排斥反应

hypercytokinemia 高细胞因子血症

hypersensitivity 超敏反应（变态反应）

hypervariable region 高（超）变区

idiotope 独特位

idiotype 独特型

idiotypic determinant 独特型决定簇

IL-1 receptor family IL-1 受体家族

IL-17 receptor family IL-17 受体家族

immediate hypersensitivity 速发型超敏反应

immune adherence 免疫黏附

immune adherence hemagglutination test(IAHA) 免疫黏附血凝试验

immune antibody 免疫抗体

immune colloidal gold technique 免疫胶体金技术

immune colloidal gold test strip 免疫胶体金试纸条

immune complex(IC) 免疫复合物

immune electron microscopy(IEM) 免疫电镜

immune microarray 免疫芯片

immune network theory 免疫网络学说

immune organ 免疫器官

immune paralysis 免疫麻痹

immune potentiator 免疫增强剂

immune response 免疫应答

immune sensor 免疫传感器

immune suppressant 免疫抑制剂

immune synapse 免疫突触

immune system 免疫系统

immunity 免疫

immunoadjuvant 免疫佐剂

immunobiology 免疫生物学

immunoblotting，Western blotting 免疫转印（蛋白质印迹）

immunochemistry 免疫化学

immunocompetent cell(ICC) 免疫活性细胞

immunocyte 免疫细胞

immunodeficiency disease(IDD) 免疫缺陷病

immunoelectrophoresis 免疫电泳

immunofluorescence antibody technique 免疫荧光抗体技术

immunogen 免疫原

immunogenetics 免疫遗传学

immunogenicity 免疫原性

immunoglobulin superfamily(IgSF) 免疫球蛋白超家族

immunoglobulin(Ig) 免疫球蛋白

immunogold-silver staining（IGSS）免疫金银染色法

immunologic tolerance 免疫耐受

immunological defense 免疫防御

immunological homeostasis 免疫稳定

immunological memory 免疫记忆

immunological surveillance 免疫监视

immunology 免疫学

immunomodulator 免疫调节剂

immunopathology 免疫病理学

immunoprecipitation(IP) 免疫沉淀

immunoproteasome 免疫蛋白酶体

immunoreactivity 免疫反应性

immunoreceptor tyrosine-based activation motif （ITAM）免疫受体酪氨酸活化基序

immunoregulation 免疫调节

immunoserology 免疫血清学

immunostimulating complex(ISCOM) 免疫刺激复合物

immunotoxin 免疫毒素

immunotoxin therapy 免疫毒素疗法

incomplete antibody 不完全抗体

incomplete antigen 不完全抗原

indirect agglutination test 间接凝集试验

indirect ELISA 间接 ELISA

indirect hemagglutination test(IHAT) 间接血凝试验

induced regulatory T cell(iTREG) 诱导型调节性 T 细胞

inducible costimulator(ICOS) 诱导性共刺激因子

inflammatory response 炎症反应

innate humoral immunity 固有体液免疫

innate immune system 固有免疫系统

innate immunity 先天性免疫（固有免疫）

innate immunocyte 固有免疫细胞

innate lymphoid cell(ILC) 固有淋巴细胞

innate-like lymphoid cell 固有样淋巴细胞

instructive theory 诱导学说

insulin-like growth factor（IGF）胰岛素样生长因子

interdigitating dendritic cell 并指状树突状细胞

interferon regulatory factor（IRF）干扰素调节因子

interferon(IFN) 干扰素

interleukin(IL) 白细胞介素

internal image 内影像

interstitial dendritic cell 间质树突状细胞

intraepithelial lymphocyte(IEL) 上皮内淋巴细胞

invariant chain,恒定链(Ii 链)

isotypic determinant 同种型决定簇

joining chain 连接链

killed/inactivated vaccine 灭活疫苗（死疫苗）

labelled antibody technique 标记抗体技术

labelled avidin-biotin(LAB) 标记亲和素-生物素

lactate dehydrogenase(LDH) 乳酸脱氢酶

lamina propria lymphocyte（LPL）固有层淋巴细胞

langerhans cell 朗格汉斯细胞

late endosome 晚期内体

latex agglutination test(LAT) 乳胶凝集试验

lattice theory 格子学说

lectin pathway 凝集素途径

leucocyte antigen 白细胞抗原

leukotriene 白三烯

light chain 轻链

linear epitope 线性表位

lipopolysaccharides(LPS) 脂多糖

liposome 脂质体

live attenuated/modified vaccine 弱(减)毒活疫苗

live recombinant vector vaccine 重组活载体疫苗

live vaccine 活疫苗

localized hypersensitivity reaction 局部过敏反应

low-zone tolerance 低带耐受

lymph node 淋巴结

lymphocyte defined antigen 淋巴细胞鉴定抗原

lymphocyte function-associated antigen-1（LFA-1）淋巴细胞功能相关抗原1

lymphoid progenitor 淋巴样前体细胞（淋巴样祖细胞）

lymphokine(LK) 淋巴因子

lymphokine-activated killer cell(LAK) 淋巴因子激活的杀伤细胞

lymphotoxin(LT) 淋巴毒素

lysis 溶解

lysosome 溶酶体

lysozyme 溶菌酶

macroglobulin 巨球蛋白

macrophage 巨噬细胞

macrophage-CSF（M-CSF）巨噬细胞集落刺激因子

major basic protein(MBP) 主要碱性蛋白

major histocompatibility antigen 主要组织相容性抗原

major histocompatibility complex（MHC）主要组织相容性复合体

major histocompatibility system（MHS）主要组织相容性系统

mannose receptor(MR) 甘露糖受体

mannose-binding lectin pathway 甘露糖结合凝集素途径（MBL 途径）

marginal zone B cell 边缘区 B 细胞

mast cell 肥大细胞

matrix protein 基质蛋白

MBL-associated serine protease（MASP）MBL 相关丝氨酸蛋白酶

membrane attack complex(MAC) 攻膜复合体

membrane cofactor of proteolysis（MCP）蛋白水解膜辅助因子

membrane immunoglobulin(mIg) 膜免疫球蛋白

membrane inhibitor of reactive lysis（MIRL）膜反应性溶解抑制因子

memory 记忆

memory B cell(B_M) 记忆性 B 细胞

memory T cell(T_M) 记忆性 T 细胞

methylcholanthrene(MCA) 甲基胆蒽

MHC restriction MHC 限制性(约束性)

microfold cell 微皱褶细胞（M 细胞）

minor histocompatibility antigen 次要组织相容性

抗原

mitogen-activated protein kinase(MAPK) 丝裂原活化蛋白激酶

mixed leukocyte culture（MLC）混合淋巴细胞培养

molecular chaperones 伴侣蛋白(分子伴侣)

molecular immunology 分子免疫学

monoclonal antibody(McAb/mAb) 单克隆抗体

monocyte 单核细胞

monocyte chemtactic protein(MCP) 单核细胞趋化蛋白

monokine(MK) 单核因子

mononuclear macrophage 单核-巨噬细胞

monospecific epitope 单特异性表位

monovalent antigen 单价抗原

mucosa mast cell(MMC) 黏膜肥大细胞

mucosal immune system(MIS) 黏膜免疫系统

mucosal immunity 黏膜免疫

mucosal lymphoid aggregates 黏膜淋巴集合体

mucosal-associated lymphoid tissue(MALT) 黏膜相关淋巴组织

multi-specific epitope 多特异性表位

multivalent antigen 多价抗原

multi-valent vaccine 多价疫苗

myeloid differentiation factor 88（MyD88）髓样分化因子88

myeloid progenitor 髓样前体细胞(髓样祖细胞)

myeloma protein 骨髓瘤蛋白

myeloperoxidase(MPO) 髓过氧化物酶

nasal-associated lymphoid tissue（NALT）鼻相关淋巴组织

natural antibody 天然抗体

natural killer cell,NK cell 自然杀伤细胞（NK细胞）

natural killer T cell，NKT cell 自然杀伤性T细胞(NKT细胞)

natural regulatory T cell(nTREG) 天然调节性T细胞

natural selection theory 自然选择学说

negative selection 阴性选择

neoantigen 新抗原(肿瘤抗原)

nerve growth factor(NGF) 神经生长因子

neuraminidase(NA) 神经氨酸酶

neutralization 中和

neutralizing antibody(NA) 中和抗体

neutrophil 中性粒细胞

nitrocellulose(NC) 硝酸纤维素

NOD-like receptor(NLR) NOD样受体

nonpeptide antigen presentation 非肽抗原提呈

nonprofessional APC 非专职抗原提呈细胞

nonspecific immunity 非特异性免疫

non-sterilizing immunity 非清除性免疫

nonstructural protein 非结构蛋白

nuclear factor of activated T cell(NFAT) 活化T细胞核因子

nuclear factor-κB(NF-κB) 核因子κB

nucleic acid vaccine 核酸疫苗

nucleocapsid 核衣壳

nucleoprotein 核蛋白

O-dianisidine(OD) 邻联茴香胺

oligodeoxynucleotides containing CpG motifs （CpG ODN）含CpG基序的寡聚脱氧核苷酸

oncogene 致癌基因

O-phenylenediamine(OPD) 邻苯二胺

opsonin 调理素

opsonization 调理作用

O-toluidine(OT) 邻甲苯胺

ovalbumin(OVA) 卵白蛋白

paracrine 旁分泌

passive hemagglutination assay（PHA）被动血凝试验

passive hemolysis test 被动红细胞溶解试验

passive immunity 被动免疫

pathogen-associated molecular pattern（PAMP）病原相关分子模式

pattern recognition receptor(PRR) 模式识别受体

pentamer 五聚体

peptide vaccine 肽疫苗

peptide-binding cleft 肽结合凹槽(裂隙)

peptide-binding groove 肽结合槽

perforin 穿孔素

peripheral supramolecular activating complex

（pSMAC）外周超分子活化复合体

peroxidase anti-peroxidase（PAP）过氧化物酶抗过氧化物酶

Peyer's patches 派氏集合淋巴结

phage antibody 噬菌体抗体

phage display technology 噬菌体展示技术

phagocytosis 吞噬作用

phagolysosome 吞噬溶酶体

phagosome 吞噬体

phorbol-12-myristate-13-acetate（PMA）佛波醇酯

phytohemagglutinin（PHA）植物血凝素

pili antigen 菌毛抗原

pinocytosis 吞饮

plaque reduction test 空斑减少试验

plasmacytoid dendritic cell（PDC）浆细胞样树突状细胞

platelet-derived growth factor（PDGF）血小板衍生生长因子

pokeweed mitogen（PWM）美洲商陆

poly（I:C）聚肌胞苷酸

polyclonal antibody（PcAb）多克隆抗体

poly-Ig receptor 多聚免疫球蛋白受体

polymorphism 多态性

polysaccharide- protein conjugate vaccine 多糖蛋白结合疫苗

polyvinylidene fluoride（PVDF）聚偏二氟乙烯

positive selection 阳性选择

potentially autoreactive lymphocytes（PAL）自身免疫潜能细胞

precipitation test 沉淀试验

precipitin 沉淀素

primary immunodeficiency disease（PIDD）原发性免疫缺陷病

primary lymphoid organ 初级淋巴器官

primary response 初次应答

professional APC（pAPC）专职抗原提呈细胞

programmed cell death protein 1（PD-1）程序性细胞死亡蛋白 1

proliferation 增殖

pro-oncogene 原癌基因

properdin（P）备解素

propolis 蜂胶

prostaglandin 前列腺素

proteasome 蛋白酶体

protectin 保护素

protective antigen 保护性抗原

protein kinase C（PKC）蛋白激酶 C

purified protein derivative（PPD）纯化蛋白衍生物

radial immunodiffusion 辐射扩散

radioimmunoassay（RIA）放射免疫分析

radioimmunotherapy 放射免疫治疗

reaction stage 反应阶段

reactogenicity 反应原性

rearrangement 重排

recognition 识别

recombinant subunit vaccine 重组亚单位疫苗

recombinase 重组酶

recombination activating gene 重组激活基因

recombination signal sequence（RSS）重组信号序列

red blood cell（RBC）红细胞

redundancy 冗余性

regulatory T cell（T_{REG}）调节性 T 细胞

reshaping antibody 重构抗体

reverse passive hemagglutination assay（RPHA）反向间接血凝试验

RIG-I-like receptor（RLR）RIG-I 样受体

ring precipitation test 环状沉淀试验

RNA immunoprecipitation（RIP）RNA 免疫沉淀

rocket immunoelectrophoresis 火箭免疫电泳

rough endoplasmic reticulum（RER）粗面内质网

sandwich ELISA 夹心 ELISA

scavenger receptor（SR）清道夫受体

secondary antibody 抗抗体（二抗）

secondary lymphoid organ 次级淋巴器官

secondary response 再次应答

second-set rejection phenomenon 再次排斥现象

secretory component（SC）分泌成分

secretory IgA（sIgA）分泌型 IgA

self-tolerance 自身耐受

sensitization stage 致敏阶段

tumor-associated antigen（TAA）肿瘤相关抗原

tumor-infiltrating lymphocyte（TIL）肿瘤浸润性淋巴细胞

tumor-specific antigen（TSA）肿瘤特异性抗原

tumor-specific transplantation antigen（TSTA）肿瘤特异性移植抗原

type 型

tyrosine protein kinase（TPK）酪氨酸蛋白激酶

ubiquitin 泛素

urogenital-associated lymphoid tissue（UALT）泌尿生殖道相关淋巴组织

vaccination 免疫接种

vaccination schedule 免疫程序

vaccine 疫苗

vaccinology 疫苗学

variable region 可变区

vascular endothelial cell growth factor（VEGF）血管内皮细胞生长因子

veterinary immunology 兽医免疫学

viral antigen 病毒抗原

viral neutralization 病毒中和

virus neutralization test（VNT）病毒中和试验